国家出版基金项目
NATIONAL PUBLICATION FOUNDATION

"十三五"国家重点出版物出版规划项目

中 国 生 物 物 种 名 录

第二卷　动物

脊椎动物（V）

鱼类（下册）

Fishes（ii）

张春光　邵广昭　伍汉霖　赵亚辉 等 编著

科学出版社

北 京

内 容 简 介

本书系统收集整理了 1758 年以来（海洋鱼类截至 2014 年，内陆鱼类截至 2018 年）中外鱼类学研究者对分布于我国境内海洋及内陆的鱼类分类、分布等的研究成果，包括与鱼类分类、区系、动物地理等研究相关的文献资料等。本书分绪论和名录两部分。绪论部分主要介绍了过去 260 余年间研究者对我国鱼类分类、区系研究等所做调查的过程及取得的重要成果。名录部分收录了已报道的产于我国的鱼类，包括 4 纲 52 目 339 科 1576 属 5058 种（包括亚种），其中，内陆鱼类超过 1400 种（包括亚种及引入种），海洋鱼类超过 3600 种（包括亚种）；种名之后还提供了尽可能详细的同物异名、引证文献、分布（海洋鱼类列到海区，内陆鱼类尽可能列到水系或小支流）等信息。书后附有收集引用的主要参考文献。

本书是迄今为止收录我国鱼类物种比较齐全、完整的专著，对从事水产科技、教育、渔业生产、渔政管理等的研究、教学或生产等人员来说，也是一本较为全面、系统认识我国鱼类资源的工具书，可为研究我国海洋和内陆鱼类提供重要参考。

图书在版编目（CIP）数据

中国生物物种名录. 第二卷, 动物. 脊椎动物. V, 鱼类/张春光等编著.—北京：科学出版社，2020.12

"十三五"国家重点出版物出版规划项目　国家出版基金项目

ISBN 978-7-03-067735-8

Ⅰ. ①中…　Ⅱ. ①张…　Ⅲ. ①生物–物种–中国–名录　②鱼类–物种–中国–名录　Ⅳ. ①Q152.2-62 ②Q959.4-62

中国版本图书馆 CIP 数据核字（2020）第 262533 号

责任编辑：王　静　马　俊　付　聪　侯彩霞 / 责任校对：严　娜
责任印制：徐晓晨 / 封面设计：刘新新

科 学 出 版 社 出版
北京东黄城根北街 16 号
邮政编码：100717
http://www.sciencep.com

北京厚诚则铭印刷科技有限公司 印刷
科学出版社发行　　各地新华书店经销

*

2020 年 12 月第 一 版　　开本：889×1194 1/16
2020 年 12 月第一次印刷　　印张：59
字数：2 037 000
定价：520.00 元（全两册）
（如有印装质量问题，我社负责调换）

Species Catalogue of China

Volume 2 Animals

VERTEBRATES (V)

Fishes (ii)

Authors: Chunguang Zhang   Guangzhao Shao   Hanlin Wu   Yahui Zhao   *et al.*

Science Press

Beijing

《中国生物物种名录》编委会

本书作者分工

内陆鱼类

　　　张春光　赵亚辉　邢迎春　牛诚祎

海洋鱼类

　　　邵广昭　伍汉霖　张春光

总　序

生物多样性保护研究、管理和监测等许多工作都需要翔实的物种名录作为基础。建立可靠的生物物种名录也是生物多样性信息学建设的首要工作。通过物种唯一的有效学名可查询关联到国内外相关数据库中该物种的所有资料，这一点在网络时代尤为重要，也是整合生物多样性信息最容易实现的一种方式。此外，"物种数目"也是一个国家生物多样性丰富程度的重要统计指标。然而，像中国这样生物种类非常丰富的国家，各生物类群研究基础不同，物种信息散见于不同的志书或不同时期的刊物中，加之分类系统及物种学名也在不断被修订。因此建立实时更新、资料翔实，且经过专家审订的全国性生物物种名录，对我国生物多样性保护具有重要的意义。

生物多样性信息学的发展推动了生物物种名录编研工作。比较有代表性的项目，如全球鱼类数据库（FishBase）、国际豆科数据库（ILDIS）、全球生物物种名录（CoL）、全球植物名录（TPL）和全球生物名称（GNA）等项目；最有影响的全球生物多样性信息网络（GBIF）也专门设立子项目处理生物物种名称（ECAT）。生物物种名录的核心是明确某个区域或某个类群的物种数量，处理分类学名称，厘清生物分类学上有效发表的拉丁学名的性质，即接受名还是异名及其演变过程；好的生物物种名录是生物分类学研究进展的重要标志，是各种志书编研必需的基础性工作。

自 2007 年以来，中国科学院生物多样性委员会组织国内外 100 多位分类学专家编辑中国生物物种名录；并于 2008 年 4 月正式发布《中国生物物种名录》光盘版和网络版（http://www.sp2000.org.cn/），此后，每年更新一次；2012 年版名录已于同年 9 月面世，包括 70 596 个物种（含种下等级）。该名录自发布受到广泛使用和好评，成为环境保护部物种普查和农业部作物野生近缘种普查的核心名录库，并为环境保护部中国年度环境公报物种数量的数据源，我国还是全球首个按年度连续发布全国生物物种名录的国家。

电子版名录发布以后，有大量的读者来信索取光盘或从网站上下载名录数据，取得了良好的社会效果。有很多读者和编者建议出版《中国生物物种名录》印刷版，以方便读者、扩大名录的影响。为此，在 2011 年 3 月 31 日中国科学院生物多样性委员会换届大会上正式征求委员的意见，与会者建议尽快编辑出版《中国生物物种名录》印刷版。该项工作得到原中国科学院生命科学与生物技术局的大力支持，设立专门项目，支持《中国生物物种名录》的编研，项目于 2013 年正式启动。

组织编研出版《中国生物物种名录》（印刷版）主要基于以下几点考虑。①及时反映和推动中国生物分类学工作。"三志"是本项工作的重要基础。从目前情况看，植物方面的基础相对较好，2004 年 10 月《中国植物志》80 卷 126 册全部正式出版，*Flora of China* 的编研也已完成；动物方面的基础相对薄弱，《中国动物志》虽已出版 130 余卷，但仍有很多类群没有出版；《中国孢子植物志》已出版 80 余卷，很多类群仍有待编研，且微生物名录数字化基础比较薄弱，在 2012 年版中国生物物种名录光盘版中仅收录 900 多种，而植物有 35 000 多种，动物有 24 000 多种。需要及时总结分类学研究成果，把新种和新的修订，包括分类系统修订的信息及时整合到生物物种名录中，以克服志书编写出版周期长的不足，让各个方面的读者和用户及时了解和使用新的分类学成果。②生物物种名称的审订和处理是志书编写的基础性工作，名录的编研出版可以推动生物志书的编研；相关学科如生物地理学、保护生物学、生态学等的研究工作需要及时更新的生物物种名录。③政府部门和社会团体等在生物多样性保护和可持续利用的实践中，希望及时得到中国物种多样性的统计信息。④全球生物物种名录等国际项目需要中国生物物种名录等区域性名录信息不断更新完善，因此，我们的工作也可以在一定程度上推动全球生物多样性编目与保护工作的进展。

编研出版《中国生物物种名录》（印刷版）是一项艰巨的任务，尽管不追求短期内涉及所有类群，也是难度很大的。衷心感谢各位参编人员的严谨奉献，感谢几位副主编和工作组的把关和协调，特别感谢不幸过世的副主编刘瑞玉院士的积极支持。感谢国家出版基金和科学出版社的资助和支持，保证了本系列丛书的顺利出版。在此，对所有为《中国生物物种名录》编研出版付出艰辛努力的同仁表示诚挚的谢意。

虽然我们在《中国生物物种名录》网络版和光盘版的基础上，组织有关专家重新审订和编写名录的印刷版。但限于资料和编研队伍等多方面因素，肯定会有诸多不尽如人意之处，恳请各位同行和专家批评指正，以便不断更新完善。

陈宜瑜

2013 年 1 月 30 日于北京

动物卷前言

《中国生物物种名录》（印刷版）动物卷是在该名录电子版的基础上，经编委会讨论协商，选择出部分关注度高、分类数据较完整、近年名录内容更新较多的动物类群，组织分类学专家再次进行审核修订，形成的中国动物名录的系列专著。它涵盖了在中国分布的脊椎动物全部类群、无脊椎动物的部分类群。目前计划出版 14 册，包括兽类（1 册）、鸟类（1 册）、爬行类（1 册）、两栖类（1 册）、鱼类（1 册）、无脊椎动物蜘蛛纲蜘蛛目（1 册）和部分昆虫（7 册）名录，以及脊椎动物总名录（1 册）。

动物卷各类群均列出了中文名、学名、异名、原始文献和国内分布，部分类群列出了国外分布和模式信息，还有部分类群将重要参考文献以其他文献的方式列出。在国内分布中，省级行政区按以下顺序排序：黑龙江、吉林、辽宁、内蒙古、河北、天津、北京、山西、山东、河南、陕西、宁夏、甘肃、青海、新疆、安徽、江苏、上海、浙江、江西、湖南、湖北、四川、重庆、贵州、云南、西藏、福建、台湾、广东、广西、海南、香港、澳门。为了便于国外读者阅读，将省级行政区英文缩写括注在中文名之后，缩写说明见前言后附表格。为规范和统一出版物中对系列书各分册的引用，我们还给出了引用方式的建议，见缩写词表格后的图书引用建议。

为了帮助各分册作者编辑名录内容，动物卷工作组建立了一个网络化的物种信息采集系统，先期将电子版的各分册内容导入，并为各作者开设了工作账号和工作空间。作者可以随时在网络平台上补充、修改和审定名录数据。在完成一个分册的名录内容后，按照名录印刷版的格式要求导出名录，形成完整规范的书稿。此平台极大地方便了作者的编撰工作，提高了印刷版名录的编辑效率。

据初步统计，共有 62 名动物分类学家参与了动物卷各分册的编写工作。编写分类学名录是一项繁琐、细致的工作，需要对研究的类群有充分了解，掌握本学科国内外的研究历史和最新动态。核对一个名称，查找一篇文献，都可能花费很多的时间精力。正是他们一丝不苟、精益求精的工作态度，不求名利的奉献精神，才使这套基础性、公益性的高质量成果得以面世。我们借此机会感谢各位专家学者默默无闻的贡献，向他们表示诚挚的敬意。

我们还要感谢丛书主编陈宜瑜，副主编洪德元、刘瑞玉、马克平、魏江春、郑光美给予动物卷编写工作的指导和支持，特别感谢马克平副主编大量具体细致的指导和帮助；感谢科学出版社编辑认真细致的编辑和联络工作。

随着分类学研究的进展，物种名录的内容也在不断更新。电子版名录在每年更新，印刷版名录也将在未来适当的时候再版。最新版的名录内容可以从物种 2000 中国节点的网站（http://www.sp2000.org.cn/）上获得。

《中国生物物种名录》动物卷工作组

2016 年 6 月

中国各省（自治区、直辖市和特区）名称和英文缩写
Abbreviations of provinces, autonomous regions and special administrative regions in China

Abb.	Regions	Abb.	Regions	Abb.	Regions	Abb.	Regions	Abb.	Regions	Abb.	Regions
AH	Anhui	GX	Guangxi	HK	Hong Kong	LN	Liaoning	SD	Shandong	XJ	Xinjiang
BJ	Beijing	GZ	Guizhou	HL	Heilongjiang	MC	Macau	SH	Shanghai	XZ	Xizang
CQ	Chongqing	HB	Hubei	HN	Hunan	NM	Inner Mongolia	SN	Shaanxi	YN	Yunnan
FJ	Fujian	HEB	Hebei	JL	Jilin	NX	Ningxia	SX	Shanxi	ZJ	Zhejiang
GD	Guangdong	HEN	Henan	JS	Jiangsu	QH	Qinghai	TJ	Tianjin		
GS	Gansu	HI	Hainan	JX	Jiangxi	SC	Sichuan	TW	Taiwan		

图书引用建议（以本书为例）

中文出版物引用：张春光，邵广昭，伍汉霖，赵亚辉，等. 2020. 中国生物物种名录·第二卷动物·脊椎动物（Ⅴ）/鱼类. 北京：科学出版社: 引用内容所在页码

Suggested Citation: Zhang C G, Shao G Z, Wu H L, Zhao Y H, *et al.* 2020. Species Catalogue of China. Vol. 2. Animals, Vertebrates（Ⅴ）, Fishes. Beijing: Science Press: Page number for cited contents

前　言

　　我国地处亚洲东部和太平洋西部，疆域辽阔，是世界上重要的海洋大国之一。我国陆域河网密布，湖泊众多；海域从北到南包括渤海、黄海、东海和南海，海岸地形复杂，有珊瑚礁区、岩礁区、滩涂区和石砾区，岛屿星罗棋布，有大小 7600 多个岛屿。辽阔的疆域和复杂的自然地理条件、水域生态环境等，孕育了丰富的土著鱼类。我国鱼类物种繁多，很多种类具有重要的经济价值和科研价值，是世界上鱼类资源最为丰富的国家和渔业大国。随着社会经济的迅猛发展，人们对鱼类资源的需求也与日俱增，对鱼类资源的调查研究不断深入，迄今，对内陆各大流域和各大海区的鱼类资源均开展过较为深入的调查，本书即是对这些工作的总结。

　　本书系统收集整理了 1758 年以来（海洋鱼类截至 2014 年，内陆鱼类截至 2018 年）中外从事鱼类学研究的专家学者对分布于我国海洋及内陆的鱼类的分类、分布等研究的成果，包括与鱼类分类、区系、动物地理等研究相关的文献资料等；在此基础上，也结合了作者及其所属研究团队在全国各海区和内陆水域所做的大量实地调查，对我国鱼类物种多样性及分布进行了系统整理和分析，并逐种核对，尽力去除误鉴等。

　　本书分绪论和名录两部分。绪论部分主要介绍了过去 260 余年间研究者对我国鱼类分类、区系研究等所做调查的过程及取得的重要成果。名录部分收录了已报道的产于我国的鱼类 4 纲 52 目 339 科 1578 属 5058 种（包括亚种）；其中，内陆鱼类超过 1400 种（包括亚种及引入种），海洋鱼类超过 3600 种（包括亚种和引入种）。除去引入类群（8 目 17 科 21 属 26 种），按纲级分类单元统计：原产于我国的盲鳗纲鱼类 13 种，七鳃鳗纲鱼类 3 种，软骨鱼纲鱼类 240 种，辐鳍鱼纲鱼类 4776 种，合计为 5032 种（包括亚种）；按属统计，原产于我国的鱼类有 1562 属。与国内一些已发表的权威性鱼类分类学研究文献相比，本书记载的鱼类种数较《中国鱼类系统检索》（上、下册）（成庆泰和郑葆珊，1987）2831 种和《拉汉世界鱼类系统名典》（伍汉霖等，2012）3926 种等多出不少。本书种名之后还提供了尽可能详细的同物异名、引证文献、分布（海洋鱼类列到海区，内陆鱼类尽可能列到水系或小支流）等信息。书后附有收集引用的主要参考文献约 3600 篇（部），其中中文文献超过 600 篇（部），外文文献近 3000 篇（部）。

　　尽管我国鱼类物种多样性水平较以往有较明显的提高，但相关研究开展的还不够。仅以对海洋鱼类物种多样性的认识为例，我国各海区地处北太平洋海区的边缘，范围大，但受我国基础调查条件、手段、投入等所限，海洋鱼类的调查、采集和分类研究开始较晚，资料积累不足，迄今我国海域已知鱼类总数还不及海域面积较小的邻国日本（359 科 4180 种）（Nakabo et al.，1993；Nakabo，2000a，2000b）。因此，今后待发现的种类应该还会有很多。由衷希望像鱼类分类学这样的基础性研究能够被重视，也真诚希望更多的同仁做出更深入的研究，并发表更好的研究成果。

　　本书涉及的内陆鱼类部分由中国科学院动物研究所张春光研究员及其研究团队负责，海洋鱼类部分主要由上海海洋大学伍汉霖教授和台湾"中研院"生物多样性研究中心邵广昭研究员完成。书稿完成后，主要由张春光研究员负责汇总、修改及定稿。在本书编撰过程中，我们得到我国相关研究领域一线的多位专家、学者的大力支持和帮助。首先，特别感谢陈宜瑜院士对本项工作的指导和督促；感谢中国科学院动物研究所纪力强研究员协助做了大量组织协调工作。就海洋鱼类部分，特别感谢台湾海洋大学陈义雄和陈鸿鸣两位教授对虾虎鱼和鳗鲕目鱼类的订正；感谢林永昌、林沛立和黄信凯等助理协助整理名录资料库。书稿完成后，内陆鱼类部分承蒙中国海洋大学武云飞教授、中国水产科学研究院黑龙江水产研究所姜作发研究员、中国科学院昆明动物研究所杨君兴研究员、中国科学院水生生物研究所张鹗研究员、台湾清华大学曾晴贤教授，海洋鱼类部分承蒙上海海洋大学唐文乔教授、中国科学院南海海洋研究所孔晓瑜研究员、厦门大学杨圣云教授、中国科学院海洋研究所刘静研究员和中国科学院动物研究所张洁博士等，对本书提出修改意见和建议。本书完成过程中，还得到中国科学院重点部署项目（KSZD-EW-TZ-007-2）、国家科技基础性工作专项（2012FY111200、2013FY110300）等的支持。在此一并致以衷心感谢。

　　本书为迄今我国收集鱼类名录较为齐全、完整的专著，也是近年来我国鱼类学研究的最新成果；对从事水产科技、教育、渔业生产、渔政管理等研究、教学或生产等人员来说，是一本较为全面、系统介绍我国鱼类资源的工具书，可为研究我国海洋和内陆鱼类提供重要参考资料，希望对我国相关科学研究、渔业生产、渔业资源开发和保育等有所裨益。

　　由于本书涉及的类群繁多，收集的文献年代久远，受作者的知识水平、研究能力等所限，书中难免存在不足之处，敬请读者不吝赐教。

张春光　伍汉霖　邵广昭　赵亚辉

2019 年 5 月

Preface

China is located in east of Asia, on the western coastline of the Pacific Ocean. It is one of the important marine countries in the world. From north to south are four seas: the Bohai Sea, the Yellow Sea, the East China Sea, and the South China Sea; scattered over the seas are more than 7,600 islands.

We collected most of the ichthyological literature of the fish fauna in China, including books, journal articles, and checklists published from 1758 to 2014 (for marine fishes) or to 2018 (for inland fishes). The effort was supplemented by the data from several databases, the fish collections of principal museums in China, and the authors' own data from our field collections. Overall, we provide the most comprehensive account of the species diversity, synonyms, and distributions of fishes throughout China.

The book contains two sections. In the General discussion section, we introduced the research history on the fish fauna of China over the past 260 years. In the Catalog section, we listed 5,058 valid fish species (from 1,578 genera, 339 families, 52 orders, and 4 classes) distributed in China, including more than 1,400 inland fishes and 3,600 marine fishes. They are composed of 13 species of hagfishes (Myxini), 3 species of lampreys (Petromyzontida), 240 species of sharks, ray and chinmaeras (Chondrichthyes), and 4,776 species of ray-finned fishes (Actinopterygii). Although the number of fish species included in the book is substantially higher than the past reviews [2,831 in *Systematic Synopsis of Chinese Fishes* (Volume 1 and 2) and 3,926 in *Latin-Chinese Dictionary of Fishes Names*], related researches on them have not been enough. In terms of understanding the species diversity of marine fish, even though China has wide expanse of waters in the North Pacific, the efforts on the investigation, collection and classification of marine fishes began late which resulted in insufficient accumulation of relevant information. So far, the total number of marine fish species known in China's waters is less than that of neighboring Japan (4,180 species from 359 families) (Nakabo et al., 1993; Nakabo, 2000a, 2000b). Therefore, there should be many species to be found in the future. I sincerely hope that basic research such as fish taxonomy can be highly valued, and sincerely hope that more colleagues can make more in-depth research and publish better research results.

The inland fish in this book is compiled by Chunguang Zhang and his research team from the Institute of Zoology, Chinese Academy of Sciences. The part of the Marine fish in this book is compiled by Professor Hanlin Wu of the Shanghai Ocean University, and Guangzhao Shao from the Biodiversity Research Center, "Academia Sinica" in Taiwan. After the completion of the first draft, Professor Chunguang Zhang was responsible for the final compilation, revision, finalization, etc. During the completion of this book, we have received strong support and assistance from a number of experts and scholars in related research fields. First of all, we would like to thank Academician Yiyu Chen for his guidance and supervision of this work. Professor Liqiang Ji of the Institute of Zoology, Chinese Academy of Sciences, provided a great deal of organization and coordination in the preparation of this book. Special thanks should be given to Drs. I-Shiung Chen and Hong-Ming Chen of the Taiwan Ocean University for their dedication on suborder Gobioidei and order Anguilliformes, and to Yung-Chang Lin, Pai-Lei Lin and Hsin-Kai Huang for their assistance in the compilation of directory databases. For the section on inland fish, we appreciate the following colleagues for their comments and suggestions: Professor Yunfei Wu of the Ocean University of China; Professor Zuofa Jiang of the Heilongjiang River Fisheries Research Institute, Chinese Academy of Fishery Sciences; Professor Junxing Yang of the Kunming Institute of Zoology, Chinese Academy of Sciences; Professor E Zhang of the Institute of Hydrobiology, Chinese Academy of Sciences; and Chyng-Shyan Tseng of the Tsing Hua University in Taiwan. We would like to express our heartfelt thanks to the following colleagues for their comments and suggestions on the section of marine fish: Professor Wenqiao Tang of the Shanghai Ocean University; Professor Xiaoyu Kong of the South China Sea Institute of Oceanology, Chinese Academy of Sciences; Professor Shengyun Yang of the Xiamen University; Professor Jing Liu of the Institute of Oceanology, Chinese Academy of Sciences; and Dr. Jie Zhang of the Institute of Zoology, Chinese Academy of Sciences. We got yet the supports both from the Key Deployment Projects of the Chinese Academy of Sciences (KSZD-EW-TZ-007-2) and from the Foundation Work Special Project of the National Science and technology (2012FY111200, 2013FY110300) during the completion of the book. We would like to give our great thanks for their supports.

In addition to being the most complete and effective monograph to date on the collection of fish in China, this book documents the latest achievement of fish researches in China in recent years. For aquatic science and technology, education, and production workers, it can be used as a tool book for comprehensive and systematic introduction of China's fish resources, providing important reference materials for the study of China's marine and inland fish. We hope the book can be beneficial to China's scientific research, fishery production, sustainable utilization and conservation of fishery resources.

Chunguang Zhang, Hanlin Wu, Guangzhao Shao, Yahui Zhao

May, 2019

目　录

主要参考文献

安莉, 刘柏松, 李维贤. 2009. 云南牛栏江云南鳅属鱼类二新种记述 (鲤形目, 爬鳅科, 条鳅亚科). 动物分类学报, 34 (3): 630-638.

安莉, 刘柏松, 赵亚辉, 张春光. 2010. 中国西南野鲮亚科 (鲤形目, 鲤科) 一新属新种——原鲮属原鲮. 动物分类学报, 35 (3): 661-665.

贝尔格 (Berg L S). 1955. 现代和化石鱼形动物及鱼类分类学. 成庆泰译. 北京: 科学出版社: 1-265.

蔡鸣俊, 张敏莹, 曾青兰, 刘焕章. 2001. 鲂属鱼类形态度量学研究. 水生生物学学报, 25 (6): 631-635.

曹亮, 梁旭方. 2013. 中国浙江少鳞鳜属一新种 (鲈形目, 鮨科, 鳜亚科). 动物分类学报, 38 (4): 891-894.

曹文宣. 1974. 珠穆朗玛峰地区的鱼类//中国科学院西藏科学考察队. 1974. 珠穆朗玛峰地区科学考察报告 1966—1968 (生物与高山生理). 北京: 科学出版社: 15-91.

曹文宣, 陈宜瑜, 武云飞, 朱松泉. 1981. 裂腹鱼类的起源和演化及其与青藏高原隆起的关系//中国科学院青藏高原综合科学考察队. 青藏高原隆起的时代、幅度和形式问题. 北京: 科学出版社: 118-129.

曹文宣, 邓中粦. 1962. 四川西部及其邻近地区的裂腹鱼类. 水生生物学集刊, (2): 27-53.

曹文宣, 伍献文. 1962. 四川西部甘孜阿坝地区鱼类生物学及渔业问题. 水生生物学集刊, (2): 79-112.

曹文宣, 朱松泉. 1988a. 青藏高原高原鳅属鱼类两新种 (鲤形目: 鳅科). 动物分类学报, 13 (2): 201-204.

曹文宣, 朱松泉. 1988b. 云南省滇池条鳅亚科的一新属新种 (鲤形目: 鳅科). 动物分类学报, 13 (4): 405-408.

陈春晖. 1978. 台湾近海产飞鱼类之研究. 台湾省水产试验所试验研究报告, 30: 291, 300.

陈兼善. 1954. 台湾鱼类志. 台湾研究丛刊 (台银季刊) 第 27 种: 126.

陈兼善. 1969. 台湾脊椎动物志. 台北: 台湾商务印书馆.

陈兼善, 于名振. 1985. 台湾脊椎动物志 (上册). 台北: 台湾商务印书馆.

陈景星. 1980. 中国沙鳅亚科鱼类系统分类的研究. 动物学研究, 1 (1): 3-20.

陈景星. 1981. 中国花鳅亚科鱼类系统分类的研究//中国鱼类学会. 1981. 鱼类学论文集 (第一辑). 北京: 科学出版社: 21-32.

陈景星, 蓝家湖. 1992. 广西鱼类一新属三新种 (鲤形目: 鲤科、鳅科). 动物分类学报, 17 (1): 104-109.

陈景星, 赵执桴, 郑建州, 李德俊. 1988. 中国鲃亚科 Barbinae 鱼类三新种 (鲤形目、鲤科). 遵义医学院学报, 11 (1): 1-4, 92-93.

陈景星, 郑慈. 1983. 中国野鲮亚科鱼类的二个新种. 暨南理医学报, (1): 74.

陈量, 卢宗民, 卯卫宁. 2006. 云南省南鳅属鱼类一新种记述. 贵州农业科学, 34 (5): 54-55.

陈马康, 童合一, 俞泰济, 刁铸山. 1990. 钱塘江鱼类资源. 上海: 上海科学技术文献出版社.

陈素芝. 2002. 中国动物志·硬骨鱼纲·灯笼鱼目、鲸口鱼目、骨舌鱼目. 北京: 科学出版社: 1-349.

陈同白. 1965. 论唐郭鱼之引进. 中国水产, 151: 6.

陈炜, 郑慈英. 1985. 中国塘鳢科鱼类的三新种. 暨南理医学报, (1): 73-80.

陈湘粦. 1977. 我国鲇科鱼类的总述. 水生生物学集刊, 6 (2): 197-218.

陈湘粦, 乐佩琦, 林人端. 1984. 鲤科的科下类群及其宗系发生关系. 动物分类学报, 9 (4): 424-440.

陈小勇. 2010. 第十二章 云南的湿地脊椎动物: 第二节 湿地鱼类//杨岚, 李恒, 杨晓君. 2010. 云南湿地. 北京: 中国林业出版社: 479-521.

陈小勇. 2013. 云南鱼类名录. 动物学研究, 34 (4): 281-343.

陈小勇, 崔桂华, 杨君兴. 2004a. 广西高原鳅属鱼类一穴居新种记述. 动物学研究, 25 (3): 227-231.

陈小勇, 崔桂华, 杨君兴. 2004b. 云南怒江高原鳅属鱼类一新种记述. 动物学研究, 25 (6): 504-509.

陈小勇, 杨君兴, 崔桂华. 2006. 广西华缨鱼属鱼类一新种记述. 动物学研究, 27 (1): 81-85.

陈亚宁, 张小雷, 祝向民, 李卫红, 张元明, 徐海量, 张宏锋, 陈亚鹏. 2004. 新疆塔里木河下游断流河道输水的生态效应分析. 中国科学 (D 辑) 地球科学, 34 (5): 475-482.

陈阳, 陈安平, 方精云. 2002. 中国濒危鱼类、两栖爬行类和哺乳类的地理分布格局与优先保护区域——基于《中国濒危动物红皮书》的分析. 生物多样性, 10 (4): 359-368.

陈宜瑜. 1978. 中国平鳍鳅科鱼类系统分类的研究Ⅰ——平鳍鳅亚科鱼类的分类. 水生生物学集刊, 6 (3): 331-348.

陈宜瑜. 1980. 中国平鳍鳅科鱼类系统分类的研究Ⅱ——腹吸鳅亚科鱼类的分类. 水生生物学集刊, 7 (1): 95-121.

陈宜瑜. 1981. 关于裸吻鱼属 (Psilorhynchus) 分类位置的探讨. 水生生物学集刊, 7 (3): 371-376.

陈宜瑜. 1982a. 鲤科鱼类之一新属新种. 动物分类学报, 7 (4): 425-427.

陈宜瑜. 1982b. 马口鱼类分类的重新整理. 海洋与湖沼, 13 (3): 293-299.

陈宜瑜. 1998. 横断山区鱼类. 北京: 科学出版社.

陈宜瑜, 等. 1998. 中国动物志·硬骨鱼纲·鲤形目 (中卷). 北京: 科学出版社.

陈宜瑜, 张卫, 黄顺友. 1982. 泸沽湖裂腹鱼类的物种形成. 动物学报, 28 (3): 217-225.

陈义雄, 方力行. 1999. 台湾淡水及河口鱼类志. 屏东: 海洋生物博物馆筹备处: 1-287.

陈义雄, 方力行. 2001. 台东县河川鱼类. 台东: 台东县政府.

陈义雄, 吴瑞贤, 方力行. 2002. 金门淡水及河口鱼类志. 金门: 金门公园管理处海洋生物博物馆.

陈义雄, 曾晴贤, 邵广昭. 2012. 台湾淡水鱼类红皮书. 台北: 台湾"行政院农业委员会林务局": 1-163.

陈义雄, 张咏青. 2005. 台湾淡水鱼类原色图鉴. 基隆: 水产出版社.

陈毅峰, 陈宜瑜. 1989. 卷口鱼属鱼类一新种 (鲤形目: 鲤科). 动物分类学报, 14 (3): 276-279.

陈毅峰, 何才长, 何舜平. 1992. 方口鲃属鱼类一新种 (鲤形目: 鲤科). 动物分类学报, 17 (1): 100-103.

陈毅峰, 何舜平. 1992. 云南鲤科鱼类一新属新种 (鲤形目: 鲤科: 鲃亚科). 动物分类学报, 17 (2): 238-240.

陈银瑞. 1986. 白鱼属鱼类的分类整理 (鲤形目: 鲤科). 动物分类学报, 11 (4): 429-438.

陈银瑞, 褚新洛. 1980. 云南白鱼属鱼类的分类包括三新种和一新亚种的描述. 动物学研究, 1 (3): 417-424.

陈银瑞, 褚新洛. 1985. 我国结鱼属鱼类的系统分类及一新种的记述. 动物学研究, 6 (1): 79-86.

陈银瑞, 褚新洛, 罗泽雍, 吴家元. 1988. 无眼金线鲃及其性状演化. 动物学报, 34 (1): 64-70.

陈银瑞, 李再云. 1987. 云南鳑鲏亚科的鱼类. 动物学研究, 8 (1): 61-65, 105.

陈银瑞, 李再云, 陈宜瑜. 1983. 程海鱼类区系的来源及其物种的分化. 动物学研究, 4 (3): 227-234.

陈银瑞, 杨君兴, 蓝家湖. 1997. 广西盲鱼一新种及其系统关系分析 (鲤形目: 鲤科: 鲃亚科). 动物分类学报, 22 (2): 219-223.

陈银瑞, 杨君兴, 斯盖特, 阿兰西科. 1998. 穴居盲副鳅及其性状演化. 动物学研究, 19 (1): 59-63.

陈银瑞, 杨君兴, 徐国才. 1992. 云南石林盲高原鳅的发现及其分类地位的讨论. 动物学研究, 13 (1): 17-23.

陈银瑞, 杨君兴, 祝志刚. 1994. 云南金线鲃一新种及其性状的适应性 (鲤形目: 鲤科). 动物分类学报, 19 (2): 246-253.

陈银瑞, 宇和纮, 褚新洛. 1989. 云南青鳉鱼类的分类及分布 (鳉形目: 青鳉科). 动物分类学报, 14 (2): 239-246.

陈余鋆. 2002. 台湾深海鳗类的分类, 分布, 柔软器官及以脑部形态与尾鳍骨骼探讨真鳗类及糯鳗亚目之亲缘关系 [Taxonomy, distribution and soft organs of deep-sea eels in Taiwan waters and the phylogeny of Anguilliformes and Congroidei (Elopomorpha: Teleostei) based on brain and caudal skeleton of morphology]. 高雄: 中山大学海洋生物研究所博士学位论文: 1-173.

陈正平. 1990. 台湾产库氏天竺鲷相似种群鱼种间之比较研究 (Comparison sutdy among the complex of Apogon cookii in Taiwan). 台北: 台湾大学海洋研究所: 1-100.

陈正平, 邵广昭, 詹荣桂, 郭人维, 陈静怡. 2010. 垦丁公园海域鱼类图鉴 (增修壹版). 屏东: 垦丁公园管理处: 1-650.

陈正平, 詹荣桂, 黄建华, 郭人维, 邵广昭. 2011. 东沙鱼类生态图鉴 (Fishes of Dongsha Atoll in South China Sea). 高雄: 海洋公园管理处: 1-360.

陈自明, 黄德昌, 徐世英, 祁文龙. 2003. 中国鲤科鱼类新纪录——爪哇四须鲃. 动物学研究, 24 (2): 148-150.

陈自明, 黄艳飞, 杨君兴. 2009a. 中国爬岩鳅属鱼类一新种记述 (鲤形目, 平鳍鳅科). 动物分类学报, 34 (3): 639-641.

陈自明, 潘晓赋, 孔德平, 杨君兴. 2006. 独龙江中下游流域的鱼类区系. 信阳师范学院学报 (自然科学版), 19 (3): 306-310.

陈自明, 吴晓云, 肖蘅. 2010. 中国澜沧江墨头鱼属一新种 (鲤形目, 鲤科). 信阳师范学院学报 (自然科学版), 23 (3): 381-383.

陈自明, 杨君兴, 祁文龙. 2005. 中国澜沧江南鳅属鱼类一新种. 水生生物学报, 29 (2): 146-149.

陈自明, 赵晟, 杨君兴. 2009b. 中国怒江流域墨头鱼属鱼类一新种 (鲤形目: 鲤科). 动物学研究, 30 (4): 438-444.

成庆泰. 1958. 云南的鱼类研究. 动物学杂志, 2 (3): 153-165.

成庆泰, 王存信, 田明诚, 李春生, 王玉纲, 王奇. 1975. 中国东方鲀属鱼类分类研究. 动物学报, 21 (4): 359-378, 图版 I - II.

成庆泰, 郑葆珊. 1987. 中国鱼类系统检索 (上、下册). 北京: 科学出版社.

成庆泰, 周才武. 1997. 山东鱼类志. 济南: 山东科学技术出版社.

褚新洛. 1955. 宜昌的鱼类及其在长江上下游的分布. 水生生物学集刊, (2): 81-96.

褚新洛. 1979. 鳗鲶鱼类的系统分类及演化谱系, 包括一新属和一新亚种的描述. 动物分类学报, 4 (1): 72-82.

褚新洛. 1981a. 鮡属和石爬鮡属的订正包括一新种的描述. 动物学研究, 2 (1): 25-31.

褚新洛. 1981b. 中国鲥属鱼类的初步整理. 动物学研究, 2 (2): 145-156.

褚新洛. 1982. 褶鮡属鱼类的系统发育及二新种的记述. 动物分类学报, 7 (4): 428-437.

褚新洛. 1984. 我国的低线鳅属鱼类小结包括一新种的描述. 动物学研究, 5 (1): 95-102.

褚新洛, 陈银瑞. 1978. 金线鱼亚种分化的研究. 动物学报, 24 (3): 255-259.

褚新洛, 陈银瑞. 1979. 地下河中盲鱼一新种——个旧盲条鳅. 动物学报, 25 (3): 285-287.

褚新洛, 陈银瑞. 1982. 鲤科盲鱼一新属新种及其系统关系的探讨. 动物学报, 28 (4): 383-388.

褚新洛, 陈银瑞, 等. 1989. 云南鱼类志 (上册). 北京: 科学出版社.

褚新洛, 陈银瑞, 等. 1990. 云南鱼类志 (下册). 北京: 科学出版社.

褚新洛, 崔桂华. 1985. 金线鲃属的初步整理及其种间亲缘关系. 动物分类学报, 10 (4): 435-441.

褚新洛, 崔桂华. 1987. 中国鲤科鱼类墨头鱼属分类的整理. 动物分类学报, 12 (1): 93-100.

褚新洛, 崔桂华, 周伟. 1993. 盘鉤属鱼类的分类研究及两新种记述 (鲤形目: 鲤科). 动物分类学报, 18 (2): 237-246.

褚新洛, 郑葆珊, 戴定远, 等. 1999. 中国动物志·硬骨鱼纲·鲇形目. 北京: 科学出版社.

褚耀钰. 1991. 台湾沿岸产大鳞鮻 *Liza macrolepis*、前鳞鮻 *L. affinis* 及乌鱼 *Mugil cephalus* 之种群关系之研究 (The interrelationship within and between the species of *Liza macrolepis*, *Liza affinis* and *Mugil cephalus* from Taiwan). 台北: 台湾大学渔业科学研究所: 1-71.

崔桂华, 褚新洛. 1986a. 鲤科鱼类华缨鱼属的新资料. 动物分类学报, 11 (4): 425-428.

崔桂华, 褚新洛. 1986b. 似鱎属的系统地位及种的分化 (鲤形目: 鲤科). 动物学研究, 7 (1): 79-84.

崔桂华, 褚新洛. 1990. 鲤科鱼类鲈鲤的亚种分化和分布. 动物分类学报, 15 (1): 118-123.

崔桂华, 李再云. 1984. 鲃亚科鱼类一新种. 动物分类学报, 9 (1): 110-112.

崔桂华, 杨君兴, 陈小勇, 莫明忠, 喻志勇, 黄庭国. 2000. 中国鲤科鱼类新记录——小口猪嘴鲃. 动物学研究, 21 (4): 286, 302.

戴定远. 1985. 中国犁头鳅属一新种 (鲤形目: 平鳍鳅科). 动物分类学报, 10 (2): 221-224.

邓其祥. 1996. 四川省鱊属鱼类一新种的记述. 四川师范学院学报 (自然科学版), 17 (4): 19-21, 40.

邓思明, 熊国强, 詹鸿禧. 1981. 中国真鲨属三新种. 动物分类学报, 6 (2): 216-220.

邓思明, 熊国强, 詹鸿禧. 1983a. 东海深海软骨鱼类三新种. 海洋与湖沼, 14 (1): 64-70.

邓思明, 熊国强, 詹鸿禧. 1983b. 东海深海鱼类两新种. 动物分类学报, 8 (3): 317-322.

丁瑞华. 1990. 红鲌属鱼类一新亚种 (鲤形目: 鲤科). 动物分类学报, 15 (2): 246-250.

丁瑞华. 1992. 贵州省云南鳅属鱼类一新种记述 (鲤形目: 鳅科). 动物分类学报, 17 (4): 489-491.

丁瑞华. 1993. 四川西部高原鳅属鱼类两新种 (鲤形目: 鳅科). 动物分类学报, 18 (2): 247-252.

丁瑞华. 1994. 四川鱼类志. 成都: 四川科学技术出版社.

丁瑞华. 1995. 四川西部云南鳅属鱼类一新种记述 (鲤形目: 鳅科). 动物分类学报, 20 (2): 253-256.

丁瑞华, 邓其祥. 1990. 四川省条鳅亚科鱼类的研究——I. 副鳅、条鳅和山鳅属鱼类的整理 (鲤形目: 鳅科). 动物学研究, 11 (4): 285-290.

丁瑞华, 傅天佑, 叶妙荣. 1991. 中国鮡属鱼类二新种记述 (鲇形目: 鮡科). 动物分类学报, 16 (3): 369-374.

丁瑞华, 赖琪. 1996. 四川省高原鳅属鱼类一新种 (鲤形目: 鳅科). 动物分类学报, 21 (3): 374-376.

丁瑞华, 万盛国. 1997. 鮡属三种鱼类 DNA 指纹图比较及一新种记述//中国鱼类学会. 1997. 鱼类学论文集 (第六辑). 北京: 科学出版社: 15-21.

董崇智, 李怀明, 牟振波, 战丕荣. 2001. 中国淡水冷水性鱼类. 哈尔滨: 黑龙江科学技术出版社.

杜丽娜, 黄艳飞, 陈小勇, 杨君兴. 2008. 云南鱼类三新纪录及驮娘江鱼类的区系存在度分析. 动物学研究, 29 (1): 69-77.

方力行, 陈义雄, 韩侨权. 1996. 高雄县河川鱼类志. 高雄: 高雄县政府.

方树淼, 许涛清. 1980. 陕西汉水扁尾薄鳅的一新亚种. 动物学研究, 1 (2): 265-268.

方树淼, 许涛清, 崔桂华. 1984a. 鮡属 *Pareuchiloglanis* 鱼类一新种. 动物分类学报, 9 (2): 209-211.

方树淼, 许涛清, 宋世良, 王香亭, 陈景星. 1984b. 陕西省鱼类区系研究. 兰州大学学报, 20 (1): 97-115.

费宇红, 张光辉, 曹寅白, 李惠娣. 2001. 海河流域平原浅层地下水消耗与可持续利用. 水文, 21 (6): 10-13.

《福建鱼类志》编写组. 1984. 福建鱼类志 (上卷). 福州: 福建科学技术出版社.

《福建鱼类志》编写组. 1985. 福建鱼类志 (下卷). 福州: 福建科学技术出版社.

弗里克 (Fricke R), 伍汉霖 (Wu Hanlin). 1992. 中国鮨科 (Callionymidae) 鱼类的研究 (Revision of the Chinese Species of the Dragonet Family Callionymidae Teleostei). 天津自然博物馆论文集, 9: 1-42.

傅朝君, 刘宪亭, 鲁大椿, 何裕康, 贺昌辉, 邹武, 秦元祥, 谢明汉, 田应培, 谢大敬, 柯蕙陶, 张昌方. 1985. 葛洲坝下中华鲟人工繁殖. 淡水渔业, (1): 1-5.

傅天佑, 叶妙荣. 1983. 薄鳅属一新种——小眼薄鳅. 动物学研究, 4 (2): 121-124.

傅天佑, 叶妙荣. 1984. 四川裂腹鱼属一新种的记述. 动物学研究, 5 (2): 165-169.

甘西, 陈小勇, 杨君兴. 2007. 广西云南鳅属鱼类一新种记述. 动物学研究, 28 (3): 321-324.

甘西, 吴铁军, 韦慕兰, 杨剑. 2013. 中国广西金线鲃属盲鱼一新种——安水金线鲃 (*Sinocyclocheilus anshuiensis* sp. nov.). 动物学研究, 34 (5): 459-463.

高翠萍. 1992. 台湾产主要鳀科鱼类 (日本鳀、异叶银带鳀、布氏银带鳀) 种间关系之研究 [Intra- and inter-specific relationship of three kinds of anchovies (*Engraulis japonica*, *Encrasicholina heteroloba* and *Encrasicholina punctifer*) from coastal waters of Taiwan]. 台北: 台湾大学渔业科学研究所: 1-125.

管哲成, 唐文乔, 伍汉霖. 2010. 中国鼬鳚科鱼类二新纪录种暨亚科、属和种的分类检索. 动物分类学报, 35 (4): 939-943.

管哲成, 唐文乔, 伍汉霖. 2012. 中国犁齿鲷属鱼类一新种 (鲈形目, 鲷科). 动物分类学报, 37 (1): 217-221.

郭芳, 姜光辉, 裴建国, 章程. 2002. 广西主要地下河水质评价及其变化趋势. 中国岩溶, 21 (3): 195-201, 205.

郭金泉, 沈曼雯, 郑先佑. 2010. 台湾鲑鱼与樱鲑志. 台中: 天空数位图书有限公司.

郭兰香, 高玮. 1965. 辽河流域苏氏六须鲇的初步观察. 动物学杂志, 7 (3): 124.

郭宪光, 张耀光, 何舜平. 2004. 中国石爬鮡属鱼类的形态变异及物种有效性研究. 水生生物学报, 28 (3): 260-268.

郭延蜀, 孙治宇, 符建荣, 刘少英, 郭振伟, 杨骏. 2012. 安氏高原鳅的再发现及其模式产地探讨. 动物分类学报, 37 (4): 912-914.

郭志华, 刘祥梅, 肖文发, 王建力, 孟畅. 2007. 基于 GIS 的中国气候分区及综合评价. 资源科学, 29 (6): 2-9.

国家水产总局南海水产研究所, 等. 1979. 南海诸岛海域鱼类志. 北京: 科学出版社.

韩侨权, 方力行. 1997. 台南县河川湖泊鱼类志. 台南: 台湾海洋生物博物馆.

郝天和. 1960. 梁子湖沙鳢的生态研究. 水生生物学集刊, 2: 145-158.

何春林, 宋昭彬, 张鹗. 2011. 中国高原鳅属鱼类及其分类研究现状. 四川动物, 30 (1): 150-155.

何纪昌, 黄克武, 李华恩. 1995. 刀鲚属鱼类的数值分类及一个新种的描述. 云南大学学报 (自然科学版), 17 (3): 278-283.

何纪昌, 刘振华. 1980. 红鲌属的一新亚种. 动物学研究, 1 (4): 483-485.

何纪昌, 王重光. 1984. 白鱼属鱼类的数值分类包括二新种和一新亚种的描述. 动物分类学报, 9 (1): 100-109.

何名巨, 陈银瑞. 1981. 中国粒鲇属 *Akysis* 鱼类二新种. 动物学研究, 2 (3): 209-214.

何茜, 李旭, 周伟, 李奇生. 2013. 缺须墨头鱼不同地理居群的形态分化. 广西师范大学学报 (自然科学版), 31 (4): 128-133.

何舜平. 1991. 鳅鮀鱼类鳔囊结构及系统发育研究 (鲤形目: 鲤科). 动物分类学报, 16 (4): 490-495.

何舜平. 1996. 云南黑鮡属鱼类一新种 (鲇形目: 鮡科). 动物分类学报, 21 (3): 380-382.

何舜平, 刘焕章, 陈宜瑜, Masayuki K, Tsuneo N, 钟扬. 2004. 基于细胞色素 *b* 基因序列的鲤科鱼类系统发育研究 (鱼纲: 鲤形目). 中国科学 (C 辑) 生命科学, 34 (1): 96-104.

何宣庆. 2002. 台湾地区深海鮟鱇 (鮟鱇目: 角鮟鱇亚目) 之分类研究 [Taxonomy Study of the Deep-sea Anglerfishes (Lophiiformes: Ceratioidei) from Taiwan]. 基隆: 台湾海洋大学水产养殖学系: 1-93.

侯飞侠, 何春林, 张雪飞, 宋昭彬. 2010. 高原鳅属鱼类雄性第二性征. 动物分类学报, 35 (1): 101-107.

胡舜智. 1976. 吴郭鱼类引进台湾的再检讨. 中国水产, 280: 4-5.

胡学友, 蓝家湖, 张春光. 2004. 广西鲇属一新种及其性状讨论 (鲇形目, 鲇科). 动物分类学报, 29 (3): 586-590.

湖北省水生生物研究所鱼类研究室. 1976. 长江鱼类. 北京: 科学出版社.

湖南省水产科学研究所. 1977. 湖南鱼类志. 长沙: 湖南人民出版社.

湖南省水产科学研究所. 1980. 湖南鱼类志 (修订重版). 长沙: 湖南科学技术出版社.

黄爱民, 杜丽娜, 陈小勇, 杨君兴. 2009. 广西岭鳅属鱼类一新种——大鳞岭鳅记述. 动物学研究, 30 (4): 445-448.

黄宏金, 张卫. 1986. 长江鱼类三新种. 水生生物学报, 10 (1): 99-100.

黄顺友. 1979. 云南南部的长臀鲃属 (*Mystacoleucus*) 鱼类. 动物分类学报, 4 (4): 419-421.

黄顺友. 1981. 中国刀鲇属 *Platytropius* Hora 鱼类二新种. 动物分类学报, 6 (4): 437-440.

黄顺友. 1985a. 云南裂腹鱼类三新种及二新亚种. 动物学研究, 6 (3): 209-217.

黄顺友. 1985b. 中国虹科新纪录. 动物学研究, 6 (1): 78.

黄顺友. 1989. 云南盘鮈属 *Discogobio* 鱼类四新种. 动物学研究, 10 (4): 355-361.

黄顺友, 陈宜瑜. 1986. 中甸重唇鱼和裸腹重唇鱼的系统发育关系及其动物地理学分析. 动物分类学报, 11 (1): 100-107.

黄玉瑶. 1988. 青鳉的生物学特性与饲养管理技术. 动物学杂志, 23 (6): 28-31.

黄增岳, 杨家驹. 1983. 东沙群岛邻近海域的深海鱼类 I. 灯笼鱼目 (Myctophiformes)//中国科学院南海海洋研究所. 南海海洋生物研究论文集 (1). 北京: 海洋出版社: 234-255.

黄增岳, 杨家驹. 1984. 东沙群岛邻近海域的深海鱼类Ⅲ: 长尾鳕目 (Macruriformes)、金眼鲷目 (Beryciformes) 等. 热带海洋, 3 (3): 44-49.

黄智弘, 李再培. 1987. 棒花鱼属一新种: 拉林棒花鱼 (鲤科: 鮈亚科). 黑龙江水产, 1: 7-10.

黄宗国, 伍汉霖. 2012. 鱼类//黄宗国, 林茂. 2012. 中国海洋物种多样性 (下册). 北京: 海洋出版社.

黄宗国, 伍汉霖, 邵广昭, 林茂. 2014. 中国海洋游泳生物. 厦门: 国家海洋局第三海洋研究所: 1-306.

贾敬德. 1984. 鲟鱼类增殖研究的现状及展望. 淡水渔业, (3): 32-35.

贾敬德, 王志玲. 1981. 两种鲟鱼的生态简介. 淡水渔业, (6): 12-13.

江苏省淡水水产研究所, 南京大学生物系. 1987. 江苏淡水鱼类. 南京: 江苏科学技术出版社.

金鑫波. 2006. 中国动物志·硬骨鱼纲·鲉形目. 北京: 科学出版社.

柯福恩, 胡德高, 张国良. 1984. 葛洲坝水利枢纽对中华鲟的影响——数量变动调查报告. 淡水渔业, 14 (3): 16-19.

柯福恩, 胡德高, 张国良, 罗俊德. 1985. 葛洲坝中华鲟产卵群体性腺退化的观察. 淡水渔业, (4): 38-42.

匡庸德, 李春生, 梁森汉. 1984. 东方鲀属鱼类一新种——圆斑东方鲀. 海洋湖沼通报, (4): 58-61.

蓝家湖, 甘西, 吴铁军, 杨剑. 2013. 广西洞穴鱼类. 北京: 科学出版社.

蓝家湖, 杨君兴, 陈银瑞. 1995. 广西条鳅亚科鱼类二新种 (鲤形目: 鳅科). 动物分类学报, 20 (3): 366-372.

蓝家湖, 杨君兴, 陈银瑞. 1996. 广西洞穴鱼类一新种 (鲤形目: 鳅科). 动物学研究, 17 (2): 109-112.

蓝家湖, 赵亚辉, 张春光. 2004. 中国广西金线鲃属一新种 (鲤形目, 鲤科, 鲃亚科). 动物分类学报, 29 (2): 377-380.

蓝永保, 覃旭传, 蓝家湖, 修立辉, 杨剑. 2017. 广西金线鲃属鱼类一新种记述. 信阳师范学院学报 (自然科学版), 30 (1): 99-101.

李柏锋. 2003. 台湾海域角鲨目之系统分类及分子类缘关系之研究 (Taxonomic and Molecular Phylogenetic Study of the Order Squaliformes from Taiwan). 台北: 台湾大学海洋研究所硕士学位论文: 1-122.

李操, 陈自明. 2003. 西昌白鱼一新亚种描述及其亚种分化 (鲤形目, 鲤科). 动物分类学报, 28 (2): 362-366.

李帆, 钟俊生. 2007. 中国浙江省吻虾虎鱼属一新种 (鲈形目: 虾虎鱼科). 动物学研究, 28 (5): 539-544.

李帆, 钟俊生. 2009. 中国广东省虾虎鱼一新种——周氏吻虾虎鱼 (*Rhinogobius zhoui*) (鲈形目: 虾虎鱼科). 动物学研究, 30 (3): 327-333.

李帆, 钟俊生, 伍汉霖. 2007. 福建吻虾虎鱼属一新种 (鲈形目, 虾虎鱼科). 动物分类学报, 32 (4): 981-985.

李光华, 吴俊颉, 冷云, 周睿, 潘晓赋, 韩非, 李顺勇, 梁祥. 2018. 云南珠江水系金线鲃属鱼类一新种——龙山金线鲃. 中国农学通报, 34 (5): 153-158.

李国良. 1978. 中国小公鱼属一新种. 动物学报, 24 (2): 193-195.

李国良. 1989. 中国金线鲃属一新种 (鲤形目: 鲤科: 鲃亚科). 动物分类学报, 14 (1): 123-126.

李捷, 李新辉, 陈湘粦. 2008. 广西薄鳅属鱼类一新种 (鲤形目, 鳅科). 动物分类学报, 33 (3): 630-633.

李明德. 1992. 河北鱼类志. 北京: 海洋出版社.

李明德, 张銮光, 刘修业, 王良臣, 杨竹舫, 李玉和, 李国良. 1990. 天津鱼类. 北京: 海洋出版社.

李树青. 1998. 福建省平鳍鳅科鱼类的研究. 水产学报, 22 (3): 260-264.

李树深. 1973. 中国鱼类新记录. 动物学报, 19 (3): 305.

李树深. 1984a. 高臀纹胸鮡 *Glyptothorax fukiensis* (Rendahl) (新组合) 的种下分类研究. 云南大学学报, (3): 63-69, 124-125.

李树深. 1984b. 中国纹胸鮡属 (*Glyptothorax* Blyth) 鱼类的分类研究. 云南大学学报, (2): 75-89.

李思忠. 1965. 黄河鱼类区系的探讨. 动物学杂志, 7 (5): 217-222.

李思忠. 1966a. 陕西太白山细鳞鲑的一新亚种. 动物分类学报, 3 (1): 92-94.

李思忠. 1966b. 中国鲱科鱼类新种及新纪录. 动物分类学报, 3 (2): 167-173.

李思忠. 1976. 采自云南省澜沧江的我国鱼类新纪录. 动物学报, 22 (1): 117-118.

李思忠. 1981a. 中国淡水鱼类的分布区划. 北京: 科学出版社.

李思忠. 1981b. 南海红娘鱼属二新种. 动物学研究, 2 (4): 295-300.

李思忠. 1987. 中国鲟形目鱼类地理分布的研究. 动物学杂志, 22 (4): 35-40.

李思忠. 2015. 黄河鱼类志. 台北: 水产出版社.

李思忠, 戴定远, 张世义, 马桂珍, 何振威, 高顺典. 1966. 新疆北部鱼类的调查研究. 动物学报, 18 (1): 41-56.

李思忠, 王惠民. 1982. 丝指鳒鲆新种的描述. 海洋与湖沼, 13 (4): 354-357.

李思忠, 王惠民. 1995. 中国动物志·硬骨鱼纲·鲽形目. 北京: 科学出版社: 1-433.

李思忠, 王惠民, 伍玉明. 1983. 中国金眼鲷目鱼类的系统分类及检索. 动物学研究, 4 (1): 65-70.

李思忠, 张春光. 2011. 中国动物志·硬骨鱼纲·银汉鱼目、鳉形目、颌针鱼目、蛇鳚目、鳕形目. 北京: 科学出版社.

李思忠, 张世义. 1974. 甘肃省河西走廊鱼类新种及新亚种. 动物学报, 20 (4): 414-419.

李维贤. 1985. 云南金线鲃属 *Sinocyclocheilus* 鱼类四新种 (鲤形目: 鲤科). 动物学研究, 6 (4): 423-429.

李维贤. 1987. 云南省平鳍鳅科鱼类一新种 (鲤形目: 平鳍鳅科: 平鳍鳅亚科). 动物分类学报, 12 (1): 101-103.

李维贤. 1992. 金线鲃属三新种记述. 水生生物学报, 16 (1): 57-61.

李维贤. 1996. 为云南大鳞近金线鲃更改学名. 水产学杂志, 9 (2): 95.

李维贤. 2004. 云南鳅科鱼类 3 新种记述. 吉首大学学报 (自然科学版), 25 (3): 93-96.

李维贤, 安莉. 2013. 昆明金线鲃属一新种——伍氏金线鲃. 吉首大学学报 (自然科学版), 34 (1): 82-84.

李维贤, 陈爱玲, 武德方, 许坤. 1996. 中国金线鲃资源调查及保护利用的初步研究. 水产学杂志, 9 (2): 58-71.

李维贤, 段森. 1999. 昆明观赏鱼类一新种——虎纹云南鳅. 云南农业大学学报, 14 (3): 254-256.

李维贤, 蓝家湖. 1992. 广西鲤鱼类一新属三新种. 湛江水产学院学报, 12 (2): 46-51.

李维贤, 蓝家湖, 陈善元. 2003. 广西洞穴金线鲃一新种——九圩金线鲃. 广西师范大学学报 (自然科学版), 21 (4): 83-85.

李维贤, 廖永平, 杨洪福. 2002. 云南东部金线鲃属二新种记述. 云南农业大学学报, 17 (2): 161-163.

李维贤, 卢宗民, 卯卫宁, 孙荣富. 1996. 云南盘鮈属 *Discolabeo* 鱼类一新种. 水产学杂志, 9 (2): 20-22.

李维贤, 卯卫宁. 2007. 云南石林洞穴金线鲃一新种 (鲤形目, 鲤科). 动物分类学报, 32 (1): 226-229.

李维贤, 卯卫宁, 卢宗民. 2002. 云南鲤科鱼类一新种记述. 湛江海洋大学学报, 22 (1): 1-2.

李维贤, 卯卫宁, 卢宗民, 孙荣富, 陆海生. 1998. 云南高原平鳍鳅科鱼类二新种. 水产学杂志, 11 (1): 1-3.

李维贤, 卯卫宁, 卢宗民, 晏维柱. 2003. 中国金线鲃属鱼类二新种记述. 吉首大学学报 (自然科学版), 24 (2): 63-65.

李维贤, 卯卫宁, 孙荣富, 卢宗民. 1994. 云南省云南鳅属鱼类二新种 (鲤形目: 鳅科). 动物分类学报, 19 (3): 370-374.

李维贤, 冉景丞, 陈会明. 2006. 中国野鲮亚科鱼类一新属新种记述. 湛江海洋大学学报, 26 (3): 1-2.

李维贤, 孙荣富, 卢宗民, 卯卫宁. 1999. 云南省华吸鳅属鱼类一新种. 水产学杂志, 12 (2): 45-47.

李维贤, 陶进能. 1994. 云南鲤科鱼类一新种——犀角金线鲃. 湛江水产学院学报, 14 (1): 1-3.

李维贤, 陶进能, 卯卫宁, 卢宗民. 2000. 云南东部云南鳅属二新种记述 (鲤形目: 鳅科). 动物分类学报, 25 (3): 349-353.

李维贤, 武德方, 陈爱玲. 1994. 云南金线鲃属 *Sinocyclocheilus* 鱼类研究. 水产学杂志, 7 (2): 6-12.

李维贤, 武德方, 陈爱玲. 1998. 云南金线鲃属鱼类二新种 (鲤形目: 鲤科). 湛江海洋大学学报, 18 (4): 1-5.

李维贤, 武德方, 陈爱玲, 徐忠华. 1995. 白鱼属鱼类一新种及其营养成分. 水产学杂志, 8 (2): 80-84.

李维贤, 武德方, 许坤, 高兴明, 陈爱玲, 吴琼莉, 王建辉. 1999. 云南路南县黑龙潭水库及灌区的鱼类. 四川动物, 18 (1): 3-7.

李维贤, 肖蘅, 冯海学, 赵海林. 2005. 云南金线鲃属一新种——阿庐金线鲃 (鲤形目: 鲤科). 湛江海洋大学学报, 25 (3): 1-3.

李维贤, 肖蘅, 金学礼, 吴道军. 2005. 云南金线鲃属一新种——易门金线鲃. 西南农业学报, 18 (1): 90-91.

李维贤, 肖蘅, 昝瑞光, 罗志发, 李恒猛. 2000. 广西金线鲃属一新种. 动物学研究, 21 (2): 155-157.

李维贤, 肖蘅, 昝瑞光, 罗忠义, 班川华, 贾劲波. 2003. 广西洞穴金线鲃属一新种. 广西师范大学学报 (自然科学版), 21 (3): 80-81.

李维贤, 杨洪福, 陈宏, 陶成鹏, 戚守庆, 韩非. 2008. 中国云南高原鳅属洞穴盲鱼一新种——丘北盲高原鳅. 动物学研究, 29 (6): 674-678.

李维贤, 杨洪福, 韩非, 陶成鹏, 洪艳, 陈宏. 2007. 云南洞穴盲金线鲃一新种 (鲤形目: 鲤科). 广东海洋大学学报, 27 (4): 1-3.

李维贤, 祝志刚. 2000. 洞穴高原鳅属一新种记述. 云南大学学报 (自然科学版), 22 (5): 396-398.

李维贤, 宗祖国, 侬瑞斌, 赵春和. 2000. 云南金线鲃属鱼类一新种——麻花金线鲃. 云南大学学报 (自然科学版), 22 (1): 79-80.

李旭. 2006. 中国鲇形目鮡科鰋鮡群鱼类的系统发育及生物地理学分析. 昆明: 西南林学院硕士学位论文.

李旭, 李凤莲, 刘凯, 周伟. 2008. 中国伊洛瓦底江和怒江褶鮡属鱼类的形态差异及分类地位. 动物学研究, 29 (1): 83-88.

李再云, 陈银瑞. 1985. 云南平鳍鳅科鱼类二新种. 动物学研究, 6 (2): 169-173.

李再云, 陈银瑞, 杨君兴, 陈小勇. 1998. 澜沧江短吻鱼属鱼类. 动物学研究, 19 (6): 453-457.

连珍水. 1988. 九龙江鱼类区系的研究. 福建水产, (3): 42-51.

梁亮, 刘传玺, 吴启林. 1987. 广西鲃亚科鱼类一新种. 广西农学院学报, (2): 77-80.

梁润生. 1974. 平鳍鳅之分布与适应构造并记载台湾产平鳍鳅之一新种. "中研院"生物与环境专题研讨会讲稿集: 141-156.

梁旭方, 何珊, 等. 2018. 鳜鱼遗传育种与饲料养殖. 北京: 科学出版社.

廖吉文, 王大忠, 罗志发. 1997. 南鳅属鱼类一新种及一新亚种 (鲤形目: 鳅科: 条鳅亚科). 遵义医学院学报, 20 (2-3): 4-6.

林人端, 罗志发. 1986. 广西溶洞内生活的盲鱼——金线鲃属一新种. 水生生物学报, 10 (4): 380-382.

林人端, 张春光. 1986. 鲃亚科鱼类一新种 (鲤形目: 鲤科). 动物分类学报, 11 (1): 108-110.

林书颜. 1931. 南中国之鲤鱼及似鲤鱼类之研究. 广州: 广东建设厅水产试验场.

林书颜. 1932. 香港附近淡水鱼类调查. 水产汇志, 1 (2): 6-9.

林筱龄. 2003. 利用耳石估算台湾海域剑旗鱼幼鱼的日龄与成长 (Age and growth study of the young swordfish *Xiphias gladius* in Taiwan waters using otoliths). 台北: 台湾大学海洋研究所硕士学位论文: 1-67.

林曜松. 1984. 台湾地区具有被指定为自然文化景观之调查研究报告 (淡水鱼之部): 177.

林曜松, 曾晴贤. 1985. 垦丁公园南仁山生态保护区水域动物生态研究——二、南仁山淡水鱼类及水生无脊椎动物简说. 台北: 台湾自然生态保育协会.

林义浩. 2003. 广东纹胸鮡属鱼类一新种 (鲇形目, 鮡科). 动物分类学报, 28 (1): 159-162.

林昱, 李超, 宋佳坤. 2012. 中国贵州省穴居盲鳅一新种 (鲤形目, 爬鳅科). 动物分类学报, 37 (3): 640-647.

刘蝉馨, 秦克静, 等. 1987. 辽宁动物志 (鱼类). 沈阳: 辽宁科学技术出版社.

刘成汉. 1964. 四川鱼类区系的研究. 四川大学学报, (2): 95-138.

刘成汉. 1965. 鲇鱼种的新资料. 四川大学学报, (1): 99-104.

刘成汉. 1979. 有关白鲟的一些资料. 水产科技情报, (1): 13-14, 32.

刘成汉. 1981. 四川鲤鱼一新亚种的记述. 四川大学学报, (2): 95-147.

刘成汉, 丁瑞华. 1982. 四川马湖鲤鱼一新种的记述. 四川大学学报 (4): 71-74.

刘焕章. 1993. 鳜类的骨骼解剖及其系统发育的研究. 武汉: 中国科学院水生生物研究所博士学位论文.

刘静, 陈咏霞, 马琳. 2015. 黄渤海鱼类图志. 北京: 科学出版社: 1-337.

刘静, 等. 2016. 中国动物志·硬骨鱼纲·鲈形目 (四). 北京: 科学出版社: 1-311.

刘静, 吴仁协, 康斌, 马琳. 2016. 北部湾鱼类图鉴. 北京: 科学出版社.

刘明玉, 解玉浩, 季达明. 2000. 中国脊椎动物大全. 沈阳: 辽宁大学出版社.

刘文斌. 1995. 中国鲹属4种鱼的生化和形态比较及其系统发育的研究. 海洋与湖沼, 26 (5): 558-564.

刘振华, 何纪昌. 1983. 云南白鱼属鱼类二新亚种的描述. 云南大学学报, 3 (11): 102-105.

卢玉发, 卢宗民, 卯卫宁. 2005. 云南似原吸鳅属鱼类一新种记述 (鲤形目, 平鳍鳅科). 动物分类学报, 30 (1): 202-204.

罗福广, 黄杰, 刘霞, 罗通, 文衍红. 2016. 广西金线鲃属鱼类一新种——融安金线鲃. 南方农业学报, 47 (4): 650-655.

罗相忠. 1996. 俄罗斯亚洲地区几种鲟类生物学简述. 淡水渔业, 26 (3): 25-26.

罗云林. 1990. 鲂属鱼类的分类整理. 水生生物学报, 14 (2): 160-165.

罗云林. 1994. 鲌属和红鲌属模式种的订正. 水生生物学报, 18 (1): 45-49.

罗云林. 1995. 中国鲌亚科一新属 (鲤形目: 鲤科). 水生生物学报, 2: 封3.

罗云林. 1996. 鲹属鱼类一新亚种 (鲤科: 雅罗鱼亚科). 水生生物学报, 20 (3): 291-292.

罗云林, 陈宜瑜, 黄宏金. 1985. 广西鲤科鱼类二新种. 水生生物学报, 9 (3): 280-284.

马波, 范兆廷. 2013. 利用线粒体D-loop基因序列分析黑龙江上游北极茴鱼群体遗传结构. 水产学杂志, 26 (6): 7-12.

马波, 霍堂斌, 姜作发. 2007. 中国黑龙江水系茴鱼属一新纪录种 (鲑形目, 茴鱼科). 动物分类学报, 34 (4): 986-988.

马波, 尹家胜, 李景鹏. 2005. 黑龙江流域两种细鳞鲑的形态学比较及其分类地位初探. 动物分类学报, 30 (2): 257-260.

马骏, 邓中粦, 邓昕, 蔡明艳. 1996. 白鲟年龄鉴定及其生长的初步研究. 水生生物学报, 20 (2): 150-159.

马敏钦. 1989. 台湾龟山岛海域日本金梭之生殖生物学研究. 基隆: 台湾海洋学院渔业研究所: 1-60.

卯卫宁, 卢宗民, 李维贤, 马鸿宾, 黄钢. 2003. 云南洞穴金线鲃属鱼类 (鲤科) 一新种. 湛江海洋大学学报, 23 (3): 1-3.

孟庆闻, 朱元鼎, 李生. 1985a. 南海深海猫鲨科4新种. 海洋与湖沼, 16 (1): 43-50.

孟庆闻, 朱元鼎, 李生. 1985b. 中国角鲨目铠鲨科一新种. 动物分类学报, 10 (4): 442-444.

闵锐, 叶莲, 陈小勇, 杨君兴. 2009. 滇池金线鲃形态度量学分析 (Cypriniformes: Cyprinidae). 动物学研究, 30 (6): 707-712.

莫天培, 褚新洛. 1986. 中国纹胸鮡属 Glyptothorax Blyth 鱼类的分类整理 (鲇形目 Siluriforme, 鮡科 Sisoridae). 动物学研究, 7 (4): 339-350.

尼科尔斯基. 1960. 黑龙江流域鱼类. 高岫译. 北京: 科学出版社.

倪勇, 陈校辉, 周刚. 2005. 中国片唇鮈属鱼类一新种 (鲤形目: 鲤科). 上海水产大学学报, 14 (2): 122-126.

倪勇, 李春生. 1992. 中国东方鲀属鱼类一新种——晕环东方鲀. 海洋与湖沼, 23 (5): 527-532.

倪勇, 伍汉霖. 1985. 中国阿匍虾虎鱼属和刺虾虎鱼属的两新种. 水产学报, 9 (4): 383-388.

倪勇, 伍汉霖. 2006. 江苏鱼类志. 北京: 中国农业出版社: 1-963.

倪勇, 伍汉霖, 李生. 1989. 中国双角鮟鱇科二属二种鱼类的新记录//中国水产科学研究院南海水产研究所. 1989. 南海水产研究文集 (第一辑). 广州: 广东科技出版社: 87-94.

倪勇, 伍汉霖, 李生. 1990. 拟鮟鱇属 Lophiodes (Pisces: Lophiidae) 之一新种. 水产学报, 14 (4): 341-343.

倪勇, 伍汉霖, 李生. 2012. 宽鳃鮟鱇属一新种. 动物分类学报, 37 (1): 211-216.

倪勇, 朱成德. 2005. 太湖鱼类志. 上海: 上海科学技术出版社.

欧武雄. 2006. 台湾东北海域燧鲷科分类与燧鲷生殖生物学之研究 (Taxonomy of Trachichthyidae Slimehead and Reproductive Biology of the *Hoplostethus crassispinus* in the northeast water of Taiwan). 基隆: 台湾海洋大学环境生物与渔业科学学系硕士学位论文: 1-82.

潘炯华. 1987. 珠江水系北江渔业资源. 广州: 广东科技出版社.

潘炯华, 刘成汉, 郑文彪. 1983. 广东北江平鳍鳅科鱼类二新种的记述. 华南师范大学学报 (自然科学版), (2): 105-109.

潘晓赋, 李列, 杨君兴, 陈小勇. 2013. 云南红河水系金线鲃属鱼类一新种——西畴金线鲃. 动物学研究, 34 (4): 368-373.

秦克静, 金鑫波. 1992. 中国杜父鱼科的一新属新种. 大连水产学院学报, 6 (3-4): 1-5.

丘书院. 1982. 南海沙丁鱼类研究. 厦门大学学报 (自然科学版), 21 (1): 55-67, 图版107-111.

冉景丞, 李维贤, 陈会明. 2006. 广西洞穴盲副鳅一新种 (鲤形目: 鲤科). 广西师范大学学报 (自然科学版), 24 (3):

81-82.

任慕莲. 1981. 黑龙江鱼类. 哈尔滨: 黑龙江人民出版社.

任慕莲, 郭焱, 张人铭, 张秀善, 蔡林钢, 李红, 阿达克, 付亚丽, 刘昆仑, 邓贵忠. 2002. 中国额尔齐斯河鱼类资源及渔业. 乌鲁木齐: 新疆科技卫生出版社.

任慕莲, 武云飞. 1982. 西藏纳木错的鱼类. 动物学报, 28 (1): 80-86.

陕西省动物研究所, 中国科学院水生生物研究所, 兰州大学生物系. 1987. 秦岭鱼类志. 北京: 科学出版社.

陕西省水产研究所, 陕西师范大学生物系. 1992. 陕西鱼类志. 西安: 陕西科学技术出版社.

单乡红. 1997. 中国舟齿鱼属的分类整理//中国鱼类学会. 1997. 鱼类学论文集 (第六辑). 北京: 科学出版社: 8-14.

单乡红, 乐佩琦. 1994. 金线鲃鱼类系统发育的研究 (鲤形目: 鲤科: 鲃亚科). 动物学研究, 15 (增刊): 36-44.

邵广昭, 林沛立. 1991. 溪池钓的鱼. 台北: 度假出版社有限公司.

沈世杰. 1984a. 台湾近海鱼类图鉴. 台北: 台湾博物馆 (台湾大学动物学系).

沈世杰. 1984b. 台湾鱼类检索. 台北: 南天书局.

沈世杰. 1993. 台湾鱼类志. 台北: 台湾大学动物学系.

沈世杰, 曾晴贤. 1980. 就淡水鱼的分布探讨中国台湾与大陆及附近岛屿之关系. 中国水产, 331: 10-13.

施白南, 邓其祥. 1980. 嘉陵江鱼类名录及其调查史略. 西南师范学院学报, (2): 34-44.

施白南, 高岫. 1958. 在松花湖内采到的江鳕. 生物学通报, (1): 7-10.

石振广, 王云山, 李文龙, 朱传荣, 陈曾龙. 2002. 我国鲟类资源状况及保护利用. 上海水产大学学报, 11 (4): 317-323.

四川省长江水产资源调查组. 1987. 长江鲟鱼类生物学及人工繁殖研究. 成都: 四川科学技术出版社.

苏锦祥, 李春生. 2002. 中国动物志·硬骨鱼纲·鲀形目、海蛾鱼目、喉盘鱼目、鮟鱇目. 北京: 科学出版社: 1-495.

苏楠杰, 孙志陆, 叶素然. 2003. 以 MULTIFAN 体长频度分析法估计西太平洋海域黄鳍鲔的年龄与成长 (Estimation of growth parameters and age composition for yellowfin tuna, *Thunnus albacares*, in the western Pacific using the length-based MULTIFAN method). 台湾水产学会刊 (*Journal of the Fisheries Society of Taiwan*), 30 (2): 171-184.

孙荣富, 卯卫宁, 卢宗民, 李维贤, 陶进能. 1997. 曲靖地区鱼类十二新种研究. 水产学杂志, 10 (2): 43-48.

唐家汉. 1980. 中国鮈亚科两新种. 动物分类学报, 5 (4): 436-439.

唐莉. 2012. 岭鳅属 (*Oreonectes*) 和洞鳅属 (*Troglonectes* gen. nov.) (鲤形目: 爬鳅科) 鱼类的分类及分布格局研究. 北京: 中国科学院动物研究所硕士学位论文.

唐琼英, 刘焕章, 杨秀平, 熊邦喜. 2005. 沙鳅亚科鱼类线粒体 DNA 控制区结构分析及系统发育关系的研究. 水生生物学报, 29 (6): 645-653.

唐琼英, 俞丹, 刘焕章. 2008. 斑纹薄鳅 (*Leptobotia zebra*) 应该为斑纹沙鳅 (*Sinibotia zebra*). 动物学研究, 29 (1): 1-9.

唐文乔. 1997. 副原吸鳅属鱼类一新种 (鲤形目: 平鳍鳅科). 动物分类学报, 22 (1): 108-111.

唐文乔, 陈宜瑜. 1996. 拟腹吸鳅属鱼类额吸附器的扫描电镜观察及其亚属划分. 动物学报, 42 (3): 231-236, 图版 I.

唐文乔, 陈宜瑜. 2000. 平鳍鳅科鱼类的分类学研究. 上海水产大学学报, 9 (1): 1-10.

唐文乔, 陈宜瑜, 伍汉霖. 2001. 武陵山区鱼类物种多样性及其动物地理学分析. 上海水产大学学报, 10 (1): 6-15.

唐文乔, 胡雪莲, 杨金权. 2007. 从线粒体控制区全序列变异看短颌鲚和湖鲚的物种有效性. 生物多样性, 15 (3): 224-231.

唐文乔, 王大忠, 余涛. 1997. 爬岩鳅属鱼类一新种 (鲤形目: 平鳍鳅科). 动物学研究, 18 (1): 19-22.

唐文乔, 伍汉霖, 刘东. 2015. 中国鱼类新纪录科——法老鱼科及其一新纪录种记述 (仙女鱼目). 动物学杂志, 50 (3): 460-463.

唐文乔, 伍汉霖, 杨德康. 2009. 黑腹乌鲨——中国角鲨科鱼类一新纪录种. 动物分类学报, 34 (3): 696-698.

唐文乔, 张春光. 2002. 中国蛇鳗科鱼类一新种 (鱼纲: 鳗鲡目: 蛇鳗科). 动物分类学报, 27 (4): 854-856.

唐文乔, 张春光. 2003. 中国须鳗属鱼类一新种 (鱼纲, 鳗鲡目, 蛇鳗科). 动物分类学报, 28 (3): 551-553.

唐文乔, 张春光. 2004. 蛇鳗科分类综述及中国蛇鳗科系统分类 (鱼纲, 鳗鲡目). 上海水产大学学报, 13 (1): 16-22.

唐允安. 1963. 最近引进台湾的两种鱼类——河鲶及非洲吴郭鱼. 中国水产, (131): 2-4.

田明诚, 孙宝龄. 1982. 东海冲绳海槽深海鱼类报告. 海洋科学集刊, (9): 115-127.

田诗萦. 2004. 台湾海域巨头鳍尾鯙及小鳍鳍尾鯙基础生态学与生物学之研究 (The studies of fundamental ecology and bioligy of *Uropterygius macrocephalus* and *U. micropterus* from the waters around Taiwan). 基隆: 台湾海洋大学水产养殖学系: 1-94.

童逸修. 1959. 台湾海峡狗母鱼 (*Saurida tumbil* Bloch) 之食物习性. 经济部门台湾大学合办渔业生物试验所研究报告, 1 (3): 38-41.

汪静明. 1993. 台中县鱼类资源. 台中: 台中县政府.

王大忠. 1996. 金线鲃属及其相近类群的分类整理和金线鲃属的系统发育分析. 武汉: 中国科学院研究生院博士学位论文.

王大忠, 陈宜瑜. 1989. 贵州鲤科 Cyprinidae 鱼类三新种 (鲤形目). 遵义医学院学报, 12 (4): 29-34.

王大忠, 陈宜瑜. 2000. 金线鲃属鱼类的起源及其适应演化. 水生生物学报, 24 (6): 630-634.

王大忠, 黄跃, 廖吉文, 郑建州. 1995. 驼背鲃属 *Gibbibarbus* Dai 分类位置的订正 (鲤形目: 鲤科). 遵义医学院学报, 18 (3): 166-168.

王大忠, 李德俊. 1994. 贵州盘鮍属鱼类一新种 (鲤形目: 鲤科: 野鲮亚科). 遵义医学院学报, 17 (4): 273-275.

王大忠, 李德俊. 2001. 贵州高原鳅属鱼类二新种 (鲤形目: 鳅科: 条鳅亚科). 动物分类学报, 26 (1): 98-101.

王大忠, 廖吉文. 1997. 贵州金线鲃属鱼类一新种 (鲤形目: 鲤科: 鲃亚科). 遵义医学院学报, 20 (2-3): 1-3.

王丹, 赵亚辉, 张春光. 2005a. 中国海鲇属海鲇的分类学厘定及一新记录种——双线海鲇 (鲇形目: 海鲇科). 动物学报, 51 (3): 423-430.

王丹, 赵亚辉, 张春光. 2005b. 中国海鲇属丝鳍海鲇 (原"中华海鲇") 的分类学厘定及其性别差异. 动物学报, 51 (3): 431-439.

王汨, 李斌, 岳兴建, 耿相昌, 王志坚. 2010. 西藏鱼类一新纪录科——平鳍鳅科. 重庆师范大学学报, (1): 26-27.

王汉泉. 1982. 淡水河流域鱼种分布调查. 中国水产, 357: 7-16.

王汉泉. 1983a. 淡水河流域鱼类分布与水质关系之初步研究. 中国水产, 372: 25-34.

王汉泉. 1983b. 淡水河流域底栖生物与鱼类调查及水质评估. 台北: 经济部门水资会报告.

王汉泉. 1985a. 高屏溪鱼类分布调查. 中国水产, 392: 24-29.

王汉泉. 1985b. 淡水河水系鱼类分布与生态环境关系之研究. 台北: 经济部门水资会报告.

王汉泉. 1986. 大甲溪德基水库鱼虾类初步调查报告. 台北: 经济部门水资会报告.

王鸿媛. 1981. 北京地区薄鳅属鱼类一新种. 北京: 北京自然博物馆研究报告 12 号.

王鸿媛. 1984. 北京鱼类志. 北京: 北京出版社.

王鸿媛. 1994. 北京鱼类和两栖、爬行动物志. 北京: 北京出版社.

王火根, 范忠勇, 陈莹. 2006. 中国浙江缨口鳅属一新种 (鲤形目, 平鳍鳅科, 腹吸鳅亚科). 动物分类学报, 31 (4): 902-905.

王玲, 林银平, 王建中, 姚建闯. 1997. 黄河下游断流成因分析. 人民黄河, (10): 13-17, 21.

王律棚. 2009. 台湾迭波盖刺鱼之生活史研究 (Study on life history of the semicircle angelfish *Pomacanthus semicirculatus* in Taiwan). 上海: 东华大学海洋生物多样性及演化研究所硕士学位论文: 1-72.

王寿昆. 1997. 中国主要河流鱼类分布及其种类多样性与流域特征的关系. 生物多样性, 5 (3): 197-201.

王所安, 王志敏, 李国良, 曹玉萍, 等. 2001. 河北鱼类志. 石家庄: 河北科学技术出版社.

王伟营. 2012. 中国野鲮亚科部分类群及墨头鱼属鱼类分类、系统发育及生物地理学研究. 昆明: 中国科学院昆明动物研究所博士学位论文.

王香亭, 朱松泉. 1979. 甘肃条鳅属 (*Nemachilus*) 鱼类一新种. 兰州大学学报, (4): 129-132.

王以康. 1958. 鱼类分类学. 上海: 上海科学技术出版社.

王幼槐. 1979. 中国鲤亚科鱼类的分类、分布、起源及演化. 水生生物学集刊, 6 (4): 419-439.

王幼槐, 倪勇. 1984. 上海市长江口区渔业资源及其利用. 水产学报, (2): 147-159.

王幼槐, 庄大栋, 高礼存. 1982. 云南抚仙湖鲃亚科鱼类三新种. 动物分类学报, 7 (2): 216-222.

王幼槐, 庄大栋, 张开翔, 高礼存. 1981. 云南高原泸沽湖裂腹鱼类三新种. 动物分类学报, 6 (3): 328-333.

吴春基. 1993. 台湾西南海域产黄腹红姑鱼之生殖生物学研究 (Reproductive biology of yellowbelly threadfin bream, *Nemipterus bathybius*, from the surrounding waters of southwestern Taiwan). 基隆: 台湾海洋大学渔业研究所: 1-88.

吴鹏程, 汪楣芝. 2001. 横断山区与台湾苔藓植物的热带亲缘. 贵州科学, 19 (4): 5, 6-9.

吴清江, 易伯鲁. 1959. 鳘属鱼类和黑龙江流域鳘属鱼类的初步生态调查. 水生生物学集刊, (2): 157-163.

吴铁军, 廖振平, 甘西, 李维贤. 2010. 广西洞穴金线鲃属二新种记述 (鲤形目: 鲤科: 鲃亚科). 广西师范大学学报 (自然科学版), 28 (4): 116-120.

吴伟名, 李建中. 2017. 中国青鳞属鱼类新纪录: 鳍斑青鳞. 动物学杂志, 52 (5): 891-896.

吴秀鸿, 陈焕新, 曹兴源, 李树青. 1981. 福建光唇鱼属一新种. 武夷科学, (1): 126-127.

吴知銮, 李春青, 蓝春, 李维贤. 2018. 广西金线鲃属鱼类二新种记述. 吉首大学学报 (自然科学版), 39 (3): 55-59.

吴宗翰. 2002. 台湾北部及东北部海域底拖鱼类群聚结构之研究 (Community Structure of Bottom Trawl Fishes in the Coastal Waters of Northern and North-eastern Taiwan). 基隆: 台湾海洋大学海洋生物研究所: 1-111.

伍汉霖. 1979. 中国叶虾虎鱼属二新种. 海洋与湖沼, 10 (2): 157-160.

伍汉霖. 2002. 中国有毒及药用鱼类新志. 北京: 中国农业出版社.

伍汉霖. 2005. 有毒、药用及危险鱼类图鉴. 上海: 上海科学技术出版社.

伍汉霖, 陈义雄, 庄棣华. 2002. 中国沙塘鳢属 (Odontobutis) 鱼类之一新种 (鲈形目: 沙塘鳢科). 上海水产大学学报, 11 (1): 6-13.

伍汉霖, 金鑫波, 倪勇. 1978. 中国有毒鱼类和药用鱼类. 上海: 上海科学技术出版社.

伍汉霖, 林双淡. 1983. 中国寡鳞虾虎鱼属一新种. 水产学报, 7 (1): 83-86.

伍汉霖, 倪勇. 1985. 中国鲻虾虎鱼属 Mugilogobius 二新种. 动物学研究, 6 (4 增刊): 93-98.

伍汉霖, 邵广昭, 赖春福. 1999. 拉汉世界鱼类名典. 基隆: 水产出版社.

伍汉霖, 邵广昭, 赖春福, 庄棣华, 林沛立. 2012. 拉汉世界鱼类系统名典. 基隆: 水产出版社.

伍汉霖, 吴小清, 解玉浩. 1993. 中国沙塘鳢属鱼类的整理和一新种的叙述. 上海水产大学学报, 2 (1): 52-61.

伍汉霖, 钟俊生. 2008. 中国动物志·硬骨鱼纲·鲈形目 (五)·虾虎鱼亚目. 北京: 科学出版社.

伍汉霖, 周志明. 1990. 中国裸头鰕虎鱼属 (鲈形目鰕虎鱼科) 一新种. 水产学报, (2): 144-148.

伍律. 1989. 贵州鱼类志. 贵阳: 贵州人民出版社.

伍献文, 陈宜瑜, 陈湘粦, 陈景星. 1981. 鲤亚目鱼类分科的系统和科间系统发育的相互关系. 中国科学, (3): 369-376.

伍献文, 等. 1964. 中国鲤科鱼类志 (上卷). 上海: 上海科学技术出版社.

伍献文, 等. 1977. 中国鲤科鱼类志 (下卷). 上海: 上海人民出版社.

伍献文, 等. 1979. 中国经济动物志 (淡水鱼类). 2 版. 北京: 科学出版社.

伍献文, 等. 1982. 中国鲤科鱼类志 (下卷). 上海: 上海科学技术出版社.

伍献文, 何名巨, 褚新洛. 1981. 西藏地区的鮡科鱼类. 海洋与湖沼, 12 (1): 74-79.

伍献文, 杨干荣, 乐佩琦, 黄宏金. 1963. 中国经济动物志 (淡水鱼类). 北京: 科学出版社.

武云飞. 1984. 中国裂腹鱼亚科鱼类的系统分类研究. 高原生物学集刊, 3: 119-139.

武云飞, 陈瑗. 1979. 青海省果洛和玉树地区的鱼类. 动物分类学报, 4 (3): 287-296.

武云飞, 吕克强. 1983. 贵州省几种裂腹鱼的分类讨论. 动物分类学报, 8 (3): 335-336.

武云飞, 任慕莲. 1982. 西藏纳木错的鱼类. 动物学报, 28 (1): 80-86.

武云飞, 吴翠珍. 1984. 青海省逊木措的鱼类及高原鳅属一新种的描记. 动物分类学报, 9 (3): 326-329.

武云飞, 吴翠珍. 1988a. 长江上游鱼类的新属、新种和新亚种. 高原生物学集刊, 8: 15-24.

武云飞, 吴翠珍. 1988b. 黄河源头和星宿海的鱼类. 动物分类学报, 13 (2): 195-200.

武云飞, 吴翠珍. 1989. 青海经济动物志. 西宁: 青海人民出版社.

武云飞, 吴翠珍. 1990a. 滇西金沙江河段鱼类区系的初步分析. 高原生物学集刊, 9: 101-113.

武云飞, 吴翠珍. 1990b. 喀喇昆仑山—昆仑山地区渔业资源及渔业发展对策的初步研究. 自然资源学报, 5 (4): 354-364.

武云飞, 吴翠珍. 1992. 青藏高原鱼类. 成都: 四川科学技术出版社.

武云飞, 朱松泉. 1979. 西藏阿里鱼类分类、区系研究及资源概况//青海省生物研究所. 西藏阿里地区动植物考察报告. 北京: 科学出版社.

武云飞, 曾晓起, 孔晓瑜. 2002. 关于珍稀鱼类石川粗鳍鱼 (Trachipterus ishikawae Jordan et Snyder, 1901) 的新资料. 青岛海洋大学学报, 32 (2): 201-206.

肖蘅, 李维贤, 昝瑞光. 2004. 昆明金线鲃属三新种记述. 西南农业学报, 17 (4): 521-524.

肖蘅, 昝瑞光. 2001. 金线鲃鱼类线粒体DNA细胞色素b基因的分子进化研究 (鲤形目: 鲤科: 鲃亚科). 昆明: 云南大学博士学位论文.

肖智, 蓝宗辉, 陈湘粦. 2007. 中国麦穗鱼属一新种 (鲤形目, 鲤科). 动物分类学报, 32 (4): 977-980.

萧清毅. 2000. 网纹圆雀鲷 (Dascyllus reticulatus) 稚鱼群栖特性之研究 (The characteristic of juvenile colonization in a damselfish, *Dascyllus reticulatus*). 台北: 台湾大学海洋研究所: 1-55.

谢从新, 杨干荣, 龚立新. 1984. 湖北省的平鳍鳅科鱼类包括一新种和一新亚种的描述. 华中农学院学报, 3 (1): 62-68.

谢仲桂, 张鹗, 何舜平. 2001. 应用形态度量学方法对中华纹胸鮡和福建纹胸鮡物种有效性的研究. 华中农业大学学报 (自然科学版), 20 (2): 169-172.

解玉浩. 1981. 辽河鱼类区系//中国鱼类学会. 1981. 鱼类学论文集 (第二辑). 北京: 科学出版社: 111-119.

解玉浩. 1986a. 鸭绿江的鱼类区系//中国鱼类学会. 1986. 鱼类学论文集 (第五辑). 北京: 科学出版社: 91-100.

解玉浩. 1986b. 小鳔鮈属鱼类一新种 (鲤形目: 鲤科). 动物分类学报, 11 (2): 220-222.

解玉浩. 1987. 辽宁淡水生物资源. 沈阳: 辽宁人民出版社.

解玉浩. 2007. 东北地区淡水鱼类. 沈阳: 辽宁科学技术出版社.

新乡师范学院生物系鱼类志编写组. 1984. 河南鱼类志. 郑州: 河南科学技术出版社.

邢迎春. 2011. 基于 GIS 的中国内陆水域鱼类物种多样性、分布格局及其保育研究. 上海: 上海海洋大学博士学位论文.

许涛清, 方树淼, 王鸿媛. 1981. 薄鳅属 (*Leptobotia*) 鱼类一新种. 动物学研究, 2 (4): 379-381.

许涛清, 王开锋. 2009. 陕西省高原鳅一新种 (鲤形目, 爬鳅科). 动物分类学报, 34 (2): 381-384.

许涛清, 张春光. 1996. 西藏条鳅亚科高原鳅属鱼类一新种 (鲤形目: 鳅科). 动物分类学报, 21 (3): 377-379.

严纪平, 郑米良. 1984. 花鳅属鱼类一新种——斑条花鳅. 动物学报, 30 (1): 82-84.

杨干荣. 1987. 湖北鱼类志. 武汉: 湖北科学技术出版社.

杨干荣, 谢从新. 1983. 神农架鱼类一新种. 动物学研究, 4 (1): 71-74.

杨干荣, 袁凤霞, 廖荣谋. 1986. 中国鳅科鱼类一新种——湘西盲条鳅. 华中农业大学学报, 5 (3): 219-223.

杨洪福, 李春青, 陈泓宇, 李维贤. 2017. 云南野鲮亚科一新属新种. 吉首大学学报 (自然科学版), 38 (6): 60-62.

杨洪福, 李春青, 陈艳艳, 李维贤. 2017. 云南金线鲃属鱼类一新种——文山金线鲃. 云南大学学报 (自然科学版), 39 (3): 507-512.

杨洪福, 李春青, 李维贤. 2017. 云南省洞穴盲金线鲃一新种——额凸盲金线鲃. 吉首大学学报 (自然科学版), 38 (2): 58-60.

杨鸿嘉. 1980. 记 *Niphon spinosus* Cuvier and Valenciennes 在台湾的发现. 台湾博物馆科学年刊, 23: 141-144.

杨鸿嘉, 陈同白. 1965. 台湾重要食用鱼介图说. 农复会渔业汇刊第 10 号: 98.

杨鸿嘉, 李信彻. 1964. 台南县地方鱼类的研究 (1). 北门中学丛书第 1 号: 35.

杨鸿嘉, 李信彻. 1965. 台南县地方鱼类的研究 (2). 北门中学丛书第 4 号: 31.

杨家驹, 黄增岳. 1983. 东沙群岛邻近海域的深海鱼类 I. 鲑形目 (Salmoniformes) //中国科学院南海海洋研究所. 1983. 南海海洋生物研究论文集 (1). 北京: 海洋出版社: 217-233.

杨家驹, 黄增岳. 1992. 南海虹灯鱼属一新种——南沙虹灯鱼. 热带海洋, 11 (2): 77-82.

杨家驹, 黄增岳, 陈素芝, 李庆欣. 1996. 南沙群岛至南海东北部海域大洋性深海鱼类. 北京: 科学出版社: 1-189.

杨剑, 陈小勇, 杨君兴. 2008. 云南鳅科鱼类一新记录——越南拟鳅. 动物学研究, 29 (3): 328-330.

杨剑, 吴铁军, 蓝家湖. 2011a. 中国广西盲鳅一新种——环江高原鳅. 动物学研究, 32 (5): 566-571.

杨剑, 吴铁军, 韦日锋, 杨君兴. 2011b. 广西岭鳅属鱼类一新种——罗城岭鳅 (鲤形目: 爬鳅科). 动物学研究, 32 (2): 208-211.

杨军山, 陈毅峰. 2004a. 副沙鳅属的多变量形态分析. 动物分类学报, 29 (1): 10-16.

杨军山, 陈毅峰. 2004b. 副沙鳅属系统发育分析. 动物分类学报, 29 (2): 173-180.

杨君兴, 陈小勇, 蓝家湖. 2004. 高原特有条鳅鱼类两新种在广西的发现及其动物地理学意义. 动物学研究, 25 (2): 111-116.

杨君兴, 陈银瑞. 1995. 抚仙湖鱼类生物学和资源利用. 昆明: 云南科学技术出版社.

杨君兴, 陈银瑞, 何远辉. 1994. 滇中高原湖泊鱼类多样性的研究. 生物多样性, 2 (4): 204-209.

杨君兴, 褚新洛. 1990a. 南盘江水系三种高原鳅的分化 (鲤形目: 鳅科). 动物分类学报, 15 (3): 377-383.

杨君兴, 褚新洛. 1990b. 条鳅亚科鱼类一新属新种. 动物学研究, 11 (2): 109-114.

杨骏, 郭延蜀. 2013. 中国四川省华吸鳅属鱼类一新种 (鲤形目, 爬鳅科). 动物分类学报, 38 (4): 895-900.

杨琴, 周伟, 舒树森. 2011. 云南盘鮈不同地理居群的形态变异及分化. 动物分类学报, 36 (1): 117-124.

杨琼, 韦慕兰, 蓝家湖, 杨琴. 2011. 广西岭鳅属鱼类一新种. 广西师范大学学报 (自然科学版), 29 (1): 72-75.

杨熙, 周伟, 李旭, 李奇生. 2013. 不同地理种群东方墨头鱼 (*Garra orientalis*) 的形态分化. 动物学研究, 34 (5):

471-474.

杨秀平, 张敏莹, 刘焕章. 2002. 中国似鮈属鱼类的形态变异与地理分化研究. 水生生物学报, 26 (3): 281-285.

杨秀平, 张敏莹, 刘焕章. 2003. 蛇鮈属鱼类的形态度量学研究. 水生生物学报, 27 (2): 164-169.

杨颖. 2006. 中国鲶科鳜鲶群的系统分类. 昆明: 西南林学院硕士学位论文.

杨宇明, 田昆, 和世钧. 2008. 中国文山国家级自然保护区科学考察研究. 北京: 科学出版社: 369-375.

姚闻卿. 1976. 白鲟. 水产科技情报, (7-8): 60-61.

叶妙荣, 傅天佑. 1983. 鮈亚科鱼类一新属新种记述. 动物分类学报, 8 (4): 434-437.

叶妙荣, 傅天佑. 1986. 四川的裂腹鱼类一新种 (鲤形目: 鲤科). 动物学研究, 7 (1): 65-68.

叶妙荣, 傅天佑. 1987. 四川大渡河的鱼类资源. 资源开发与保护杂志, 3 (2): 37-40.

易伯鲁. 1955. 关于鲂鱼（平胸鳊）种类的新资料. 水生生物学集刊, 2: 115-122.

易伯鲁, 朱志荣. 1959. 中国的鲌属和红鲌属鱼类的研究. 水生生物学集刊, 2: 179-199.

于美玲, 何舜平. 2012. 鲶科鱼类系统发育关系分析及其分歧时间估算. 中国科学: 生命科学, 42 (4): 277-285.

于晓东, 罗天宏, 周红章. 2005. 长江流域鱼类物种多样性大尺度格局研究. 生物多样性, 13 (6): 473-495.

余先觉, 周暾, 李渝成, 李康, 周密. 1989. 中国淡水鱼类染色体. 北京: 科学出版社.

余志堂, 谢洪高, 易伯鲁. 1959. 黑龙江流域鳊鱼的种内变异及其生活习性. 水生生物学集刊, 2: 224-228.

余志堂, 许蕴玕, 周春生, 邓中林, 赵燕. 1981. 关于葛洲坝水利枢纽对长江鱼类资源的影响和保护鲟鱼资源的意见. 水库渔业, 2: 18-24.

袁传宓. 1976. 关于我国鲚属鱼类分类的历史和现状. 南京大学学报 (自然科学版), (2): 1-12.

袁传宓, 林金榜, 刘仁华, 秦安舲. 1978. 刀鲚的年龄和生长. 水生生物学集刊, 6 (3): 285-298.

袁大林. 1975. 中华鲟在各地水库、池塘生长良好. 水产科技情报, (7): 9.

袁刚, 茹辉军, 刘学勤. 2010. 2007-2008 年云南高原湖泊鱼类多样性与资源现状. 湖泊科学, 22 (6): 837-841.

乐佩琦. 1995. 鳍属鱼类的分类整理 (鲤形目: 鲤科). 动物分类学报, 20 (1): 116-123.

乐佩琦, 陈宜瑜. 1998. 中国濒危动物红皮书·鱼类. 北京: 科学出版社.

乐佩琦, 等. 2000. 中国动物志·硬骨鱼纲·鲤形目 (下卷). 北京: 科学出版社.

乐佩琦, 何纪昌. 1988. 白鱼属鱼类一新种. 云南大学学报, 10 (3): 233-237.

乐佩琦, 杨干荣, 杨青. 1964. 滇东云南光唇鱼的种群变异及其一些生态资料. 水生生物学集刊, 5 (1): 16-26.

曾晴贤. 1981. 台湾产平鳍鳅科鱼类之研究. 北京: 中国文化大学海洋研究所硕士学位论文.

曾晴贤. 1986. 台湾的淡水鱼类. 台北: 台湾省政府教育厅.

曾晴贤. 1990. 台湾淡水鱼 (I). 台北: 台湾 "行政院农业委员会".

曾万年. 1982. 记台湾新记录之西里伯鳗. 生物科学, 19: 57-66.

曾文阳. 1976. 新品种欧利亚吴郭鱼引进之经过. 渔牧科学, 3 (8)

詹见平. 1989. 大甲溪的鱼类. 台中: 台中县新社乡大林国民小学 (教育部门专案补助).

张春光, 蔡斌, 许涛清. 1995. 西藏鱼类及其资源. 北京: 中国农业出版社.

张春光, 戴定远. 1992. 中国金线鲃属一新种——季氏金线鲃 (鲤形目: 鲤科: 鲃亚科). 动物分类学报, 17 (3): 377-379.

张春光, 等. 2010. 中国动物志·硬骨鱼纲·鳗鲡目、背棘鱼目. 北京: 科学出版社: 1-435.

张春光, 赵亚辉. 2000. 原缨口鳅属一新种 (鲤形目: 平鳍鳅科). 动物分类学报, 25 (4): 458-461.

张春光, 赵亚辉. 2001a. 长江胭脂鱼的洄游问题及水利工程对其资源的影响. 动物学报, 47 (5): 518-521.

张春光, 赵亚辉. 2001b. 中国鲃亚科金线鲃属鱼类一新种及其生态和适应 (鲤形目: 鲤科). 动物分类学报, 26 (1): 102-107.

张春光, 赵亚辉. 2013. 北京及其邻近地区的鱼类: 物种多样性、资源评价和原色图谱. 北京: 科学出版社.

张春光, 赵亚辉, 等. 2016. 中国内陆鱼类物种与分布. 北京: 科学出版社.

张春霖. 1954. 中国淡水鱼类的分布. 地理学报, 20 (3): 279-284.

张春霖. 1959. 中国系统鲤类志. 北京: 高等教育出版社.

张春霖. 1960. 中国鲇类志. 北京: 人民教育出版社.

张春霖. 1962. 云南西双版纳鱼类名录及一新种. 动物学报, 14 (1): 95-98.

张春霖, 等. 1955. 黄渤海鱼类调查报告. 北京: 科学出版社.

张春霖, 刘成汉. 1957. 岷江鱼类调查及其分布的研究. 四川大学学报, (2): 221-246.

张春霖, 王文滨. 1962. 西藏鱼类初篇. 动物学报, 14 (4): 529-536.

张春霖, 岳佐和, 黄宏金. 1964a. 西藏南部的鱼类. 动物学报, 16 (2): 272-282.

张春霖, 岳佐和, 黄宏金. 1964b. 西藏南部的裸鲤属 (*Gymnocypris*) 鱼类. 动物学报, 16 (1): 139-150.

张春霖, 岳佐和, 黄宏金. 1964c. 西藏南部的裸裂尻鱼属 (*Schizopygopsis*) 鱼类. 动物学报, 16 (4): 661-673.

张春霖, 张有为. 1964. 中国棘茄鱼属 (*Halieutaea*) 的研究 (Oncocephalidae). 动物学报, 16 (1): 155-160.

张春霖, 张玉玲. 1963a. 青海鱼类的新种 I. 动物学报, 15 (2): 291-294.

张春霖, 张玉玲. 1963b. 青海鱼类的新种 II. 动物学报, 15 (4): 635-638.

张鹗. 1997. 盘鲮属新的替代学名. 动物分类学报, 22 (2): 224.

张鹗, 陈景星. 1997. 中国缨鱼属鱼类的分类整理及一新属描述 (鲤形目: 鲤科). 动物分类学报, 22 (3): 321-326.

张鹗, 刘焕章. 1995. 鳅鮀属鱼类一新种 (鲤形目: 鲤科). 动物分类学报, 20 (2): 249-252.

张鹗, 谢仲桂, 谢从新. 2004. 大眼华鳊和伍氏华鳊的形态差异及其物种有效性. 水生生物学报, 28 (5): 511-518.

张丰绪, 等. 1985. 台湾地区具有被指定为自然文化景观之调查研究报告. 台湾自然生态保育协会.

张觉民. 1995. 黑龙江省鱼类志. 哈尔滨: 黑龙江科学技术出版社.

张其永, 洪万树. 2000. 九十年代我国海水鱼类人工繁殖和育苗技术的现状与展望. 现代渔业信息, 15 (3): 3-6.

张世义. 1987. 中华鲟在西江的分布及产卵场调查. 动物学杂志, 22 (5): 50-52.

张世义. 2001. 中国动物志·硬骨鱼纲·鲟形目、海鲢目、鲱形目、鼠鱚目. 北京: 科学出版社.

张文娟, 高吉喜. 2001. 中国西部地区生态环境问题. 环境教育, (3): 3-5.

张晓锋, 王火根. 2011. 浙江缨口鳅属鱼类一新种 (鲤形目: 平鳍鳅科). 上海海洋大学学报, 20 (1): 85-88.

张有为, 吴教东. 1965. 中国鲇科鱼类之一新属新种——半棱华鲇. 动物分类学报, 2 (1): 11-14.

张玉玲. 1987. 中国新银鱼属 *Neosalanx* 的初步整理及其一新种. 动物学研究, 8 (3): 277-286.

赵济. 1995. 中国自然地理. 3 版. 北京: 高等教育出版社.

赵俊. 1988. 我国大陆淡水鱼类一新记录. 动物学杂志, 27 (5): 40-41.

赵俊, 陈湘粦, 李文卫. 1997. 光唇鱼属鱼类一新种. 动物学研究, 18 (3): 243-246.

赵盛龙, 伍汉霖, 钟俊生. 2007. 中国裸身虾虎鱼属 (*Gymnogobius*) 一新种 (鲈形目: 虾虎鱼科). 水产学报, 31 (4): 452-455.

赵盛龙, 钟俊生. 2006. 舟山海域鱼类原色图鉴. 杭州: 浙江科学技术出版社: 143-150, 图 304-327.

赵铁桥. 1982. 内蒙古艾不盖河的鱼类. 兰州大学学报 (自然科学版), 18 (4): 112-118.

赵铁桥. 1985. 新疆条鳅属 (*Nemachilus*) 鱼类一新种. 动物学研究, 6 (4 增刊): 53-56.

赵铁桥. 1991. 河西阿拉善内流区的鱼类区系和地理区划. 动物学报, 37 (2): 153-167.

赵铁桥, 张春光. 1993. 鲤科成吉思鱼属 (*Genghis* Howes) 和黄河成吉思鱼 (*G. chuanchicus*) 的分类讨论. 系统进化动物学论文集, 2: 139-144.

赵亚辉, 张春光. 2001. 中国广西小鳔鮈属一新种 (鲤形目: 鲤科). 动物分类学报, 26 (4): 589-592.

赵亚辉, 张春光. 2009. 中国特有金线鲃属鱼类——物种多样性、洞穴适应、系统演化和动物地理. 北京: 科学出版社.

赵亚辉, 张春光. 2013. 阿庐金线鲃 (*Sinocyclocheilus aluensis* Li et Xiao, 2005) 物种有效性及其重新描述. 动物学研究, 34 (4): 374-378.

赵云芳, 杜军, 张一果, 赵刚. 1997. 中华鲟在成都地区池塘养殖试验报告. 动物学杂志, 32 (5): 41-43.

浙江动物志编辑委员会 (毛节荣, 徐寿山). 1991. 浙江动物志 (淡水鱼类). 杭州: 浙江科学技术出版社.

郑葆珊. 1960. 白洋淀鱼类. 石家庄: 河北人民出版社.

郑葆珊. 1981. 广西淡水鱼类志. 南宁: 广西人民出版社.

郑葆珊, 黄浩明, 张玉玲, 戴定远. 1980. 图们江鱼类. 长春: 吉林人民出版社.

郑葆珊, 张有为. 1965. 中国条鳎属鱼类的研究, 包括南海一新种的描述. 动物分类学报, 2 (4): 267-278.

郑慈英. 1965. 广东鳍鰕虎鱼属的一种新. 动物分类学报, 2 (2): 173-177.

郑慈英. 1979. 广东鮀属一新种. 动物分类学报, 4 (2): 182-184.

郑慈英. 1980. 平鳍鳅科鱼类的一新种. 暨南大学学报 (自然科学版), (1): 110-113.

郑慈英. 1981. 广东省的平鳍鳅科鱼类 (续一). 暨南大学学报 (自然科学版), (1): 55-63.

郑慈英. 1991. 缨口鳅属 (*Crossostoma*) 鱼类的研究及一新种的描述. 暨南大学学报 (自然科学版), 12 (1): 77-82.

郑慈英, 陈景星. 1983. 中国野鲮亚科鱼类二个新种. 暨南理医学报, (1): 71-79.

郑慈英, 陈宜瑜. 1980. 广东省的平鳍鳅科鱼类. 动物分类学报, 5 (1): 89-101.

郑慈英, 陈银瑞, 黄顺友. 1982. 云南省的平鳍鳅科鱼类. 动物学研究, 3 (4): 393-402.

郑慈英, 等. 1989. 珠江鱼类志. 北京: 科学出版社.

郑慈英, 李金平. 1986. 中国拟腹吸鳅属 (Pseudogastromyzon) 鱼类. 暨南理医学报, (1): 71-79.

郑慈英, 谢家骅. 1985. 中国异鳞鲃属一新种//中国鱼类学会. 1985. 鱼类学论文集 (第四辑). 北京: 科学出版社: 123-126.

郑慈英, 张卫. 1983. 中国的爬鳅属 (Balitora) 鱼类. 暨南大学学报 (自然科学与医学版), (1): 65-70.

郑慈英, 张卫. 1987. 中国贵州平鳍鳅科鱼类. 暨南大学学报 (自然科学版), (3): 79-86.

郑建州, 汪健. 1990. 金线鲃属鱼类一新种 (鲤形目: 鲤科). 动物分类学报, 15 (2): 251-254.

郑兰平. 2007. 鲤科盘鮈属 (Discogobio) 鱼类的系统发育及地理分布格局研究. 昆明: 西南林学院硕士学位论文.

郑兰平. 2010. 中国野鲮亚科 (Labeoninae) 分子谱系地理学及若干亚类群的分类整理. 昆明: 中国科学院昆明动物研究所博士学位论文.

郑兰平, 陈小勇, 杨君兴. 2009. 云南省西双版纳州南拉河鱼类组成及其现状. 动物学研究, 30 (3): 334-340.

郑米良, 伍汉霖. 1985. 浙江省淡水鰕虎鱼类的研究及二新种描述 (鲈形目: 鰕虎鱼科). 动物分类学报, 10 (3): 326-333.

郑米良, 严纪平. 1986. 鳅鮀属鱼类一新种. 动物学报, 32 (1): 58-61.

郑昭仁. 1960. 金门鱼类的初步调查. 中国水产.

中国科学院动物研究所, 等. 1962. 南海鱼类志. 北京: 科学出版社.

中国科学院动物研究所, 中国科学院新疆生物土壤沙漠研究所, 新疆维吾尔自治区水产局. 1979. 新疆鱼类志. 乌鲁木齐: 新疆人民出版社.

中国科学院水生生物研究所. 1993. 中国淡水鱼类原色图集 (三). 上海: 上海科学技术出版社.

中国科学院水生生物研究所, 上海自然博物馆. 1982. 中国淡水鱼类原色图集 (一). 上海: 上海科学技术出版社.

中国科学院水生生物研究所, 上海自然博物馆. 1988. 中国淡水鱼类原色图集 (二). 上海: 上海科学技术出版社.

中国科学院《中国自然地理》编辑委员会. 1981. 中国自然地理——地貌. 北京: 科学出版社.

中国水产科学研究院东海水产研究所. 1988. 东海深海鱼类. 上海: 学林出版社.

中国水产科学研究院东海水产研究所, 上海市水产研究所. 1990. 上海鱼类志. 上海: 上海科学技术出版社.

中国水产科学研究院珠江水产研究所, 华南师范大学, 暨南大学, 湛江水产学院, 上海水产大学. 1991. 广东淡水鱼类志. 广州: 广东科技出版社.

中国水产科学研究院珠江水产研究所, 上海水产大学, 中国水产科学研究院东海水产研究所, 广东省水产学校. 1986. 海南岛淡水及河口鱼类志. 广州: 广东科技出版社.

中华人民共和国林业部, 中华人民共和国农业部. 1989. 国家重点保护野生动物名录. http://www.forestry.gov.cn/main/3954/content-1063883.html [2020-12-27].

中华人民共和国农业部渔业局. 1991. 中国渔业统计年鉴. 北京: 中国农业出版社.

中华人民共和国农业部渔业局. 1996. 中国渔业统计年鉴. 北京: 中国农业出版社.

中华人民共和国农业部渔业局. 2000. 中国渔业统计年鉴. 北京: 中国农业出版社.

中华人民共和国农业部渔业局. 2002. 中国渔业统计年鉴. 北京: 中国农业出版社.

中华人民共和国农业部渔业局. 2010. 中国渔业统计年鉴. 北京: 中国农业出版社.

中华人民共和国农业部渔业局. 2011. 中国渔业统计年鉴. 北京: 中国农业出版社.

中华人民共和国农业部渔业局. 2012. 中国渔业统计年鉴. 北京: 中国农业出版社.

钟俊生, 伍汉霖. 1998. 中国东部鰕虎鱼科 (Gobiidae) 一新属新种, 无孔拟吻鰕虎鱼 (Pseudorhinogobius aporus). 水产学报, 22 (2): 148-153.

钟俊生, 曾晴贤. 1998. 中国吻虾虎鱼属一新种 (鲈形目: 虾虎鱼科). 动物学研究, 19 (3): 237-241.

钟郡祥. 1972. 台湾下淡水河鱼类之研究. 师大生物学报, 7: 78-94.

钟以衡. 1973. 台湾鲇目鱼类报告. 东海学报, 14: 4-20.

周才武, 孔晓瑜, 朱思荣. 1987. 中国鳜属一新种——柳州鳜. 海洋与湖沼, 18 (4): 352-356.

周才武, 杨青, 蔡德霖. 1988. 鳜亚科 Sinipercinae 鱼类的分类整理和地理分布. 动物学研究, 9 (2): 113-125.

周江, 李显周, 侯秀发, 孙泽娟, 高兰, 赵涛. 2009. 贵州金线鲃属鱼类一新种记述 (鲤形目, 鲤科). 四川动物, 28 (3):

321-323.

周江, 刘倩, 王海霞, 杨隆娇, 赵大成, 张天鸿, 侯秀发. 2011. 贵州金线鲃属鱼类一新种记述 (鲤形目, 鲤科). 四川动物, 30 (3): 387-389.

周解, 张春光. 2006. 广西淡水鱼类志. 2版. 南宁: 广西人民出版社.

周解, 张春光, 何安尤. 2004. 中国广西金线鲃属盲鱼一新种及其生境 (鲤科, 鲃亚科). 动物分类学报, 29 (3): 591-594.

周铭卿, 高瑞卿. 2011. 台湾淡水及河口鱼图鉴 (The Freshwater and Estuarine Fish of Taiwan). 台中: 晨星出版有限公司: 1-381.

周伟. 1987. 西双版纳发现圆唇鱼. 四川动物, 6 (1): 13.

周伟, 褚新洛. 1992. 鮡科褶鮡属鱼类一新种兼论其骨骼形态学的种间分化 (鲇形目: 鮡科). 动物分类学报, 17 (1): 110-115.

周伟, 何纪昌. 1989. 云南鳅属一矮小型新种 (鲤形目: 鳅科). 动物分类学报, 14 (3): 380-384.

周伟, 何纪昌. 1993. 洱海地区的副鳅属鱼类. 动物学研究, 14 (1): 5-9.

周伟, 李旭, 李燕男. 2010. 云南原缨口鳅属鱼类不同地理居群形态差异及分化. 动物分类学报, 35 (1): 96-100.

周伟, 李旭, 杨颖. 2005. 中国鮡科鳅鮡群系统发育与地理分布格局研究进展. 动物学研究, 26 (6): 673-679.

周用武, 庞峻峰, 周伟, 张亚平, 张庆. 2007. 鮡科褶鮡属鱼类部分线粒体DNA序列分析与分子进化. 西南林学院学报, 27 (3): 445-451.

朱成德, 余宁. 1987. 长江口白鲟幼鱼的形态、生长及其食性的初步研究. 水生生物学报, 11 (4): 289-298.

朱定贵, 朱瑜. 2012a. 中国广西副沙鳅属鱼类一新种的描述 (鲤形目: 鳅科). 云南农业大学学报, 27 (3): 447-449.

朱定贵, 朱瑜. 2012b. 中国广西金线鲃属鱼一新种 (鲤形目: 鲤科). 动物分类学报, 37 (1): 222-226.

朱定贵, 朱瑜, 蓝家湖. 2011. 中国鲃亚科金线鲃属鱼类一新种——黄田金线鲃 (鲤形目: 鲤科). 动物学研究, 32 (2): 204-207.

朱松泉. 1982a. 青海省条鳅属鱼类一新种. 动物分类学报, 7 (2): 223-224.

朱松泉. 1982b. 云南省条鳅属鱼类五新种. 动物分类学报, 7 (1): 104-111.

朱松泉. 1983. 中国条鳅亚科的一新属新种. 动物分类学报, 8 (3): 311-313.

朱松泉. 1989. 中国条鳅志. 南京: 江苏科学技术出版社.

朱松泉. 1992. 中国条鳅亚科鱼类三新种 (鲤形目: 鳅科). 动物分类学报, 17 (2): 241-247.

朱松泉. 1995. 中国淡水鱼类检索. 南京: 江苏科学技术出版社.

朱松泉, 曹文宣. 1987. 广东和广西条鳅亚科鱼类及一新属三新种描述 (鲤形目: 鳅科). 动物分类学报, 12 (3): 323-331.

朱松泉, 曹文宣. 1988. 云南省条鳅亚科鱼类两新种和一新亚种 (鲤形目: 鳅科). 动物分类学报, 13 (1): 95-100.

朱松泉, 郭启治. 1985. 云南省条鳅亚科鱼类一新属和一新种 (鲤形目: 鳅科). 动物分类学报, 10 (3): 321-325.

朱松泉, 王似华. 1985. 云南省的条鳅亚科鱼类 (鲤形目: 鳅科). 动物分类学报, 10 (2): 208-220.

朱松泉, 武云飞. 1975. 青海湖地区的鱼类区系和青海湖裸鲤的生物学. 北京: 科学出版社.

朱松泉, 武云飞. 1981. 青海省条鳅属鱼类一新种和一新亚种的描述. 动物分类学报, 6 (2): 221-224.

朱永淳. 2009. 台湾海域燧鲷科种类组成及燧鲷年龄成长与生殖之研究 (Studies on species composition of Trachichthyidae and age, growth and reproduction of *Hoplostethus crassispinus* in Taiwan). 上海: 东华大学海洋生物多样性及演化研究所硕士学位论文: 1-62.

朱瑜, 杜丽娜, 陈小勇, 杨君兴. 2009. 广西云南鳅属鱼类一新种——靖西云南鳅. 动物学研究, 30 (2): 195-198.

朱瑜, 蓝春, 张鹗. 2006. 广西异华鲮属鱼类一新种. 水生生物学报, 30 (5): 503-507.

朱瑜, 朱定贵. 2014. 广西条鳅亚科间条鳅属鱼类一新种 (鲤形目: 爬鳅科). 广东海洋大学学报, 34 (6): 18-21.

朱元鼎. 1923. 西湖鱼类志. 杭州: 西湖鱼类博物馆.

朱元鼎. 1960. 中国软骨鱼类志. 北京: 科学出版社.

朱元鼎, 罗云林, 伍汉霖. 1963. 中国石首鱼类分类系统的研究和新属新种的叙述. 上海: 上海科学技术出版社: 1-100.

朱元鼎, 孟庆闻. 1980. 中国软骨鱼类的侧线管系统以及罗伦瓮和罗伦管系统的研究. 上海: 上海科学技术出版社.

朱元鼎, 孟庆闻, 等. 2001. 中国动物志·圆口纲、软骨鱼纲. 北京: 科学出版社: 1-552.

朱元鼎, 孟庆闻, 胡霭荪, 李生. 1981. 南海深海软骨鱼类四新种一新属一新科. 海洋与湖沼, 12 (2): 103-116.

朱元鼎, 孟庆闻, 胡霭荪, 李生. 1982. 南海深海软骨鱼类五新种. 海洋与湖沼, 13 (4): 301-311.

朱元鼎, 孟庆闻, 李生. 1984. 中国角鲨科一新种. 海洋与湖沼, 15 (4): 283-286.

朱元鼎, 孟庆闻, 李生. 1985. 南海深海猫鲨科 4 新种. 海洋与湖沼, 16 (1): 43-50.

朱元鼎, 孟庆闻, 李生. 1986. 南海深海猫鲨科光尾鲨属 4 新种. 海洋与湖沼, 17 (4): 269-275.

朱元鼎, 孟庆闻, 刘继兴. 1981. 中国角鲨科之一新属新种. 动物分类学报, 6 (1): 100-103.

朱元鼎, 孟庆闻, 刘继兴. 1983. 中国猫鲨科一新种. 动物分类学报, 8 (1): 104-107.

朱元鼎, 王文滨. 1973. 中国动物图谱 (鱼类) (第一册). 北京: 科学出版社.

朱元鼎, 王幼槐, 倪勇. 1982. 鲤科鱼类一新属——棱鱲属 Carinozacco gen. nov. 水产学报, 6 (3): 267-272.

朱元鼎, 伍汉霖. 1965. 中国鰕虎鱼类动物地理学的初步研究. 海洋与湖沼, 7 (2): 122-140.

朱元鼎, 伍汉霖, 金鑫波. 1991. 中国蛇鳗科和新鳗科的 4 新种. 水产学报, 5 (1): 21-27.

朱元鼎, 张春霖, 成庆泰. 1963. 东海鱼类志. 北京: 科学出版社.

庄平, 王幼槐, 李圣法, 邓思明, 李长松, 倪勇. 2006. 长江口鱼类. 上海: 上海科学技术出版社.

左晓燕, 唐文乔. 2011. 中国蝴蝶鱼科鱼类的分类整理. 动物分类学报, 36 (4): 1000-1005.

大岛正满. 1922. 日月潭に栖息する鱼类に就て. 动物学杂志, 34: 602-609.

大岛正满. 1923. 台湾生淡水鱼の分布を论じ并せて台湾と附近各地との地理的关系に及ぶ. 动物学杂志, 35 (411): 1-49.

道津喜卫. 1933. The bionomics and life history of two gobioid fishes, *Tridentiger undicervicus* Tomiyama and *Tridentiger trigonocephalus* (Gill) in the innermost part of Ariake Sound. 学艺杂志, 16 (3): 343-356.

道津喜卫. 1950. The life history of the goby, *Luciogobius guttatus* Gill. 学艺杂志, 16 (1): 93-99.

道津喜卫. 1951. The bionomics and larvae of the two gobioid fishes, *Ctenotrypauchen microcephalus* (Bleeker) and *Taenioides cirratus* (Blyth). 学艺杂志, 16 (3): 371-380.

道津喜卫, 水户敏. 1957. The bionomics and life history of the gobioid fish, *Luciogobius saikaiensis* Dotu. 学艺杂志, 16 (3): 419-427.

峰谦二, 道津喜卫. 1973. On the Mouth Breeding Habits of the Cardinal Fish, *Apogon niger*. 长崎大学水产学部研究报告, 36: 1-6.

冈村收 (Okamura O). 1984. 冲绳舟状海盆及び周边海域の鱼类 <1> Fishes of the Okinawa trough and the adjacent waters I. 日本水产资源保护协会 Japan Fisheries Resource Conservation Association: 1-414.

冈村收 (Okamura O). 1985. 冲绳舟状海盆及び周边海域の鱼类 <2> Fishes of the Okinawa trough and the adjacent waters II. 日本水产资源保护协会 Japan Fisheries Resource Conservation Association: 418-781.

荒井宽, 藤田矢郎. 1988. Spawning Behavior and Early Life History of the *Sharpnose puffer, Canthigaster rivulata*, in the Aquarium. *Japanese Journal of Ichthyology*, 35 (2): 194-203.

木村英造. 1975. 台湾のオイカワ属について. 淡水鱼, 1: 84-88.

片山正夫 (Katayama M). 1952. Systematic Position of *Doderleinia berycoides* (Hilgendorf) and *Synagrops japonicus* (Steindachner *et* Doderlein). *Japanese Journal of Ichthyology*, 2 (3): 104-110.

上野雅正, 中原官太郎. 1953. Onthe development of eggs and rearing of larvae of a flying fish, *Cypselurus starksi*. 学艺杂志, 15 (1): 87-94.

田中洋一, 森彻. 1989. Reproductive Behavior, Egg and Larval Development of the *Staghon damsel, Amblyglyphidodon curacao* (Bloch), in the Aquarium. 东海大学海洋研究所研究报告, 10: 3-12.

岩川敬树, 小泽贵和 (Iwakawa T, Ozawa T). 1997. 日本周辺におけるオオメハタ属鱼类 3 种の分布 (Distributions of three percichthyid fishes, *Malakichthys wakiyae, M. griseus*, and *M. elegans* in Japanese Waters). 水产海洋研究, 61 (4): 394-398.

盐垣优, 道津喜卫. 1971. The life histury of the clingfish, *Conidens laticephalus*. 鱼类学杂志, 2: 7-16.

盐垣优, 道津喜卫. 1972. Life History of the Blennioid Fish, *Dictyosoma burgeri*. 长崎大学水产学部研究报告, 33: 21-38.

益田一, 尼冈邦夫, 荒贺忠一, 上野辉弥, 吉野哲夫. 1984. 日本产鱼类大图鉴 (解说) (The Fishes of the Japanese Archipelago). 东京: 东海大学出版会: 1-448.

原田五十吉. 1943. 海南岛淡水鱼类谱. 台北: 台湾出版社.

冢原博, 盐川司. 1955. Studies on the flying-fishes of the Amakusa Islands. Part 2. The life history and habits of *Parexocoetus mento* (Cuvier *et* Valenciennes). 学艺杂志, 16 (2): 275-281.

Abbott J F. 1901. List of fishes collected in the river Pei-Ho at Tian-Tsin, China, by Noach Fields Drake, with descriptions of seven new species. *Proceedings of the United States National Museum*, 23: 483-491.

Abe T. 1948. Notes on some of the commoner puffers from East China Sea and adjoining Waters, with description of *Sphoeroides vermicularis radiates* Abe. *Bulletin of the Japanese Society of Scientific Fisheries*, 13 (6): 227-231.

Abe T. 1951. A record of *Anomalops katoptron* from Hachijo Island. *Japanese Journal of Ichthyology*, I (5): 304-305.

Abe T. 1959. New rare or uncommon fishes from Japanese waters. VII. Description of a new species of *Beryx*. *Japanese Journal of Ichthyology*, VII (5-6): 157-163.

Abe T. 1960. Description of a new lutjanid fish of the genus *Paracaesio* from Japan. *Japanese Journal of Ichthyology*, 8 (1-2): 56-62.

Abe T. 1966. Description of a new squaloid shark, *Centroscyllium kamoharai*, from Japan. *Japanese Journal of Ichthyology*, 13 (4/6): 190-198.

Abe T. 1967. 175. Records from Northern Japan of two females of *Ceratias holboellieach* parasitised by a male. *Proc. Jap. Acad.*, 43: 797-800.

Abe T. 1972. An example of Xanthochroism in *Paralichthys olivaceus* (Temm. & Schl.) (Bothidae, Pleuronectiformes). *UO*, 12: 1-2.

Abe T. 1973. The white area behind the mouth of *Pseudocarcharias kamoharai* (Matsubara). *UO*, 15: 1-2.

Abe T. 1974. Notes on some fishes collected by the fisheries research vessel "Kaiyomaru" in the South China Sea I. *UO*, 22: 1-6.

Abe T. 1975. Notes on some fishes collected by the fisheries research vessel "Kaiyomaru" in the South China Sea II. *Bull. Biogeogr. Soc. Jap.*, 30 (2): 31-34, fig. 1.

Abe T. 1976. Notes on some fishes collected by the fisheries research vessel "Kaiyomaru" in the South China Sea IV. *Bull. Biogeogr. Soc. Jap.*, 31 (4): 27-31.

Abe T. 1983. A record of *Epinephelus flavocaeruleus* (Lacepede) from the Bonin Islands. *UO*, 33: 1-2.

Abe T, Haneda Y. 1972. Descriptions of two new species of the ponyfish genus *Leiognathus* from Indonesia. *Science Report of the Yokosuka City Museum*, 19: 1-7.

Abe T, Hotta H. 1963. Description of a new deep-sea fish of the genus *Rondeletia* from Japan. *Japanese Journal of Ichthyology*, 10 (2-6): 43-48.

Abe T, Kosakei T. 1965. Notes on an economically important but scientifically little-known silver pomfret, *Pampus echinogaster* (Pampidae, Teleostei). *Japanese Journal of Ichthyology*, 12 (1/2): 29-31.

Abe T, Maruyama K. 1963. A record of *Barbourisia rufa* Parr from the Kurile Islands. *Japanese Journal of Ichthyology*, 10 (2/6): 49-50.

Abe T, Miki M, Asai M. 1977. Description of a new garden eel from Japan. *UO*, 28: 1-8.

Abe T, Shinohara S. 1962. Description of a new lutianid fish from the Ryukyu Islands. *Japanese Journal of Ichthyology*, 9 (1-6): 163-170.

Abe T, Tabeta O. 1983. Description of a new swellfish of the genus *Lagocephalus* (Tetraodontidae, Teleostei) from Japanese waters and the East China Sea. *UO*, 32: 1-8.

Abe T, Tabeta O, Kitahama K. 1984. Notes on some swellfishes of the genus *Lagocephalus* (Tetraodontidae, Teleostei) with description of a new species from Japan. *UO*, 34: 1-10.

Ablan G L. 1940. Two new Philippine gobioids. *Philippine Journal of Science*, 71: 373-377.

Abuyan P E. 2007. Pompano (*Trachinotus blochii*), Apahap (*Lates calcarifer*), Danggit (*Siganus* sp.), Lapu-Lapu (*Epinephelus coioides*). Product of Mauban, Quezon (Philippines). Quezon Provincewebsite. http://216.198.224.88/commerce/quezon_produce/pompano.htm. Accessed 1/11/07 [2019-07-21].

Adrim M, Chen I S, Chen Z P, Lim K K P, Tan F H, Yusof Y, Jaafar Z. 2004. Marine fishes recorded from the Anambas and Natuna Islands, South China Sea. *The Raffles Bulletin of Zoology* (*Suppl.*), 11: 117-130.

Agafonova T B. 1988. New data on the taxonomy and distribution of cigarfishes (Cubiceps, Nomeidae) of the Indian Ocean. *Voprosy Ikhtiol.*, 28 (4): 541-555.

Agassiz L. 1835. Description de quelques espèces de cyprins du Lac de Neuchâtel, qui sont encore inconnues aux naturalistes. *Mémoires de la Société Neuchateloise des Sciences Naturelles*, 1: 33-48, Pls. 31-32.

Aida K, Hibiya T, Oshima Y, Hashimoto Y, Randall J E. 1973. Structure of the skin of the soapfish *Pogonoperca punctata*. *Bulletin of the Japanese Society of Scientific Fisheries*, 39 (12): 1351.

Akai Y, Arai R. 1998. *Rhodeus sinensis*, a senior synonym of *R. lighti* and *R. uyekii* (Acheilognathinae, Cyprinidae). *Ichthyological Research*, 45 (1): 105-110.

Akazaki M. 1983. A new lutjanid fish, *Lutjanus stellatus*, from southern Japan and a related species, *L. rivulatus* (Cuvier).

Japanese Journal of Ichthyology, 29 (4): 365-373.

Akihisa I, Ohnishi N, Hirata T. 2000. *Tomiyamichthys alleni*: A New Species of Gobiidae from Japan and Indonesia. *Copeia*, 3: 771-776.

Akihito P, Meguro K. 1975a. First record of *Glossogobius celebius* from Japan. *Japanese Journal of Ichthyology*, 21 (4): 227-230.

Akihito P, Meguro K. 1975b. On a goby *Callogobius okinawae*. *Japanese Journal of Ichthyology*, 22 (2): 112-116.

Akihito P, Meguro K. 1975c. On a goby *Pseudogobius javanicus* from Okinawa Prefecture, Japan. *Japanese Journal of Ichthyology*, 22 (1): 46-48.

Akihito P, Meguro K. 1975d. On a goby *Redigobius bikolanus*. *Japanese Journal of Ichthyology*, 22 (1): 49-52.

Akihito P, Meguro K. 1975e. Description of a new gobiid fish, *Glossogobius aureus*, with notes on related species of the genus. *Japanese Journal of Ichthyology*, 22 (3): 127-142.

Akihito P, Meguro K. 1978. First record of the goby *Myersina macrostoma* from Japan. *Japanese Journal of Ichthyology*, 24 (4): 295-299.

Akihito P, Meguro K. 1980. On the six species of the genus *Bathygobius* found in Japan. *Japanese Journal of Ichthyology*, 27 (3): 215-236.

Akira O. 1955. Two Forms Found in Adult Males of a Mail-cheeked Fish, *Hoplichthys gilberti* Jordan *et* Richardson. *Bulletin of the Japanese Society of Scientific Fisheries*, 21 (1): 15-19.

Akira O, Masuda H. 1974. Note of a hawkfish *Oxycirrhites typus* from the coast of Izu, Japan. *Japanese Journal of Ichthyology*, 21 (3): 165-167.

Akira O, Mitani F. 1956. A Revision of the Pediculate Fishes of the Genus *Maltopsis* Found in the Waters of Japan (Family Ogcocephalidae). *Pacific Science*, 10 (3): 271-285.

Alcock A W. 1889. Natural history notes from H. M. Indian marine survey steamer Investigator, Commander Alfred Carpenter, R. N., D. S. O., commanding. —No. 13. On the bathybial fishes of the Bay of Bengal and neighbouring waters, obtained during the seasons 1885-1889. *Annals and Magazine of Natural History*, (Series 6) v. 4 (no. 23): 376-399.

Alcock A W. 1890a. Natural History notes from H. M. Indian Marine Survey Steamer Investigator, Commander R. F. Hoskyn, R. N., commanding. —No. 16. On the bathybial fishes collected in the Bay of Bengal during the season 1889-1890. *Annals and Magazine of Natural History*, 6 (33): 197-222.

Alcock A W. 1890b. Natural history notes from H. M. Indian marine survey steamer Investigator, Commander R. F. Hoskyn, R. N., commanding. —No. 20. On some undescribed shore-fishes from the Bay of Bengal. *Annals and Magazine of Natural History*, 6 (36): 425-443.

Alcock A W. 1892. Natural History Notes from H. M. Indian Marine Survey Steamer Investigator, Lieut. G. S. Gunn, R. N., commanding. Series II, No. 5. On the bathybial fishes collected during the season of 1891-92. *Annals and Magazine of Natural History*, 10 (59): 345-365.

Alcock A W. 1893. Natural history notes from H. M. Indian Marine Survey Steamer, Investigator, Commander C. F. Oldham, R. N., Commanding. Series II., No. 9. An account of the Deep Sea Collection made during the season of 1892-93.-By A. Alcock, M.B., C.M.Z.S. *Journal of the Asiatic Society of Bengal*, LXII-II (IV): 176-185.

Alcock A W. 1894. Natural history notes from H. M. Indian marine survey steamer Investigator, Commander C. F. Oldham, R. N., commanding Series II., No. 11. An account of a recent collection of bathybial fishes from the Bay of Bengal and from the Laccadive Sea. *Journal of the Asiatic Society of Bengal*, 63: 115-137.

Al-Hassan L A J, Shwafi N A A. 1997. Studies on the caudal vertebrae of teleost fishes, *Pristipomoides multidens* and *Tylosurus choram*. *Pakistan Journal of Zoology*, 29 (4): 329-333.

Allen G R. 1970. Two new species of frogfishes (Antennariidae) from Easter Island. *Pacific Science*, 24 (4): 517-522.

Allen G R. 1972. Observations on a Commensal Relationship between *Siphamia fuscolineata* (Apogonidae) and the Crown-of-Thorns Starfish, *Acanthaster planci*. Copeia, 3: 595-597.

Allen G R. 1973a. *Bodianus bimaculatus*, a new species of wrasse (Pisces: Labridae) from the Palau Archipelago. *Proceedings of the Biological Society of Washington*, 86 (32): 385-389.

Allen G R. 1973b. Three new species of deep-dwelling damselfishes (Pomacentridae) from the South-West Pacific Ocean. *Australian Journal of Zoology*, 18 (1): 31-42.

Allen G R. 1975. Four new damselfishes (Pomacentridae) from the southwest Pacific. *Proc. Linn. Soc. N. S. W.*, 99 (2): 87-99.

Allen G R. 1987. Descriptions of three new pseudochromid fishes of the genus *Pseudoplesiops* from Australia and surrounding regions. *Rec. West. Aust. Mus.*, 13 (2): 249-261.

Allen G R, Burgess W E. 1990. A review of the glassfishes (Chandidae) of Australia and New Guinea. *Rec. West. Aust. Mus.*, Suppl. 34: 139-206.

Allen G R, Emery A R. 1985. A review of the pomacentrid fishes of the genus *Stegastes* from the Indo-Pacific, with descriptions of two new species. *Indo-Pacific Fishes*, 3: 1-31.

Allen G R, Erdmann M V. 2012. Reef fishes of the East Indies. Vol. I-III. Perth: Tropical Reef Research. [Vol. I: x + 1-424 + end note; Vol. II: 425-855; Vol. III: preface, map, contents and 857-1260; including Appendix 1 (new species descriptions) and Appendix II (addendum), Copies were distributed in March 2012].

Allen G R, Kuiter R H. 1976. A review of the plesiopid fish genus *Assessor*, with descriptions of two new species. *Rec. West. Aust. Mus.*, 4 (3): 201-215.

Allen G R, Kuiter R H. 1978. *Heniochus diphreutes* Jordan, a valid species of butterflyfish (Chaetodontidae) from the Indo-West Pacific. *J. R. Soc. West. Aust.*, 61 (1): 11-18.

Allen G R, Randall J E. 1974. Five new species and a new genus of damselfishes (family Pomacentridae) from the South Pacific Ocean. *Trop. Fish Hobby.*, 22 (9): 36-46, 48-49.

Allen G R, Starck W A II. 1973. A new species of butterflyfish (Chaetodontidae) from the Palau Islands. *Trop. Fish Hobby.*, 21 (7): 17-28.

Allen G R, Starck W A II. 1982. The anthiid fishes of the Great Barrier Reef, Australia, with the description of a new species. *Revue française Aquariologie*, 9 (2): 47-56.

Allen G R, Bauchot M L, Desoutter M. 1978. The status of *Abudefduf sexfasciatus* (Lacépède), a pomacentrid fish from the Indo-west Pacific. *Copeia*, 2: 328-330.

Allen G R, White W T, Erdmann M V. 2013. Two new species of snappers (Pisces: Lutjanidae: Lutjanus) from the Indo-West Pacific. *J. Ocean Sci. Foundation*, 6: 33-51.

Amaoka K (尼冈邦夫). 1963a. A revision of the flatfish referable to the genus *Psettina* found in the waters around Japan. *Bull. Misaki Mar. Biol. Inst. Kyoto Univ.*, 4: 53-62.

Amaoka K. 1963b. A revision of the flatfish referable to the genus *Engyprosopon* found in the waters around Japan. *Bull. Misaki Mar. Biol. Inst. Kyoto Univ.*, 4: 107-121.

Amaoka K. 1964a. Development and growth of the sinistral flounder, *Bothus myriaster* (Temminck and Schlegel) found in the Indian and Pacific Oceans. *Bull. Misaki Mar. Biol. Inst. Kyoto Univ.*, 5: 11-29.

Amaoka K. 1964b. First record of sinistrality in *Poecilopsetta plinthus* (Jordan and Starks), a pleuronectid fish of Japan. *Bull. Misaki Mar. Biol. Inst. Kyoto Univ.*, 7: 9-17.

Amaoka K. 1969. Studies on the sinistral flounders found in the waters around Japan - taxonomy, anatomy and phylogeny. *J. Shimonoseki Univ. Fish.*, 18 (2): 65-340.

Amaoka K. 1970. Studies on the Larvae and Juveniles of the *Sinistral flounders* — I: *Taeniopsetta ocellata* (Gunther). *Japanese Journal of Ichthyology*, 17 (3): 95-104.

Amaoka K. 1971. Studies on the larvae and juveniles of the sinistral flounders — II: *Chascanopsetta lugubris*. *Japanese Journal of Ichthyology*, 18 (1): 25-32.

Amaoka K. 1972. Studies on the larvae and juveniles of the sinistral flounders — III. *Laeops kitaharae*. *Japanese Journal of Ichthyology*, 19 (3): 154-165.

Amaoka K. 1973. Studies on the larvae and juveniles of the sinistral flounders — V. *Arnoglossus japonicus*. *Japanese Journal of Ichthyology*, 20 (3): 145-156.

Amaoka K. 1974a. Sexual Dimorphism and an Abnormal Intersexual Specimen in the Bothid Flounder *Bothus pantherinus*. *Japanese Journal of Ichthyology*, 21 (1): 16-20.

Amaoka K. 1974b. Studies on the larvae and juveniles of the sinistral flounders — V. *Arnoglossus tenuis*. *Japanese Journal of Ichthyology*, 21 (3): 153-157.

Amaoka K. 1976. Studies on the larvae and juveniles of the sinistral flounders — VI. *Psettina iijimae*, *P. tosana*, and *P. gigantea*. *Japanese Journal of Ichthyology*, 22 (4): 201-206.

Amaoka K, Abe K. 1977. Description of a new alepocephalid fish, *Bajacalifornia erimoensis*, and a second record of *Alepocephalus umbriceps* off Japan. *Japanese Journal of Ichthyology*, 23 (4): 185-191.

Amaoka K, Mihara E. 2001. *Asterorhombus annulatus* (Weber, 1913), a valid species distinct from *Asterorhombus intermedius* (Bleeker, 1865) (Pleuronectiformes: Bothidae). *Ichthyological Research*, 48 (2): 192-196.

Amaoka K, Okamura O, Yoshino T. 1992. First records of two bothid flounders, *Grammatobothus polyophthalmus* and *Arnoglossus tapeinosoma*, from Japan. *Japanese Journal of Ichthyology*, 39 (3): 259-264.

Amaoka K, Senou H, Ono A. 1994. Record of the bothid flounder *Asterorhombus fijiensis* from the western Pacific, with observations on the use of the first dorsal-fin ray as a lure. *Japanese Journal of Ichthyology*, 41 (1): 23-28.

Amaoka K, Shen S C. 1993. A new bothid flatfish *Parabothus taiwanensis* collected from Taiwan (Pleuronectiformes: Bothidae). *Bulletin of Marine Science*, 53 (3): 1042-1047.

An Y R, Huh S H. 2002. Species composition and seasonal variation of fish assemblage in the coastal water off Gadeok-do, Korea. *Journal of the Korean Fisheries Society*, 35 (6): 715-722.

Anderson J. 1878. Anatomical and zoological researches: comprising an account of the zoological results of the two expeditions to western Yunnan in 1868 and 1875, Vol. 2.

Anderson M E, Heemstra P C. 2003. Review of the glassfishes (Perciformes: Ambassidae) of the western Indian Ocean. *Cybium*, 27 (3): 199-209.

Anderson R C, Stevens J D. 1996. Review of information on diurnal vertical migration in the Bignose Shark (*Carcharhinus altimus*). *Mar. Freshwater Res.*, 47: 605-608.

Anderson W D Jr. 1970. Revision of the genus *Symphysanodon* (Pisces: Lutjanidae) with descriptions of four new species. *U.S. Natl. Mar. Fish. Serv. Fish. Bull.*, 68 (2): 325-346.

Anderson W D Jr. 1981. A new species of Indo-West Pacific Etelis (Pisces: Lutjanidae), with comments on other species of the genus. *Copeia*, 4: 820-825.

Andrew L S. 2001. First record of the crocodile shark, *Pseudocarcharias kamoharai* (Chondrichthyes: Lamniformes), from New Zealand waters. *New Zealand Journal of Marine and Freshwater Research*, 35: 1001-1006.

Annandale N, Jenkins J T. 1910. Report on the fishes taken by the Bengal Fisheries Steamer "Golden Crown" Part III. Plectognathi and Pediculati. *Memoirs of the Indian Museum*, 3 (1): 7-21, pl. 1.

Anonymous [Bennett] E T. 1830. Class Pisces. *In*: Memoir of the life and public services of Sir Thomas Stamford Raffles. 1830. By his Widow [Lady Stamford Raffles]. London: John Murray: 686-694.

Aonuma Y, Chen I S. 1996. Two new species of *Rhinogobius* (Pisces, Gobiidae) from Taiwan. *Journal of the Taiwan Museum*, 49 (1): 7-13.

Aonuma Y, Iwata A, Yoshino T. 2000. A new species of the genus *Amblyeleotris* (Pisces: Gobiidae) from Japan. *Ichthyological Research*, 47 (2): 113-117.

Aonuma Y, Yoshino T. 1996. Two new species of the genus *Amblyeleotris* (Pisces: Gobiidae) from the Ryukyu Islands, Japan. *Ichthyological Research*, 43 (2): 161-168.

Aoyagi H. 1949. Studies on the coral fishes of the Riu-Kiu Islands. Notes on gobioid fishes of Riu Kiu Islands. *Dobutsugaku Zasshi* (= *Zoological Magazine Tokyo*), 58 (9): 171-173. [In Japanese, English summary for new taxon].

Aoyagi H. 1954. Description of one new genus and three new species of Blenniidae from the Riu-Kiu Islands. *Zoological Magazine, Tokyo*, 63 (5): 213-217.

Aquarium Science Association of the Philippines (ASAP). 1996. Aquarium species in the Philippines. Quezon City: ASAP Aquarist Database Report: 1-9.

Araga C, Yoshino T. 1986. A new species of deep-dwelling razorfish from Japan. *Publ. Seto Mar. Biol. Lab.*, 31 (1/2): 75-79.

Arai H. 1991. First record of the acanthurid fish, *Naso fageni*, from Japan. *Japanese Journal of Ichthyology*, 38 (3): 319-321.

Arai M, Amaoka K. 1996. *Arnoglossus macrolophus* Alcock (Pleuronectiformes: Bothidae), a valid species distinct from *A. tapeinosomus* (Bleeker). *Ichthyological Research*, 43 (4): 359-365.

Arai R. 1969. A new iniomous fish of the genus Neoscopelus from Suruga Bay. *Bulletin of the National Science Museum* (*Tokyo*), 12 (3): 465-471.

Arai R. 1984. Karyotypes of a Mugiloidid, Parapercis kamoharai, and a Blenniid, Omobranchus punctatus (Pisces, Perciformes). *Bulletin of the National Science Museum, Ser. A 10 (4)*.

Arai R, Fujiki A. 1978. Chromosomes of three species of cottid fishes. *Bulletin of the National Science Museum, Ser. A 4 (3)*: 233-239.

Arai R, Fujiki S. 1979. Chromosomes of Japanese gobioid fishes (IV). *Bulletin of the National Science Museum, Ser. A 5 (2)*: 153-159.

Arai R, Inoue M. 1975. Chromosomes of nine species of Chaetodontidae and one species of Scorpidae. *Bulletin of the National Science Museum, Ser. A 1 (4)*: 217-224.

Arai R, Inoue M. 1976. Chromosomes of seven species of Pomacentridae and two species of Acanthuridae. *Bulletin of the National Science Museum, Ser. A 2 (1)*: 73-78.

Arai R, Katsuyama I, Sawada Y. 1974. Chromosomes of Japanese gobioid fishes (II). *Bulletin of the National Science Museum, Ser. A 17 (4)*: 269-279.

Arai R, Kawai M. 1977. Chromosomes of two species of antennariid fishes. *Bulletin of the National Science Museum, Ser. A 3 (2)*: 121-124.

Arai R, Kobayasi H. 1973. A chromosome study on thirteen species of Japanese gobiid fishes. *Japanese Journal of Ichthyology*, 20 (1): 1-6.

Arai R, Koike A. 1979. Chromosomes of a sweeper and a goatfish (Teleostei, Percoidei). *Bulletin of the National Science Museum*, Ser. A 5 (3): 219-223.

Arai R, Koike A. 1980. Chromosomes of Labroid fishes. *Bulletin of the National Science Museum*, Ser. A 6 (2): 119-135.

Arai R, Nagaiwa K. 1976. Chromosomes of two species of beryciform fishes. *Bulletin of the National Science Museum*, Ser. A 2 (3): 199-203. Tokyo.

Arai R, Nagaiwa K. 1977. Chromosomes of three species of clingfish. *Bulletin of the National Science Museum*, Ser. A 3 (2): 117-120.

Arai R, Nakagawa K. 1976. Chromosomes of tetraodontiform fishes. *Bulletin of the National Science Museum*, Ser. A 2: 59-72.

Arai R, Sawada Y. 1974. Chromosomes of Japanese gobioid fishes (I). *Bulletin of the National Science Museum*, 17 (2): 97-102.

Arai R, Sawada Y. 1975. Chromosomes of Japanese gobioid fishes (III). *Bulletin of the National Science Museum*, Ser. A 1 (4): 225-232.

Arai R, Shiotsuki K. 1973. A chromosome study on three species of the tribe Salariini from Japan (Pisces, Blenniidae). *Bulletin of the National Science Museum*, 16 (4): 581-584.

Arai R, Shiotsuki K. 1974. Chromosomes of six species of Japanese blennioid fishes. *Bulletin of the National Science Museum*, 17 (4): 261-268.

Arai R, Suzuki N, Shen S C. 1990. *Rhodeus haradai*, a new bitterling from Hainan Island, China, with notes on the synonymy of *Rhodeus spinalis* (Pisces, Cyprinidae). *Bulletin of the National Sciences Museum, Series A* 16 (3): 141-154.

Aripin I E, Showers P A T. 2000. Population parameters of small pelagic fishes caught off Tawi-tawi, Philippines. *Naga ICLARM Q.*, 23 (4): 21-26.

Arturo A P, Alberto R R, Jaime G F. 1994. *Nomeus gronovii* (Gmelin) (Pisces: Nomeidae) en el Caribe Colombiano: Primer Registro Para la Costa Noroccidental de America del sur. *An. Inst. Invest. Mar. Punta Betin.*, 23: 173-176.

Arturo A P, Alvaro R. 1992. Presencia de *Promethichthys prometheus* (Cuvier) (Pisces: Gempylidae) en el Caribe Colombiano. *An. Inst. Invest. Mar. Punta Betin*, 21: 127-130.

Asano H. 1958. Studies on the conger eels of Japan. I. Description of two new subspecies referable to the genus *Alloconger*. *Dobutsugaku Zasshi* (= *Zoological Magazine Tokyo*), 67 (7): 197-201. [In Japanese, English summary] .

Au K C. 1979. Systematic study on the *Barracudas* (Pisces: Sphyraenidae) from a northern sector of the South China Sea. *J. Nat. Hist.*, 13: 619-647.

Aurich H. 1938. Die Gobiiden (Ordnung: Gobioidea). (Mitteilung XXVIII der Wallacea-Expedition Woltereck). *Internationale Revue der Gesamten Hydrobiologie und Hydrographie, Leipzig*, 38 (1/2): 125-183.

Azuma M, Motomura Y. 1998. Feeding habits of largemouth bass in a non-native environments: the case of a small lake with bluegill in Japan. *Environmental Biology of Fish*, 52: 379-389.

Baeck G W, Huh S H. 2003. Feeding habits of juvenile *Lophius litulon* in the coastal waters of Kori, Korea. *Journal of the Korean Fisheries Society*, 36 (6): 695-699.

Baird R C. 1971. The systematics, distribution, and zoogeography of the marine hatchetfishes (Sternoptychidae). *Bull. Mus. Comp. Zool.*, 142 (1): 1-128.

Baird S F, Girard C F. 1853. Descriptions of new species of fishes collected by Mr. John H. Clark, on the U. S. and Mexican Boundary Survey, under Lt. Col. Jas. D. Graham. *Proceedings of the Academy of Natural Sciences of Philadelphia*, 6: 387-390.

Baker E A, Collette B B. 1998. Mackerel from the Northern Indian Ocean and the Red Sea are *Scomber australasicus*, not *Scomber japonicus*. *Ichthyological Research*, 45 (1): 29-33.

Baldwin C C, Johnson G D, Colin P L. 1991. Larvae of *Diploprion bifasciatum*, *Belonoperca chabanadi* and *Grammistes sexlineatus* (Serranidae: Epinephlinae) with a comparison of known larvae of other epinephelines. *Bulletin of Marine Science*, 48 (1): 67-93.

Balon E K, Bruton M N. 1994. Fishes of the Tatinga River, Comoros, with comments on freshwater amphidromy in the goby *Sicyopterus lagocephalus*. *Ichthyological Exploration of Freshwaters*, 5 (1): 25-40.

Bănărescu P M. 1967. Studies on the systematics of *Cultrinae* (Pisces, Cyprinidae) with description of a new genus. *Revue Roumaine de Biologie, Serie Zoologia*, 12 (5): 297-308.

Bănărescu P M. 1968a. Revision of the genus *Hemiculter* (Pisces, Cyprinidae). *Travaux du Muséum d'Histoire Naturelle*

"Grigore Antipa", 8: 23-529, pls. 1-2.

Bănărescu P M. 1968b. Revision of the genera *Zacco* and *Opsariichthys* (Pisces, Cyprinidae). *Acta. Soc. Zool. Bohemoslov. Tom.*, 32 (4): 305-311.

Bănărescu P M. 1969a. Some addtitional remarks on the genus *Squalidus* Dybowsky (Pisces: Cyprinidae). *Vest. Cs. Spol. Zool.*, 33 (2): 97-101.

Bănărescu P M. 1969b. A correction on *Megagobionasutus* Kessler and on the genus *Microphysogobio* Mori (Pisces, Cyprinidae). *Vest. Cs. Spol. Zool.*, 33 (1): 1-4.

Bănărescu P M. 1970. *Siniichthys brevirostris* nov. gen., nov. sp., nouveau cyprinidé de Chine (Pisces, Cyprinidae). *Bulletin du Muséum National d'Histoire Naturelle (Série 2)*, 42 (1): 161-164.

Bănărescu P M. 1971a. A review of the species of the subgenus *Onychostoma* s. str. with description of a new species (Pisces, Cyprinidae). *Revue Roumaine de Biologie, Serie Zoologia*, 16 (4): 241-248.

Bănărescu P M. 1971b. Revision of the *Onychostoma*-subgenus *Scaphesthes* (Pisces, Cyprinidae). *Revue Roumaine de Biologie, Serie Zoologia*, 16 (6): 357-364.

Bănărescu P M, Nalbant T T. 1966a. Revision of the genus *Microphysogobio* (Pisces, Cyprinidae). *Vest. Cs. Spol. Zool.*, 30 (3): 194-209.

Bănărescu P M, Nalbant T T. 1966b. Notes on the genus *Gobiobotia* (Pisces, Cyprinidae) with description of three new species. *Annotationes Zoologicae et Botanicae*, 27: 1-16.

Bănărescu P M, Nalbant T T. 1968. Some new Chinese minnows (Pisces, Cypriniformes). *Proceedings of the Biological Society of Washington*, 81: 335-346.

Bănărescu P M, Nalbant T T. 1969. Notes on the genus *Gobiobotia* (Pisces, Cyprinidae) with description of three new species. *Annotationes Eoologicae et Botanicae*, 27: 16.

Bănărescu P M, Nalbant T T. 1973. Pisces, Teleostei; Cyprinidae (Gobioninae). *Das Tierreich, Lfg*, 93: i-vii, 1-304.

Baranes A, Ben-Tuvia A. 1979. Two rare carcharhinids, *Hemipristis elongatus* and *Iagoomanensis*, from the northern Red Sea. *Inrael J. of Zool.*, 28: 39-50.

Barbosa du Bocage J V, de Brito Capello F. 1864. Sur quelque espèces inédites de Squalidae de la tribu Acanthiana, Gray, qui fréquentent les côtes du Portugal. *Proceedings of the Zoological Society of London*, 1864 (pt 2): 260-263.

Barger L E, Collins L A, Finucane J H. 1978. First Record of Bluefish Larvae, *Pomatomus saltatrix*, in the Gulf of Mexico. *Northeast Gulf Science*, 2 (2): 145-148.

Barlett M R, Haedrich R L. 1968. Neuston nets and south atlantic larvar blue marlin (*Makaira nigricans*). *Copeia*, (3): 469-474.

Barnard K H. 1927. Diagnoses of new genera and species of South African marine fishes. *Annals and Magazine of Natural History*, 20 (115): 66-79.

Barnett M A, Gibbs R H Jr. 1968. Four new stomiatoid fishes of the genus *Bathophilus* with a revised key to the species of *Bathophilus*. *Copeia*, 4: 826-832.

Barraclough W E. 1950. An inshore record of the Bathypelagic fish, *Chauliodus macouni* Bean, from British Columbia. *Copeia*, (3): 241-242.

Barsukov V V, Chen L C. 1978. Review of the subgenus *Sebastiscus* (Sebastes, Scorpaenidae) with a description of a new species. *Journal of Ichthyology*, 18 (2): 179-193.

Bartlett M R. 1968. Neuston nets and south atlantic larval blue marlin (*Makaira nigricans*). *Copeia*, (3): 469-474.

Basilewsky S. 1855. Ichthyographia Chinae Borealis. *Nouveaux Mémoires de la Société Impériale des Naturalistes de Moscou*, 10: 215-263.

Bath H. 1980. *Omobranchus punctatus* (Valenciennes, 1836) neu im Suez-Kanal (Pisces: Blenniidae). *Senckenbergiana Biologica*, 60 (1979) (5/6): 317-319.

Bath H. 1992. Revision der *Gattung praealticus* Schultz & Chapman 1960 (Pisces: Blenniidae). *Senckenbergiana Biologica*, 72 (4/6): 237-316.

Bean T H. 1890. New fishes collected off the coast of Alaska and the adjacent region southward. In: Scientific results of explorations by the U. S. Fish Commission steamer Albatross. *Proceedings of the United States National Museum*, 13 (795): 37-45.

Beardsley G L Jr, Merrett N R, Richards W J. 1975. Synopsis of the biology of the Sailfish, *Istiophorus platypterus* (Shaw and Nodder, 1791). *NOAA Technical Report NMFS SSRF*, 3: 95-120.

Becker V E. 1965. Lanternfishes of the Genus *Hygophum* (Myctophidae, Pisces), Systematics and Distribution. *Trudy Inst. Okean.*, 80: 62-103.

Beebe W, Tee-Van J. 1933. Nomenclatural notes on the shore fishes of Bermuda. *Zoologica, Scientific Contributions of the*

New York Zoological Society, 13 (7): 133-158.

Beebe W. 1932. Nineteen new species and four post-larval deep-sea fish. *Zoologica (N.Y.)*, 13 (4): 47-107.

Begon M, Harper J L, Townsend C R. 1990. Ecology: Individuals, Populations and Communities. London: Blackwell Science Ltd.

Behnke R J. 1959. A note on *Oncorhynchus formosanum* and *Oncorhynchus masou*. *Japanese Journal of Ichthyology*, 7 (5, 6): 151-152.

Behnke R J, Koh T P, Needham P R. 1962. Status of the landlocked salmonid fishes of with a review of *Oncorhynchus masau* (Brevoort). *Copeia*, 2: 400-409.

Bell L J. 1983. Aspects of the reproductive biology of the wrasse, *Cirrhilabrus temminckii*, at Miyake-jima, Japan. *Japanese Journal of Ichthyology*, 30 (2): 158-159.

Bennett E T. 1828. Observations on the fishes contained in the collection of the Zoological Society. On some fishes from the Sandwich Islands. *Zoological Journal, London*, 4 (13, art. 3): 31-42. [Sometimes dated 1829 (date not researched)].

Bennett E T. 1830. Catalogue of Zoological Specimens-Class Pisces. In: Memoir of the life and public services of Sir Thomas Stamford Raffles. By his Widow (Lady Stamford Raffles). *Memoir of the Life and Public Services of Sir Thomas Stamford Raffles*, F.R.S. & c.: 686-694.

Bennett E T. 1831a. Characters of new genera and species of fishes from the Atlantic coast of northern Africa presented by Captain Belcher, R.N. *Proceedings of the General Meetings for Scientific Business of the Zoological Society of London 1830-31*, pt. 1: 145-148.

Bennett E T. 1831b. Observations on a collection of fishes from the Mauritius, with characters of new genera and species. *Proceedings of the Zoological Society of London*, 1831: 59-60.

Bennett E T. 1832. Observations on a collection of fishes from the Mauritius, presented by Mr. Telfair, with characters of new genera and species. *Proceedings of the Zoological Society of London*: 165-169.

Bennett E T. 1833a. Characters of new species from the Mauritius. *Proceedings of the General Meetings for Scientific Business of the Zoological Society of London*, 1833 (pt 1): 32.

Bennett E T. 1833b. Characters of new species of fishes from Ceylon. *Proceedings of the General Meetings for Scientific Business of the Zoological Society of London*, 1832 (pt 2): 182-184. [Publication date from Duncan 1937].

Bennett E T. 1833c. Characters of two new species of fishes, from the Mauritius, presented by Mr. Telfair. *Proceedings of the General Meetings for Scientific Business of the Zoological Society of London*, 1832 (pt 2): 184.

Ben-Tuvia A. 1983. An Indo-Pacific Goby *Oxyurichthys papuensis* in the Eastern Mediterranean. *Israel Journal of Zoology*, 32: 37-43.

Ben-Tuvia A. 1993. A review of the Indo-west Pacific congrid fishes of genera *Rhynchoconger* and *Bathycongrus* with the description of three new species. *Israel Journal of Zoology*, 39 (4): 349-370.

Berg L S. 1906. Übersicht der Salmoniden vom Amur-Becken. *Zoologischer Anzeiger*, 30 (13/14): 395-398.

Berg L S. 1907a. Description of a new cyprinoid fish *Paraleucogobio notacanthus* from China. *Annals and Magazine of Natural History*, 7 (19): 163-164.

Berg L S. 1907b. Notes on several Palaearctic species of the genus *Phoxinus*. *Zoologicheskogo Muzeya Imperatorskoj Akademii Nauk*, 11: 196-213.

Berg L S. 1907c. Notice surle *Gobio rivularis* Basilewsky. *Ann. Mus. Zool. Acad. Sci. St. Petersb.*, 11.

Berg L S. 1909. Ichthyologia Amurensis. *Mem. Acad. Sci. St. Petersb.*, 8 (24): 138.

Berg L S. 1912. Faune de la Russieet des pays limitrophes. *Poissons (Marsipobranchiiet Pisces)*, 3: 1-336.

Berg L S. 1913. On the collection of fresh water fishes collected by A. I. Czerskii, in the vicinities of Vladivostok and the basin of the Lake Khanka. *Zapiski Obshchestvai Zucheniya Amurskogo Kraya*, 13: 11-21.

Berg L S. 1932. Notes on the genera *Metzia* and *Rasborinus*. *Copeia*, (3): 156.

Berg L S. 1933. Les poissons des eaux douces de l'U. R. S. S. *et des pays limitrophes. 3-e édition, revue et augmentée Leningrad Les poissons des eaux douces de l'URSS*, 2: 544-903.

Berg L S. 1949a. Freshwater fishes of the U. S. S. R. and adjacent countries. 4th. Ed., Vol. 2. *Guide to the Fauna of the U. S. S. R.*, 2: 467-925.

Berg L S. 1949b. Freshwater fishes of USSR and neighbouring countries. Vol. 3. Moscow: Press. Acad. Sci. USSR.

Berry F H. 1968. A new species of carangid fish (*Decapterus tabl*) from the western Atlantic. *Marine Science*, 13: 145-167.

Bertelsen E. 1951. The ceratioid fishes. Ontogeny, taxonomy, distribution and biology. *Dana Rep.*, 39: 1-276.

Bertelsen E. 1981. Notes on Linophrynidae VII. New records of the deepsea anglerfish *Linophryne indica* (Brauer, 1902), a senior synonym for *Linophryne corymbifera* Regan & Trewavas, 1932 (Pisces, Ceratioidei). *Steenstrupia*, 7 (1): 1-14.

Bertelsen E, Krefft G. 1988. The ceratioid family Himantolophidae (Pisces, Lophiiformes). *Steenstrupia*, 14 (2): 9-89.

Bertelsen E, Pietsch T W. 1998. Revision of the deepsea anglerfish genus *Rhynchactis* Regan (Lophiiformes: Gigantactinidae), with descriptions of two new species. *Copeia*, 1998 (3): 583-590.

Bertelsen E, Pietsch T W, Lavenberg R J. 1981. Ceratioid anglerfishes of the family Gigantactinidae: morphology, systematics, and distribution. *Contrib. Sci. (Los Angel.)*, 332: 1-74.

Bessednov L N. 1966. Electric rays of the genus *Narcine* Henle (Torpedinidae) of the Tonkin Gulf. *Zoologicheskii Zhurnal*, 45: 77-82.

Bhlke J E, Hubbs C L. 1951. Dysommina rugosa, an apodal fish from the north Atlantic, representing a distinct family. *Stanford Ichthyol. Bull.*, 4 (1): 7.

Bianconi G G. 1846. Lettera [sul *Ostracion fornasini*, n. sp. de pesce del Mosambico]. *Nuovi Annali Delle Scienze Naturali Bologna*, (Ser. 2) 5: 113-115, pl. 1.

Bilecenoglu M, Taskavak E, Bogaç K. 2002. Range extension of three lessepsian migrant fish (*Fistularia commersoni, Sphyraena flavicauda, Lagocephalus suezensis*) in the Mediterranean Sea. *J. Mar. Biol. Assoc. U. K.*, 82: 525-526.

Bird S, Zou J, Kono T, Sakai M, Dijkstra J M, Secombes C. 2005. Characterisation and expression analysis of interleukin 2 (IL-2) IL-21 homologues in the Japanese pufferfish, *Fugu rubripes*, following their discovery by synteny. *Immunogenetics*, 56: 909-923.

Bleeker P. 1846. Nieuwebijdrage tot de kennis der Siluroieden van Java. *Verhandelingen van het Bataviaasch Genootschap van Kunsten en Wetenschappen*, 21 (7): 1-12.

Bleeker P. 1848. A contribution to the knowledge of the ichthyological fauna of sumbawa. 633-639.

Bleeker P. 1849a. A contribution to the knowledge of the ichthyological fauna of celebes. Director and Secretary of the Batavian Society of Arts and Science: 65-74.

Bleeker P. 1849b. Bijdrage tot de kennis der Scleroparei van den Soenda-Molukschen Archipel. *Verhandelingen van het Bataviaasch Genootschap van Kunsten en Wettenschappen*, 22: 1-10.

Bleeker P. 1849c. Bijdrage tot de kennis der Blennioïden en Gobioïden van der Soenda-Molukschen Archipel, met beschrijving van 42 nieuwesoorten. *Verhandelingen van het Bataviaasch Genootschap van Kunsten en Wetenschappen*, 22 (6): 1-40.

Bleeker P. 1849d. Bijdrage tot de kennis der ichthyologische fauna van het Eiland Bali. Met Beschrijving van eenige nieuwe species: 4-11.

Bleeker P. 1851a. Bijdrage tot de kennis der ichthyologische fauna van Borneo, met beschrijving van 16 nieuwe soorten van zoetwatervisschen. *Natuurkundig Tijdschrift voor Nederlandsch Indië*, 1: 1-16.

Bleeker P. 1851b. Nieuwebijdrage tot de kennis der ichthyologische fauna van Borneo met beschrijving van 16 nieuwe soorten van zoetwatervisschen. *Natuurkundig Tijdschrift voor Nederlandsch Indië*, 1: 259-275.

Bleeker P. 1851c. Over eenige nieuwe soorten van Pleuronectoïden van den Indischen Archipel. *Natuurkundig Tijdschrift voor Nederlandsch Indië*, 1: 401-416.

Bleeker P. 1851d. Nieuwe bijdrage tot de kennis der Percoïdei, Scleroparei, Sciaenoïdei, Maenoïdei, Chaetodontoïdei en Scomberoïdei van den Soenda-Molukschen Archipel. *Natuurkundig Tijdschrift voor Nederlandsch Indië*, 2: 163-179.

Bleeker P. 1851e. Vijfde bijdrage tot de kennis der ichthyologische fauna van Borneo, met beschrijving van eenige nieuwe soorten van zoetwatervisschen. *Natuurkundig Tijdschrift voor Nederlandsch Indië*, 2: 415-442.

Bleeker P. 1851f. Bijdrage tot de kennis der ichthyologische fauna van Riouw. *Natuurkundig Tijdschrift voor Nederlandsch Indië*, 2: 469-497.

Bleeker P. 1852a. Bijdrage tot de kennis der ichthyologische fauna van Timor. *Natuurkundig Tijdschrift voor Nederlandsch Indië*, 3: 159-174.

Bleeker P. 1852b. Bijdrage tot de kennis der ichthyologische fauna van de Moluksche Eilanden. Visschen van Amboina en Ceram. *Natuurkundig Tijdschrift voor Nederlandsch Indië*, 3: 229-309.

Bleeker P. 1852c. Bijdrage tot de kennis der ichthyologische fauna van het eiland Banka. *Natuurkundig Tijdschrift voor Nederlandsch Indië*, 3: 443-460.

Bleeker P. 1852d. Nieuwe bijdrage tot de kennis der ichthyologische fauna van Amboina. *Natuurkundig Tijdschrift voor Nederlandsch Indië*, 3: 545-568.

Bleeker P. 1852e. Nieuwe bijdrage tot de kennis der ichthyologische fauna van Ceram. *Natuurkundig Tijdschrift voor Nederlandsch Indië*, 3: 689-714.

Bleeker P. 1852f. Over eenige nieuwe geslachten en soorten van Makreelachtige visschen van den Indischen Archipel. *Natuurkundig Tijdschrift voor Nederlandsch Indië*, 1: 342-372.

Bleeker P. 1852g. Diagnostische Beschrijvingen van nieuwe of weinig bekende vischsoorten van Sumatra. *Tiental.*, I-IV: 570-608.

Bleeker P. 1852h. Derde Bijdrage tot de kennis der ichthyologische fauna van Celebes. *Natuurkundig Tijdschrift voor Nederlandsch Indië*, 3: 739-782.

Bleeker P. 1853a. Diagnostische Beschrijvingen van Nieuwe of weinig Bekende vischsoorten van Batavia. *Tiental.*, I-VI: 452-516.

Bleeker P. 1853b. Nalezingen op de ichthyologie van Japan. *Verhandelingen van het Bataviaasch Genootschap van Kunsten en Wetenschappen*, 25 (7): 1.

Bleeker P. 1853c. Nalezingen op de ichthyologische fauna van Bengalen en Hindostan. *Verhandelingen van het Bataviaasch Genootschap van Kunsten en Wetenschappen*, 25 (8): 1-164.

Bleeker P. 1853d. Derde bijdrage tot de kennis der ichthyologische fauna van Amboina. *Natuurkundig Tijdschrift voor Nederlandsch Indië*, 4: 91-130.

Bleeker P. 1853e. Vierde bijdrage tot de kennis der ichthyologische fauna van Celebes. *Natuurkundig Tijdschrift voor Nederlandsch Indië*, 4: 153-174.

Bleeker P. 1853f. Diagnostische beschrijvingen van nieuwe of weinig bekende vischsoorten van Sumatra Tiental V-X. *Natuurkundig Tijdschrift voor Nederlandsch Indië*, 4: 243-302.

Bleeker P. 1853g. Bijdrage tot de kennis der ichthyologische fauna van Solor. *Natuurkundig Tijdschrift voor Nederlandsch Indië*, 5: 67-96.

Bleeker P. 1853h. Derde bijdrage tot de kennis der ichthyologische fauna van Ceram. *Natuurkundig Tijdschrift voor Nederlandsch Indië*, 5: 233-248.

Bleeker P. 1853i. Vierdebijdrage tot de kennis der ichthyologische fauna van Amboina. *Natuurkundig Tijdschrift voor Nederlandsch Indië*, 5: 317-352.

Bleeker P. 1853j. Nieuwebijdrage tot de kennis der ichthyologische fauna van Ceram. *Natuurkundig Tijdschrift voor Nederlandsch Indië*, 3 (5): 689-714.

Bleeker P. 1854a. Vijfde bijdrage tot de kennis der ichthyologische fauna van Celebes: 226-249.

Bleeker P. 1854b. Nieuwetientallen diagnostische beschrijvingen van nieuwe of weinig bekende vischsoorten van Sumatra. *Natuurkundig Tijdschrift voor Nederlandsch Indië*, 5: 495-534.

Bleeker P. 1854c. Bijdrage tot de kennis der ichthyologische fauna van Halmaheira (Gilolo). *Natuurkundig Tijdschrift voor Nederlandsch Indië*, 6: 49-62.

Bleeker P. 1854d. Derde bijdrage tot de kennis der ichthyologische fauna van de Banda-eilanden. *Natuurkundig Tijdschrift voor Nederlandsch Indië*, 6: 89-114.

Bleeker P. 1854e. Faunae ichthyologicae japonicae. Species Novae. *Natuurkundig Tijdschrift voor Nederlandsch Indië*, 6: 395-426.

Bleeker P. 1854f. Bijdrage tot de kennis der ichthyologische fauna van de Kokos-eilanden. *Natuurkundig Tijdschrift voor Nederlandsch Indië*, 7: 37-48.

Bleeker P. 1854g. Overzigt der ichthyologische fauna van Sumatra, met beschrijving van 16 nieuwe soorten. *Natuurkundig Tijdschrift voor Nederlandsch Indië*, 7: 49-108.

Bleeker P. 1854h. Specierum piscium javanensium novarum vel minus cognitarum diagnoses adumbratae. *Natuurkundig Tijdschrift voor Nederlandsch Indië*, 7: 415-448.

Bleeker P. 1854i. Zesde bijdrage tot de kennis der ichthyologische fauna van Celebes. *Natuurkundig Tijdschrift voor Nederlandsch Indië*, 7: 449-452.

Bleeker P. 1854j. Bijdrage tot de kennis der ichthyologische fauna van het eiland Floris: 312-338.

Bleeker P. 1854k. Vijfde bijdrage tot de kennis der ichthyologische fauna van Amboina. *Batavia Calendies Maji*; MDCCCLIV: 456-508.

Bleeker P. 1855a. Vierde bijdrage tot de kennis der ichthyologische fauna van de Kokos-eilanden. *Natuurkundig Tijdschrift voor Nederlandsch Indië*, 8: 445-460.

Bleeker P. 1855b. Achtste bijdrage tot de kennis der ichthyologische fauna van Celebes. *Natuurkundig Tijdschrift voor Nederlandsch Indië*, 9: 281-314.

Bleeker P. 1855c. Negende bijdrage tot de kennis der ichthyologische fauna van Borneo. Zoetwatervisschen van Pontianak en Bandjermasin. *Natuurkundig Tijdschrift voor Nederlandsch Indië*, 9: 415-430.

Bleeker P. 1855d. Bijdrage tot de kennis der ichthyologische fauna van het eiland Groot-Obij. *Natuurkundig Tijdschrift voor Nederlandsch Indië*, 9: 431-438.

Bleeker P. 1855e. Beschrijvingen van nieuwe en weinig Bekende vischsoorten van Amboina. Batavia Lange & Co.: 34-36.

Bleeker P. 1855f. Bijdrage tot de kennis der ichthyologische fauna van de Batoe Eilanden. *Batavia Calendis Martii* MDCCCLV: 306-328.

Bleeker P. 1855g. Zesde Bijdrage tot de kennis der ichthyologische fauna van Amboina. *Batavia Calendis Martii* MDCCCLV: 392-434.

Bleeker P. 1856a. Nieuwe Bijdrage tot de kennis der ichthyologische fauna van Bali. *Batavia Calendis Septembris* MDCCCLVI: 292-302.

Bleeker P. 1856b. Zevende bijdrage tot de kennis der ichthyologische fauna van Ternate. *Natuurkundig Tijdschrift voor Nederlandsch Indië*, 10: 357-386.

Bleeker P. 1856c. Carcharias (Prionodon) amblyrhynchos, eene nieuwe haaisoort, gevangen nabij het eiland Solombo. *Natuurkundig Tijdschrift voor Nederlandsch Indië*, 10: 467-468.

Bleeker P. 1856d. Verslag omtrent eenige vischsoorten gevangen aan de Zuidkust van Malang in Oost-Java. *Natuurkundig Tijdschrift voor Nederlandsch Indië*, 11: 81-92.

Bleeker P. 1856e. Vijfde bijdrage tot de kennis der ichthyologische fauna van de Banda-eilanden. *Natuurkundig Tijdschrift voor Nederlandsch Indië*, 11: 93-110.

Bleeker P. 1856f. Achtste bijdrage tot de kennis der ichthyologische fauna van Ternate. *Natuurkundig Tijdschrift voor Nederlandsch Indië*, 12: 191-210.

Bleeker P. 1856g. Bijdrage tot de kennis der ichthyologische fauna van het eiland Nias. *Natuurkundig Tijdschrift voor Nederlandsch Indië*, 12: 212-228.

Bleeker P. 1856h. Derde Bijdrage tot de kennis der ichthyologische fauna van de Batoe-eilanden. *Natuurkundig Tijdschrift voor Nederlandsch Indië*, 12: 229-242.

Bleeker P. 1856i. Nieuwebijdrage tot de kennis der ichthyologische fauna van Bali. *Natuurkundig Tijdschrift voor Nederlandsch Indië*, 12: 291-302.

Bleeker P. 1857a. Tweede bijdrage tot de kennis der ichthyologische fauna van Boero. *Natuurkundig Tijdschrift voor Nederlandsch Indië*, 13: 55-82.

Bleeker P. 1857b. Descriptiones specierum piscium javanensium novarum vel minus cognitarum diagnosticae. *Natuurkundig Tijdschrift voor Nederlandsch Indië*, 13: 323-368.

Bleeker P. 1857c. Index descriptionum specierum piscium Bleekerianarum in voluminibus I ad XIV diarii societatis scientiarum indo-Batavae. *Natuurkundig Tijdschrift voor Nederlandsch Indië*, 14: 447-486.

Bleeker P. 1857d. Bijdrage tot de kennis der vischfauna van den Goram-Archipel. Batavia Calendis Novembris, 1857: 198-218.

Bleeker P. 1858a. De visschen van den Indischen Archipel. Beschreven en toegelicht. *Siluri. Acta Societatis Regiae Scientiarum Indo-Neêrlandicae*, 4: 1-370.

Bleeker P. 1858b. Vijfde bijdrage tot de kennis der ichthyologische fauna van Japan. *Acta Societatis Regiae Scientiarum Indo-Neêrlandicae*, 5: 1-12, pls. 1-3.

Bleeker P. 1859a. Achtste bijdrage tot de kennis der vischfauna van Sumatra. *Bataviae Calendis Februarii-Augusti*, 1859: 2-88.

Bleeker P. 1859b. Over eenige vischsoorten van de zuidkust-wateren van Java. *Batavia Calendis Martii*, 1859: 330-352.

Bleeker P. 1859c. Over de geslachten der Cobitinen. *Natuurkundig Tijdschrift voor Nederlandsch Indië*, 16: 302-304.

Bleeker P. 1859d. Negendebijdrage tot de kennis der vischfauna van Banka. *Natuurkundig Tijdschrift voor Nederlandsch Indië*, 18: 359-378.

Bleeker P. 1859e. *Conspectus systematis* Cyprinorum. *Natuurkundig Tijdschrift voor Nederlandsch Indië*, 20: 421-441.

Bleeker P. 1860a. De visschen van den Indischen Archipel, Beschreven en Toegelicht. Deel II. [Also: Ichthyologiae Archipelagi Indici Prodromus, Auct., Volumen II (Cyprini. Ordo Cyprini. Karpers.)]. *Acta Societatis Regiae Scientiarum Indo-Neêrlandicae*, 7 (2): 1-492, i-xiii.

Bleeker P. 1860b. Dertiende Bijdrage tot de kennis der vischfauna van Celebes. Vataviae calendis Junii MDCCCLX: 2-60.

Bleeker P. 1860c. Zesde Bijdrage tot de kennis der vischfauna van Japan. *Batavia*, 1860: 2-102.

Bleeker P. 1860d. Twaalfde bijdrage tot de kennis der vischfauna van Amboina. *Acta Societatis Regiae Scientiarum Indo-Neêrlandicae*, 8 (art. 6): 1-4. [Date of publication from Kottelat 2011: 89 [ref. 31413] as 2 Aug. 1860].

Bleeker P. 1860e. Zesde bijdrage tot de kennis der vischfauna van Japan. *Acta Societatis Regiae Scientiarum Indo-Neêrlandicae*, 8: 1-104.

Bleeker P. 1863a. Systema cyprinoideorumrevisum. *Nederlandsch Tijdschriftvoor de Dierkunde*, 1: 187-218.

Bleeker P. 1863b. Sur les genres de la famille des Cobitioïdes. Verslagen en Mededeelingen der Koninklijke Akademie van Wetenschappen. *Afdeling Natuurkunde*, 15: 32-44.

Bleeker P. 1863c. Description de trois espèces nouvelles de Siluroïdes de l'Indearchipélagique. Verslagen en Mededeelingen der Koninklijke Akademie van Wetenschappen. *Afdeling Natuurkunde*, 15: 70-76.

Bleeker P. 1863-64. Atlas ichthyologique des Indes Orientales Néêrlandaises, publié sous les auspices du Gouvernement colonial néêrlandais. Tome III. Cyprins. *Atlas Ichthyol.*, 3: 1-150, pls. 102-144.

Bleeker P. 1864a. Poissons inedits Indo-Archipelagiques de Lordre des Murenes. *La Haye*, 1864: 39-54.

Bleeker P. 1864b. Rhinobagruset Pelteobagrusdeux genres nouveaux de Siluroïdes de Chine. *Nederlandsch Tijdschriftvoor de Dierkunde*, 2: 7-10.

Bleeker P. 1864c. Description de deux espèces inédites de Cobitioïdes. *Nederlandsch Tijdschriftvoor de Dierkunde*, 2: 11-14.

Bleeker P. 1864d. *Paralaubuca*, un genre nouveau de Cyprinoïdes de Siam. *Nederlandsch Tijdschriftvoor de Dierkunde*, 2: 15-17.

Bleeker P. 1864e. Notices sur quelques genres *et* espèces de Cyprinoïdes de Chine. *Nederlandsch Tijdschriftvoor de Dierkunde*, 2: 18-29.

Bleeker P. 1865a. Notice sur les poissons envoyes de Chine au Musee de Leide par M. G. Schlegel. *Nederlandsch Tijdschriftvoor de Dierkunde*, 2: 55-62.

Bleeker P. 1865b. Sur les espèces dExocet de lInde Archipélagique. *Nederlandsch Tijdschriftvoor de Dierkunde*, 3: 105-129.

Bleeker P. 1865c. Description de quelques espèces inédites des genres Pseudorhombus *et* Platophrys de lInde Archipélagique. *Nederlandsch Tijdschrift voor de Dierkunde*, 3: 43-50.

Bleeker P. 1868a. Description de trois espèces inédites des poissons des îles dAmboine *et* de Waigiou. *Versl. Akad. Amsterdam.*, 2: 331-335.

Bleeker P. 1868b. Description de deux espèces nouvelles de Blennioïdes de lInde archipélagique. Verslagen en mededeelingen. Koninklijke Akademie van Wetenschappen (Netherlands). *Afdeling Natuurkunde* (Ser. 2), 2: 278-280.

Bleeker P. 1868c. Description de deux espèces inédites dEpinephelus rapportées de lîle de la Réunion par M.M. Pollen *et* van Dam. Verslagen en mededeelingen. Koninklijke Akademie van Wetenschappen (Netherlands). *Afdeling Natuurkunde* (Ser. 2), 2: 336-341.

Bleeker P. 1869a. Description dune espèce inédite de Caesio de lîle de Nossibé. Verslagen en mededeelingen. *Koninklijke Akademie van Wetenschappen (Netherlands). Afdeling Natuurkunde* (Ser. 2), 3: 78-79.

Bleeker P. 1869b. Description *et* figure dune espèce inédite de Platycéphale. Verslagen en mededeelingen. *Koninklijke Akademie van Wetenschappen (Netherlands). Afdeling Natuurkunde* (Ser. 2), 3: 253-254, Pl.

Bleeker P. 1870a. Description *et* figure d'une espèce inédite de *Rhynchobdella* de Chine. Verslagen en Mededeelingen der Koninklijke Akademie van Wetenschappen. *Afdeeling Natuurkunde*, 4: 249-250.

Bleeker P. 1870b. Mededeeling omtrent eenige nieuwe vischsoorten van China. Verslagen en Mededeelingen der Koninklijke Akademie van Wetenschappen. *Afdeeling Natuurkunde* (*Ser. 2*), 4: 251-253, pls. 251.

Bleeker P. 1870c. Description d'une espèce inédite de Botia de Chine *et* figures du *Botia elongata et* du Botiamodesta. Verslagen en Mededeelingen der Koninklijke Akademie van Wetenschappen. *Afdeeling Natuurkunde* (*Ser. 2*), 4: 254-256.

Bleeker P. 1870d. Description *et* figure d'une espèce inédite de *Hemibagrus* de Chine. Verslagen en Mededeelingen der Koninklijke Akademie van Wetenschappen. *Afdeeling Natuurkunde* (*Ser. 2*), 4: 257-258.

Bleeker P. 1871a. Mémoire sur les cyprinoïdes de Chine. *Verhandelingen der Koninklijke Akademie van Wetenschappen (Amsterdam)*, 12 (art. 2): 1-91, pls. 91-14.

Bleeker P. 1871b. Memoire sur la fauna ichthyologique de Chine. *Nederlandsch Tijdschriftvoor de Dierkunde*, 4: 1-42.

Bleeker P. 1872. Memoire sur la fauna ichthyologique de Chine. *Nederlandsch Tijdschriftvoor de Dierkunde*, 4 (4-7): 113-154.

Bleeker P. 1873a. Addition au memoire sur la fauna ichthyologique de Chine. *Ibid.*, 4: 233-234.

Bleeker P. 1873b. Memoire sur la Faune Ichthyologique de Chine. *Nederlandsch Tijdschriftvoor de Dierkunde*, 2: 18-29.

Bleeker P. 1874. Esquisse d'un système naturel des Gobioïdes. *Archives Néerlandaises des Sciences Exacteset Naturelles*, 9: 289-331.

Bleeker P. 1877a. Mémoire sur les chromides marins ou pomacentroïdes de lInde archipélagique. *Natuurk. Verh. Holland. Maatsch. Wet. Haarlem*, 2 (6): 1-166.

Bleeker P. 1877b. Over slokdarm en maag van Caprodon Schlegeli. *Versl. Akad. Amsterdam, Proc.-Verb.*, 1877: 2-3.

Bleeker P. 1878a. Quatrième mémoire sur la faune ichthyologique de la Nouvelle-Guinée. *Arch. Néerl. Sci. Nat., Haarlem.*, 13 (3): 35-66.

Bleeker P. 1878b. Révision des espèces insulindiennes du genre Uranoscopus L. Verslagen en mededeelingen. *Koninklijke Akademie van Wetenschappen (Netherlands). Afdeling Natuurkunde* (Ser. 2), 13: 47-59.

Bleeker P. 1879a. Sur quelques espèces inédites ou peuconnues de poissons de Chine appartenant au Muséum de Hambourg. *Verhandelingen der Koninklijke Akademie van Wetenschappen, Afdeeling Natuurkunde (Amsterdam)*, 18: 1-17.

Bleeker P. 1879b. Révision des espèces insulindiennes de la famille des Callionymoïdes. *Verhandelingen der Koninklijke Akademie van Wetenschappen, Afdeeling Natuurkunde (Amsterdam)*, 14: 79-107.

Bleeker P. 1879c. Énumeration des espèces de poissons actuellement connues du Japon *et* description de trois espèces inédites. *Verhandelingen der Koninklijke Akademie van Wetenschappen, Afdeeling Natuurkunde (Amsterdam)*, 18: 1-33.

Bliss R. 1883. Descriptions of new species of Mauritian fishes. *Transactions Roy. Arts. Sci. Maurice (N. S.)*, 13: 45-63.

Bloch M. E. 1782. M. Marcus Elieser Bloch's..., ausübenden Arztes zu Berlin, Oeconomische Naturgeschichte der Fische Deutschlands. Berlin.

Bloch M E. 1783. Oekonomische Naturgeschichte der Fische Deutschlands. Berlin, Vol. 1.

Bloch M E. 1786. Naturgeschichte der ausländischen Fische. Berlin, Vol. 2.

Bloch M E. 1789. Charactere und Beschreibung des Geschlechts der Papageyfische, Callyodon. *Abh. Böhm. Ges.*, 4: 242-248.

Bloch M E. 1790. Naturgeschichte der ausländischen Fische. Berlin, Vol. 4.

Bloch M E. 1792. Naturgeschichte der ausländischen Fische. Berlin, Vol. 6.

Bloch M E. 1793. Naturgeschichte der ausländischen Fische. Berlin, Vol. 7.

Bloch M E, Schneider J G. 1801a. Systema Ichthyologiae Iconibus cx Ilustratum. Post obitumauctoris opus inchoatum absolvit, correxit, interpolavit Jo. Gottlob Schneider, Saxo. Berolini. *Sumtibus Auctoris Impressumet Bibliopolio Sanderiano Commissum*: 1-584.

Bloch M E, Schneider J G. 1801b. M.E. Blochii, Systema Ichthyologiae Iconibus cx Ilustratum. Post obitum auctoris opus inchoatum absolvit, correxit, interpolavit Jo. Gottlob Schneider, Saxo. Berolini. *Sumtibus Auctoris Impressum et Bibliopolio Sanderiano Commissum*, i-lx + 1-584, pls. 1-110.

Blyth E. 1860. Report on some fishes received chiefly from the Sitang River and its tributary streams, Tenasserim Provinces. *Journal of the Asiatic Society of Bengal*, 29 (2): 138-174.

Bocek A. 1982. Rice terraces and fish: integrated farming in the Philippines. *ICLARM Newsl.*, 5 (3): 24.

Boddaert P. 1781. Beschreibung zweier merkwürdiger Fische. Neue Nordische Beyträge fürphysicalisch. und geograph.; Erd-und Volkerbeschreibung Naturgeschichte und Oeconomie. *St. Petersburg & Leipzig*, v. 2: 55-57, Pls. 2, 4.

Boehlert G W, Wilson C D, Mizuno K. 1994. Populations of the Sternoptychid Fish *Maurolicus muelleri* on Seamounts in the Central North Pacific. *Pacific Science*, 48 (1): 57-69.

Boeseman M. 1947. Revision of the fishes collected by Burger and Von Siebold in Japan. Leiden: E. J. Brill.

Boeseman M. 1962. Triodon macropterus versus Triodon bursarius; an attempt to establish the correct name and authorship. *Zoologische Mededelingen Deel.*, 38 (4): 77-85.

Bohlen J, Šlechtova V. 2017a. *Leptobotia bellacauda*, a new species of loach from the lower Yangtze basin in China (Teleostei: Cypriniformes: Botiidae). *Zootaxa*, 4205 (1): 65-72.

Bohlen J, Šlechtova V. 2017b. *Leptobotia micra*, a new species of loach (Teleostei: Botiidae) from Guilin, southern China. *Zootaxa*, 4250 (1): 90-100.

Böhlke E B. 1984. Catalog of type specimens in the ichthyological collection of the Academy of Natural Sciences of Philadelphia. *Academy of Natural Sciences of Philadelphia Special Publication*, 14: 1-246.

Böhlke J E. 1949. Eels of the genus *Dysomma*, with additions to the synonymy and variation in Dysomma anguillare Barnard. *Proc. Calif. Zool. Club.*, 1 (7): 33-39.

Böhlke J E. 1953. A catalogue of the type specimens of Recent fishes in the Natural History Museum of Stanford University. *Stanford Ichthyological Bulletin*, 5: 1-168.

Böhlke J E. 1956. A synopsis of the eels of the family Xenocongridae (including the Chlopsidae and Chilorhinidae). *Proceedings of the Academy of Natural Sciences of Philadelphia*, 108: 61-95.

Böhlke J E, Mead G W. 1951. *Physiculus jordani*, a new gadoid fish from deep water of Japan. *Stanford Ichthyol. Bull.*, 4 (1): 27-29.

Bolin R L. 1946. Lantern fishes from "Investigator" station 670, Indian Ocean. *Stanford Ichthyol.*, 3 (2): 137-152.

Borodulina O D. 1980. Composition of the "*Polyipnusspinosus* Species Complex" (Sternoptychidae, Osteichtyes) with a Descriptions of Three New Species of This Group. *Journal of Ichthyology*, 19 (2): 1-10.

Bos A R, Gumanao G S. 2013. Seven new records of fish (Teleostei: Perciformes) from coral reefs and pelagic habitats in southern Mindanao, the Philippines. *Marine Biodiversity Records*, 6: 1-6.

Bos A R. 2012. Fishes (Gobiidae and Labridae) associated with the mushroom coral *Heliofungia actiniformis* (Scleractinia: Fungiidae) in the Philippines. *Coral Reefs*, 31: 133.

Boulenger G A. 1892. Description of a new siluroid fish from China. *Annals and Magazine of Natural History (Ser. 6)*, 9 (51): 247.

Boulenger G A. 1894. Descriptions of a new lizard and a new fish obtained in Formosa[①] by Mr. Holst. *Annals and Magazine of Natural History* (*Ser. 6*), 14 (84): 462-463.

Boulenger G A. 1900a. On the reptiles, batrachians and fishes collected by the late Mr. John Whitehead in the interior of Hainan. *Proceedings of the Zoological Society of London*, (4): 956-962.

Boulenger G A. 1900b. Descriptions of new fishes from the Cape of Good Hope. *Marine Investigations in South Africa*, 8: 10-12, pls. 1-3. [First as a separate, then as pp. 10-12, pls. 1-3 in v.1 in 1902.]

Boulenger G A. 1901a. Descriptions of new freshwater fishes discovered by Mr. F. W. Styan at Ningpo, China. *Proceedings of the Zoological Society of London*, 1 (2): 268-271.

Boulenger G A. 1901b. Notes on the classification of teleostean fishes. —I. On the Trachinidae and their allies. *Annals and Magazine of Natural History*, 8 (46): 261-271.

Bradbury M G. 1988. Rare fishes of the deep-sea genus *Halieutopsis*: a review with descriptions of four new species (Lophiiformes: Ogcocephalidae). *Fieldiana Zool.* (*N. S.*), 44: 1-22.

Bradbury M G. 1999. A review of the fish genus *Dibranchus* with descriptions of new species and a new genus *Solocisquama* (Lophiiformes, Ogcocephalidae). *Proceedings of the California Academy of Sciences*, 51 (5): 259-310.

Bradbury M G. 2003. Family Ogcocephalidae Jordan 1895—batfishes. *California Academy of Sciences Annotated Checklists of Fishes*, 17: 1-17.

Brandt J F. 1869. Einige Worte über die europäisch-asiatischen Störarten (Sturionides). *Mélangesbiologiques*, 7: 110-116.

Brandt J F, Ratzeburg J T C. 1833. Medizinische Zoologie, odergetreue Darstellung und Beschreibung der Thiere, die in der Arzneimittellehre in Betrachtkommen, in systematischer Folgeherausgegeben, Vol. 2. A. Berlin: Hirschwald.

Brauer A. 1902. Diagnosen von neuen Tiefseefischen, welche von der Valdivia-Expedition gesammelt sind. *Zoologischer Anzeiger*, 25 (668): 277-298.

Brauer A. 1904. Die Gattung Myctophum. *Zoologischer Anzeiger*, 28 (10): 377-404.

Bray D J, Hoese D F, Paxton J R, Gates J E. 2006. Macrouridae. *In*: Zoological Catalogue of Australia. Vol. 35. Fishes: 581-607.

Brevoort J C. 1856. Notes on some figures of Japanese fish taken from recent specimens by the artists of the U. S. *Japan Expedition*: 253-288.

Briggs J C. 1976. A new genus and species of clingfish from the western Pacific. *Copeia*, 2: 339-341.

Brittan M R. 1954. A Revision of the Indo-Malayan Fresh-Water Fish Genus *Rasbora*. Hong Kong: TFH Pubilication: 1-224.

Broad G. 2003. Fishes of the Philippines. Pasig: Anvil Publishing, Inc.: 1-510.

Broussonet P M A. 1782. Ichthyologia, Sistens Piscium Descriptioneset Icones. London: Decas I.

Brown J H. 1981. Two decades of homage to Santa Rosalia: toward a general theory of diversity. *American Zoologist*, 1 (4): 877.

Bruce A T. 1998. Redescription of *Aulopus bajacali* Parin & Kotlyar, 1984, Comments on its Relationships and New Distribution Records. *Ichthyological Research*, 45 (1): 43-51.

Bruce R W, Randall J E. 1985. A revision of the Indo-West Pacific parrotfish genera *Calotomus* and *Leptoscarus* (Scaridae: Sparisomatinae). *Indo-Pacific Fishes*, (5): 32.

Brünnich M T. 1788. Om en ny fiskart, den draabeplettede pladefish, fanget ved Helsingör i Nordsöen 1786. *K. Danske Selsk. Skrift. N. Saml.*, 3: 398-407, pl. A.

Bruss R, Ben-Tuvia A. 1983. Tiefenwasser-und Tiefseefische aus dem Roten Meer. VIII. Uber das Vorkommen von *Acropoma japonicum* Günther 1859 (Pisces: Teleostei: Perciformes: Acropomatidae). *Senckenbergiana Marit.*, 15 (1/3): 27-37.

Burgess W E, Axelrod H R. 1972. Book 1. Pacific marine fishes. T.F.H. Publications Inc. Ltd., Hong Kong. Pacific Marine Fish: 1-280.

Burgess W E. 1978. Two new species of tilefishes (family Branchiostegidae) from the western Pacific. *Tropical Fish Hobbyist*, 26 (5): 43-47.

Burgess W E, Axelrod H R. 1974. Pacific marine fishes. Book 4. Fishes of Taiwan and adjacent waters. Neptune City: T.F.H. Publication: 841-1110.

Busakhin S V. 1981. *Trachichthodes druzhinini* Busakhin, a new species of Berycidae (Osteichthyes) from the Indian Ocean. *Zoologicheskii Zhurnal*, 60 (11): 1728-1731.

Cabanban A, Capuli E, Froese R, Pauly D. 1996. An annotated checklist of Philippine flatfishes: ecological implications. Presented at the Third International Symposium on Flatfish Ecology, 2-8 November 1996, Netherlands Institute for Sea

---

① Formosa 指我国台湾，下同。

Research (NIOZ), Texel, The Netherlands.

Cailliet G M, Yudin K G, Tanaka S, Taniuchi T. 1990. Growth characteristics of two populations of *Mustelus manazo* from Japan based upon cross-readings of vertebral bands. *NOAA Tech. Rep. NMFS*, 90: 167-176.

Caira J N, Benz G W, Borucinska J, Kohler N E. 1997. Pugnose eels, *Simenchelys parasiticus* (Synaphobranchidae) from the heart of a shortfin mako, Isurus oxyrinchus (Lamnidae). *Environmental Biology of Fishes*, 49: 139-144.

Calud A, Cinco E, Silvestre G. 1991. The gill net fishery of Lingayen Gulf, Philippines. *In*: Chou L M, Chua T E, Khoo H W, Lim P E, Paw J N, Silvestre G T, Valencia M J, White A T, Wong P K. 1991. Towards an Integrated Management of Tropical Coastal Resources. ICLARM Conf. Proc.: 45-50. NUS, Sing.; NSTB, Sing.; and ICLARM, Phil.

Calumpong H P, Raymundo L J, Solis-Duran E P, Alava M N R, de Leon R O. 1994. Resource and ecological assessment of Carigara Bay, Leyte, Philippines - Final report Vol. 1 Ecological assessment: hydrographic, physico-chemical and biological characteristics. Siliman University Marine Laboratory.

Campos W L, del Norte A G C, Nañola C L Jr., McManus J W, Reyes R B Jr., Cabansag J B P. 2005. Stock assessment of the Bolinao reef flat fishery (Pangasinan, Philippines). to be filled.

Campos W L, del Norte-Campos A G C, McManus J W. 1994. Yield estimates, catch, effort and fishery potential of the reef flat in Cape Bolinao, Philippines. *J. Appl. Ichthyol.*, 10 (2-3): 82-95.

Cantor T E. 1842. General features of Chusan with remarks on the fauna and flora of that Island. Ann. *Annals and Magazine of Natural History*, 9: 278-285, 361-370, 481-493.

Cao L, Causse R, Zhang E. 2012. Revision of the loach species *Barbatulanuda* (Bleeker 1865) from North China, with a description of a new species from Inner Mongolia. *Zootaxa*, 3586: 236-248.

Cao L, Zhang E. 2008. *Triplophysa waisihani*, a new species of nemacheiline loach from northwest China (Pisces: Balitoridae). *Zootaxa*, 1932: 33-46.

Carcasson R H. 1977. A field guide to the coral reef fishes of the Indian and West Pacific Oceans. Glasgow: William Collins Sons & Co. Ltd.: 1-320.

Carlson B A, Randall J E, Dawson M N. 2008. A new species of *Epibulus* (Perciformes: Labridae) from the West Pacific. *Copeia*, (2): 476-483.

Carpenter K E. 1987. Revision of the Indo-Pacific fish family Caesionidae (Lutjanoidea), with descriptions of five new species. *Indo-Pacific Fishes*, 15: 1-56.

Carpenter K E, Niem V H. 1999a. The Living Marine Resources of the Western Central Pacific. Vol. 3. Batoid fishes, chimaeras and Bony fishes part 1 (Elopidae to Linophrynidae). *FAO*, 3: 1397-2068.

Carpenter K E, Niem V H. 1999b. The Living Marine Resources of the Western Central Pacific. Vol. 4. Bony fishes part 2 (Mugilidae to Carangidae). *FAO*, 4: 2069-2790.

Carpenter K E, Niem V H. 2001. The Living Marine Resources of the Western Central Pacific. Vol. 6. Bony fishes part 4 (Labridae to Latimeriidae), estuarine crocodiles, sea turtles, sea snakes and marine mammals. FAO: 3381-4067.

Caruso J H. 1981. The systematics and distribution of the lophiid anglerfishes—I: A revision of the genus *Lophiodes* with the description of two new species. *Copeia*, 3: 522-549.

Caruso J H. 1983. The systematics and distribution of the lophiid anglerfishes—II: Revisions of the genera *Lophiomus* and *Lophius. Copeia*, 1: 10-31.

Caruso J H. 1985. The Systematics and Distribution of the Lophiid Anglerfishes—III. Intergeneric Relationships. *Copeia*, 1985 (4): 870-875.

Castellanos-Galindo G A, Rubio Rincon E A, Beltrán-Léon B S, Baldwin C C. 2006. Check list of stomiiform, aulopiform and myctophiform fishes from Colombian waters of the tropical eastern Pacific. *Biota Colombiana*, 7 (2): 245-262.

Castelnau F L. 1875. Researches on the fishes of Australia. Philadelphia Centennial Expedition of 1876. *Intercolonial Exhibition Essays*, 1875-6. 2: 1-52.

Castle P H J. 1967. Taxonomic notes on the eel, *Muraenesox cinereus* (Forsskal, 1775), in the western Indian Ocean. *J. L. B. Smith Inst. Ichthyol. Spec. Publ.*, 2: 1-9.

Castle P H J. 1968. The congrid eels of the western Indian Ocean and the Red Sea. *Ichthyol. Bull. J. L. B. Smith Inst. Ichthyol.*, 33: 685-726.

Castle P H J. 1995. Alcocks congrid eels from the "Investigator" collections in Indian seas 1888-1894. *Copeia*, 3: 706-718.

Castle P H J, Smith D G. 1999. A reassessment of the eels of the genus *Bathycongrus* in the Indo-west Pacific. *Journal of Fish Biology*, 54: 973-995.

Castro-Aguirre J L, Cruz-Aguero G D L, Gonzalez-Acosta A F. 2001. A Second Record of *Lampris guttatus* (Pisces: Lamprididae) from the Southwestern Coast of the Golfo de California, Mexico. *Oceanides*, 16 (2): 139-141.

Chabanaud P M P. 1929. Poissons *Heterosomates recueillis* en Indo-Chine PAR M. LE Dr A. Krempf. *Extrait du Bulletin du Museum 2*, Ser.-Tome I.-No 6.-1929, 1 (6): 370-382.

Chakrabarty P, Chu J, Nahar L, Sparks J S. 2010. Geometric morphometrics uncovers a new species of ponyfish (Teleostei: Leiognathidae: Equulites), with comments on the taxonomic status of *Equula berbis* Valenciennes. *Zootaxa*, 2427: 15-24.

Chakraborty A, Venugopal M N, Hidaka K, Iwatsuki Y. 2006. Genetic differentiation between two color morphs of *Gerres erythrourus* (Perciformes: Gerreidae) from the Indo-Pacific region. *Ichthyological Research*, 53: 185-188.

Chakraborty A, Yoshino T, Iwatsuki Y. 2006. A new species of scabbardfish, *Evoxymetopon macrophthalmus* (Scombroidei: Trichiuridae), from Okinawa, Japan. *Ichthyological Research*, 53 (2): 137-142.

Chan T T C, Sadovy Y. 2002. Reproductive biology, age and growth in the chocolate hind, *Cephalopholis boenak* (Bloch, 1790), in Hong Kong. *Mar. Freshwat. Res.*, (53): 791-803.

Chan W L. 1966. New sharks from the South China Sea. *J. Zool. Lond.*, 146 (2): 218-237.

Chang C I, Kim S. 1999. Living marine resources of the Yellow Sea ecosystem in Korean waters: status and perspectives. *In*: Tang Q, Sherman K. 1999. Large Marine Ecosystems of the World. Malden: Blackwell Science, Inc.: 163-178.

Chang C W, Huang C S, Tzeng W N. 1999. Redescription of Redlip Mullet *Chelon haematocheilus* (Pisces: Mugilidae) with a key to Mugilid Fishes in Taiwan. *Acta Zoologica Taiwanica*, 10 (1): 37-43.

Chang C W, Tzeng W N. 2000. Species composition and seasonal occurrence of mullets (Pisces, Mugilidae) in the Tanshui Estuary northwest Taiwan. *Journal of Fisheries Society of Taiwan*, 27 (4): 253-262.

Chang H W. 1944. Note on the fishes of western Szechwan and eastern Sikang. *Sinensia*, 15 (1-6): 27-60.

Chang K H, Jan R Q, Shao K T. 1983. Community ecology of the marine fishes on Lutao Island, Taiwan. *Bulletin of the Institute of Zoology*, "*Academia Sinica*", 22 (2): 141-155.

Chang K H, Lee S C. 1968. Notes on the fishes found in the waters around the coastal lines of the southernmost part of Taiwan. *Quar. Journal of the Taiwan Museum*, 11: 57-83.

Chang K H, Lee S C. 1971. Five Newly Recorded Gobies of Taiwan. *Bulletin of the Institute of Zoology*, "*Academia Sinica*", 10 (1): 37-43.

Chang K H, Lee S C, Shao K T. 1978. A list of forty newly recorded coral fishes in Taiwan. *Bulletin of the Institute of Zoology*, "*Academia Sinica*", 17 (1): 75-78.

Chang K H, Shao K T, Lee S C. 1979. Coastal fishes of Taiwan (I). Taipei: Institute of Zoology, "Academia Sinica": 1-150.

Chang K H, Wu W L. 1977. Tagging experiments on the spotted macderel (*Scomber australasicus*) in Taiwan. *Bulletin of the Institute of Zoology*, "*Academia Sinica*", 16 (2): 137-139.

Chang Y W, Wu C T. 1965. A new pangasid catfish, *Sinopangasius semicultratus* gen. et sp. Nov. found in China. *Acta Zootaxonomica Sinica*, 2 (1): 11-14.

Charles H G Ph. D. (II), Cobb J N (III). 1905. The Aquatic Resources of the Hawaiian Islands (Part II).—II. The Deep-sea Fishes of the Hawaiian Islands. III. The Commercial Fishereies of the Hawaiian Islands. *Bulletin of the United States Fish Commission*, 23: 577-713, 717-765.

Chaudhuri B L. 1911. Contribution to the fauna Yunnan based on collections made by J. Coggin Brown 1909-1910. *Records of the Indian Museum (Calcutta)*, 6 (1): 13.

Chaudhuri B L. 1913. Zoological results of the Abor Expedition, 1911-12. XVIII. Fish. *Records of the Indian Museum (Calcutta)*, 8 (3): 243-257, pls. 247-249.

Chaux J, Fang P W. 1949. Catalogue des Siluroidei d'Indochine de la collection du Laboratoire des Pêches Coloniales au Muséum, avec la description de six espèces nouvelles. *Bulletin du Muséum National d'Histoire Naturelle* (*Sér. 2*), 21 (2): 194-201, 342-346.

Chave E H, Randall H A. 1971. Feeding behavior of the moray eel, *Gymnothorax pictus*. *Copeia*, 3: 570-574.

Chen C A, Ablan M C A, McManus J W, Bell J D, Tuan V S, Cabanban A S, Shao K T. 2004. Variable Numbers of Tandem Repeats (VNTRs), Heteroplasmy, and Sequence Variation of the Mitochondrial Control Region in the Three-spot Dascyllu, *Dascyllus trimaculatus* (Perciformes: Pomacentridae). *Zoological Studies*, 43 (4): 803-812.

Chen C F. 1956. A Synopsis of the Vertebrates of Taiwan, Vol. 1. Taipei: The Commercial Press Ltd. (in Chinese).

Chen H M, Böhlke E B. 1996. Redescription and new records of a rare moray eel, *Echidna xanthospilos* (Bleeker, 1859) (Anguilliformes: Muraenidae). *Zoological Studies*, 35 (4): 300-304.

Chen H M, Loh K H. 2007. *Gymnothorax shaoi*, a new species of moray eel (Anguilliformes: Muraenidae) from southeastern Taiwan. *Journal of Marine Science and Technology*, 15 (2): 76-81.

Chen H M, Loh K H, Shao K T. 2008. A new species of moray eel, *Gymnothorax taiwanensis*, (Anguilliformes: Muraenidae) from Eastern Taiwan. *The Raffles Bulletin of Zoology* (*Suppl.*), 19: 131-134.

Chen H M, Shao K T (陈鸿鸣, 邵广昭). 1995a. New eel genus, *Cirrimaxilla*, and description of the type species, *Cirrimaxilla formosa* (Pisces: Muraenidae) from southern Taiwan. *Bulletin of Marine Science*, 57 (2): 328-332.

Chen H M, Shao K T, Chen C T (陈鸿鸣, 邵广昭, 陈哲聪). 1994. A review of the muraenid eels (family Muraenidae) from Taiwan with descriptions of twelve new records (台湾海域产鳝科鱼类兼记其十二新记录种). *Zoological Studies*, 33 (1): 44-64.

Chen H M, Shao K T, Chen C T (陈鸿鸣, 邵广昭, 陈哲聪). 1996. A new moray eel, *Gymnothorax niphostigmus* (Anguilliformes: Muraenidae) from northern and eastern Taiwan (台湾北部及东部海域之新种鳝类: 雪花斑裸胸鳝). *Zoological Studies*, 35 (1): 20-24.

Chen I S, Chen J P, Fang L S. 2006. A new marine goby of genus *Callogobius* (Teleostei: Gobiidae) from Taiwan. *Ichthyological Research*, 53: 228-232.

Chen I S, Chen J P, Shao K T. 1997. Twelve new records and two rare species of marine gobioids from Taiwan. *Zoological Studies*, 36 (2): 127-135.

Chen I S, Cheng Y H, Shao K T. 2008. A new species of *Rhinogobius* (Teleostei: Gobiidae) from the Julongjiang basin in Fujian Province, China. *Ichthyological Research*, 55: 335-343.

Chen I S, Fang L S (陈义雄, 方力行). 2002. Redefinition of a doubtful cyprinid, *Acheilognathus mesembrinum* Jordan and Evermann, 1902, with replacement in the valid genus, *Metzia* Jordan and Richardson, 1914, a senior synonym of the genus *Rasborinus* Oshima, 1920. *Journal of the Fisheries Society of Taiwan*, 29 (1): 73-78.

Chen I S, Fang L S (陈义雄, 方力行). 2003. A new marine goby of genus *Flabelligobius* (Teleostei: Gobiidae) from Taiwan. *Ichthyological Research*, 50 (4): 333-338.

Chen I S, Fang L S (陈义雄, 方力行). 2006. A new species of *Rhinogobius* (Teleostei: Gobiidae) from the Hanjiang Basin in Guangdong Province, China. *Ichthyological Research*, 53 (3): 247-253.

Chen I S, Fang L S (陈义雄, 方力行). 2009. *Hemimyzonsheni*, a new species of balitorid fish (Teleostei: Balitoridae) from Taiwan. *Environmental Biology of Fishes*, 86: 185-192.

Chen I S, Han C C, Fang L S. 1995. A new record of freshwater gobiid fish *Schismato gobiusroxasi* (Pisces: Gobiidae) from southeastern Taiwan. *Bull. Mus. Nat. Sci.*, 6: 135-137.

Chen I S, Han C C, Fang L S. 2002. *Sinogastromyzon nantaiensis*, a new balitorid fish from southern Taiwan (Teleostei: Balitoridae). *Ichthyological Exploration of Freshwaters*, 13 (3): 239-242.

Chen I S, Kottelat M. 2000. *Rhinogobius maculicervix*, a new species of goby from the Mekong basin in northern Laos (Teleostei: Gobiidae). *Ichthyological Exploration of Freshwaters*, 11 (1): 81-87.

Chen I S, Kottelat M. 2003. Three new freshwater gobies of the genus *Rhinogobius* (Teleostei: Gobiidae) from northeastern Laos. *The Raffles Bulletin of Zoology*, 51 (1): 87-95.

Chen I S, Kottelat M. 2004. *Sineleotisnam xamensis*, a new species of sleeper from northern Laos (Teleostei: Odontobutididae). *Platax*, (1): 43-49.

Chen I S, Kottelat M. 2005. Four new freshwater gobies of the genus *Rhinogobius* (Teleostei: Gobiidae) from northern Vietnam. *Journal of Natural History*, 39 (17): 1407-1429.

Chen I S, Kottelat M, Miller P J. 1999. Freshwater gobies of the genus *Rhinogobius* from the Mekong basin in Thailand and Laos, with descriptions of three new species. *Zoological Studies*, 38 (1): 19-32.

Chen I S, Kottelat M, Wu H L. 2002. A new genus of freshwater sleeper (Teleostei: Odontobutididae) from southern China and mainland Southeast Asia. *Journal of the Fisheries Society of Taiwan*, 29 (3): 229-235.

Chen I S, Miller P J. 1998. Redescription of a Chinese freshwater goby, *Gobius davidi* (Gobiidae), and comparison with *Rhinogobius lentiginis*. *Cybium*, 22 (3): 211-221.

Chen I S, Miller P J. 2008. Two new freshwater gobies of genus *Rhinogobius* (Teleostei: Gobiidae) in southern China, around the northern region of the South China Sea. *The Raffles Bulletin of Zoology* (Suppl.), (19): 225-232.

Chen I S, Miller P J, Fang L S. 1998. A new species of freshwater goby from Lanyu (Orchid Island), Taiwan. *Ichthyological Exploration of Freshwaters*, 9 (3): 255-261.

Chen I S, Miller P J, Wu H L, Fang L S. 2002. Taxonomy and mitochondrial sequence evolution in non-diadromous species of *Rhinogobius* (Teleostei: Gobiidae) of Hainan Island, southern China. *Marine and Freshwater Research*, 53 (2): 259-273.

Chen I S, Miller P J, Shao K T. 1999. Systematics and molecular phylogeny of the gobiid genus *Rhinogobius* Gill from Taiwan and Hainan Island. *Acta Zoologica Taiwanica*, 10 (1): 69.

Chen I S, Séret B, Pöllabauer C, Shao K T. 2001. *Schismatogobius fuligimentus*, a new species of freshwater goby (Teleostei: Gobiidae) from New Caledonia. *Zoological Studies*, 40 (2): 141-146.

Chen I S, Shao K T. 1993. Two new records of freshwater gobies from southern Taiwan. *Acata Zoologica Taiwanica*, 4 (2): 75-79.

Chen I S, Shao K T. 1996. A taxonomic review of the gobiid fish genus *Rhinogobius* Gill, 1859, from Taiwan, with description of three new species. *Zoological Studies*, 35 (3): 200-214.

Chen I S, Shao K T, Chen J P. 2006. Two new species of shrimp gobiid, *Amblyeleotris* (Teleostei: Gobiidae), from the West Pacific. *Journal of Natural History*, 40 (44-46): 2555-2567.

Chen I S, Shao K T, Fang L S. 1995. A new species of freshwater goby *Schismatogobius ampluvinculus* (Pisces: Gobiidae) from southeastern Taiwan. *Zoological Studies*, 34 (3): 202-205.

Chen I S, Shao K T, Fang L S. 1996. Three new records of gobiid fishes from the estuary of Tzenweng River, south-western Taiwan. *Journal of the Taiwan Museum*, 49 (1): 1-5.

Chen I S, Suzuki T, Cheng Y H, Han C C, Ju Y M, Fang L S. 2007. New record of the rare amphidromous gobiid genus, *Lentipes* (Teleostei: gobiidae) from Taiwan with the comparison of Japanese population. *Journal of Marine Science and Technology*, 15 (1): 47-52.

Chen I S, Suzuki T, Senou H. 2008. A new species of gobiid fish, *Luciogobius* from Ryukyus, Japan (Teleostei: Gobiidae). *Journal of Marine Science and Technology*, 16 (4): 248-252.

Chen I S, Tan H H. 2005. A new species of freshwater goby (Teleostei: Gobiidae: Stiphodon) from Palau Tioman, Pahang, Peninsular Malaysia. *The Raffles Bulletin of Zoology*, 53 (2): 237-242.

Chen I S, Tsai T H, Hsu S L. 2014. A new Parapercis species from the Dongsha Island, South China Sea with comments on a new record from Taiwan. *Journal of Marine Science and Technology*, 21, Suppl. [for 2013]: 230-233.

Chen I S, Wu H L, Shao K T. 1999. A new species of *Rhinogobius* (Teleostei: Gobiidae) from Fujian Province, China. *Ichthyological Research*, 46 (2): 171-178.

Chen I S, Wu J H, Hsu C H. 2008. The taxonomy and phylogeny of *Candidia* (Teleostei: Cyprinidae) from Taiwan, with description of a new species and comments on a new genus. *The Raffles Bulletin of Zoology*, 19: 203-214.

Chen I S, Wu J H, Huang S P. 2009. The taxonomy and phylogeny of the cyprinid genus *Opsariichthys* Bleeker (Teleostei: Cyprinidae) from Taiwan, with description of a new species. *Environmental Biology of Fishes*, 86: 165-183.

Chen I S, Yang J X, Chen Y R. 1999. A new goby of the genus *Rhinogobius* (Teleostei: Gobiidae) from the Honghe basin, Yunnan Province, China. *Acta Zoologica Taiwanica*, 10 (1): 45-52.

Chen J P, Chen I S, Shao K T (陈正平, 陈义雄, 邵广昭). 1998. Review of the marine gobiid genus, *Amblyeleotris* (Pisces: Gobiidae) with seven new records from Taiwan. *Zoological Studies*, 37 (2): 111-118.

Chen J P, Ho H C, Shao K T. 2007. A new lizardfish (Aulopiformes: Synodontidae) from Taiwan with descriptions of three new records. *Zoological Studies*, 46 (2): 148-154.

Chen J P, Jan R Q, Shao K T. 1997. Checklist of reef fishes from Taiping Island (Itu Aba Island), Spratly Islands, South China Sea. *Pacific Science*, 51 (2): 143-166.

Chen J P, Shao K T (陈正平, 邵广昭). 1993a. A new record of flathead fish, *Rogadius patriciae* (Platycephalidae), from Taiwan. *Bulletin of the Institute of Zoology*, "*Academia Sinica*", 32 (2): 153-156.

Chen J P, Shao K T (陈正平, 邵广昭). 1993b. New species of cardinalfish, *Archamia goni* (Pisces: Apogonidae), from Taiwan. *Copeia*, 1993 (3): 781-784.

Chen J P, Shao K T. 1995b. New species of wrasse, *Pseudocoris ocellatus* (Pisces: Labridae), from Taiwan. *Copeia*, 3: 689-693.

Chen J P, Shao K T. 2000. *Callogobius nigromarginatus*, a new species of Goby (Pisces: Gobiidae) from Taiwan. *Bulletin of Marine Science*, 66 (2): 457-466.

Chen J P, Shao K T. 2002. *Plectranthias sheni*, a new species and *P. kamii*, a new record of anthiine fishes (Perciformes: Serranidae) from Taiwan. *Zoological Studies*, 41 (1): 63-68.

Chen J P, Shao K T, Lin C P. 1995. A checklist of reef fishes from the Tungsha Tao (Pratas Island), South China Sea. *Acta Zoologica Taiwanica*, 6 (2): 13-40.

Chen J P, Shao K T, Mok H K (陈正平, 邵广昭, 莫显荞). 1990. A review of the myripristin fishes from Taiwan with description of a new species (台湾产锯鳞鱼亚科鱼类之整理及兼记一新种). *Bulletin of the Institute of Zoology*, "*Academia Sinica*", 29 (4): 249-264.

Chen J S. 1929. A review of the Apodal fishes of Kwangtung. *Bull. Biol. Dep. Coll. Sci. Sun Yat-Sen Univ.*, I (1): 1-46.

Chen J T F (陈兼善). 1933. Description d'une espèce nouvelle d'Eleotris de la Chine. *Bulletin du Muséum National d'Histoire Naturelle (Sér. 2)*, 5 (5): 370-373.

Chen J T F. 1934. Note sur les Gobioides de la collection du museum metropolitain de Nankin. *Bull Mus Paria 2 Ser.*, 6 (1):

36-39.

Chen J T F. 1948a. Notes on the Fish-fauna of Taiwan in the Collections of the Taiwan Museum. I. Some Records of Platosomeae from Taiwan, with Description of a New Species of *Dasyatis. Quar. Journal of the Taiwan Museum*, 1 (3): 1-14.

Chen J T F. 1948b. A summary of the Chinese sharks (in Chinese). *Quar. Journal of the Taiwan Museum*, 1 (2): 21-45.

Chen J T F. 1948c. A synopsis of the Platosomeae of China. *Quar. Journal of the Taiwan Museum*, 1 (4); 23-30.

Chen J T F. 1948d. Notes on Formosan sharks. *Quar. Journal of the Taiwan Museum*, 1: 21-45 (In Chinense).

Chen J T F. 1951a. Check-list of the species of fishes known from Taiwan, Pt. I. *Quar. Journal of the Taiwan Museum*, 4: 3-4.

Chen J T F. 1951b. Monograph of the fishes of Taiwan, quart. *J. Taiwan Bank.*, 4: 110-163.

Chen J T F. 1952. Check-list of the species of fishes known from Taiwan, Pt. II. *Quar. Journal of the Taiwan Museum*, 7 (4): 305-341.

Chen J T F. 1953. Check-list of the species of fishes known from Taiwan, Pt. III. *Quar. Journal of the Taiwan Museum*, 4 (2): 102-128.

Chen J T F. 1963. A review of the sharks of Taiwan. *Biol. Bull. Dep. Biol. Coll. Sci. Tunghai Univ. Ichthyol.*, (1): 1-102.

Chen J T F, Chung I H. 1971. A review of rays and skates or Batoiden of Taiwan. *Tunghai Univ. Ichthyol.*, 8 (2): 1-53.

Chen J T F, Liang Y S (陈兼善, 梁润生). 1949. Description of a new homalopterid, *Pseudogastromyzon tungpeiensis*, with a synopsis of the known Chinese Homalopteridae. *Q.J.T.M.*, 2 (4): 157-169.

Chen J T F, Liu M C, Lee S C (陳兼善, 刘慕昭, 李信彻). 1967. A review of the pediculate fishes of Taiwan. *Biol. Bull. 33, Ichthy.*, Ser. 7: 1-23.

Chen J T F, Weng H T C (陈兼善, 翁廷辰). 1965a. A review of the flatfishes of Taiwan. *Bio. Bull. Tunghai Univ.*, 25: 1-39, figs. 1-24; 27: 1-103, figs. 1-72.

Chen J T F, Weng H T C (陈兼善, 翁廷辰). 1965b. A review of the apodal fishes of Taiwan. *Tunghai Journal Ichth. Ser.*, (6): 86.

Chen J T F, Weng H T C (陈兼善, 翁廷辰). 1967a. A review of the Apodal fishes of Taiwan [台湾无肢鱼 (鳗鱼类) 报告]. *Biol. Bull. Tunghai Univ. Ichthyol.*, 32 (6): 1-86.

Chen J T F, Weng H T C (陈兼善, 翁廷辰). 1967b. Revision of the worm eel genus *Neenchelys* (Ophichthidae; Myrophinae), with descriptions of three new species from the western Pacific Ocean. *Zoological Studies*, 52: 1-20.

Chen J X. 1990. Brief introduction to mariculture of five selected species in China (Section 1: Sea-horse culture). Working Paper. Bangkok: FAO/UNDP Regional Seafarming Development and Demonstration Project.

Chen L C (陈乐才). 1985. A study of the *Sebastes inermis* species complex with delimitation of the subgenus *Mebarus* (Pisces: Scorpaenidae). *Journal of the Taiwan Museum*, 38 (2): 23-27.

Chen L C. 1971. Systematics, variation, distribution, and biology of rockfishes of the subgenus *Sebastomus* (Pisces, Scorpaenidae, Sebastes). *Bull. Scripps. Inst. Oceanogr.*, 18: 1-107.

Chen L C. 1981. Scorpaenid Fish of Taiwan. *Quar. Journal of the Taiwan Museum*, 34 (1/2): 1-60.

Chen L C, Liu W Y. 1984. *Pteroidichthys amboinensis*, a Scorpaenid Fish new to Taiwan, with a description of the species and a discussion of its validity. *Journal of the Taiwan Museum*, 37 (2): 101-103.

Chen L J, Shao K T (陈丽贞, 邵广昭). 1991a. A review of the families Ophidiidae and Bythitidae from Taiwan. *Bulletin of the Institute of Zoology, "Academia Sinica"*, 30 (1): 9-18.

Chen L J, Shao K T (陈丽贞, 邵广昭). 1991b. A review of the families Ophidiidae and Bythitidae from Taiwan (台湾产鼬 鳚科与胎须鳚科鱼类之研究). *Bulletin of the Institute of Zoology, "Academia Sinica"*, 30 (1): 9-18.

Chen L S. 2002. Post-settlement Diet Shift of *Chlorurus sordidus* and *Scarus schlegeli* (Pisces: Scaridae). *Zoological Studies*, 41 (1): 47-58.

Chen L S, Chen J P, Shao K T. 1999. Seven new records of coral reef fishes from Taiwan. *Acata Zoologica Taiwanica*, 10 (2): 113-119.

Chen M H, Chang C W, Shen S C. 1997. Redescription of *Liza vaigiensis* (Quoy & Gaimard, 1824) (Pisces: Mugilidae) from the southwestern waters of Taiwan. *Acata Zoologica Taiwanica*, 8 (1): 15-18.

Chen N S. 1956. On the salangid fishes of Lake Taihu. *Acta Hydrobiologica Sinica*, 2 (2): 324-335.

Chen Q C, Cai Y Z, Ma X M. 1997. Fishes from Nansha Islands to South China Coastal Waters 1. Beijing: Science Press: i-xx + 1-202.

Chen S C. 1978. The development of reared larvae of a flying fish, *Hirundichthys oxycephalus*, in the laboratory. *Bull. of Taiwan Fisheries Res. Inst.*, 30: 301-307.

Chen S C, Lee J L, Lai C C, Gu Y W, Wang C T, Chang H Y, Tsai K H. 2000. Nocardiosis in sea bass, *Lateolabrax japonicus*, in Taiwan. *J. Fish Dis.*, 23: 299-307.

Chen S Z. 2002. Fauna Sinica Ostichthyes Myctophiformes, Cetomimiformes, Osteoglossiformes. Beijing: Science Press: 1-239.

Chen T R (郑昭仁). 1960a. Contributions to the fishes from Quemoy (Kinmen). *Quar. Journal of the Taiwan Museum*, 13 (3, 4): 191-213.

Chen T R (郑昭仁). 1960b. Some additions on goby fauna from Taiwan including the description of *Cryptocentrus yangii* nov. sp. Taiwan fish. *Res. Inst. Lab. Fish. Biol. Rept.*, 11: 1-16.

Chen T R (郑昭仁). 1964. A review of gobies found in the waters of Taiwan and adjacent seas (I). *Quar. Journal of the Taiwan Museum*, 17 (1-2): 37-59.

Chen T R, Yeh C F (郑昭仁, 叶吉福). 1964. A study of the Lizard-fishes (Synodontidae) found in waters of and adjacent island. *Biol. Bull. Tunghai Univ.*, 23: 1-24, pl. 4.

Chen W K, Chen P C, Liu K M, Wang S B. 2007. Age and growth estimates of the whitespotted bamboo shark, *Chiloscyllium plagiosum*, in the Northern Waters of Taiwan. *Zoological Studies*, 46 (1): 92-102.

Chen W L (陈礼宜). 1965. A new Anacanthobatid skate of the genus *Springeria* from the South China Sea. *Japanese Journal of Ichthyology*, XIII (1/3): 40-51. pls. 3, 4 figs. 4.

Chen W L. 1965. *Anacanthobatis borneensis*, the second new Anacanthobatid skate from the South China Sea. *Japanese Journal of Ichthyology*, 8 (1, 3): 6651. pls. 1-2.

Chen W L. 1966. A new genus and species of deepsea Brotulidae from the South China Sea. *Japanese Journal of Ichthyology*, 14: 4-8, figs. 1-2 .

Chen W L. 1967. A new species of congrid eels from the South China Sea. *J. Nat. Hist.*, 1: 97-112.

Chen X P, Lundberg J G (陈小平, Lundberg J G). 1995. *Xiurenbagrus*, a new genus of Amblycipitid catfishes (Teleostei: Siluriformes), and phylogenetic relationships among the genera of Amblycipitidae. *Copeia*, (4): 780-800.

Chen X Y, Cui G H, Yang J X (陈小勇, 崔桂华, 杨君兴). 2005. *Balitora nantingensis* (Teleostei: Balitoridae), a new hillstream loach from Salween drainage in Yunnan, southwestern China. *The Raffles Bulletin of Zoology* (*Suppl.*), (13): 21-26.

Chen X Y, Ferraris Jr C J, Yang J X. 2005. A new species of catfish of the genus *Clupisoma* (Siluriformes: Schilbidae) from the Salween River, Yunnan, China. *Copeia*, (3): 566-570.

Chen X Y, Kong D P, Yang J X. 2005. *Schistura cryptofasciata*, a new loach (Cypriniformes: Balitoridae) from Salween drainage in Yunnan, southwestern China. *The Raffles Bulletin of Zoology* (*Suppl.*), (13): 27-32.

Chen X Y, Neely D A. 2012. *Schistura albirostris*, a new nemacheiline loach (Teleostei: Balitoridae) from the Irrawaddy River drainage of Yunnan Province, China. *Zootaxa*, 3586: 222-227.

Chen X Y, Poly W J, Catania D, Jiang W S. 2017. A new species of sisorid catfish of the genus *Exostoma* from the Salween drainage, Yunnan, China. *Zoological Research*, 38 (5): 291-299.

Chen X Y, Yang J X (陈小勇, 杨君兴). 2003. A systematic revision of "Barbodes" fishes in China. *Zoological Research*, 24 (5): 377-386.

Chen X Y, Yang J X. 2005. *Triplophysa rosa* sp. nov., a new blind loach from China. *Journal of Fish Biology*, 66 (3): 599-608.

Chen X Y, Yang J X, Chen Y R (陈小勇, 杨君兴和陈银瑞). 1999. A review of the cyprinoid fish genus *Barbodes* Bleeker, 1859, from Yunnan, China, with descriptions of two new species. *Zoological Studies*, 38 (1): 82-88.

Chen Y F (陈毅峰). 1999. A new loach of *Schistura* and comments on the genus. *Zoological Research*, 20 (4): 301-305.

Chen Y F, Chen Y X. 2005. Revision of the genus *Niwaella* in China (Pisces, Cobitidae), with description of two new species. *Journal of Natural History*, 39 (19): 1641-1651.

Chen Y Q, Peng C L, Zhang E. 2016. *Sinocyclocheilus guanyangensis*, a new species of cavefish from the Li-Jiang basin of Guangxi, China (Teleostei: Cyprinidae). *Ichthyological Exploration of Freshwaters*, 27 (1): 1-8, 4 figs.

Chen Y Q, Shen X Q. 1999. Changes in the Biomass of the East China sea ecosystem. *In*: Tang Q, Sherman K. 1999. Large marine ecosystems of the world. Malden: Blackwell Science, Inc.: 221-239.

Chen Y R, Yang J X, Sket B, Aljancic G. 1998. A new blind cave loach of Paracobitis with comment on its characters evolution. Zoological Research, 19 (1): 59-63.

Chen Y X, Chen Y F. 2007. *Bibarba bibarba*, a new genus and species of Cobitinae (Pisces: Cypriniformes: Cobitidae) from Guangxi Province (China). *Zoologischer Anzeiger*, 246 (2): 103-113.

Chen Y X, Chen Y F. 2011. Two new species of cobitid fish (Teleostei, Cobitidae) from the River Nanliu and the River

Beiliu, China. *Folia Zoologica: International Journal of Vertebrate Zoology*, 60 (2): 143-152.

Chen Y X, Chen Y F. 2013. Three new species of cobitid fish (Teleostei, Cobitidae) from the River Xinjiang and the River Le'anjiang, tributaries of Lake Poyang of China, with remarks on their classification. *Folia Zoologica: International Journal of Vertebrate Zoology*, 62 (2): 83-95.

Chen Y X, Chen Y F, He D K. 2013. A new species of spined loach (Osteichthyes, Cobitidae) from the Pearl River, Guangxi of China. *Acta Zootaxonomica Sinica*, 38 (2): 377-387.

Chen Y X, He D K, Chen H, Chen Y F. 2016. Taxonomic study of the genus *Niwaella* (Cypriniformes: Cobitidae) from East China, with description of four new species. *Zoological Systematics*, 42 (4): 490-507.

Chen Y Y (陈宜瑜). 1989. Anatomy and phylogeny of the cyprinid fish genus *Onychostoma* Günther, 1896. *Bulletin of the British Museum (Natural History)*, 55 (1): 109-121.

Chen Y Y, Mok H K. 1995. *Dysomma opisthoproctus*, a new synaphobranchid eel (Pisces: Synaphobranchidae) from the northeastern coast of Taiwan. *Copeia*, 4: 927-931.

Chen Y Y, Mok H K. 2001. A new synaphobranchid eel, *Dysomma longirostrum* (Anguilliformes: Synaphobranchidae), from the northeastern coast of Taiwan. *Zoological Studies*, 40 (2): 79-83.

Chen Z M, Li W X, Yang J X (陈自明, 李维贤, 杨君兴). 2009. A new miniature species of the genus *Triplophysa* (Balitoridae: Nemacheilinae) from Yunnan, China. *Zoologischer Anzeiger*, 248 (2): 85-91.

Chen Z M, Pan X F, Xiao H, Yang J X (陈自明, 潘晓赋, 肖蘅, 杨君兴). 2012. A new cyprinid species, *Placocheilus dulongensis*, from the upper Irrawaddy system in northwestern Yunnan, China. *Zoologischer Anzeiger*, 251: 215-222.

Chen Z M, Yang J X. 2004. A new species of the genus *Tor* from Yunnan, China (Teleostei: Cyprinidae). *Environmental Biology of Fishes*, 70: 185-191.

Chen Z M, Yang J, Yang J X (陈自明, 杨剑, 杨君兴). 2012. Description of a new species of the genus *Yunnanilus* Nichols, 1925 (Teleostei: Nemacheilidae) from Yunnan, China. *Zootaxa*, 3269: 57-64.

Cheng C, Pan X F, Chen X Y, Li J Y, Ma L, Yang J X. 2015. A new species of the genus *Sinocyclocheilus* (Teleostei: Cypriniformes), from Jinshajiang Drainage, Yunnan, China. *Cave Research*, 2: 4.

Cheng C T (成庆泰). 1949. Note sur les Poissons des eaux douces du Yunnan, Chine, des collection du Museum. *Bull. Mus. Hist. Nat. Paris*, (2) 21 (5): 526-531.

Cheng C T. 1959. Notes on the economic fishfauna of Yellow Sea and East China Sea. *Oceanologia et Limnologia Sinica*, 2 (1): 53-60.

Cheng J L, Ishihara H, Zhang E. 2008. *Pseudobagrus brachyrhabdion*, a new catfish (Teleostei: Bagridae) from the middle Yangtze River drainage, South China. *Ichthyological Research*, 55 (2): 112-123.

Cheng J L, López J A, Zhang E. 2009. *Pseudobagrus fui* Miao, a valid bagrid species from the Yangtze River drainage, South China (Teleostei: Bagridae). *Zootaxa*, 2071: 56-68.

Cheng P S, Chang Y W. 1965. Studies on the Chinese soleoid fishes of the genus *Zebrias*, with description of a new species from the South China Sea. *Acta Zoologica Sinica*, 2 (4): 267-278.

Cheng Q T, Zheng B S (成庆泰, 郑葆珊). 1987. Systematic synopsis of Chinese fishes (中国鱼类系统检索). Beijing: Science Press: 1-1457.

Cheng Q T, Zhou C W (成庆泰, 周才武). 1997. Fishes of Shandong Province (山东鱼类志). Jinan: Shandong Science and Technology Press Co., Ltd.

Chernova N V. 2008. Systematics and phylogeny of fish of the genus *Liparis* (Liparidae, Scorpaeniformes). *Journal of Ichthyology*, 48 (10): 831-852.

Chernova N V, Stein D L, Andriashev A P. 2004. Family Liparidae Scopoli 1777—snailfishes. *California Academy of Sciences Annotated Checklists of Fishes*, 31: 1-72.

Chi S C, Shieh J R, Lin S J. 2003. Genetic and antigenic analysis of betanodaviruses isolated from aquatic organisms in Taiwan. *Dis. Aquat. Organ.*, 55 (3): 221-228.

Chiang M C, Chen I S. 2008. Taxonomic review and molecular phylogeny of the triplefin genus *Enneapterygius* (Teleostei: tripterygiidae) from Taiwan, with descriptions of two new species. *The Raffles Bulletin of Zoology (Suppl.)*, 19: 183-201.

Chiang M C, Chen I S. 2012. A new species of the genus *Helcogramma* (Blenniiformes, Tripterygiidae) from Taiwan. *ZooKeys*, 216: 57-72.

Chiba K, Taki Y, Sakai K, Oozeki Y. 1989. Present status of aquatic organisms introduced into Japan. *In*: de Silva S S. 1989. Exotic aquatic organisms in Asia. Proceedings of the Workshop on Introduction of Exotic Aquatic Organisms in Asia. *Spec. Publ. Asian Fish. Soc.*, 3: 63-70.

Chinese Academy of Fishery Science (CAFS). 2007. Database of genetic resources of aquatic organisms in China (as of January 2007). Chinese Academy of Fishery Science.

Chiou M L, Shao K T, Iwamoto T. 2004a. New species of *Caelorinchus* (Macrouridae, Gadiformes, Teleostei) from Taiwan, with a redescription of *Caelorinchus brevirostris* Okamura. *Copeia*, 2004 (2): 298-304.

Chiou M L, Shao K T, Iwamoto T. 2004b. A new species, *Caelorinchus sheni*, and 19 new records of grenadiers (Pisces: Gadiformes: Macrouridae) from Taiwan. *Zoological Studies*, 43 (1): 35-50.

Choat J H, Randall J E. 1986. A review of the parrotfishes (family Scaridae) of the Great Barrier Reef of Australia with description of a new species. *Records of the Australian Museum*, 38 (4): 175-228.

Choi J K. 2010. Checklists of marine species in marine national parks in Korea. http://www.webhard.co.kr. [2020-06-20].

Choi S H, Chun Y Y, Son S J, Sub H K. 1983. Age, growth and maturity of sandfish, *Arctoscopus japonicus* (Steindachner) in the eastern sea of Korea. *Bull. Fish. Res. Dev. Agency, Busan*, 31: 7-19.

Chu K Y (朱光玉). 1955. Taxonomic studies on the Chinese fishes of the Genus *Acrossocheilus*. M. A., Standford University: 519.

Chu K Y. 1957. A list ot fishes from Pescadore Islands. *Rep. Inst. Fish. Biol. Taipei.*, 1 (2): 14-23.

Chu K Y, Tsai C F. 1958. A review of the clupeid fishes of Taiwan, with description of a new species. *Quar. Journal of the Taiwan Museum*, 11 (1-2): 103-125. [in Chinese].

Chu W S, Hou Y Y, Ueng Y T, Wang J P. 2012. Correlation between the length and weight of *Arius maculatus* off the Southwestern coast of Taiwan. *Brazillian Archives of Biology and Technology*, 55 (5): 705-708.

Chu W S, Hou Y Y, Ueng Y T, Wang J P. 2012. Length-weight relationships of fishes in Chi-gu black-spoonbill reserve area of Taiwan. *J. Appl. Ichthyol.*, 28: 150-151.

Chu X L, Kottelat M. 1989. *Paraspinibarbus*, a new genus of cyprinid fishes from the Red River Basin. *Jap. J. Ichthy.*, 36 (1): 1-5.

Chu X L, Roberts T R. 1985. *Cosmochilus cardinalis*, a new cyprinid fish from the Lancang-Jiang or Mekong River in Yunnan Province, China. *Proceedings of the California Academy of Sciences (Ser. 4)*, 44 (1): 1-7.

Chu X L, Zheng B S, Dai D Y. 1999. Fauna Sinica Ostichthyes Siluriformes. Beijing: Science Press: 1-223.

Chu Y T (= Zhu Y D, 朱元鼎). 1930a. Contributions to the ichthyology of China, Pt. 1. *China J.*, 13 (3): 141-146.

Chu Y T. 1930b. Contributions to the ichthyology of China, Pt. 2. *China J.*, 13 (6): 330-335.

Chu Y T. 1930c. A new species of the swallon ray (Pteroplatea) from China. China Jour., XII (6): 357.

Chu Y T. 1931a. Contributions to the ichthyology of China, Pt. 3. *China J.*, 14 (2): 84-89.

Chu Y T. 1931b. Contributions to the ichthyology of China, Pt. 4. *China J.*, 14 (4): 187-191.

Chu Y T. 1931c. Contributions to the ichthyology of China, Pt. 5. *China J.*, 15 (1): 32-40.

Chu Y T. 1931d. Index Piscium Sinensium. *Biol. Bull. St. John's Univ. Shanghai*, (1): 1-290.

Chu Y T. 1932. Contributions to the ichthyology of China, Pt. 8. *China J.*, 16 (3): 131-136.

Chu Y T. 1935a. Comparative studies on the scales and on the pharyngeals and their teeth in Chinese cyprinids, with particular reference to taxonomy and evolution. *Biol. Bull. St. John's Univ., Shanghai*, 2: 9-225.

Chu Y T. 1935b. Descriptionof a new species of *Lagocephalus* from Chusan, China. *China Jour.*, 22 (2): 87-88, fig. 1.

Chu Y T. 1935c. Comparative study on the scales and the pharyngeals and their teeth in Chinese cyprinids, with particular reference to taxonomy and evolution. *Biol. Bull. St. John's Univ.*, 2: 9-225.

Chu Y T. 1960. Cartilaginous Fishes of China. Beijing: Science Press: 1-1184, i-x + 1-225.

Chu Y T, Lo Y L, Wu H L. 1963. A Study on the Classification of the Sciaenoid Fishes of China, with Description of New Genera and Species. Shanghai: Shanghai Scientific & Technical Publishers: 1-100.

Chu Y T, Meng Q W, Hu A S, Li S. 1982. Five new species of elasmobranchiate fishes from the deep waters of South China Sea. *Oceanologia et Limnologia Sinica*, 13 (4): 301-311.

Chu Y T, Wu H L. 1965. A preliminary study of the zoogeography of the Gobioid fishes of China. *Oceanologia et Limnologia Sinica*, 7 (2) : 122-140.

Chu Y T, Wu H L, Jin X B. 1981. Four new species of the families Ophichthyidae and Neenchelidae. *Journal of Fisheries of China*, 5 (1): 21-27.

Chung I H. 1969. A review of Catfishes of Taiwan. *Tunghai Journal*, 14: 21-98.

Chyung M K. 1961. Illustrated encyclopedia, the fauna of Korea (2) Fishes. Seoul: Korea Ministry of Education.

Chyung M K. 1977. The Fishes of Korea. Seoul: Il Ji Sa Publishing Co. Seoul: 1-727.

Cinco E A, Confiado P R, Trono G C, Mendoza D J R. 1995. Resource and ecological assessment of Sorsogon Bay, Philippines - Technical reports Vol. 5 Inputs to an integrated coastal resources management plan of Sorsogon Bay. Fisheries Sector Program Department of Agriculture-Asian Development Bank. Pasig: United Business Technologies,

Inc.

CITES. 2013. Convention on Internaitional Trade in Endangered Species of Wild Fauna and Flora. https://cites.org/eng/disc/text.php [2020-09-25].

Clark E, Kabasawa H. 1976. Factors affecting the respiration rates of two Japanese sharks, Dochizame (*Triakis scyllia*) and Nekozame (*Heterodontus japonicus*). *Annu. Rep. Keikyu Aburatsubo Marine Park Aquiarium*, 7: 8.

Cloquet H. 1816. Pisces accounts. *Dictionnaire des Sciences Naturelles*, 2: 35-36.

Coblentz D D, Riitters K H. 2004. Topographic controls on the regional-scale biodiversity of the south-western USA. *Journal of Biogeography*, 31: 1125-1138.

Cocco A. 1829. Su di alcuni nuovi pesci de mari di Messina. *Giorn. Sci. Lett. Art. Sicilia Anno 7*, 26 (77): 138-147.

Cocco A. 1838. Su di alcuni salmonidi del mare di Messina. *Nuovi Ann. Sci. Nat. Bologna Anno*, 1: 161-194.

Cockerell T D A. 1923. The scales of the cyprinid genus *Barilius*. *Bulletin of the American Museum of Natural History*, 48 (art. 14): 531-532.

Cohen D M. 1960. Notes on a small collecion of liparid fishes from the Yellow Sea. *Proc. Biol. Soc. Wash.*, 73: 15-20.

Cohen D M. 1961. A new genus and species of deepwater ophidioid fish from the Gulf of Mexico. *Copeia*, 3: 288-292.

Cohen D M, Davis W P. 1969. Vertical orientation in a new gobioid fish from New Britain. *Pacific Science*, 23 (3): 317-324.

Cohen D M, Hutchins J B. 1982. Description of a new Dinematichthys (Ophidiiformes: Bythitidae) from Rottnest Island, western Australia. *Rec. West. Aust. Mus.*, 9 (4): 341-347.

Cohen D M, Inada T, Iwamoto T, Scialabba N. 1990. FAO species catalogue Vol. 10—Gadiform fishes of the world (order Gadiformes). An annotated and illustrated catalogue of cods, hakes, grenadiers and other gadiform fishes known to date. *FAO Fish. Synop.*, 10 (125): 1-442.

Coles R J. 1916. Natural history notes on the devilfish, *Manta birostris* (Walbaum) and *Mobula olfersi* (Muller). *Bulletin of the American Museum of Natural History*, 34 (33): 649-657.

Collett R. 1889. Diagnoses de poissons nouveaux provenant des campagnes de "LHirondelle. " II.—Sur un genre nouveau de la famille des Stomiatidae. *Bull. Soc. Zool. Fr.*, 14: 291-293.

Collette B B, Nauen C E. 1983. FAO species catalogue Vol. 2—Scombrids of the world. An annotated and illustrated catalogue of tunas, mackerels, bonitos and related species known to date. *FAO Fish. Synop.*, 125 (2): 1-137.

Collette B B, Parin N V. 1978. Five new species of halfbeaks (Hemiramphidae) from the Indo-west. Pacific. *Proceedings of the Biological Society of Washington*, 91 (3): 731-747.

Collette B B, Su J. 1986. The halfbeaks (Pisces, Beloniformes, Hemiramphidae) of the Far East. *Proceedings of the Academy of Natural Sciences of Philadelphia*, 138 (1): 250-301.

Collette B B, Uyeno T. 1972. Points niger, a synonym of the scorpiofish Ectreposebastes imus, with extension of its range to Japan. *Japanese Journal of Ichthyology*, 19 (1): 26-28.

Collins N M. 1989. Termites. *Ecosystems of the World*, 14: 455-471.

Colman J A. 1972. Food of Snapper, *Chrysophrys auratus* (Forster), In the Hauraki Gulf, New Zealand. *The New Zealand Journal of Marine and Freshwater Research (Fisheries Research Publication No. 161)*, 6 (3): 221-239.

Compagno L J V. 1984a. FAO species catalogue Vol. 4 - Sharks of the World Part 1. Hexanchiformes to Lamniformes. Food and Agriculture Organization of the United Nations, 125 (4): 1-249.

Compagno L J V. 1984b. FAO species catalogue Vol. 4 - Sharks of the World Part 2. Carcharhiniformes. Food and Agriculture Organization of the United Nations, 125 (4): 251-655.

Compagno L J V. 1999. Checklist of living elasmobranchs. *In*: Hamlett W C. 1999. Sharks, Skates, and Rays: the Biology of Elasmobranch Fishes. Baltimore: Johns Hopkins Press: 471-498.

Compagno L J V. 2001. Sharks of the World. An annotated and illustrated catalogue of shark species known to date. Vol. 2: Bullhead, Mackerel and Carpet Sharks (Heterodontiformes, Lamniformes and Orectolobiformes). *FAO*, 2 (1): 1-269.

Compagno L J V. 2002. Review of the biodiversity of sharks and chimaeras in the South China Sea and adjacent areas. *In*: Fowler S L, Reed T M, Dipper F A. 2002. Elasmobranch Biodiversity, Conservation and Management. Proceedings of the International Seminar and Workshop, Sabah, Malaysia, July 1997. Occassional Paper of the IUCN Species Survival Commission No. 25: 52-63.

Compagno L J V, Last P R, Stevens J D, Alava M N R. 2005. Checklist of Philippine Chondrichthyes. *CSIRO Marine Laboratories, Rept.*, 243: 1-101.

Conlu P V. 1978. Guide to Philippine flora and fauna. Vol. II, Fishes. Quezon City: Natural Science Research Center.

Conlu P V. 1980. Guide to Philippine flora and fauna. Vol. IV. Quezon City: Natural Science Research Centre.

Conlu P V. 1982. A guide to Philippine flora and fauna. Vol. I. Endemic, rare and economically important fishes. Quezon City: Ministry of Natural Resources.

Cooper J A, Graham K, Chapleau F. 1994. New record of the tongue flatfish, *Plagiopsetta glossa* (Samaridae, Pleuronectiformes) from Australia. *Japanese Journal of Ichthyology*, 41 (2): 215-218.

Cornish A S. 2000. Fish assemblages associated with shallow, fringing coral communities in sub-tropical Hong Kong: species composition, spatial and temporal patterns. Hong Kong: Ph.D. thesis of University of Hong Kong: 1-79.

Coste P. 1848. Nidification des épinocheset des épinochettes. *Mémoires Présentés par Divers Savants à l'Académie des Sciences de l'Institut de France, Sciences Mathématiqueset Physiques*, 10: 574-588.

Craig M T, Randall J E, Stein M. 2008. The Fourspot Butterflyfish (*Chaetodon quadrimaculatus*) from the Philippines and the Solomon Islands, first records for the East Indies and Melanesia. *Aqua Int. J. Ichthyol.*, 14 (3): 159-164.

Cressey R F, Randall J E. 1978. *Synoduscapricornis*, a new lizardfish from Easter and Pitcairn Islands. *Proceedings of the Biological Society of Washington*, 91 (3): 767-774.

Cui G H, Zhou W, Lan J H (崔桂华, 周伟, 蓝家湖), 1993. *Discogobio multilineatus*, a new cyprinid species from China (Teleostei: Cyprinidae). *Ichthyological Exploration of Freshwaters*, 4 (2): 155-160.

Cuvier G. 1816. Le Règne Animal distribué d'après son organisation pour servir de base à l'histoire naturelle des animauxet d'introduction à l'anatomie comparée. Les reptiles, les poissons, les mollusqueset les annelids (Edition 1), 2: i-xviii + 1-532.

Cuvier G, Valenciennes A. 1828. Histoire naturelle des poissons. Tome second. Livre Troisime. Des poissons de la famille des perches, ou des percodes. *Hist. Nat. Poiss.*, 2: i-xxi + 2 pp. + 1-490.

Cuvier G, Valenciennes A. 1829a. Histoire naturelle des poissons. Tome quatrième. Livre quatrième. *Des Acanthoptérygiens à Joue Cuirassée*, v. 4: i-xxvi + 2 pp. + 1-518, pls. 72-99, 97 bis. [Cuvier authored volume. i-xx + 1-379 in Strasbourg edition].

Cuvier G, Valenciennes A. 1829b. Histoire naturelle des poissons. Tome troisième. Suite du Livre troisième. Des percoïdes à dorsale unique à sept rayons branchiaux *et* à dents en velours ou en cardes. *Hist. Nat. Poiss.*, 3: i-xxviii + 2 pp. + 1-500.

Cuvier G, Valenciennes A. 1830a. Histoire naturelle des poissons. Tome cinquime. Livre cinquime. Des Scinodes. *Hist. Nat. Poiss.*, 5: i-xxviii + 1-499 + 4 pp.

Cuvier G, Valenciennes A. 1830b. Histoire naturelle des poissons. Tome sixime. Livre sixime. Particle I. Des Sparodes., Particle II. Des Mnides. *Hist. Nat. Poiss.*, 6: 1-596.

Cuvier G, Valenciennes A. 1831a. Histoire naturelle des poissons. Tome septième. Livre septième. Des Squamipennes. Livre huitième. Des poissons à pharyngiens labyrinthiformes. *Hist. Nat. Poiss.*, 7: i-xxix + 1-531.

Cuvier G, Valenciennes A. 1831b. Histoire naturelle des poissons. Tome huitième. Livre neuvième. Des Scombéroïdes. *Hist. Nat. Poiss.*, 8: i-xix + 1-5 + 1-509.

Cuvier G, Valenciennes A. 1833. Histoire naturelle des poissons. Tome neuvième. Suite du livre neuvième. Des Scombéroïdes. *Hist. Nat. Poiss.*, 9: i-xxix + 3 pp. + 1-512.

Cuvier G, Valenciennes A. 1835. Histoire naturelle des poissons. Tome dixième. Suite du livre neuvième. Scombéroïdes. Livre dixième. De la famille des Teuthyes. Livre onzième. De la famille des Taenioïdes. Livre douzième. Des Athérines. *Hist. Nat. Poiss.*, 10: i-xxiv + 1-482 + 2 pp.

Cuvier G, Valenciennes A. 1836. Histoire naturelle des poissons. Tome onzième. Livre treizième. De la famille des Mugiloïdes. Livre quatorzième. De la famille des Gobioïdes. *Hist. Nat. Poiss.*, 11: i-xx + 1-506 + 2 pp.

Cuvier G, Valenciennes A. 1837. Histoire naturelle des poissons. Tome douzième. Suite du livre quatorzième. Gobioïdes. Livre quinzième. Acanthoptérygiens à pectorales pédiculées. 12: i-xxiv + 1-507 + 1 p., pls. 344-368.

Cuvier G, Valenciennes A. 1839a. Histoire naturelle des poissons. Tome treizième. Livre seizième. Des Labroïdes. *Hist. Nat. Poiss.*, 13: i-xix + 1-505 + 1 p.

Cuvier G, Valenciennes A. 1839b. Histoire naturelle des poissons. Tome quatorzième. Suite du livre seizième. Labroïdes. Livre dix-septième. Des Malacoptérygiens. *Hist. Nat. Poiss.*, 14: i-xxii + 2 pp. + 1-464 + 4 pp.

Cuvier G, Valenciennes A. 1840a. Histoire naturelle des poissons. Tome quatorzième. Suite du livre seizième. Labroïdes. Livre dix-septième. Des Malacoptérygiens. *Pitois-Levrault, Paris*, 4.

Cuvier G, Valenciennes A. 1840b. Histoire naturelle des poissons. Tome quinzième. Suite du livre dix-septième. *Siluroïdes*, 14.

Cuvier G, Valenciennes A. 1842. Histoire naturelle des poissons. Tome seizième. Livre dix-huitième. *Les Cyprinoïdes*, 16: i-xx + 1-472, pls. 456-487.

Cuvier G, Valenciennes A. 1844. Histoire naturelle des poissons. *Tome dix-septième Suite du livre dix-huitième Cyprinoïdes*, *Paris*, 17: pp. i-xxiii + 1-497 + 492, pls. 487-519.

Dabry de Thiersant P. 1872. Nouvelles espèces de poissons de Chine. Paris: La pisciculture *et* la pêche en Chine: 1-196.

Dai D Y. 1988. Un nouveau poisson cavernicole. *In*: Guizhou expe 86 Première expedition speleologiquefranco-chinoise dans le centre *et* le sud de la Province du Guizhou. Federation Franxaise de Speliologie, Paris: 88-89.

Dalzell P. 1988. Small pelagic fisheries investigations in the Philippines. Part II. The current status. *Fishbyte*, 6 (3): 2-4.

Dalzell P. 1993. The fisheries biology of flying fishes (Families: Exocoetidae and Hemiramphidae) from the Camotes Sea, Central Philippines. *Journal of Fish Biology.*, 43 (1): 19-32.

Dantis A L, Aliño P M (comps.). 2002. Checklist of Philippine reef fishes. *In*: Aliño P M, Miclat E F B, Nañola Jr. C L, Roa-Quiaoit H A, Campos R T. 2002. Atlas of Philippine coral reefs. Philippine Coral Reef Information (Philreefs). Quezon City: Goodwill Trading Co., Inc. (Goodwill Bookstore): 208-226.

Davis W P, Cohen D M. 1969. A gobiid fish and a palaemonid shrimp living on an antipatharian sea whip in the tropical Pacific. *Bulletin of Marine Science*, 18 (4): 749-761.

Davy B. 1972. A review of the lanternfish genus *Taaningichthys* (family Myctophidae) with the description of a new species. *U.S. Natl. Mar. Fish. Serv. Fish. Bull.*, 70 (1): 67-78.

Dawson C E, Allen G R. 1981. *Micrognathus Spinirostris*, a new Indo-Pacific pipefish (Syngnathidae). *J. R. Soc. West. Aust.*, 64 (2): 65-68.

Dawson C E. 1968. Two new wormfishes (Gobioidea: Microdesmidae) from the Indian Ocean. *Proceedings of the Biological Society of Washington*, 81: 53-67.

Dawson C E. 1977. Synopsis of syngnathine pipefishes usually referred to the genus *Ichthyocampus* Kaup, with description of new genera and species. *Bulletin of Marine Science*, 27 (4): 595-650.

Dawson C E. 1982. Synopsis of the Indo-Pacific genus *Solegnathus* (Pisces: Syngnathidae). *Japanese Journal of Ichthyology*, 29 (2): 139-161.

Dawson C E. 1984. *Bulbonaricus* Herald (Pisces: Syngnathidae), a senior synonym of *Enchelyocampus* Dawson and Allen, with description of *Bulbonaricus brucei* n. sp. from eastern Africa. *Copeia*, 1984 (3): 565-571.

Day F. 1868. On some new or imperfectly known fishes of India. *Proceedings of the Zoological Society of London*, 1867 (pt 3): 699-707.

Day F. 1869. On the freshwater fishes of Burma (Part I). *Proceedings of the Zoological Society of London*, 3: 614-623.

Day F. 1870. Remarks on some of the Fishes in the Calcutta Museum (Part I). *Proceedings of the Zoological Society of London*, 1869 (3): 511-527.

Day F. 1871. On the fishes of the Andaman Islands. *Proceedings of the Zoological Society of London*, 1870 (pt. 3): 677-705.

Day F. 1877. On the fishes of Yarkand. *Proceedings of the Zoological Society of London*, 1876 (4): 781-807.

Day F, *et al.* 1878a. The fishes of India; being a natural history of the fishes known to inhabit the seas and fresh waters of India, Burma, and Ceylon. *Bernard Quaritch, 15 piccadilly*, 1: 1-836.

Day F, *et al.* 1878b. The fishes of India; being a natural history of the fishes known to inhabit the seas and fresh waters of India, Burma, and Ceylon - Volume II. Atlas - containing 198 plates. *Bernard Quaritch, 15 piccadilly*, 2: 1-414.

de Baissac J B. 1953. Contribution à létude des poissons de lIle Maurice. V. *Proceedings of the Royal Society of Mauritius*, 1 (3): 185-240.

de Beaufort L F. 1912. On some new Gobiidae from Ceram and Waigen. *Zoologischer Anzeiger*, 39 (3): 136-143.

de Carvalho M R, Compagno L J V, Ebert D A. 2003. *Benthobatis yangi*, a new species of blind electric ray from Taiwan (Chondrichthyes: Torpediniformes: Narcinidae). *Bulletin of Marine Science*, 72 (3): 923-939.

de la Paz R M, Aragones N V. 1990. Abundance and seasonality of siganid fishes (Teleostei, Perciformes) in Cape Bolinao, Pangasinan, Philippines, with notes on *Siganus fuscescens* (Houttuyn). Phil. J. Sci. 119 (3): 223-235.

de la Paz R M, Interior R. 1979. Deep-sea fishes off Lubang Island, Philippines. *Nat. Applied Sci. Bull.*, 31 (3-4): 1-175.

de Vis C W. 1885. New Australian fishes in the Queensland Museum. No. 5. *Proc. Linn. Soc. N. S. W.*, 9 (4): 869-887.

Dean B. 1904. Notes on Japanese myxinoids. A new genus *Paramyxine* and a new species *Homea okinoseana*. Reference also to their eggs. *J. Coll. Sci. Imp. Univ. Tokyo.*, 19 (2): 1-24.

Debelius H. 2002. Fish guide Indopacific - Maldives to Philippines. England: IKAN-Aqua Press: 1-153 p.

Delventhal N R, Mooi R D. 2013. *Callogobius winterbottomi*, a new species of goby (Teleostei: Gobiidae) from the western Indian Ocean. *Zootaxa*, 3630 (1): 155-164.

Deng H Q, Xiao N, Hou X F, Zhou J. 2016. A new species of the genus *Oreonectes* (Cypriniformes: Nemacheilidae) from Guizhou, China. *Zootaxa*, 4132: 143-150.

Deng S M, Xiong G Q, Zhan H X. 1983a. Description of three new species of elasmobranchiate fishes from deep waters of the east China Sea. *Oceanologia et Limnologia Sinica*, 14 (1): 64-70.

Deng S M, Xiong G Q, Zhan H X. 1983b. Two new species of deep sea fishes from the east China Sea. *Acta Zootaxonomica Sinica*, 8 (3): 317-322.

Deng S Q, Cao L, Zhang E. 2018. *Garra dengba*, a new species of cyprinid fish (Pisces: Teleostei) from eastern Tibet, China.

Zootaxa, 4476 (1): 94-108.

Desjardins J. 1840. Description dune nouvelle espèce de lîle Maurice, appartenant à la famille des Pectorales pédiculées *et* au genre Chironecte. *Magasin de Zoologie*, 1839: 1-4, pl. 2.

Devaraj M. 1976. Discovery of the Scombrid *Scomberomorus koreanus* (Kishinouye) in India, with Taxonomic Discussion on the Species. *Japanese Journal of Ichthyology*, 23 (2): 79-87.

Dieuzeide R. 1950. Sur un *Epigonus nouveau* de la Méditerranée (*Epigonus denticulatus* nov. sp.). *Bull. Trav. Publ. Sta. Aquic. Peche Castiglione* (*N. S.*), 2: 87-105.

Dinesen Z D, Nash W J. 1982. The scorpionfish *Rhinopias aphanes* Eschmeyer from Australia. *Japanese Journal of Ichthyology*, 29 (2): 179-184.

Ding R H, Fang S G. 1997. Studies on the DNA fingerprinting in three species of the genus *Pareuchiloglanis* from China with description of a new species. *Transactions of the Chinese Ichthyological Society*, (6): 15-21.

Ditty J G, Shaw R F. 1994. Larval Development of Tripletail, *Lobotes surinamensis* (Pisces: Lobotidae), and their Spatial and Temporal Distribution in the Northern Gulf of Mexico. *Fishery Bulletin*, 92: 33-45.

Döderlein L. 1882. Ein Stomiatide aus Japan. *Arch. Naturgeschichte.*, 48 (1): 26-31.

Doiuchi R, Nakabo T. 2005. The *Sphyraena obtusata* group (Perciformes: Sphyraenidae) with a description of a new species from southern Japan. *Ichthyological Research*, 52 (2): 132-151.

Donaldson T J. 1984. Mobbing behavior by *Stegastes albifasciatus* (Pomacentridae), a territorial mosaic damselfish. *Japanese Journal of Ichthyology*, 31 (3): 345-348.

Donaldson T J. 1986. Courtship and spawning behavior of the hawkfish, *Cirrhitichthys falc*o at Miyake-jima, Japan. *Japanese Journal of Ichthyology*, 33: 329-333.

Donaldson T J. 1990. Lek-like courtship by males, and multiple spawnings by females of *Synodus dermatogenys* (Synodontidae). *Japanese Journal of Ichthyology*, 37 (3): 292-301.

Donaldson T J. 1995. Courtship and Spawning Behavior of the Pygmy Grouper, *Cephalopholis spiloparaea* (Serranidae: Epinephelinae), with a Notes on *C. argus* and *C. urodeta*. *Environmental Biology of Fishes*, 43: 363-370.

Dooley J K. 1978. Systematic and biology of the tilefishes (Perciformes: Branchiostegidae and Malacanthidae), with descriptions of two new species. *NOAA Tech. Rep. NMFS Circ.*, 444 (411): 1-78.

Dotsu Y, Arima S, Mito S (道津喜卫, 有马功, 水户敏). 1965. The Biology of the Eleotrid Fishes, *Eviota abax* and *Eviota zonura*. *Bulletin of the Faculty of Fisheries, Nagasaki University*, (18): 41-50.

Dotsu Y, Kishida S. 1980. A case of the common remora, *Remora remora* with a defromed subking disc. *Japanese Journal of Ichthyology*, 26 (4): 373-374.

Dôtu Y. 1956. The life history of an Eleotrid goby, *Parioglossus taeniatus* Regan. *Science Bulletin of the Faculty of Agriculture, Kyushu University*, 15 (4): 489-496.

Dôtu Y. 1957. A new species of a goby with a synopsis of the species of the genus *Luciogobius* Gill and its allied genera. *J. Fac. Agric. Kyushu Univ.*, 11 (1): 69-76.

Dôtu Y. 1958a. The bionomics and life history of two gobioid fishes, *Tridentiger undicervicus* Tomiyama and *Tridentiger trigonocephalus* (Gill) in the innermost part of Ariake Sound. *Science Bulletin of the Faculty of Agriculture, Kyushu University*, 16 (3): 343-358.

Dôtu Y. 1958b. The bionomics and larvae of the two gobioid fishes, *Ctenotrypauchen microcephalus* (Bleeker) and *Taenioides cirratus* (Blyth). *Science Bulletin of the Faculty of Agriculture, Kyushu University*, 16 (3): 371-380.

Dôtu Y, Mito S. 1958. The binomics and life history of the gobioid fish, *Luciogobius saikaiensis* Dôtu. *Science Bulletin of the Faculty of Agriculture, Kyushu University*, 16 (3): 419-426.

Dou S. 1992. Feeding habit and seasonal variation of food constituents of left-eyed flounder, *Paralichthys olivaceus*, of the Bohai Sea. *Mar. Sci.*, 4 (4): 277-281.

Doubler E E. 1958. Records of the flounder, *Chascanopsetta lugubris* Alcock, from the western Atlantic. *Copeia*, (2): 132-133.

Doumenge F. 1990. Aquaculture in Japan. p. 848-945. *In*: Barnabé G. 1990. Aquaculture. Vol. 2. Sussex: Ellis Horwood: 848-945.

Du C X, Zhang E, Chan B P L. 2012. *Traccatichthys tuberculum*, a new species of nemacheiline loach from Guangdong Province, South China (Pisces: Bali- toridae). *Zootaxa*, 3586: 304-312.

Du J, Lu Z, Chen M, Yang S, Chen X. 2010. Changes in ecological parameters and resources in Japanese butterfish, *Psenopsis anomala* in the middle and northern Taiwan Strait. *J. Oceanogr. Taiwan Strait*, 29 (2): 234-240. (In Chinese with English abstract).

Du J, Lu Z, Yang S, Chen M. 2011. Studies on ecological characteristics variation and population dynamics of four lizardfishes in the southern Taiwan Straits. *Acta Oceanol. Sinica*, 30 (4): 1-10.

Du L N, Chen X Y, Yang J X. 2008. A review of the Nemacheilinae genus *Oreonectes* Günther with descriptions of two new species (Teleostei: Balitoridae). *Zootaxa*, 1729: 23-36.

Duméril A H A. 1869. Note sur trois poissons de la collection du Muséum, un esturgeon, un polydonte, *et* un malarmat, accompgnée de quelques considérations générales sur les groupes auxquels ces espèces appartiennent. *Nouvelles Archives du Muséum dHistoire Naturelle*, 4: 93-116, pls. 22-23.

Dutt S, Sujatha K. 1982. On a new species of *Sillago* Cuvier, 1817 (Teleostei: Sillaginidae) from India. *Proc. Indian Natl. Sci. Acad. Part B Biol. Sci.*, 48 (5): 611-614.

Dy-Ali E. 1988. Growth, mortality, recruitment and exploitation rate of *Selar boops* in Davao Gulf, Philippines. *FAO Fish. Rep.*, 389: 346-355.

Dybowski B N. 1869. Vorläufige Mittheilungen über die Fischfauna des Ononflusses und des Ingoda in Transbaikalien. *Verhandlungen der K.-K. Zoologisch-Botanischen Gesellschaft in Wien*, 19: 945-958.

Dybowski B N. 1872. Zur Kenntniss der Fischfauna des Amurgebietes. *Verhandlungen der K.-K. Zoologisch-Botanischen Gesellschaft in Wien*, 22: 209-222.

Dybowski B N. 1874. Die Fische des Baical-Wassersystemes. *Verhandlungen der K.-K. Zoologisch-Botanischen Gesellschaft in Wien*, 24 (3-4): 383-394.

Dybowski B N. 1877. Fishes of the Amur water system. *Izvestiya Zapadno-Sibirskogo Otdiela Imperatorskago Russkago Geograpficheskago Obshchestva*, 8 (1-2): 1-29.

Dybowski B N. 1916. Fish systematics: Teleostei Ostariophysi- Pamiętn. *Fizyogr.*, 23: 84-126 (in Polish).

Dynesius M, Jansson R. 2000. Evolutionary consequences of changes in species geographical distributions driven by Milankovitch climate oscillations. *Proceedings of the National Academy of Sciences of the United States of America*, 97 (16): 9-115.

Ebbesson S O E, Ramsey J S. 1967. The Optic Tracts of Two Species of Sharks (*Galeocerdo cuvier* and *Ginglmostoma cirratum*). *Brain Research*, 8 (1968): 36-53.

Ebeling A W. 1975. A new Indo-Pacific bathypelagic-fish species of *Poromitra* and a key to the genus. *Copeia*, 2: 306-315.

Ebert D A, White W T, Ho H C, Last P R, Nakaya K, Séret B, Straube N, Naylor G J P, Carvalho M R. 2013. An annotated checklist of the chondrichthyans of Taiwan. *Zootaxa*, 3752 (1): 279-386.

Eggleston D. 1970. Biology of *Nemipterus virgatus* in the northern part of the South China Sea. *In*: Marr J C. 1970. The Kuroshio: a symposium on the Japan current. Honolulu: East West Center Press: 417-424.

Endo H, Katayama E, Miyake M, Watase K. 2010. New records of a triplefin, *Enneapterygius leucopunctatus*, from southern Japan (Perciformes: Tripterygiidae). *In*: Motomura H, Matsuura K. 2010. Fishes of Yaku-shima Island. Tokyo: National Museum of Nature and Science: 9-16.

Endo H, Machida Y. 2005. Six gill stingray *Hexatrygon bickelli* collected from Tosa Bay (Raliformes: Hexatrygonidae). *Bulletin of the Shikoku Institute of Natural History*, 2: 51-57.

Endo H, Machida Y, Ono F. 2000. *Bathyonus caudalis*, a new recorded deep-sea ophidiid fish from the north-western Pacific (Ophidiiformes). *Japanese Journal of Ichthyology*, 47 (1): 43-47.

Endo H, Nashida K. 2010. *Glossanodon kotakamaru*, a new Argentine fish from southern Japan (Protacanthopterygii: Argentinidae). *Bull. Natl. Mus. Nat. Sci., Ser. A*, (Suppl. 4): 119-127.

Endo H, Shinohara G. 1999. A new batfish, *Coelophrys bradburyae* (Lophiiformes: Ogcocephalidae) from Japan, with comments on the evolutionary relationships of the genus. *Ichthyological Research*, 46 (4): 359-365.

Endo H, Tsutsui D, Amaoka K. 1994. Range extensions of two deep-sea macrourids *Coryphaenoides filifer* and *Squalogadus modificatus* to the Sea of Okhotsk. *Japanese Journal of Ichthyology*, 41 (3): 330-333.

Endo H, Yamakawa T, Hirata T, Machida Y. 2001. Record of a rare labrid fish *Macropharyngodon moyeri* from Kagoshima and Kochi, Japan. *Japan. Bull. Mar. Sci. Fish. Kochi Univ.*, 21: 41-45.

Endo M, Iwatsuki Y. 1998. Anomalies of wild fishes in the waters of Miyazaki, southern Japan. *Bull. Faculty Agric.*, 45 (1.2): 27-35.

Endruweit M. 2013. Four new records of fish species (Cypriniformes: Nemacheilidae, Balitoridae; Characiformes: Prochilodontidae) and corrections of two misidentified fish species (Tetraodontiformes: Tetraodontidae; Beloniformes: Belonidae) in Yunnan, China. *Zoological Research*, 35 (1): 51-58.

Endruweit M. 2014a. *Schistura sexnubes*, a new diminutive river loach from the upper Mekong basin, Yunnan Province, China (Teleostei: Cypriniformes: Nemacheilidae). *Zoological Research*, 35 (1): 59-66.

Endruweit M. 2014b. *Schistura megalodon* species nova, a new river loach from the Irrawaddy basin in Dehong, Yunnan, China (Teleostei: Cypriniformes: Nemacheilidae). *Zoological Research*, 35 (5): 353-361.

Endruweit M. 2017. A new *Schistura* from the Pearl River in Guangxi, China, (Teleostei: Nemacheilidae). *Zootaxa*, 4277 (1): 144-150.

Eschmeyer W N. 1997. A new species of Dactylopteridae (Pisces) from the Philippines and Australia, with a brief synopsis of the family. *Bulletin of Marine Science*, 60 (3): 727-738.

Eschmeyer W N, Bullis H R Jr., 1968. Four advanced larval specimens of the Blue Marlin, *Makaira nigricans*, from the Western Atlantic Ocean. *Copeia*, 2: 414-417.

Eschmeyer W N, Collette B B. 1966. The scorpionfish subfamily Setarchinae, including the genus *Ectreposebastes*. *Bulletin of Marine Science*, 16 (2): 349-375.

Eschmeyer W N, Fricke R. 2011. Catalogue of Fishes. http://research.calacademy.org/redirect?url=http://researcharchive.calacademy.org/research/icht-hyology/catalog/fishcatmain.asp [2015-05-30].

Euphrasen B A. 1788. Beskrifning på 3: ne fiskar. *Kongliga Vetenskaps Akademiens nya Handlingar, Stockholm*, 9: 51-55, pl. 9.

Euphrasen B A. 1790. Raja (Narinari). *Kongliga Vetenskaps Akademiens nya Handlingar, Stockholm*, 11: 217-219, pl. 10.

Evermann B W, Seale A. 1907a. Fishes of the Philippine Islands. *Bull. Bur. Fish.*, 26 (for 1906): 49-110.

Evermann B W, Seale A. 1907b. Fishes collected in the Philippine Islands by Major Edgar A. Mearns, Surgeon, U. S. Army. *Proceedings of the United States National Museum*, 31 (1491): 505-514.

Evermann B W, Shaw T H (寿振黄). 1927. Fishes from eastern China, with descriptions of new species. *Proceedings of the California Academy of Sciences*, 16 (4): 97-122.

Fang F. 1997a. *Danio maetaengensis*, a new species of cyprinid fish from northern Thailand. *Ichthyological Exploration of Freshwaters*, 8 (1): 41-48.

Fang F. 1997b. Redescription of *Danio kakhienensis*, a poorly known cyprinid fish from the Irrawaddy basin. *Ichthyological Exploration of Freshwaters*, 7 (4): 289-298.

Fang F. 2000a. Barred *Danio* species from the Irrawaddy River drainage (Teleostei, Cyprinidae). *Ichthyological Research*, 47 (1): 13-26.

Fang F. 2000b. A review of Chinese *Danio* species (Teleostei: Cyprinidae). *Acta Zootaxonomica Sinica*, 25 (2): 214-227.

Fang F. 2003. Phylogenetic analysis of the Asian cyprinid genus *Danio* (Telostei, Cyprinidae). *Copeia*, 4: 714-728.

Fang F, Kottelat M. 1999. *Danio* species from northern Laos, with descriptions of three new species (Teleostei: Cyprinidae). *Ichthyological Exploration of Freshwaters*, 10 (3): 281-295.

Fang P W. 1930a. New homalopterin loaches from Kwangsi, China, with supplementary note on basipterigia and ribs. *Sinensia*, 1 (3): 25-42.

Fang P W. 1930b. New species of Gobiobotia from upper Yangtze River. *Sinensia*, 1 (5): 57-63.

Fang P W. 1930c. New and inadequately known Homalopterin loaches of China, with a rearrangement and revision of the generic characters of *Gastromyzon*, *Sinogastromyzon* and their related genera. *Contributions from the Biological Laboratory of the Science Society of China*, 6 (4): 25-43.

Fang P W. 1930d. *Sinogastromyzon szechuanensis*, a new homalopterid fish from Szechuan, China. *Contributions from the Biological Laboratory of the Science Society of China (Zoological Ser.)*, 6 (9): 99-103.

Fang P W. 1931a. New and rare species of homalopterid fishes of China. *Sinensia*, 2 (3): 41-64.

Fang P W. 1931b. Notes on new species of homalopterin loaches referring to *Sinohomaloptera* from Szechuan, China. *Sinensia*, 1 (9): 137-145.

Fang P W. 1933a. Notes on a new cyprinoid genus *Pseudogyrinocheilus et P. prochilus* (Sauvage *et* Dabry) from Western China. *Sinensia*, 3 (10): 255-264.

Fang P W. 1933b. Notes on *Gobiobotia tungi* sp. nov. *Sinensia*, 3 (10): 265-268.

Fang P W. 1933c. Notes on some Chinese homaloptrid loaches. *Sinensia*, 4 (3): 39-50.

Fang P W. 1934a. Study on the fishes referring to Salangidae of China. *Sinensia*, 4 (9): 231-268.

Fang P W. 1934b. Supplementary notes on the fishes referring to Salangidae of China. *Sinensia*, 5 (5-6): 505-511.

Fang P W. 1935a. Study on the crossostomoid fishes of China. *Sinensia*, 6 (1): 44-97.

Fang P W. 1935b. On *Mesomisgurnus*, gen. nov. & *Paramisgurnus* Sauvage, with descriptions of three rarely known species & synopsis of Chinese cobitoid genera. *Sinensia*, 6 (2): 128-146.

Fang P W. 1935c. On some *Nemacheilus* fishes of northwestern China and adjacent territory in the Berlin Zoological Museum's collections, with descriptions of two new species. *Sinensia*, 6 (6): 749-767.

Fang P W. 1936a. Study on the botoid fishes of China. *Sinensia*, 7 (1): 1-49.

Fang P W. 1936b. On some schizothoracid fishes from western China preserced in the National Research Institute of Biology, Academy Sinica. *Sinensia*, 7 (4): 421-458.

Fang P W. 1936c. *Sinocyclocheilus tingi*, a new genus and species of Chinese barbid fishes from Yunnan. *Sinensia*, 7 (5): 588-593.

Fang P W. 1936d. Chinese freshwater fishes referring to Cyprinidae. *Sinensia*, 7 (6): 686-712.

Fang P W. 1938a. On *Huigobio chenhsiensis*, gen. & sp. nov. *Bulletin of the Fan Memorial Institute of Biology, Peiping (Zoology Ser.)*, 8 (3): 237-243.

Fang P W. 1938b. Description d'un cyprinidé nouveau de Chine appartenant au genre *Barilius*. *Bulletin du Muséum National d'Histoire Naturelle (Sér. 2)*, 10 (6): 587-589.

Fang P W. 1940. Deux nouvelles especes de cyprinidaes de Chine appartenant au Sous-gene Onychostoma Gunther. *Bulletin de la Société Zoologique de France*, 65: 138-140.

Fang P W. 1941. Deux nouveaux *Nemacheilus* (Cobitidés) de Chine. *Bulletin du Muséum National d'Histoire Naturelle (Sér. 2)*, 13 (4): 253-258.

Fang P W. 1942a. Poissons de Chine de M. Ho: description de cinq especesetdeux sous-especes nouvelles. *Bulletin de la Société Zoologique de France*, 67: 79-167.

Fang P W. 1942b. Un cyprinide nouveau, *Hemiculter tchangi* de Chine. *Bull. Mus. Hist. Nat. Paris*, (2) 14: 110-111.

Fang P W. 1943. Sur certains types peuconnus de cyprinides des collections du museum de Paris (II). *Bull. Mus. Hist. Nat. Paris*, (2) 15 (6): 393-504.

Fang P W, Chong L T. 1932. Study on the fishes referring to *Siniperca* of China. *Sinensia*, 2 (12): 137-200.

Fang P W, Wang K F (方炳文, 王以康). 1931. A review of the fishes of the genus *Gobiobotia*. *Contributions from the Biological Laboratory of the Science Society of China*, 7 (9): 289-304.

Fang P W, Wang K F. 1932. Elasmobranchiate fishes of Shangtung Coast. *Cont. Biod. Lab. Sci. Soc. China*, 8 (8): 213-283.

Federizon R R. 1992. Description of the subareas of Ragay Gulf, Philippines, and their fish assemblages by exploratory data analysis. *Aust. J. Mar. Freshwat. Res.*, 43: 379-391.

Federizon R R. 1993. Using vital statistics and survey catch composition data for tropical multispecies fish stock assessment: application to the demersal resources of the central Philippines. Bremerhaven: Alfred-Wegener-Institut für Polar-und Meeresforschung: 1-201. Ph.D. dissertation.

Fernholm B, Norén M, Kullander S O, Quattrini A M, Zintzen V, Roberts C D, Mok H K, Kuo C H. 2013. Hagfish phylogeny and taxonomy, with description of the new genus *Rubicundus* (Craniata, Myxinidae). *Journal of Zoological Systematics and Evolutionary Research = Zeitschrift für zoologische Systematik und Evolutionsforschung*, 2013: 1-12.

Ferraris C. 2007. Checklist of catfishes, recent and fossil (Osteichthyes: Siluriformes), and catalogue of Siluriform primary types. *Zootaxa*, (1418): 1-548.

Fisheries Institute of Pearl River, Chinese Academy of Fisheries Science, *et al.* 1986. The Freshwater and Estuaries Fishes of Hainan Island. Guangzhou: Guangdong Science and Technology Press: 26-35.

Fitch J E. 1969. A second record of the slender Mola, *Ranzania laevis* (Pennant), from California. *Bull. So. Calif. Acad. Sci.*, 68 (2): 115-118.

Forsskål P. 1775. Descriptiones animalium avium, amphibiorum, piscium, insectorum, vermium; quae in itinere orientali observavit. Post mortem auctoris edidit Carsten Niebuhr. *Hauniae. Descr. Animalium*: 1-20 + i-xxxiv + 1-164.

Fourmanoir P. 1957. Poissons Téléostéens des eaux malgaches du canal de Mozambique. *Mémoires de lInstitut Scientifique de Madagascar*, Série F, 1: 1-316.

Fourmanoir P. 1971a. Description de quatre poissons trouvés pour la première fois dans les Tuamotu *et* en Nouvelle-Calédonie. *Cahiers du Pacifique*, 15: 127-135.

Fourmanoir P. 1971b. Notes ichtyologiques (4). Cahiers O.R.S.T.O.M. *(Office de la Recherche Scientifique et Technique Outre-Mer) Série Océanographie*, 9 (4): 491-500.

Fourmanoir P. 1982. Trois nouvelles espèces de Serranidae des Philippines *et* de la Mer du Corail Plectranthias maculatus, Plectranthias barroi, Chelidoperca lecromi. *Cybium*, 6 (4): 57-64.

Fowler H W. 1899. Notes on a small collection of Chinese fishes. *Proceedings of the Academy of Natural Sciences of Philadelphia*, 51: 179-182.

Fowler H W. 1907. A collection of fishes from Victoria Australia. *Proceedings of the Academy of Natural Sciences of Philadelphia*, 59: 419-444.

Fowler H W. 1910. Description of four new cyprinoids (Rhodeinae). *Proceedings of the Academy of Natural Sciences of Philadelphia*, 62: 476-486.

Fowler H W. 1912. Notes on salmonoid and related fishes. *Proceedings of the Academy of Natural Sciences of Philadelphia*, 63 (for 1911): 551-571.

Fowler H W. 1918a. New and little-known fishes from the Philippine Islands. *Proceedings of the Academy of Natural*

Sciences of Philadelphia, 70: 2-71.

Fowler H W. 1918b. A list of the Philippine fishes. *Copeia*, (58): 62-65.

Fowler H W. 1923. New or little-known Hawaiian fishes. *Occas. Pap. Bernice P. Bishop Mus.*, 8 (7): 373-392.

Fowler H W. 1924a. Some fishes collected by the third Asiatic Expedition in China. *Bulletin of the American Museum of Natural History*, 50 (7): .

Fowler H W. 1924b. Zoological results of a tour in the Far East: Fishes of the Tai-hu, Kiangsu province, China. *Mem. Asiat. Soc. Bengal*, 6: 505-519.

Fowler H W. 1927a. Fishes of the tropical central Pacific. *Bulletin of the Bernice P. Bishop Museum*, 38: 1-32, pl. 1.

Fowler H W. 1927b. Notes on the Philippine fishes in the collection of the Academy. *Proceedings of the Academy of Natural Sciences of Philadelphia*, 79: 255-297.

Fowler H W. 1929. Notes On Japanese and Chinese fishes. *Proceedings of the Academy of Natural Sciences of Philadelphia*, 81: 603.

Fowler H W. 1930. A synopsis of the fishes of China. I. The sharks, rays. and related fishes. *Hong Kong Naturalist*, 1 (1): 1-11; (2): 13-22; (3): 1-10; (4): 33-45.

Fowler H W. 1931a. Studies of Hong Kong fishes—No. 2. *Hong Kong Naturalist*, 2 (4): 287-317.

Fowler H W. 1931b. Contributions to the biology of the Philippine Archipelago and adjacent regions. The fishes of the families Pseudochromidae, Lobotidae, Pempheridae, Priacanthidae, Lutjanidae, Pomadasyidae, and Teraponidae collected by the United. States Bureau of Fisheries Steamer Albatross, chiefly in Philippine seas and adjacent waters. *Bulletin of the United States National Museum*, 100 (11): 1-388.

Fowler H W. 1932a. A synopsis of the fishes of China. III. The eels, 4: The Catfishes, Lizardfishes, green gars, halfbeaks and flying fishes. *Hong Naturalists*, 3 (3-4): 247-279.

Fowler H W. 1932b. The fishes obtained by Lieut. H. C. Kellers of the United States Naval Eclipse Expedition of 1930, at Niuafoou Island, Tonga Group, in Oceania. *Proceedings of the United States National Museum*, 81 (2931): 1-9.

Fowler H W. 1933a. Contributions to the biology of the Philippine Archipelago and adjacent regions. The fishes of the families Banjosidae, Lethrinidae, Sparidae, Girellidae, Kyphosidae, Oplegnathidae, Gerridae, Mullidae, Emmelichthyidae, Sciaenidae, Sillaginidae, Arripidae and Enoplosidae, collected by the United States Bureau of Fisheries steamer Albatross, chiefly in Philippine seas and adjacent waters. *Bulletin of the United States National Museum*, 100, 12, vi + 1-465.

Fowler H W. 1933b. A synopsis of the fishes of China. *The Cods, Opahs, Flounders, Soles, John Doties, Berycoids, Pipe fishes, Silversides, Mullets, Barracudas and Thread fishes, Hong Kong Naturalist*, 4 (2): 156-173, figs. 5-12.

Fowler H W. 1934a. A synopsis of the fishes of China. *Order Heterosomate, Hong Kong Naturalist*, 5 (1): 54-67, figs. 13-20; 5 (2): 146-155.

Fowler H W. 1934b. Descriptions of new fishes obtained 1907 to 1910, chiefly in the Philippine Islands and adjacent sea--3. *Proceedings of the Academy of Natural Sciences of Philadelphia*, 85: 233-367.

Fowler H W. 1934c. Zoological results of the third De Schauensee Siamese Expedition, Part I. —Fishes. *Proceedings of the Academy of Natural Sciences of Philadelphia.*, 86: 67-163, pl. 112.

Fowler H W. 1935a. Zoological results of the third De Schauensee Siamese Expedition, Part VI. —Fishes obtained in 1934. *Proceedings of the Academy of Natural Sciences of Philadelphia.*, 87: 89-163.

Fowler H W. 1935b. A synopsis of the fishes of China. Part 5. *Hong Kong Naturalist*, 6: 132-147.

Fowler H W. 1936a. A synopsis of the fishes of China. Part 6. The mackerels and related fishes. Family Carangidae, continued. *Hong Kong Naturalist*, 7 (1): 61-80. Reprint edition (1972) Vol. 1. Antiquariat Junk, Netherlands.

Fowler H W. 1936b. Zoological results of the third De Schauensee Siamese Expedition, Part VII. —Fishes obtained in 1935. *Proceedings of the Academy of Natural Sciences of Philadelphia*, 87: 509-513.

Fowler H W. 1937. Zoological results of the third De Schauensee Siamese Expedition. Part VIII—Fishes obtained in 1936. *Proceedings of the Academy of Natural Sciences of Philadelphia*, 89: 125-264.

Fowler H W. 1938a. Descriptions of new fishes obtained by the United States Bureau of Fisheries steamer "Albatross", chiefly in Philippine seas and adjacent waters. *Proceedings of the United States National Museum*, 85 (3032): 31-135.

Fowler H W. 1938b. The fishes of the George Vanderbilt South Pacific Expedition, 1937. *Monographs of the Academy of Natural Sciences of Philadelphia*, 2: 1-349.

Fowler H W. 1938c. A Synopsis of the Fishes of China. Part VII. The Perch-like Fishes. Family Serranidae: Sea Bass. Hong Kong: Hong Kong Naturalist: 249-289.

Fowler H W. 1941a. The fishes of the Groups Elasmobranchii, Holocephali, Isospondyli, and Ostarophysi obtained by the U. S. Breau of Fisheries Steamer "Albatross" in 1907 to 1910, Chiefly in the Philippine Islands and adjacent seas. *Bulletin of the United States National Museum*, 13 (100): 1-879.

Fowler H W. 1941b. New fishes of the family Callionymidae, mostly Philippine, obtained by the United States Bureau of Fisheries steamer "Albatross", *Proceedings of the United States National Museum*, 90 (3106): 1-31.

Fowler H W. 1941c. The George Vanderbilt Oahu survey - the fishes. *Proceedings of the Academy of Natural Sciences of Philadelphia.*, v. 93: 247-279.

Fowler H W. 1943. Contributions to the biology of the Philippine Archipelago and adjacent regions. Descriptions and figures of new fishes obtained in Philippine seas and adjacent waters by the United States Bureau of Fisheries steamer "Albatross". *Bulletin of the United States National Museum*, 100, 14 (2): i-iii + 53-91.

Fowler H W. 1945. Fishes from Saipan Island, Micronesia. *Proceedings of the Academy of Natural Sciences of Philadelphia*, 97: 59-74.

Fowler H W. 1946. A collection of fishes obtained in the Riu Kiu Islands by Captain Ernest R. Tinkham, A.U.S. *Proceedings of the Academy of Natural Sciences of Philadelphia*, 6: 123-218.

Fowler H W. 1972. A Synopsis of the Fishes of China. Lochen: Suborder Gobiina: 1225-1459.

Fowler H W, Ball S C. 1924. Descriptions of new fishes obtained by the Tanager Expedition of 1923 in the Pacific islands west of Hawaii. *Proceedings of the Academy of Natural Sciences of Philadelphia*, 76: 269-274.

Fowler H W, Bean B A. 1920. A small collection of fishes from Soochow, China, with descriptions of two new species. *Proceedings of the United States National Museum*, 58 (2338): 307-321.

Fowler H W, Bean B A. 1922. Fishes from Formosa of China and the Philippine Islands. *Proceedings of the United States National Museum*, 62 (Art 2. 2448): 73.

Fowler H W, Bean B A. 1928. Contribution to the biology of the Philippine archipelago and adjacent regions. The fishes of the families Pomacentridae, Labridae, and Callyodontidae, collected by the United States Bureau of Fisheries steamer Albatross, chiefly in the Philippine Seas. *Bulletin of the United States National Museum*, 7 (100): i-viii + 1-525.

Fowler H W, Bean B A. 1929a. Contributions to the biology of the Philippine Archipelago and adjacent waters. The fishes of the series Capriformes, Ephippiformes, and Squamipennes, collected by the United States Bureau of Fisheries steamer Albatross, chiefly in Philippine Seas. *Bulletin of the United States National Museum*, 8 (100): i-xi + 1-352.

Fowler H W, Bean B A. 1929b. The fishes of the series Capriformes, Ephippiformes, and Squamipennes, collected by the United States bureau of fisheries steamer "Albatross" chiefly in Philippine. *United States National Museum Washington*, 8.

Fowler H W, Bean B A. 1930. Contributions to the biology of the Philippine Archipelago and adjacent regions. The fishes of the families Amiidae and Serranidae, obtained by the United States Bureau of Fisheries steamer "Albatross" in 1907 to 1910 adjacent seas. *Bulletin of the United States National Museum*, 100 (10): i-ix + 1-334.

Francis M P. 1991. Additions to the fish faunas of Lord Howe, Norfolk and Kermadec Islands, Southwest Pacific Ocean. *Pacific Science*, 45 (2): 204-220.

Francis M P. 1993. Checklist of the coastal fishes of Lord Howe, Norfolk, and Kermadec Islands, Southwest Pacific Ocean. *Pacific Science*, 47 (2): 136-170.

Francis M P, Randall J E. 1993. Further additions to the fish faunas of Lord Howe and Norfolk Islands, Southwest Pacific Ocean. *Pacific Science*, 47 (2): 118-135.

Franco M A L, Braga A C, Nunan G W A, Costa P A S. 2009. Fishes of the family Ipnopidae (Teleostei: Aulopiformes) collected on the Brazilian continental slope between 11° and 23° S. *Journal of Fish Biology*, 75: 797-815.

Franz V. 1910. Die japanischen Knochenfische der Sammlungen Haberer und Doflein. (Beiträge zur Naturgeschichte Ostasiens.). *Abhandlungen der Math.-Phys. Klasse der K. Bayer Akademie der Wissenschaften*, 4 (Suppl.) (1): 1-135, pls. 1-11.

Fraser T H. 1973. The Fish *Elops machnata* in South Africa. *The J.L.B. Smith Institute of Ichthyology* (Special publication), 2: 1-6.

Fraser T H. 2005. A review of the species in the *Apogon fasciatus* group with a description of a new species of cardinalfish from the Indo-West Pacific (Perciformes: Apogonidae). *Zootaxa*, 924: 1-30.

Fraser T H. 2008. Cardinalfishes of the genus *Nectamia* (Apogonidae, Perciformes) from the Indo-Pacific region with descriptions of four new species. *Zootaxa*, 1691: 1-52.

Fraser T H. 2012. A new species of deeper dwelling West Pacific cardinalfish (Percomorpha: Apogonidae) with a redescription of *Ostorhinchus atrogaster*. *Zootaxa*, 3492: 77-84.

Fraser T H, Randall J E. 1976. Two new Indo-West Pacific cardinalfishes of the genus *Apogon*. *Proceedings of the Biological Society of Washington*, 88 (47): 503-508.

Fraser T H, Randall J E. 2011. Two new species of *Foa* (Apogonidae) from the Pacific Plate, with redescriptions of *Foa brachygramma* and *Foa fo. Zootaxa*, 2988: 1-27.

Fraser-Brunner A. 1949. A classification of the fishes of the family Myctophidae. *Proceedings of the Zoological Society of London*, 118 (4): 1019-1106, pl. 1.

Fraser-Brunner A, Whitley G P. 1949. A new pipefish from Queensland. *Records of the Australian Museum*, 22 (2): 148-150.

Frederick D B. 1840. Narrative of a Whaling Voyage Round the Globe, from the year 1833 to 1836. *Zoology*, II: 255-289.

Freyhof J, Herder F. 2002. Review of the paradise fishes of the genus *Macropodus* in Vietnam, with description of two new species from Vietnam and southern China (Perciformes: Osphronemidae). *Ichthyological Exploration of Freshwaters*, 13 (2): 147-167.

Freyhof J, Serov D V. 2001. Nemacheiline loaches from Central Vietnam with descriptions of a new genus and 14 new species (Cypriniformes: Balitoridae). *Ichthyological Exploration of Freshwaters*, 12 (2): 133-191.

Fricke R. 1981a. Four new species of the genus *Callionymus* (Teleostei: Callionymidae) from the Philippine Islands and adjacent areas. *Zoologische Beitraege*, 27 (1): 143-170.

Fricke R. 1981b. The kaianus-group of the genus *Callionymus* (Pisces: Callionymidae), with descriptions of six new species. *Proceedings of the California Academy of Sciences*, (Ser. 4) 42 (14): 349-377.

Fricke R. 1981c. Une nouvelle station *Hoplolatilus starcki* Randall *et* Dooley, 1974: les Philippines (Pisces, Perciformes, Percoidei, Malacanthidae). *Revue française Aquariologie*, 1.

Fricke R. 1982. New species of *Callionymus*, with a revision of the variegatus-group of that genus (Teleostei: Callionymidae). *J. Nat. Hist.*, 16 (1): 127-146.

Fricke R. 1983. Revision of the Indo-Pacific genera and species of the dragonet family Callionymidae (Teleostei). J. Cramer, Brunschweig. *Theses Zoologicae*, 3: i-x + 1-774.

Fricke R. 1991. *Ceratobregma striata*, a New Triplefin (Tripterygiidae) from Northern Australia, and a Record of *Norfolkia brachylepis* from Western Australia. *Japanese Journal of Ichthyology*, 37 (4): 337-343.

Fricke R. 1994. Theses Zoologicae - Tripterygiid fishes of Australia, New Zealand and the Southwest Pacific Ocean, with discriptions of 2 new genera and 16 new species. Konigstein Koeltz Scientific Books. 24.

Fricke R. 1997. Tripterygiid fishes of the western and central Pacific, with descriptions of 15 new species, including an annotated checklist of world Tripterygiidae (Teleostei). Koenigstein Koeltz Scientific Books. 29.

Fricke R. 2002. Annotated checklist of the dragonet families Callionymidae and Draconettidae (Teleostei: Callionymoidei), with comments on callionymid fish classification. *Stuttgarter Beiträge zur Naturkunde*, Serie A (Biologie) 645: 1-103.

Fricke R, Kulbicki M, Wantiez L. 2011. Checklist of the fishes of New Caledonia, and their distribution in the Southwest Pacific Ocean (Pisces). *Stuttgarter Beiträge zur Naturkunde A*, Neue Serie 4: 341-463.

Fricke R, Zaiser M B. 1993. Two new dragonets of the genus *Callionymus* (Callionymidae) and a record of *Callionymus corallinus* from Miyake-jima, Izu Islands, Japan. *Japanese Journal of Ichthyology*, 40 (1): 1-10.

Fricke R, Zaiser M J. 1982. Redescription of *Diplogrammus xenicus* (Teleostei: Callionymidae) from Miyake-jima, Japan, with ecological notes. *Japanese Journal of Ichthyology*, 29 (3): 253-259.

Froese R, Garilao C V. 2002. An annotated checklist of the elasmobranches of the South China Sea, with some global statistics on elasmobranch biodiversity, and an offer to taxonomists. *In*: Fowler S L, Reed T M, Dipper F A. 2002. Elasmobranch biodiversity, conservation and management: Proceedings of the International Seminar and Workshop, Sabah, Malaysia, July 1997. IUCN SSC Shark Specialist Group. IUCN, Gland, Switzerland and Cambridge, UK: 82-85.

Froese R, Pauly D. 2014. Fishbase. http://www.fishbase.org/ [2015-05-28].

Fu C H, Li G, Xia R, Lei G C. 2012. A multilocus phylogeny of Asian noodlefishes Salangidae (Teleostei: Osmeriformes) with a revised classification of the family. *Molecular Phylogenetics and Evolution*, 62 (3): 845-855.

Fu T S. 1934. Study of the fishes of Pai-Chuan. *Bulletin of Honan Museum, Kaifeng*, 1 (2): 47-102.

Fu T S, Tchang T L. 1933. The study of the fishes of Kaifeng, part 1. *Bulletin of Honan Museum, Kaifeng*, 1: 1-45.

Fujita T, Kitagawa D, Okuyama Y, Ishito Y, Inada T, Jin Y. 1995. Diets of the demersal fishes on the shelf off Iwate, northern Japan. *Mar. Biol.*, 123: 219-233.

Fukao R. 1984. Review of the Japanese fishes of the genus *Cirripectes* (Blenniidae) with description of a new species. *Japanese Journal of Ichthyology*, 31 (2): 105-121.

Fukao R, Okazaki T. 1990. A supplementary study on the divergence of Japanese fishes on the genus *Neoclinus*. *Japanese Journal of Ichthyology*, 37 (3): 239-245.

Fukui A, Kitagawa Y. 2006. *Dolichopteryx minuscula*, a new species of spookfish (Argentinoidei: Opisthoproctidae) from the Indo-West Pacific. *Ichthyological Research*, 53 (2): 113-120.

Fukui A, Ozawa T. 2004. Uncisudis posteropelvis, a new species of barracudina (Aulopiformes: Paralepididae) from the western North Pacific Ocean. *Ichthyological Research*, 51 (4): 289-294.

Furuita H, Yamamoto T, Shima T, Suzuki N, Takeuchi T. 2003. Effect of arachidonic acid levels in broodstock diet on larval and egg quality of Japanese flounder *Paralichthys olivaceus*. *Aquaculture*, 220: 725-735.

Furukawa S, Takeshima H, Otaka T, Mitsuboshi T, Shirasu K, Ikeda D, Kaneko G, Nishida M, Watabe S. 2004. Isolation of microsatellite markers by in silico screening implicated for genetic linkage mapping in Japanese pufferfish *Takifugu rubripes*. *Fisheries Science*, 70: 620-628.

Gaiger P J. 1974. The relative fishing power of Hong Kong pair trawlers. *Hong Kong Fish Bull.*, (4): 69-81.

Gan X, Lan J H, Zhang E (甘西, 蓝家湖, 张鹗). 2009. *Metzia longinasus*, a new cyprinid species (Teleostei: Cypriniformes) from the Pearl River drainage in Guangxi Province, South China. *Ichthyological Research*, 56 (1): 55-61.

Ganaden S R, Lavapie-Gonzales F. 1999. Common and local names of marine fishes of the Philippines. Quezon: Bureau of Fisheries and Aquatic Resources: 1-385.

Gao T X, Ji D P, Xiao Y S, Xue T Q, Yanagimoto T, Setoguma T. 2011. Description and DNA Barcoding of a new *Sillago* species, *Sillago sinica* (Perciformes: Sillaginidae), from coastal waters of China. *Zoological Studies*, 50 (2): 254-263.

Garayzar C J V, Chavez H. 1986. Primer Registro en Aguas Mexicanas de *Taractichthys steindachneri* (Doderlein) (Pisces: Bramidae). *Inv. Mar. Cicimar.*, 3 (1): 127-132.

Garman S. 1880. New species of selachians in the museum collection. *Bulletin of the Museum of Comparative Zoology*, 6 (11): 167-172.

Garman S. 1884. An extraordinary shark. *Bulletin of the Essex Institute*, 16: 47-55. [Also as a separate combined with ref. 1531 as: "New sharks" pp. 3-11 + 13-14, pl. 1] .

Garman S. 1888. On an eel from the Marshall Islands. [Also titled: An eel (*Rhinomuraena quaesita*) from the Marshall Islands]. *Bulletin of the Essex Institute*, 20: 114-116. [Possibly published in 1889. Also as a separate pp. 1-3].

Garman S. 1899. The Fishes. In: Reports on an exploration off the west coasts of Mexico, Central and South America, and off the Galapagos Islands by the U. S. Fish Commission steamer "Albatross" during 1891. No. XXVI. *Memoirs of the Museum of Comparative Zoology*, v. 24: Text: 1-431, Atlas: Pls. 1-85 + A-M.

Garman S. 1903.Some fishes from Australasia. *Bulletin of the Museum of Comparative Zoology*, 8: 231-239.

Garman S. 1912. Some Chinese vertebrates. *Memoirs of the Museum of Comparative Zoology*, 40 (4): 111-123.

Garrett A. 1864. Descriptions of new species of fishes—No. II. *Proceedings of the California Academy of Sciences*, (Series 1) 3: 103-107.

Garrick J A F. 1968. Notes on a Bramble Shark, *Echinorhinus cookei*, from Cook Strait, New Zealand. *Records of the Dominion Museum N.Z.*, 6 (10): 134-139.

Garrick J A F, Paul L J. 1971a. *Heptranchias dakini* Whitley 1931, a Synonym of *H. perlo* (Bonnaterre, 1788), Perlon Shark, with Notes on Sexual Dimorphism in this Species. Zoology Publications from Victoria University of Wellington: 1-14.

Garrick J A F, Paul L J. 1971b. *Cirrhigaleus barbifer* (Squalidae), A little Known Japanese Shark from New Zealand Waters. Zoology Publications from Victoria University of Wellington: 1-13.

Gehringer J W. 1970. Young of the Atlantic Sailfish, *Istiophorus platypterus*. *Fishery Bulletin*, 68 (2): 177-189.

George S, Losey J R. 1972. Predation Protection in the Poison-Fang Blenny, *Meiacanthus atrodorsalis*, and Its Mimics, *Ecsenius bicolor* and *Runula laudandus* (Blenniidae). *Pacific Science*, 26 (2): 129-139.

George S, Losey J R. 1974. Aspidontus taeniatus: Effects of Increased Abundance on Cleaning Symbiosis with Notes on Pelagic Dispersion and *A. filamentosus* (Pisces, Blenniidae). *Z. Tierpsychol.*, 34: 430-435.

George S, Losey J R. 1975. *Meiacanthus atrodorsalis*: Field Evidence of Predation Protection. *Copeia*, 3: 574-576.

George S, Myers, 1934. Three new deep-water fishes from the West Indies. *Smithsonian Miscellaneous Collections*, 91 (9): 1-12.

Georgi J G. 1775. Bemerkungeneiner Reise im russischen Reich in 1772.

Gibbs R H Jr. 1960. *Alepisaurus brevirostris*, a new species of lancetfish from the western North Atlantic. *Breviora*, 123: 1-14.

Gibbs R H Jr., Amaoka K, Haruta C. 1984. *Astronesthes trifibulatus*, a new Indo-Pacific stomioid fish (family Astronesthidae) related to the Atlantic *A. similis*. *Japanese Journal of Ichthyology*, 31 (1): 5-14.

Giglioli E H. 1882. New deep-sea fish from the Mediterranean. *Nature (London)*, 27: 198-199. [Sometimes cited as 1883; possibly not published until early 1883].

Gil J W, Lee T W. 1986. Reproductive ecology of the scaled sardine, *Sardinella zunasi* (family Clupeidae), in Cheonsu Bay of the Yellow.

Gilbert C H. 1891. Descriptions of apodal fishes from the tropical Pacific. In: Scientific results of explorations by the U. S. Fish Commission steamer Albatross. *Proceedings of the United States National Museum*, 14 (856): 347-352.

Gilbert C H. 1905. II. The deep-sea fishes of the Hawaiian Islands. In: The aquatic resources of the Hawaiian Islands.

Bulletin of the U. S. Fish Commission, 23 (2) [for 1903]: 577-713, Pls. 66-101.

Gilbert C H. 1906. Certain scopelids in the collection of the Museum of Comparative Zoölogy. *Bull. Mus. Comp. Zool.*, 46 (14): 253-263.

Gilbert C H. 1915. Fishes collected by the United States Fisheries steamer "Albatross" in southern California in 1904. *Proceedings of the United States National Museum*, 48 (2075): 305-380, pls. 14-22.

Gilbert C H, Cramer F. 1897. Report on the fishes dredged in deep water near the Hawaiian Islands, with descriptions and figures of twenty-three new species. *Proceedings of the United States National Museum*, 19 (1114): 403-435.

Gilbert C H, Hubbs C L. 1916. Report on the Japanese macruroid fishes collected by the United States Fisheries steamer "Albatross" in 1906, with a synopsis of the genera. *Proceedings of the United States National Museum*, 51 (2149): 135-214.

Gilbert C H, Hubbs C L. 1917. Description of *Hymenocephalus tenuis*, a new macruroid fish from the Hawaiian Islands. *Proceedings of the United States National Museum*, 54 (2231): 173-175.

Gilbert C H, Hubbs C L. 1920a. Contributions to the biology of the Philippine Archipelago and adjacent regions. The macrouroid fishes of the Philippine Islands and the East Indies. *Bulletin of the United States National Museum No. 100*, 1 (7): 369-588.

Gilbert C H, Hubbs C L. 1920b. The macrouroid fishes of the Philippine Islands and the East Indies. *Smithsonian Inst. U.S. Nat. Mus.*, 1: 369-588.

Gilchrist J D F, Thompson W W. 1916. Description of four new South African fishes. *Marine Biological Report South Africa 1914-1918*, pt 3: 56-61.

Gilchrist J D F, von Bonde C. 1924. Deep-sea fishes procured by the S.S. "Pickle" (Part II). *Report Fisheries and Marine Biological Survey, Union of South Africa Rep.*, 3 (7) (1922): 1-24, pls. 1-6.

Gilhen J, McAllister D E. 1985. The Tripletail, *Lobotes surinamensis*, new to the fish fauna of the Atlantic Coast of Nova Scotia and Canada. *The Canadian Field-Naturalist*, 99: 116-118.

Gill A C, Edwards A J. 2002. Two new species of the Indo-Pacific fish genus *Pseudoplesiops* (Perciformes, Pseudochromidae, Pseudoplesiopinae). *Bulletin of the Natural History Museum London (Zoology)*, 68 (1): 19-26.

Gill A C, Edwards A J. 2003. *Pseudoplesiops wassi*, a new species of dottyback fish (Teleostei: Pseudochromidae: Pseudoplesiopinae) from the West Pacific. *Zootaxa*, 291: 1-7.

Gill A C, Hutchins J B. 2002. *Paramonacanthus oblongus*, the correct name for the Indo-Pacific fish currently called *P. japonicus*, with a recommendation on the nomenclature of *Stephanolepis cirrhifer* (Tetraodontiformes, Monacanthidae). *Rec. West. Aust. Mus.*, 21: 107-109.

Gill A C, Shao K T, Chen J P. 1995. *Pseudochromis striatus*, a new species of pseudochromine dottyback from Taiwan of China and the northern Philippines (Teleostei: Perciformes: Pseudochromidae). *Revue française Aquariologie*, 21 (3-4, 10 avril): 79-82.

Gill T N. 1859a. Notes on a collection of Japanese fishes, made by Dr. J. Morrow. *Proceedings of the Academy of Natural Sciences of Philadelphia*, 11: 144-150.

Gill T N. 1859b. Prodromus descriptionis familiae Gobioidarum duorum generum novorum. *Ann. Lyc. Nat. Hist. N. Y.*, 7 (1-3): 16-19.

Gill T N. 1860. Conspectus piscium in expeditione ad oceanum *Pacificum septentrionalem*, C. Ringoldet J. Rodgers ducibus, a Gulielmo Stimpsoncollectorum. Sicydianae. *Proceedings of the Academy of Natural Sciences of Philadelphia*, 12: 100-102.

Gill T N. 1861. Description of a new species of *Sillago*. *Proceedings of the Academy of Natural Sciences of Philadelphia*, 13: 505-507.

Gill T N. 1862a. Appendix to the synopsis of the subfamily Percinae. *Proceedings of the Academy of Natural Sciences of Philadelphia*, 14: 15-16.

Gill T N. 1862b. On the subfamily Argentininae. *Proceedings of the Academy of Natural Sciences of Philadelphia*, 14: 14-15.

Gill T N. 1863a. Descriptions of the gobioid genera of the western coast of temperate North America. *Proceedings of the Academy of Natural Sciences of Philadelphia*, 15: 262-267.

Gill T N. 1863b. On the gobioids of the eastern coast of the United States. *Proceedings of the Academy of Natural Sciences of Philadelphia*, 15: 267-271.

Gill T N. 1863c. Synopsis of the family of lepturoids, and description of a remarkable new generic type. *Proceedings of the Academy of Natural Sciences of Philadelphia*, 15: 224-229.

Gill T N. 1878. Account on Catastomidae, with footnote on *Myxocyprinus*. *In*: Guyot A H. 1878. Johnson's New Universal Cyclopaedia, Vol. 4. New York: Nabu Press: 1574.

Gill T N. 1883. Deep-sea fishing fishes. *Forest and Stream*, 8: 284.

Gillett R D. 1986. Observations on two Japanese purse seining operations in the equatorial Pacific. *South Pacific Commission, Tuna and Billfish Assessment Program, Technical Report*, 16: 35.

Ginsburg I. 1951. Western Atlantic Tonguefishes with Descriptions of Six New Species. *Zoologica*, 36 (3): 185-201.

Girard C F. 1855. Contributions to the fauna of Chile. Report to Lieut. James M. Gilliss, U. S. N., upon the fishes collected by the U.S. Naval Astronomical Expedition to the southern hemisphere during the years 1849-50-51-52.

Go Y B, Kawaguchi K, Kusaka T. 1977. Ecologic study on *Diaphus suborbitalis* Weber (Pisces, Myctophidae) in Suruga Bay, Japan. 1. Method of ageing and its life span. *Bulletin of the Japanese Society of Scientific Fisheries*, 43 (8): 913-919.

Golani D, Sonin O. 2006. The Japanese threadfin bream *Nemipterus japonicus*, a new Indo-Pacific fish in the Mediterranean. *Journal of Fish Biology.*, 68: 940-943.

Gomon M F. 1997. Relationships of Fishes of the Labrid Tribe *Hypsigenyini*. *Bulletin of Marine Science*, 60 (3): 789-871.

Gomon M F. 2006. A revision of the labrid fish genus *Bodianus* with descriptions of eight new species. *Records of the Australian Museum*, Suppl. 30: 1-133.

Gomon M F, Kuiter R H. 2009. Two new pygmy seahorses (Teleostei: Syngnathidae: Hippocampus) from the Indo-West Pacific. *Aqua, International Journal of Ichthyology*, 15 (1): 37-44.

Gomon M F, Madden W D. 1981. Comments on the labrid fish subgenus *Bodianus* (Trochocopus) with a description of a new species from the Indian and Pacific Oceans. *Revue française Aquariologie*, 7 (4): 120-125.

Gon O. 1985. *Apogon sphenurus* Klunzinger, 1884, a senior synonym of *Neamia octospina*, Smith *et* Radcliffe, 1912. *Japanese Journal of Ichthyology*, 34 (1): 91-95.

Gon O. 1993. Revision of the cardinalfish genus *Cheilodipterus* (Perciformes: Apogonidae), with description of five new species. *Indo-Pacific Fishes*, 22: 1-59.

Gon O. 2000. The Taxonomic Status of the Cardinalfish Species *Apogon niger*, *A. nigripinnis*, *A. pharaonis*, *A. slalis*, and related species (Perciformes: Apogonidae). *J. L. B. Smith Inst. Ichthy. Spec. Pub.*, 65: 1-20.

Gonzales B J, Okamura O, Nakamura K, Miyahara H. 1994. New record of the annular sole, *Synaptura annularis* (Soleidae, Pleuronectiformes) from Japan. *Japanese Journal of Ichthyology*, 40 (4): 491-494.

Goode G B, Bean T H. 1885. Descriptions of new fishes obtained by the United States Fish Commission mainly from deep water off the Atlantic and Gulf coasts. *Proceedings of the United States National Museum*, 8 (534): 589-605.

Gordon R W. 1970. Little Tuna *Euthynnus affinis* in the Hong Kong area. *Bulletin of the Japanese Society of Scientific Fisheries*, 36 (1): 9-18.

Goren M. 1978. A new gobiid genus and seven new species from Sinai coasts (Pisces: Gobiidae). *Senckenbergiana Biologica*, 59 (3/4): 191-203.

Goren M. 1981. Three new species and three new records of gobies from New Caledonia. *Cybium*, 5 (3): 93-101.

Goren M, Karplus I. 1983. Preliminary observations on the scorpion fish *Scorpaenodes guamensis* and Its Possible Mimic the Cardinal Fish *Fowleria abocellata*. *Ecological and Environmental Quality*, 2: 328-336.

Goren M, Spanier E. 1988. An Indo-Pacific trunkfish *Tetrosomus gibbosus* (Linnaeus): List record of the family Ostracionidae in the Mediterranean. *Journal of Fish Biology.*, 32: 797-798.

Gratzianov V J. 1907. Übersicht der Süßwassercottiden des russischen Reiches. *Zoologischer Anzeiger*, 31 (21/22): 654-660.

Gray E M. 1851. List of the specimens of fish in the collection of the British Museum. Part 1. Chondropterygii. London: British Museum (Natural History): 1-160.

Gray J E. 1830. Chiefly selected from the collection of Major-General Hardwicke, F. R. S., 20 parts in 2 Vol. *Illustrations of Indian Zoology*: 1-202.

Gray J E. 1831a. Description of three new species of fish, including two undescribed genera, (Leucosoma *et* Samaris) discovered by John Reeves, Esq., in China. *Zoological Miscellany*, (1): 4-5.

Gray J E. 1831b. Description of twelve new genera of fish, discovered by Gen. Hardwicke, in India, the greater part in the British Museum. *Zoological Miscellany*, (1): 7-9.

Gray J E. 1831c. Description of a new genus of percoid fish, discovered by Samuel Stutchbury, in the Pacific sea, and now in the British Museum. *Zoological Miscellany*, 20p.

Gray J E. 1831d. Description of three new species of fish from the Sandwich Islands, in the British Museum. *Zoological Miscellany*, 33 P.

Gray J E. 1834. Illustrations of Indian zoology; chiefly selected from the collection of Major-General Hardwicke. *F. R. S.*, 20 parts, 2: 1-202.

Gray J E. 1835. Characters of two new species of sturgeon (*Acipenser* Linn.). *Proceedings of the Zoological Society of London*, (2): 122-123.

Gray J E. 1859. Notice of a new genus of lophobranchiate fishes from Western Australia. *Proceedings of the Zoological Society of London*, 1859 (1): 38-39.

Greenfield D W, Suzuki T. 2011. Two new goby species of the genus *Eviota* from the Ryukyu Islands, Japan (Teleostei: Gobiidae). *Zootaxa*, 2812: 63-68.

Greenwood P H, Rosen D E, Weitzman S H, Myers G S. 1965. Phyletic Studies of teleostean fishes with a provisional classification of living forms. *Bulletin of the American Museum of Natural History*, 131 (4): 339-456.

Gregory W K, Conrad G M. 1939. Body-forms of the black marlin (*Makaira nigricansmarlina*) and striped marlin (*Makaira mitsukurii*) of new Zealand and Australia. *Bulletin of the American Museum of Natural History*, 126 (8): 443-456.

Gregory W K, Raven H C. 1934. Notes on the Anatomy and Relationships of the Ocean Sunfish (*Mola mola*). *Copeia*, 4: 147-151.

Grinols R B, Hoover J O. 1966. A Record of *Diretmus argenteus* Johnson (Pisces: Diretmidae) from the Northeastern Pacific Ocean. *Fisheries Research Papers*, 2 (4): 67-74.

Gu J H, Zhang E (谷金辉, 张鹗). 2012. *Homatula laxiclathra* (Teleostei: Balitoridae), a new species of nemacheiline loach from the Yellow River drainage in Shaanxi Province, northern China. *Environmental Biology of Fishes*, 94 (4): 591-599.

Gudger E W. 1928. The smallest known specimens of the sucking-fishes, *Remora brachyptera* and *Rhombochirus osteochir*. *American Museum Novitates*, 294: 1-5.

Gudger E W. 1931. The triple-tail, *Lobotes surinamensis*, its names, occurance on our coasts and its natural history. *American Naturalist.*, LXV: 49-69.

Gudger E W. 1935a. A photograph and descritpion of *Masturus lanceolatus* taken at Tahiti, May, 1930 the sixteenth adult specimen on record. *American Museum Novitates*, 778: 1-7.

Gudger E W. 1935b. Some undescribed young of the pointed-tailed ocean sunfish, *Masturus lanceolatus*. *Copeia*, 35 (3): 71-74.

Gudger E W. 1937. The Structure and Development of the Pointed Tail of the Ocean Sunfish, *Masturus lanceolatus*. *The Annals and Magazine of Natural History*, (10) 19: 1-46.

Guégan J F, Lek S, Oberdorff T. 1998. Energy availability and habitat heterogeneity predict global riverine fish diversity. *Nature*, 391: 382-384.

Guichenot A. 1869. Notice sur quelques poissons inédits de Madagascar *et* de la Chine. *Nouvelles Archives du Muséum d'Histoire Naturelle, Paris*, 5 (3): 193-206.

Güldenstädt J A. 1772. *Salmo leucichthys et Cyprinus chalcoi* desdescripti. *Novi Commentarii Academiae Scientiarum Imperialis Petropolitanae*, 16: 531-547.

Gunn J S, Milward N E. 1985. The food, feeding habits and feeding structures of the whiting species *Sillago sihama* (Forsskal) and *Sillago analis* Whitley from Townsville, North Queensland, Australia. *Journal of Fish Biology.*, 26: 411-427.

Günther A. 1860. Catalogue of the acanthopterygian fishes in the collection of the British Museum. 2: 1-548.

Günther A. 1861a. Catalogue of the fishes in the British Museum. Catalogue of the acanthopterygian fishes in the collection of the British Museum. *Gobiidae, Discoboli, Pediculati, Blenniidae, Labyrinthici, Mugilidae, Notacanthi. London*, 3: i-xxv + 1-586 + i-x.

Günther A. 1861b. On a new species of fish of the genus *Gerres*. *Annals and Magazine of Natural History*, (Ser. 3) 8 (44): 189.

Günther A. 1862a. Catalogue of the Acanchopterygii Pharygognathi and Anacanthini in the collection of the British Museum. 4: 1-534.

Günther A. 1862b. Note on *Pleuronectes sinensis* Lacépède, *Ann. Mag. Nat. Hist.*, 10: 475.

Günther A. 1864. Catalogue of the Physostomi, containing the families Siluridae, Characinidae, Haplochitonidae, Sternoptychidae, Scopelidae, Stomiatidae in the collection of the British Museum. *British Museum, London*, 5: 1-455.

Günther A. 1866. Catalogue of the Physostomi, containing the families Salmonidae, Percopsidae, Galaxidae, Mormyridae, Gymnarchidae, Esocidae, Umbridae, Scombresocidae, Cyprinodontidae, in the collection of the British Museum. *British Museum, London*, 6: 1-368.

Günther A. 1867a. Additions to the knowledge of Australian reptiles and fishes. *Annals and Magazine of Natural History*, 20 (115): 45-68.

Günther A. 1867b. Description of some new or little-known species of fishes in the collection of the British Museum. *Proceedings of the Zoological Society of London*, 1867 (pt 1): 99-104.

Günther A. 1868. Catalogue of the Physostomi, containing the families Heteropygii, Cyprinidae, Gonorhynchidae, Hyodontidae, Osteoglossidae, Clupeidae, Halosauridae, in the collection of the British Museum. *British Museum,*

London, 7: 1-512.

Günther A. 1872a. Notice of some species of fishes from the Philippine Islands. *Annals and Magazine of Natural History*, 10 (59): 397-399.

Günther A. 1872b. On some new species of reptiles and fishes collected by J. Brenchley, Esq. *Annals and Magazine of Natural History*, 10 (60): 418-426.

Günther A. 1872c. Report on several collections of fishes recently obtained for the British Museum. *Proceedings of the Zoological Society of London*, 1871 (pt 3): 652-675.

Günther A. 1873a. Report on a collection of fishes from China. *Annals and Magazine of Natural History*, (Ser. 4), 12 (69): 239-250.

Günther A. 1873b. On a collection of fishes from Chefoo, North China. *Annals and Magazine of Natural History*, 12: 377-380.

Günther A. 1874a. Third notice of a collection of fishes made by Mr. Swinhoe in China. *Annals and Magazine of Natural History*, 13 (74): 154-159.

Günther A. 1874b. Descriptions of new species of fishes in the British Museum. *Annals and Magazine of Natural History*, 14 (83): 368-371.

Günther A. 1876. Remarks on fishes, with descriptions of new species in the British Museum, chiefly from southern seas. *Annals and Magazine of Natural History*, (Ser. 4), 17 (101): 389-402.

Günther A. 1877. Preliminary notes on new fishes collected in Japan during the expedition of H. M. S. 'Challenger'. *Annals and Magazine of Natural History*, (Ser. 4), 20 (119): 433-446.

Günther A. 1878a. Notes on a collection of Japanese sea-fishes. *Annals and Magazine of Natural History*, 1 (6): 485-487.

Günther A. 1878b. Preliminary notices of deep-sea fishes collected during the voyage of H.M.S. Challenger. *Annals and Magazine of Natural History*, (Ser. 5) 2 (7/8/9) (art. 2/22/28): 17-28, 179-187, 248-251.

Günther A. 1879. Notice of two new species of fishes from the South seas. *Annals and Magazine of Natural History*, 4 (20): 136-137.

Günther A. 1880. Report on the shore fishes procured during the Voyage of H.M.S. Challenger. in the years 1873-1876. 1: 53-54.

Günther A. 1887. Report on the deep-sea fishes collected by H.M.S. Challenger during the years 1873-76. Report on the Scientific Results of the Voyage of H.M.S. *Challenger*, 22 (pt 57): i-lxv + 1-268, pls. 1-66.

Günther A. 1888. Contribution to our knowledge of the fishes of the Yangtsze-Kiang. *Annals and Magazine of Natural History*, (Ser. 6), 1 (6): 429-435.

Günther A. 1889. Third contibution to our knowledge of reptiles and fishes from the upper Yangtze-Kiang. *Annals and Magazine of Natural History*, 6 (4): 218-229.

Günther A. 1890. Description of a new species of deep-sea fish from the Cape (Lophotes fiski). *Proceedings of the Zoological Society of London*, 2: 244-247.

Günther A. 1892a. Description of a remarkable fish from Mauritius, belonging to the genus *Scorpaena*. *Proceedings of the Zoological Society of London*, 1891 (pt 4): 482-483.

Günther A. 1892b. List of the species of reptiles and fishes collected by Mr. A.E. Pratt on the upper Yang-tze-kiang and in the province Sze-Chuen, with description of the new species. *Appendix II to Pratt's "To the Snows of Tibet through China"*: 238-250.

Günther A. 1896. Report on the collections of reptiles, batrachians and fishes made by Messrs. Potanin and Berezowski in the Chinese provinces Kansu and Sze-chuen. *Ezhegodnik. Zoologicheskogo Muzeya Imperatorskoj Akademii Nauk*, 1 (3): 199-219.

Günther A. 1898. Report on a collection of fishes from Newchwang, north China. *Annals and Magazine of Natural History*, (Ser. 7), 1: 213, 257-263.

Gwo J C, Hsu T H, Lin K H, Chou K H. 2008. Genetic relationship among four subspecies of cherry salmon (*Oncorhynchus masou*) inferred using AFLP. *Molecular Phylogenetics and Evolution*, 48: 776-781.

Haas D L, Ebert D A. 2006. *Torpedo formosa* sp. nov., a new species of electric ray (Chondrichthyes: Torpediniformes: Torpedinidae) from Taiwan. *Zootaxa*, 1320: 1-14.

Hajisamae S, Yeesin P. 2010. Patterns in community structure of trawl catches along coastal area of the South China Sea. *The Raffles Bulletin of Zoology*, 58 (2): 357-368.

Hamilton F. 1822. An account of the fishes found in the river ganges and its branches. London: Printed for Archibald Constable and Company, Ediburgh, and Hurst, Robinbon, and Co. 90, Cheapside: 1-405.

Haneda Y. 1965. Observations on a luminous apogonid fish, *Siphamia versicolor*, and on others of the same genus. *Sci. Rep.*

of the Yokosuka City Mus., 11: 1-12.

Hansen K A, Lovseth P, Simpson A C. 1977. Acoustic surveys of pelagic resources. Report No. 2 - Hong Kong, November 1976. Manila: South China Sea Fisheries Development and Coordinating Programme, SCS/77/WP/64: 1-26.

Hansen P, Hadley E. 1986. Revision of the tripterygiid fish genus *Helcogramma*, including descriptions of four new species. *Bulletin of Marine Science*, 38 (2): 313-354.

Harada T, Ozawa T. 2003. Age and growth of *Lestrolepis japonica* (Aulopiformes: Paralepididae) in Kagoshima Bay, southern Japan. *Ichthyological Research*, 50: 182-185.

Harada T, Ozawa T, Masuda Y. 2003. Maturation and spawning frequency of *Lestrolepis japonica* (Aulopiformes: Paralepididae) in Kagoshima Bay, southern Japan. *Mem. Fac. Fish. Kagoshima Univ.*, 52: 13-18.

Hardy G S. 1980. A Redescription of the Antitropical Pufferfish *Arothron firmamentum* (Plectognathi: Tetraodontidae). *New Zealand Journal Zoology*, 7: 115-125.

Hardy G S. 1983. The status of *Torquigener hypselogeneion* (Bleeker) (Tetraodontiformes: Tetraodontidae) and some related species, including a new species from Hawaii. *Pacific Science*, 37 (1): 65-74.

Hardy G S. 1984. Redescription of the pufferfish *Torquigener brevipinnis* (Regan) (Tetraodontiformes: Tetraodontidae), with description of a new species of *Torquigener* from Indonesia. *Pacific Science*, 38 (2): 127-133.

Hardy G S. 1985. Revision of the Acanthoclinidae (Pisces: Perciformes), with descriptions of a new genus and five new species. *New Zealand Journal Zoology*, 11: 357-393.

Harold A S. 1990. *Polyipnus danae* n. sp. (Stomiiformes: Sternoptychidae): a new hatchetfish species from the South China Sea. *Canadian Journal of Zoology*, 68 (6): 1112-1114.

Harold A S. 1999. Gonostomatidae, Sternoptychidae, Phosichthyidae, Astronesthidae, Stomiidae, Chauliodontidae, Melanostomiidae, Idiacanthidae, and Malacosteidae. *In*: Carpenter and Niem 1999.

Harry R R. 1953. Studies on the bathypelagic fishes of the family Paralepididae (order Iniomi). 2. A revision of the North Pacific species. *Proceedings of the Academy of Natural Sciences of Philadelphia*, 105: 169-230.

Hatanaka M, Sekino K. 1962. Ecological studies on the Japanese sea bass *Lateolabrax japonicus*. I. Growth. *Bulletin of the Japanese Society of Scientific Fisheries*, 28 (9): 857-861.

Hatooka K. 1984. *Uropterygius nagoensis*, a new muraenid eel from Okinawa, Japan. *Japanese Journal of Ichthyology*, 31 (1): 20-22.

Hatooka K. 1988. New Record of the Moray *Gymnothorax pindae* from the Amami Islands, Japan. *Japanese Journal of Ichthyology*, 35 (1): 87-89.

Hatooka K. 1997. First record of the deep-sea eel, *Dysommina rugosa* from Suruga Bay, Central Japan (Pisces: Synaphobranchidae). *Bulletion of the Osaka Museum of Natural History*, 51: 7-12.

Hatooka K, Iwata A. 1993. First record of *Gymnothorax zonipectis* from Japan (Pisces; Muraenidae). *Bulletin of the Osaka Museum of Natural History*, 47: 19-24.

Hatooka K, Randall J E. 1992. A new moray eel (Gymnothorax: Muraenidae) from Japan and Hawaii. *Japanese Journal of Ichthyology*, 39 (3): 183-190.

Hatooka K, Senou H, Kato S. 1998. Record of a muraenid eel, *Gymnothorax melatremus* from Japan. *I. O. P. Diving News*, 9 (12): 5.

Hattori J. 1984. A scarid fish *Scarus viridifucatus* distinct from *Scarus ovifrons*. *Japanese Journal of Ichthyology*, 32 (4): 379-385.

Hayashi M. 1990. Two new cardinalfish (Apogonidae: genus *Apogon*) from the Indo-West Pacific. *Sci. Rept. Yokosuka City Mus.*, 38: 7-18.

Hayashi M, Hasegawa K. 1988. Record of drifting ashore, *Diodon eydouxii*. 神奈川自然誌資料, 9: 15-18.

Hayashi M, Shiratori T. 2003. Gobies of Japanese waters. Osaka: Hankyu Books: 1-223.

Hayashi Y. 1976. Studies on the growth of the red tilefish in the East China Sea. II. Estimation of age and growth from otoliths reading. *Bulletin of the Japanese Society of Scientific Fisheries*, 42 (11): 1243-1250.

He C L, Song Z B, Zhang E. 2008. *Triplophysa lixianensis*, a new nemacheiline loach species (Pisces: Balitoridae) from the upper Yangtze River drainage in Sichuan Province, South China. *Zootaxa*, 1739: 41-52.

He C L, Zhang E, Song Z B (何春林, 张鹗, 宋昭彬). 2012. *Triplophysa pseudostenura*, a new nemacheiline loach (Cypriniformes: Balitoridae) from Yalong River of China. *Zootaxa*, 3586: 272-280.

He D K, Chen Y F. 2007. Molecular phylogeny and biogeography of the highly specialized grade schizothoracine fishes (Teleostei: Cyprinidae) inferred from cytochrome *b* sequences. *Chinese Science Bulletin*, 52 (6): 777-788.

He D K, Chen Y F, Chen Y Y, Chen Z M. 2004. Molecular phylogeny of the specialized schizothoracine fishes (Teleostei: Cyprinidae), with their implications for the uplift of the Qinghai-Tibetan Plateau. *Chinese Science Bulletin*, 49 (1):

39-48.

He S P. 1996. The phylogeny of the glyptosternoid fishes (Teleostei: Siluriformes, Sisoridae). *Cybium*, 20 (2): 115-159.

He S P, Mayden R L, Wang X, Wang W, Tang K L, Chen W, Chen Y. 2008. Molecular phylogenetics of the family Cyprinidae (Actinopterygii: Cypriniformes) as evidenced by sequence variation in the first intron of S7 ribosomal protein-coding gene: Further evidence from a nuclear gene of the systematic chaos in the family. *Molecular Phylogenetics and Evolution*, 46: 818-829.

He W, Li Z, Liu J, Li Y, Murphy B R, Xie S. 2008. Validation of a method of estimating age, modelling growth and describing the age composition of *Coilia mystus* from the Yangtze Estuary, China. *ICES J. Mar. Sci.*, 65: 1655-1661.

Heckel J J. 1838. Fische aus Caschmirgesammelt und herausgegeben von Carl Freiherrn von Hügel, beschrieben von J. J. Heckel. *Wien. Zool. Theil.*: 1-86, pls. 81-12.

Heckel J J. 1839. Ichthyologische Beiträge zu den Familien der Cottoiden, Scorpaenoiden, Gobioiden und Cyprinoiden. *Annalen des Wiener Museums der Naturgeschichte*, 2 (1): 143-164.

Heckel J J. 1843. Ichthyologie. *In*: Russegger J. von. Reisen in Europa, Asien und Africa, mit besonderer Rücksicht auf die naturwissenschaftlichen Verhältnisse der betreffenden Länderunternommen in den Jahren 1835 bis 1841. E. *Schweizerbart'sche Verlagshandlung, Stuttgart*, v. 1, 2 (Pt. 1): 990-1099.

Heckel J J. 1847. Naturhistorischer Anhang. *In*: Russegger J V. 1847. Reisen in Europa, Asien und Afrika, unternommen in den Jahren 1835 bis 1841. Stuttgart: E. Schweizerbart'sche Verlagshandlung: 2 (Pt. 3): 207-357.

Heemstra P C, Randall J E. 1977. A revision of the Emmelichthyidae (Pisces: Perciformes). *Aust. J. Mar. Freshwater Res.*, 28: 361-396.

Heemstra P C, Randall J E. 1993. FAO species catalogue Vol. 16. Groupers of the world (family Serranidae, subfamily Epinephelinae). An annotated and illustrated catalogue of the grouper, rockcod, hind, coral grouper and lyretail species known to date. *FAO Fish. Synop.*, 16 (125): 1-382.

Heemstra P C, Smith M M. 1980. Hexatrygonidae, a new family of stingrays (Myliobatiformes: Batoidea) from South Africa, with comments on the classification of batoid fishes. *Ichthyol. Bull. J. L. B. Smith Inst. Ichthyol.*, 43: 1-17.

Heemstra P C. 1972. Ichthyological Notes: *Anthias heraldi*, a Synonym of *Lutjanus gibbus*, an Indo-Pacific Lutjanid fish. *Copeia*, 3: 599-601.

Heger A, King N J, Wigham B D, Jamieson A J, Bagley P M, Allan L, Pfannkuche O, Priede I G. 2007. Benthic bioluminescence in the bathyal North East Atlantic: luminescent responses of *Vargula norvegica* (Ostracoda: Myodocopida) to predation by the deep-water eel (*Synaphobranchus kaupii*). *Mar Biol.*, 151: 1471-1478.

Heincke F. 1892. Variabilitat und Bastardbuilding bei Cyprinoided, in festschrift zumsiebenzigsten Geburtstage. Berlin: R. Leuckarts: 64-73.

Hensley D A, Allen G R. 1977. A new species of *Abudefduf* (Pisces: Pomacentridae) from the Indo-Australian archipelago. *Rec. West. Aust. Mus.*, 6 (1): 107-118.

Hensley D A, Randall J E. 1993. Description of a new flatfish of the Indo-Pacific genus *Crossorhombus* (Teleostei: Bothidae), with comments on congeners. *Copeia*, 4: 1119-1126.

Herald E S, Randall J E. 1972. Five new Indo-Pacific pipefishes. *Proceedings of the California Academy of Sciences*, (Ser. 4) 39 (11): 121-140.

Herklots G A C, Lin S Y. 1940. Common marine food-fishes of Hong Kong. Hong Kong University: 1-89.

Hermes R. 1987. First record of *Gonorynchus larvae* (Pisces, Gonorynchiformis, Gonorynchidae) from Philippine waters. *Fish. Res. J. Philipp.*, 12 (1-2): 1-8.

Herre A W C T. 1923. A review of the eels of the Philippine archipelago. *Philippine Journal of Science*, 23 (2): 123-236.

Herre A W C T. 1925a. A new species of cardinal fish from the Philippines. *Philippine Journal of Science*, 26 (3): 341-343.

Herre A W C T. 1925b. A new Philippine sea robin, family Peristediidae. *Philippine Journal of Science*, 27 (3): 291-295.

Herre A W C T. 1927a. Philippine surgeon fishes and moorish idols. *Philippine Journal of Science*, 34: 403-478.

Herre A W C T. 1927b. The Philippine Bureau of Science monographic publications on fishes: gobies of the Philippines and China Sea. *Monographs, Bureau of Science Manila Monogr.*, 23: 1-352.

Herre A W C T. 1927c. Gobies of the Philippines and the China Sea. *Monographs, Bureau of Science Manila Monogr.*, 23: 1-352, frontispiece + pls. 1-30.

Herre A W C T. 1927d. A new genus and three new species of Philippine fishes. *Philippine Journal of Science*, 32 (3): 413-419.

Herre A W C T. 1927e. Four new fishes from Lake Taal (Bombon). *Philippine Journal of Science*, 34 (3): 273-279.

Herre A W C T. 1928. List of types of fishes in the collection of the Carnegie Museum on September 1, 1928. *Annals of the Carnegie Museum*, 19 (4): 51-99.

Herre A W C T. 1930. Notes on Philippine sharks. III. The hammer-head sharks, Sphrynidae. *Copeia*, 1930 (4): 141-144.

Herre A W C T. 1932a. Fishes from Kwangtung Province and Hainan Island, China. *Lingnan Science Journal, Canton*, 11 (3): 423-443.

Herre A W C T. 1932b. Five new Philippine fishes. *Copeia*, 3: 139-142.

Herre A W C T. 1933a. *Herklotsella anomala*, a new fresh water cat-fish from Hong Kong. *Hong Kong Naturalist*, 4 (2): 179-180.

Herre A W C T. 1933b. Twelve new Philippine Fishes. *Copeia*, 1: 17-25.

Herre A W C T. 1934a. Notes on new or little known fishes from southeastern China. *Lingnan Science Journal, Canton*, 13 (2): 285-296.

Herre A W C T. 1934b. Notes on the fishes in the Zoological Museum of Stanford University. I. The fishes of the Herre Philippine expedition of 1931. The fishes of the Herre 1931 expedition with descriptions of 17 new species. Hong Kong: The Newspaper Enterprise, Ltd.: 1-106.

Herre A W C T. 1934c. Hong Kong fishes collected in October-December, 1931. *Hong Kong Naturalist*, Suppl. 3: 26-36.

Herre A W C T. 1935a. Notes on fishes in the Zoological Museum of Stanford University, VI. New and rare Hong Kong fishes obtained in 1934. *Hong Kong Naturalist*, 6 (3-4): 285-293.

Herre A W C T. 1935b. Two new species of *Ctenogobius* from South China (Gobiidae). *Lingnan Science Journal, Canton*, 14 (3): 395-397.

Herre A W C T. 1935c. Philippine fish tales. Manila: D.P. Perez Company: 1-302.

Herre A W C T. 1935d. New fishes obtained by the Crane Pacific expedition. *Field Mus. Nat. Hist. Publ. Zool. Ser.*, 18 (12): 383-438.

Herre A W C T. 1936. Notes on fishes in the Zoölogical Museum of Stanford University, V. New or rare Philippine fishes from the Herre 1933 Philippine expedition. *Philippine Journal of Science*, 59 (3): 357-373.

Herre A W C T. 1938. Notes on a small collection of fishes from Kwangtung Province including Hainan, China. *Philippine Journal of Science*, 17 (3): 425-437.

Herre A W C T. 1939a. *Tanichthys albonubes* and *Aphyocypris pooni*. *The Aquarium, Philadelphia*, 7 (10): 176.

Herre A W C T. 1939b. A new *Henicichthys* from the Philippines. *Copeia*, 4: 199-200.

Herre A W C T. 1940. Notes on fishes in the Zoölogical Museum of Stanford University, VIII. A new genus and two new species of Chinese gobies with remarks on some other species. *Philippine Journal of Science*, 73 (3): 293-299, pl. 1.

Herre A W C T. 1945a. Notes on fishes in the Zoological Museum of Stanford University. XII. Two new genera and four new gobies from the Philippines and India. *Copeia*, 1: 1-6.

Herre A W C T. 1945b. Marine fishes from the Chusan Archipelago and the Chinese coast. *Lingnan Science Journal, Canton*, 21 (1-4): 107-122.

Herre A W C T. 1951. A review of the scorpaenioid fishes of the Philippines and adjacent seas. *Philippine Journal of Science*, 80 (4): 381-482.

Herre A W C T. 1953a. Tropical Pacific gobies with vomerine teeth. *Philippine Journal of Science*, 82 (2): 181-188.

Herre A W C T. 1953b. Check list of Philippine Fishes. *Res. Rep. U.S. Fish Wild. Serv.*, (20): 1-977.

Herre A W C T. 1955. Remarks on the fish genus *Mirolabrichthys*, with description of a new species. *Copeia*, 3: 223-225.

Herre A W C T. 1959. Marine fishes in Philippine rivers and lakes. *Philippine Journal of Science*, 87 (1): 65-88.

Herre A W C T, Lin S Y. 1936. Fishes of the Tsien Tang River system. *Bul. Chekiang Prov. Fish. Exp. Sta.*, 2 (7): 13-37.

Herre A W C T, Montalban H. 1928. The Philippine siganids. *Philippine Journal of Science*, 35: 151-185.

Herre A W C T, Myers G S. 1931. Fishes from Southern China and Hainan. *Lingnan Science Journal, Canton*, 10 (2-3): 233-254.

Herre A W C T, Umali A F. 1948. English and local common names of Philippine fishes. U. S. Dept. of Interior and Fish and Wildl. Serv. Circular No. 14, U. S. Washington: Govt Printing Office: 1-128.

Herzenstein S M. 1888. Fische. *In*: Przewalski N M. 1888. Wissenschaftliche Resultate der von nach Central-Asienunternommenen Reisen. *Zoologischer Theil, Wien*, 3 (2): 1-91.

Herzenstein S M. 1891. Wissenschaftiliche Resultate der von N. M. *Przewalskinach Central Asien, Zool. Theil. III*, 2 (3): 181-262.

Herzenstein S M. 1892. Ichthyologische Bemerkungen aus dem Zoologischen Museum der Kaiserlichen Akademie Wissenschaften III. *Mélanges Biologiques, tirés du Bulletin physico-mathématique de l'Académie Impériale des Sciences de St Pétersbourg*, (13): 219-235.

Herzenstein S M. 1896. Über einigeneue und seltene Fische des Zoologischen Museums der Kaiserlichen Akademie der Wissenschaften. Ezhegodnik. *Zoologicheskogo Muzeya Imperatorskoj Akademii Nauk*, 1 (1): 1-14.

Herzenstein S M. 1938. Status of the Asiatic fish genus *Culter*. *Journal of the Washington Academy of Sciences*, 28 (9): 407-411.

Hibino Y, Ho H C, Kimura S. 2012. A new worm eel *Neenchelys mccoskeri* (Anguilliformes: Ophichthidae) from Taiwan of China and Japan. *Ichthyological Research*, 59: 342-346.

Hidaka K, Kishimoto H, Iwatsuki Y. 2004. A record of an albulid fish, *Albula glossodonta*, from Japan (Albuliformes: Albulidae). *Japanese Journal of Ichthyology*, 51 (1): 61-66.

Hilgendorf F M. 1878. Einigeneuejapanische Fischgattungen. *Sitzungsberichte der Gesellschaft Naturforschender Freunde zu Berlin*: 155-157.

Hilgendorf F M. 1879. Diagnosenneuer Fischarten von Japan. *Sitzungsberichte der Gesellschaft Naturforschender Freunde zu Berlin*: 105-111.

Hilomen V, Aragones N V. 1990. A new record of the damselfish *Chromis ovatiformis* (Fowler) (Perciformes: Pomacentridae), from the Philippines. *Philippine Journal of Science*, 119 (2): 149-152.

Hioki S, Suzuki K. 1987. Reproduction and early development of the angelfish, *Centropyge interruptus*, in an Aquarium. *J. Fac. Mar. Sci. Technol. Tokai Univ.*, 24: 133-140.

Hioki S, Suzuki K, Tantka Y. 1982. Spawning behavior, egg and larval development, and sex sucdession of the hermaphroditic pomacanthine *Genicanthus melanospilos*, in the Aquarium. 东海大学纪要海洋学部, 15: 359-366.

Hiramatsu W, Machida Y. 1990. First record of the blenniid fish *Laiphognathus multimaculatus* from Japan. *Japanese Journal of Ichthyology*, 37 (2): 191-193.

Hiroshi K, Nakazono A. 1994. Embryonic and Pre-larval Development and Otolith Increments in Two Filefishes *Rudarius ercodes* and *Paramonacanthus japonicas* (Monacanthidae). *Japanese Journal of Ichthyology*, 41 (1): 57-63.

Hiroshi S, Kato S. 2002. A hybrid between *Goniistius zebra*. *I.O.P. Diving News*, 13 (7).

Hiroshi Y. 1960. Juvenile of the Pointed-tailed Ocean Sunfish, Masturus lanceolatus. *Japanese Journal of Ichthyology*, 16 (2): 40-42.

Hiroyuki M. 2002. First record of a scorpionfish (Scorpaenidae), *Scorpaenopsis ramaraoi*, from New Caledonia. *Cybium*, 26 (3): 237-238.

Hiroyuki M. 2003. An east Asian endemic threadfin, *Eleutheronema rhadinum* (Perciformes: Polynemidae), first record from Vietnam. *Journal of Biogeography*, 5: 33-37.

Hiroyuki M. 2004. Occurrence of *Scorpaenopsis venosa* (Scorpaeniformes: Scorpaenidae) on the Saya de Malha Bank, Indian Ocean. *Ichthyological Research*, 51: 188-189.

Hiroyuki M, Burhanuddin A I, Iwatsuki Y. 2000. Distributional implications of a poorly known polynemid fish, *Polydactylus sexfilis* (Pisces: Perciformes), in Japan. *Bulletin of the Faculty of Agriculture of Miyazaki University*, 47 (1-2): 115-120.

Hiroyuki M, Harazaki S. 2007. *In situ* ontogenetic color changes of *Pentapodus aureofasciatus* (Perciformes, Nemipteridae) off Yakushima Island, southern Japan and comments on the biology of the species. *Biogeography*, 9: 23-30.

Hiroyuki M, Hiroshi S. 2002. Record of *Polydactylus sexfilis* (Perciformes: Polynemidae) from Hachijo-jima, Izu Islands, Japan with comments on morphological changes with growth and speciation of related species. *Bulletin of the Kanagawa Prefectural Museum, Natural Science*, 31: 27-31.

Hiroyuki M, Ito M, Ikeda H, Endo H, Matsunuma M, Hatooka K. 2007. Review of Japanese records of a grouper, *Epinephelus amblycephalus* (Perciformes, Serranidae), with new specimens from Kagoshima and Wakayama. *Biogeography*, 9: 49-56.

Hiroyuki M, Ito M, Takayama M, Haraguchi Y, Matsunuma M. 2007. Second Japanese record of a threadfin, *Eleutheronema rhadinum* (Perciformes, Polynemidae), with distributional implications. *Biogeography*, 9: 7-11.

Hiroyuki M, Kimura S, Haraguchi Y. 2007. Two carangid fishes (Actinopterygii: Perciformes), *Caranx heberi* and *Ulua mentalis*, from Kagosima: the first records for Japan and northernmost records for the species. *Species Diversity*, 12: 223-235.

Hiroyuki M, Kimura S, Iwatsuki Y. 2001. Distributional range extension of a clupeid fish, *Sardinella melanura* (Cuvier, 1829), in southern Japan (Teleostei: Clupeiformes). *Biogeography*, 3: 83-87.

Hiroyuki M, Poss S G, Shao K T. 2007. *Scorpaena pepo*, a new species of scorpionfish (Scorpaeniformes: Scorpaenidae) from northeastern Taiwan, with a review of *S. onaria* Jordan and Snyder. *Zoological Studies*, 46 (1): 35-45.

Hisashi I. 2010. A New Species of the Flathead Genus *Inegocia* (Teleostei: Platycephalidae) from East Asia. *Bull. Natl. Mus. Nat. Sci., Ser. A* (Suppl. 4): 21-29.

Ho H C. 2014. New record of whitespot sandperch *Parapercis alboguttata* (Günther, 1872) from Taiwan, with a key to sandperches of Taiwan. *Platax*, 11: 71-81.

Ho H C, Chang C H, Shao K T. 2012. Two new sandperches (Perciformes: Pinguipedidae: Parapercis) from South China Sea, based on morphology and DNA barcoding. *The Raffles Bulletin of Zoology*, 60 (1): 163-172.

Ho H C, Choo J Y, Teng P Y. 2011. Synopsis of codlet fishes (Gadiformes: Bregmacerotidae) in Taiwan. *Platax*, 8: 25-40.

Ho H C, Endo H, Sakamaki K. 2008. A new species of *Halicmetus* (Lophiiformes: Ogcocephalidae) from the western Pacific, with comments on congeners. *Zoological Studies*, 47 (6): 767-773.

Ho H C, Gwo J C. 2010. *Salmo formosanus* Jordan & Oshima, 1919 (currently *Oncorhynchus formosanus*) (Pisces, Salmonidae, Salmoninae): proposed conservation of the specific name. *Bulletin of Zoological Nomenclature*, 67 (4): 300-302.

Ho H C, Johnson G D. 2012. *Protoblepharon mccoskeri*, a new flashlight fish from eastern Taiwan (Teleostei: Anomalopidae). *Zootaxa*, 3479: 77-87.

Ho H C, McCosker J E, Smith D G. 2013. Revision of the worm eel genus *Neenchelys* (Ophichthidae; Myrophinae), with descriptions of three new species from the western Pacific Ocean. *Zoological Studies*, 52: 1-20.

Ho H C, Prokofiev A M, Shao K T. 2009. A New species of the batfish genus *Malthopsis* (Lophiiformes: Ogcocephalidae) from the Northwestern Indian Ocean. *Zoological Studies*, 48 (3): 394-401.

Ho H C, Shao K T (何宣庆，邵广昭). 2004. New species of deep-sea ceratioid anglerfish, *Oneirodes pietschi* (Lophiiformes: Oneirodidae), from the north Pacific Ocean. *Copeia*, 2004 (1): 74-77.

Ho H C, Shao K T. 2007. A new species of *Halieutopsis* (Lophiiformes: Ogcocephalidae) from western north and eastern central Pacific Ocean. *The Raffles Bulletin of Zoology*, 14: 87-92.

Ho H C, Shao K T. 2008. The batfishes (Lophiiformes Ogcocephalidae) of Taiwan, with descriptions of eight new records. *Journal of the Fisheries Society of Taiwan*, 35: 289-313.

Ho H C, Shao K T. 2010a. *Parapercis randalli*, a new sandperch (Pisces: Pinguipedidae) from Southern Taiwan. *Zootaxa*, 2690: 59-67.

Ho H C, Shao K T. 2010b. Redescription of *Malthopsis lutea* Alcock, 1891 and Resurrection of *M. kobayashii* Tanaka, 1916 (Lophiiformes: Ogcocephalidae) [密星海蝠鱼之重新描述与小林氏海蝠鱼之重新使用 (鮟鱇鱼目：棘茄鱼科)]. *Journal of the Taiwan Museum* (台湾博物馆学刊), 63 (3): 1-18.

Ho H C, Shao K T. 2010c. A Review of *Malthopsis jordani* Gilbert, 1905, with Description of a New Batfish from the Indo-Pacific Ocean (Lophiiformes: Ogcocephalidae). *Bull. Natl. Mus. Nat. Sci.*, Ser. A (Suppl. 4): 9-19.

Ho H C, Shao K T. 2011. Annotated checklist and type catalog of fish genera and species described from Taiwan. *Zootaxa*, 2957: 1-74.

Ho H C, Shen K N, Chang C W. 2011. A new species of the unicornfish genus *Naso* (Teleostei: Acanthuridae) from Taiwan, with comments on its phylogenetic relationship. *The Raffles Bulletin of Zoology*, 59 (2): 205-211.

Ho L T, Shao K T, Chen J P, Lin P L (何林泰，邵广昭，陈正平，林沛立). 1993. Descriptions of ten new records of fishes found from Hsiao-liu-chiu and Pescadores Islands, Taiwan (小琉球及澎湖海域产 10 种台湾新记录鱼类之描述). *Journal of the Taiwan Museum* (台湾博物馆半年刊), 46 (1): 5-15.

Hoese D F, Larson H K. 2004. Description of a new species of *Cryptocentrus* (Teleostei: Gobiidae) from northern Australia, with comments on the genus. *The Beagle, Records of the Museums and Art Galleries of the Northern Territory*, 20: 167-174.

Hoese D F, Obika Y. 1988. A new gobiid fish, *Fusigobius signipinnis*, from the western tropical Pacific. *Japanese Journal of Ichthyology*, 35 (3): 282-288.

Hoese D F, Reader S. 1985. A new gobiid fish, *Fusigobius duospilus*, from the tropical Indo-Pacific. *J. L. B. Smith Inst. Ichthyol. Spec. Publ.*, 36: 1-9.

Hoff G R, Fuiman L A. 1995. Environmentally Induced Variation in Elemental Composition of Red Drum (*Sciaenops ocellatus*) Otoliths. *Bulletin of Marine Science*, 56 (2): 578-591.

Holcík J. 1972. *Acanthorhodeus robustus* sp. n. from China and *Acanthorhodeus polyspinus* sp. n. from Vietnam, two new species of Acheilognathinae fishes (Teleostei: Cyprinidae). *Véstnik Československé Společnostizoologické*, 36 (3): 181-186.

Holleman W. 1987. Description of a new genus and species of tripterygiid fish (Perciformes: Blennioidei) from the Indo-Pacific, and the reallocation of *Vauclusella acanthops* Whitley, 1965. *Cybium*, 11 (2): 173-181.

Homma K, Maruyama T, Itoh T, Ishihara H, Uchida S. 1999. Biology of the Manta Ray, *Manta birostris* Walbaum, in the Indo-Pacific. Soc. Fr. Ichtyol., Proc. 5th Indo-Pac Fish Conf., Noumea: 209-216.

Honda H, Sakaji H, Nashida K. 2001. Seasonal changes in biomass of demersal fish and benthos inhabiting the continental shelf and the upper continental slope area of Tosa Bay, Southwestern Japan. *In*: Fujita T, Saito H, Takeda M. 2001. Deep-sea fauna and pollutants in Tosa Bay, National Science Museum Monographs/20, Tokyo: 345-362.

Hong S H, Yeon I J, Im Y J, Hwang H J, Ko T S, Park Y C. 2000. Feeding habits of Okamejei kenojei in the Yellow Sea. *Bull. Natl. Fish. Res. Dev. Inst. Korea*, 58: 1-9.

Hora S L. 1921. Fish and fisheries of Manipur with some observations on those of the Naga Hills. *Records of the Indian Museum (Calcutta)*, 22 (19): 165-214.

Hora S L. 1922. Notes on fishes in the Indian Museum, III. On fishes belonging to the family Cobitidae from high altitudes in Central Asia. *Records of the Indian Museum (Calcutta)*, 24: 63-83.

Hora S L. 1923. Notes on fishes in the Indian Museum, V. On the composite genus *Glyptosternon* McClelland. *Records of the Indian Museum (Calcutta)*, 25 (1): 1-44.

Hora S L. 1928. Notes on fishes in the Indian Museum, XV. -Notes on Burmese fishes. *Records of the Indian Museum (Calcutta)*, 30 (pt1): 37-40.

Hora S L. 1929. Notes on fishes in the Indian Museum. XVII. Loaches of the genus *Nemachilus* from Burma. *Records of the Indian Museum*, 31: 311-334.

Hora S L. 1932. Classification, bionomics and evolution of homalopterid fishes. *Memoirs of the Indian Museum*, 12 (2): 263-330.

Hora S L. 1935. Notes on fishes in the Indian Museum XXIV-Loaches of the genus *Nemachilus* from eastern Himalayas, with the description of a new species from Burma and Siam. *Records of the Indian Museum (Calcutta)*, 37 (1): 49-67.

Hora S L. 1936. On a further collection of fish from the Naga Hills. *Records of the Indian Museum (Calcutta)*, 38 (3): 317-331.

Hora S L. 1937. Geographical distribution of Indian freshwater fishes and its bearing on the probable land connections between India and the adjacent countries. *Current Science*, 5 (7): 351-356.

Hora S L. 1938. Notes on fishes in the Indian Museum XXXVII-A new name for *Silurus sinensis* Hora. *Records of the Indian Museum (Calcutta)*, 40 (3): 243.

Hora S L, Mukerji D D. 1935. Fishes of the Naga Hills, Assam. *Records of the Indian Museum (Calcutta)*, 37 (3): 381-404, pl. 387.

Hora S L, Mukerji D D. 1936. Notes on fishes in the Indian Museum. On Two Collections of Fish from Maungmagan Taroy District, Lower Burma. *Records of the Indian Museum*, XXXVIII: 15-39.

Hora S L, Silas E G. 1952. Notes on fishes in the Indian Museum XLVII-Revision of the glyptosternoid fishes of the family Sisoridae, with descriptions of new genera and species. *Records of the Indian Museum (Calcutta)*, 49 (1): 5-29.

Horie T, Tanaka S. 2000. Reproduction and food habits of two species of sawtail catsharks, *Galeus eastmani* and *G. nipponensis*, in Suruga Bay, Japan. *Fisheries Science*, 66 (5): 812-825.

Horinouchi M, Sano M. 2000. Food habits of fishes in a Zostera marina bed at Aburatsubo, central Japan. *Ichthyological Research*, 47 (2): 163-173.

Horinouchi M, Sano M, Taniuchi T, Shimizu M. 1996. Stomach contents of the tetraodontid fish, *Takifugu pardalis*, in Zostera beds at Aburatsubo, central Japan. *Ichthyological Research*, 43 (4): 455-458.

Horstmann U. 1975. Some aspects of the mariculture of different siganids species in the Philippines. *Philippine Journal of Science*, 12: 5-20.

Hoshino K, Amaoka K. 1998. Osteology of the flounder, *Tephrinectes sinensis* (Lacepde) (Teleostei: Pleuronectiformes), with comments on its relationships. *Ichthyological Research*, 45 (1): 69-77.

Hosoya K, Jeon S R. 1984. A new cyprinid fish, *Squalidus multimaculatus* from small rivers on the eastern slope of the Taebik Mountain chain, Korea. *Korean Journal of Limnology*, 17 (1-2): 41-49.

Houttuyn M. 1782. Beschryving van eenige Japanese visschen, en andere zee-schepzelen. *Verhandelingen der Hollandsche Maatschappij der Wetenschappen, Haarlem*, 20 (pt 2): 311-350.

Howes G J. 1980. The anatomy, phylogeny and classification of the bariline cyprinid fishes. *Bull. Br. Musnat. Hist. (Zool.)*, 37 (3): 129-198.

Hsu C C, Han Y S, Tzeng W N. 2007. Evidence of flathead mullet *Mugil cephalus* L. spawning in waters northeast of Taiwan. *Zoological Studies*, 46 (6): 717-725.

Hsu H H, Joung S J. 2004. Four new records of cartilaginous fishes from Taiwan. *Journal of Fisheries Society of Taiwan*, 31 (3): 183-189.

Hsu K C, Shih N T, Ni I H, Shao K T. 2007. Genetic variation in *Trichiurus lepturus* (Perciformes: Trichiuridae) in waters off Taiwan: several species or cohort contribution. *The Raffles Bulletin of Zoology*, 14: 215-220.

Hu Y T, Zhang E. 2010. *Homatula pycnolepis*, a new species of nemacheiline loach from the upper Mekong drainage, South China (Teleostei: Balitoridae). *Ichthyological Exploration of Freshwaters*, 21 (1): 51-62.

Huang S P, Chen I S. 2007. Three new species of *Rhinogobius* Gill, 1859 (Teleeostei: Gobiidae) from the Hanjiang Basin, southern China. *Bulletin of the Raffles Museum Suppl.*, S14: 101-110.

Huang S P, Chen I S, Shao K T. 2016. A new species of Microphysogobio (Cypriniformes: Cyprinidae) from Fujian Province, China, and a molecular phylogenetic analysis of Microphysogobio species from southern China and Taiwan. Proceedings of the Biological Society of Washington, 129: 195-211.

Huang S P, Chen I S, Zhao Y H, Shao K T. 2018. Description of a new species of the gudgeon genus Microphysogobio Mori 1934 (Cypriniformes: Cyprinidae) from Guangdong Province, Southern China.　Zoological Studies 57: 58 (2018).

Huang S P, Zeehan J, Chen I S. 2013. A new genus *Hemigobius* generic group goby on morphological and molecular evidence, with description of a new species. *Journal of Marine Science and Technology, Suppl.*, 21: 146-155.

Huang S P, Zhao Y, Chen I S, Shao K T. 2017. A New Species of *Microphysogobio* (Cypriniformes: Cyprinidae) from Guangxi Province, Southern China. *Zoological Studies*, 56: 8.

Huang Y F, Chen X Y, Yang J X (黄艳飞, 陈小勇, 杨君兴). 2007. A new labeonine fish species, *Parasinilabeo longiventralis* from eastern Guangxi, China (Teleostei: Cyprinidae). *Zoological Research*, 28 (5): 531-538.

Huang Y F, Yang J X, Chen X Y (黄艳飞, 杨君兴, 陈小勇). 2014. *Stenorynchoacrum xijiangensis*, a new genus and a new species of Labeoninae fish from Guangxi, China (Teleostei: Cyprinidae). *Zootaxa*, 3793: 379-386.

Huang Z. 2001. Marine species and their distribution in China's seas. Vertebrata. Florida: Smithsonian Institution: 404-463.

Huang Z G. 2008. Marine species and their distribution in China. Beijing: China Ocean Press.

Hubbs C L. 1915. Flounders and soles from Japan collected by the United States Bureau of Fisheries steamer "Albatross" in 1906. *Proceedings of the United States National Museum*, 48 (2082): 449-496.

Hubbs C L. 1951. Record of the Shark *Carcharhinus longimanus*, Accompanied by Naucrates and Remora, from the East-Central Paific. *Pacific Science*, 5 (1): 78-81.

Hubrecht A A W. 1876. On a new species of *Coris* from the Molucca Archipelago. *Annals and Magazine of Natural History*, 17 (99): 214-215.

Hulley P A. 1986. Myctophidae. *In*: Smith M M, Heemstra P C. 1986. Smiths' Sea Fishes. Berlin: Springer-Verlag: 282-321.

Hwang H C, Chen I Y, Yueh P C. 1988. The freshwater fishes of China in colored illustrations. Vol. 2. Shanghai: Shanghai Sciences and Technology Press: 1-201.

Hwang H C, Yueh P C, Yu S F. 1982. The freshwater fishes of China in colored illustrations. Vol. 1. Shanghai: Shanghai Sciences and Technology Press: 1-173.

Hwang S Y. 1984. Study on maturity and fecundity of moon fish, *Mene maculata*, in adjacent waters of Taiwan. *Bull. Taiwan Fish. Res. Inst.*, 37: 93-100. [In Chinese].

Hyuck J K, Kim J K. 2011. A new species of bonefish, *Albula koreana* (Albuliformes: Albulidae) from Korea and Taiwan of China. *Zootaxa*, 2903: 57-63.

Ida H, Asahida T, Yano K, Tanaka S. 1986. Karyotypes of Two Sharks, *Chlamydoselachus anguineus* and *Heterodontus japonicus*, and their Systematic Implications. Indo-Pacific Fish Biol.: Proc. of the Second Int. Conf.: 158-163.

Ida H, Iwasawa T, Kamitori M. 1982. Karyotypes in eight species of Sebastes from Japan. *Japanese Journal of Ichthyology*, 29 (2): 162-168.

Ida H, Moyer J T. 1974. Apogonid fishes of Miyake-jima and Ishigaki-jima, Japan, with description of a new species. *Japanese Journal of Ichthyology*, 21 (3): 113-128.

Ida H, Oka N, Terashima H, Hayashizaki K I. 1993. Karyotypes and cellular DNA contents of three species of Scombridae from Japan. *Nippon Suisan Gakkaishi*, 50 (8): 1319-1323.

Ida H, Sano M, Kawashima N, Yasuda F. 1977. New rocord of a pomacentrid fish, *Dascyllus melanurus* and a cirrhitid fish, *Paracirrhites hemistictus* from Japanese Waters. *Japanese Journal of Ichthyology*, 24 (3): 213-217.

Ida H, Sirimontaporn P, Monkolprasit S. 1994. Comparative morphology of the fishes of the Ammodytidae, with a description of two new genera and two new species. *Zoological Studies*, 33 (4): 251-277.

Iguchi K, Matsuura K, McNyset K M, Peterson A T, Scachetti-Pereira R, Powers K A, Vieglais D A, Wiley E O, Yodo T. 2004. Predicting invasions of North American basses in Japan using native range data and a genetic algorithm. *Trans. Am. Fish. Soc.*, 133 (4): 845-854.

Ikejima K, Shimizu M. 1998. Annual reproductive cycle and sexual dimorphism in the dragonet, *Repomucenus valenciennei*, in Tokyo Bay, Japan. *Ichthyological Research*, 45 (2): 157-164.

Ikenouye H, Masuzawa H. 1968. An estimation of growth equation basing on the results of tagging experiments of the Japanese alfonsin fish. *Bulletin of the Japanese Society of Scientific Fisheries*, 34 (2): 97-102.

Ilinskiy E N, Balanov A A, Ivanov O A. 1995. Rare mesopelagic fishes *Scopelosaurus harryi*, *Arctozenus rissoi*, *Magnisudis atlantica* and *Tactostoma macropus* from the Northwest Pacific. 2. Spatial distribution and biology. *Journal of Ichthyology*, 35 (6): 1-19.

Imamura H, Knapp L W. 1998. Review of the genus *Bembras* Cuvier, 1829 (Scorpaeniformes: Bembridae) with description of three new species collected from Australia and Indonesia. *Ichthological Research*, 45 (2): 165-178.

Imaoka Y, Misu H. 1969. Fisheries biology of roundnose flounder (*Eopsetta grigorjewi* Herzenstein) in the South-western Japan Sea and its adjacent waters. 1. Age and growth. *Bull. Sekai Reg. Fish. Res. Lab.*, 37: 51-70.

Inada T, Garrick J A F. 1979. Rhinochimaera pacifica, a Long-snouted Chimaera (Rhinochimaeridae), in New Zealand Waters. *Japanese Journal of Ichthyology*, 25 (4): 235-243.

Innes W T. 1966. Exotic Aquarium Fishes. 19th ed. Metaframe Corporation, Division of Mattel, INC., Maywood, New Jersey. *Mountain view, California*: 288-377.

Inoue S, Nakaya K. 2006. *Cephaloscyllium parvum* (Chondrichthyes: Carcharhiniformes: Scyliorhinidae), a new swell shark from the South China Sea. *Species Diversity*, 11: 77-92.

Inoue T, Nakabo T. 2006. The *Saurida undosquamis* group (Aulopiformes: Synodontidae), with description of a new species from southern Japan. *Ichthyological Research*, 53 (4): 379-397.

Inoue T, Suda Y, Sano M. 2005. Food habits of fishes in the surf zone of a sandy beach at Sanrimatsubara, Fukuoka Prefecture, *Japan. Ichthyological Research*, 52: 9-14.

Institute of Hydrobiology, Academia Sinica, Shanghai Natural Museum and Ministry of Agriculture of China. 1993. The freshwater fishes of China in coloured illustrations. Vol. 3. Institute of Hydrobiology, Academia Sinica and Shanghai Natural Museum and Ministry of Agriculture of China: 1-166.

Ishida M, Amaoka K. 1992. A new species of the fish genus *Idiastion* (Pisces: Scorpaenidae) from the Kyushu-Palau Ridge, western Pacific. *Japanese Journal of Ichthyology*, 38 (4): 357-360.

Ishihara H. 1984. Second Record of the Rare Skate *Anacanthobatis borneensis* from the East China Sea. *Japanese Journal of Ichthyology*, 30 (4): 448-451.

Ishihara H. 1987. Revision of the western North Pacific species of the genus *Raja*. *Japanese Journal of Ichthyology*, 34 (3): 241-285.

Ishihara H, Kishida S. 1984. First record of the sixgill stingray *Hexatrygon longirostra* from Japan. *Japanese Journal of Ichthyology*, 30 (4): 452-454.

Ishihara H, Zama A. 1978. Record of a labrid fish, *Xyrichtys pentadactylus*, from the Ogasawara Islands, Japan. *Japanese Journal of Ichthyology*, 25 (3): 227-229.

Ishiyama R. 1950. Studies on the rays and skates belonging to the family Rajidae, found in Japan and adjacent regions. 1. Egg-capsule of ten species. *Japanese Journal of Ichthyology*, 1: 30-36.

Ishiyama R. 1951. Age determination of *Raja hollandi* Jordan & Richardson, chiefly in the waters of the East China Sea. *Bulletin of the Japanese Society of Scientific Fisheries*, 16 (12): 119-124.

Ishiyama R. 1955. Studies on the Rays and Skates Belonging to the Family Rajidae, Found in Japan and Adjacent Regions. 5. Electric Organ Supposed as an Armature. *Bull. Biogeographical Society of Japan*, 16: 271-277.

Ishiyama R. 1958. Studies on the Rajid Fishes (Rajidae) Found in the Waters Around Japan. *The Shimonoseki College of Fisheries*, 202.

Ishizuka Y. 1989. Estimates of catch and age compositions for northern bluefin tuna (*Thunnus thynnus*) caught by Japanese fisheries in the Pacific Ocean during 1966 to 1986. Shizuoka: National Research Institute of Far Seas Fisheries, Shimizu.

Islam M S, Hibino M, Tanaka M. 2006. Distribution and diets of larval and juvenile fishes: Influence of salinity gradient and turbidity maximum in a temperate estuary in upper Ariake Bay, Japan. *Estuarine, Coastal and Shelf Science*, 68: 62-74.

Islam M S, Hibino M, Tanaka M. 2006. Tidal and diurnal variations in larval fish abundance in an estuarine inlet in Ariake Bay, Japan: implication for selective tidal stream transport. *Ecological Research*, 22 (1): 165-171.

Ito T, Kashiwagi T. 2010. Morphological and genetic identification of two species of manta ray occuring in Japanese waters: *Manta birostris* and *M. alfredi. Report of the Japanese Society for Elasmobranch Studies*, 46: 8-10.

Itoh K, Imamura H, Nakaya K. 2002. Morphological differences between *Ostracion immaculatus* Temminck and Schlegel, 1850 and *O. cubicus* Linnaeus, 1758. *Japanese Journal of Ichthyology*, 49 (2): 143-146.

Ivankov V N, Samuylov A E. 1987. Two species of fish new to the fauna of the USSR and an increase of the abundance of temperate species in the northern part of the Sea of Jaoan. *Japanese Journal of Ichthyology*, 27 (3): 168-170.

Ivankov V N, Samylov A Y. 1979. Fish species new to the waters of the USSR and the penetration of warmwater fishes into the northwestern sea of Japan. *Japanese Journal of Ichthyology*, 19 (3): 147-148.

Ivantsoff W, Crowley L E L M. 1999. Atherinidae. Silversides (or hardyheads). *In*: Carpenter K E, Niem V H. 1999. FAO species identification guide for fishery purposes. The living marine resources of the Western Central Pacific. Vol. 4. Bony fishes part 2 (Mugilidae to Carangidae). FAO, Rome: 2113-2139.

Ivantsoff W, Kottelat M. 1988. Redescription of *Hypoatherina valenciennei* and its reationships to other species of Atherinidae in the Pacific and Indian Oceans. *Japanese Journal of Ichthyology*, 35 (2): 142-149.

Iversen S A, Zhu D, Johannessen A, Toresen R. 1993. Stock size, distribution and biology of anchovy in the Yellow Sea and East China Sea. *Fish. Res.*, 16 (2): 147-163.

Iwai T. 1959. Notes on the Luminous Organ of the Apogonid Fish, *Siphamia majimai*. *Ann. Mag. Natur. Hist.*, 13 (2): 545-551.

Iwai T. 1971. Structure of Luminescent Organ of Apogonid Fish, *Siphamia versicolor*. *Japanese Journal of Ichthyology*, 18 (3): 125-127.

Iwai T, Asano H. 1958. On the Luminous Cardinal Fish, *Apogon ellioti* Day. *Sci. Rept. of the Yokosuka City Muse.*, (3): 5-13.

Iwamoto T. 1979. Eastern Pacific macrourine grenadiers with seven branchiostegal rays (Pisces: Macrouridae). *Proceedings of the California Academy of Sciences* (*Seri. 4*), 42 (5): 135-179.

Iwamoto T. 1997. Trachonurus robinsi, a new species of grenadier (Gadiformes, Macrouridae) from the Philippines. *Bulletin of Marine Science*, 60 (3): 942-949.

Iwamoto T. 2014. Two new Hemerocoetine Trichonotidae fishes (Teleostei, Perciformes) from the Philippines. pp. 251-263. *In*: Williams G C, Gosliner T M. 2014. The Coral Triangle: the 2011 Hearst Philippine biodiversity expedition. California: San Francisco, California Academy of Sciences: 251-263.

Iwamoto T, Ho H C, Shao K T. 2009. Description of a new *Coelorinchus* (Macrouridae, Gadiformes, Teleostei) from Taiwan, with notable new records of grenadiers from the South China Sea. *Zootaxa*, 2326: 39-50.

Iwamoto T, McCosker J E. 2014. Deep-water fishes of the 2011 Hearst Philippine biodiversity expedition of the California Academy of Sciences. *In*: Williams G C, Gosliner T M. 2014. The Coral Triangle: the 2011 Hearst Philippine biodiversity expedition. San Francisco: California Academy of Sciences: 263-332.

Iwamoto T, Merrett N R. 1997. Pisces Gadiformes: Taxonomy of grenadiers of the New Caledonian region, southwest Pacific. *Mem. Mus. Natl. Hist. Nat.*, 176: 473-570.

Iwamoto T, Sazonov Y I. 1994. Revision of the genus *Kumba* (Pisces, Gadiformes, Macrouridae), with the description of three new species. *Proceedings of the California Academy of Sciences*, 48 (11): 221-237.

Iwamoto T, Shao K T, Ho H C. 2011. Elevation of Spicomacrurus (Gadiformes: Macrouridae) to generic status, with descriptions of two new species from the southwestern Pacific. *Bulletin of Marine Science*, 87 (3): 513-530.

Iwasaki Y, Aoki M. 2001. Length-weight relationship, maturity and spawning season of the northern mackerel scad Decapterus tabl Bery in Suruga Bay, central Japan. *Bull. Inst. Oceanic Res. & Develop., Tokai Univ.*, 22: 93-100.

Iwata A, Ohnishi N, Hirata T. 2000. *Tomiyamichthys alleni*: a new species of Gobiidae from Japan and Indonesia. *Copeia*, 2000 (3): 771-776.

Iwata A, Shibukawa K, Ohnishi N. 2007. Three new species of the shrimp-associated Goby genus *Vanderhorsitia* (Perciformes: Gobiidae: Gobiinae) from Japan, with re-descriptions of two related congeners. *Bull. Natl. Mus. Nat. Sci. Ser. A*, Suppl. 1: 185-205.

Iwata A, Suzuki T, Senou H, Hosoya S, Yano K, Yoshino T. 1996. Redescription of *Amblyeleotris fontanesii* (Gobiidae: Perciformes) with the First Record from Japan. *Ichthyological Research*, 43 (1): 101-109.

Iwatsuki Y. 2013. Review of the *Acanthopagrus latus* complex (Perciformes: Sparidae) with descriptions of three new species from the Indo-West Pacific Ocean. *Journal of Fish Biology.*, 83: 64-95.

Iwatsuki Y, Akazaki M, Taniguchi N. 2007. Review of the species of the genus *Dentex* (Perciformes: Sparidae) in the western Pacific defined as the *D. hypselosomus* complex with the description of a new species, *Dentex abei* and a redescription of *Evynnis tumifrons*. *Bull. Natl. Mus. Nat. Sci., Ser. A*, Suppl. 1: 29-49.

Iwatsuki Y, Akazaki M, Yoshino T. 1993. Validity of a lutjanid fish, *Lutjanus ophuysenii* (Bleeker) with a related species, *L. vitta* (Quoy et Gaimard). *Japanese Journal of Ichthyology*, 40 (1): 47-59.

Iwatsuki Y, Carpenter K. 2006. *Acanthopagrus taiwanensis*, a new sparid fish (Perciformes), with comparisons to *Acanthopagrus berda* (Forsskål, 1775) and other nominal species of *Acanthopagrus*. *Zootaxa*, 1202: 1-19.

Iwatsuki Y, Hiroshi S, Toshiy S. 1989. A Record of the Lugjanid Fish, *Lutjanus ehrenbergii* from Japan with Reference to its Related Species. *Japanese Journal of Ichthyology*, 35 (4): 469-478.

Iwatsuki Y, Kambayashi D, Mikuni S, Yoshino T. 2004. A record of a lutjanid fish, *Pinjalo pinjalo*, from the Japanese waters (Perciformes: Lutjanidae). *Japanese Journal of Ichthyology*, 51 (2): 163-167.

Iwatsuki Y, Kimura S, Kishimoto H, Yoshino T. 1996. Validity of the Gerreid Fish, *Gerres macracanthus* Bleeker, 1854, with Designation of a Lectotype, and Designation of a Neotype for *G. filamentosus* Cuvier, 1829. *Ichthyological Research*, 43 (4): 417-429.

Iwatsuki Y, Kimura S, Kishimoto H, Yoshino T. 1998. Redescription of *Gerres erythrourus* (Bloch, 1791), a Senior

Synonym of *G. abbreviatus* Bleeker, 1850 (Teleostei: Perciformes: Gerreidae). *Copeia*, 1: 165-172.

Iwatsuki Y, Kimura S, Yoshino T. 2001a. *Gerres limbatus* Cuvier and *G. lucidus* Cuvier from the Indo-Malay Archipelagos, the latter corresponding to young of the former (Perciformes: Gerreidae). *Ichthyological Research*, 48: 307-314.

Iwatsuki Y, Kimura S, Yoshino T. 2001b. Redescription of *Gerres longirostris* (Lacepede, 1801) and *Gerres oblongus* Cuvier *in* Cuvier and Valenciennes, 1830, Included in the *Gerres longirostris* Complex (Perciformes: Gerreidae). *Copeia*, 4: 954-965.

Iwatsuki Y, Kimura S, Yoshino T. 2007. A review of the *Gerres subfasciatus* complex from the Indo-west Pacific, with three new species (Perciformes: Gerridae). *Ichthyological Research*, 54 (2): 168-185.

Iwatsuki Y, Matsuda T, Starnes W C, Nakabo T, Yoshino T. 2012. A valid priacanthid species, *Pristigenys refulgens* (Valenciennes 1862), and a redescription of *P. niphonia* (Cuvier in Cuvier & Valenciennes 1829) in the Indo-West Pacific (Perciformes: Priacanthidae). *Zootaxa*, 3206: 41-57.

Iwatsuki Y, Miyamoto K, Nakaya K, Zhang J. 2011. A review of the genus *Platyrhina* (Chondrichthys: Platyrhinidae) from the northwestern Pacific, with descriptions of two new species. *Zootaxa*, 2738: 26-40.

Iwatsuki Y, Paepke H J, Kimura S, Yoshino T. 2000. A poorly known haemulid fish, *Hapalogenys meyenii* Peters, 1866, a junior synonym of *Parapristipoma trilineatum* (Thunberg, 1793). *Ichthyological Research*, 47 (4): 393-396.

Iwatsuki Y, Russell B C. 2006. Revision of the genus *Hapalogenys* (Teleostei: Perciformes) with two new species from the Indo-West Pacific. *Mem. Mus. Victoria*, 63 (1): 29-46.

Iwatsuki Y, Tashiro K, Hamasaki T. 1993. Distribution and fluctuations in occurrence of the Japanese centropomid fish, *Lates japonicus*. *Japanese Journal of Ichthyology*, 40 (3): 327-332.

Iwatsuki Y, Yoshino T, Golani D, Kanda T. 1995. The validity of the haemulid fish *Pomadasys quadrilineatus* Shen and Lin, 1984 with the designation of the neotype of *Pomadasys stridens* (Forrskål, 1775). *Japanese Journal of Ichthyology*, 41 (4): 455-461.

Iwatsuki Y, Yoshino T, Kimura S. 1999. A holocentrid fish, *Sargocentron praslin* from Japan (Perciformes: Holocentridae). *Japanese Journal of Ichthyology*, 46 (1): 51-55.

Iwatsuki Y, Yoshino T, Shimada K. 1999. Comparison of *Lutjanus bengalensis* from the western Pacific with a related species, *L. kasmira*, and variations in both species (Perciformes: Lutjanidae). *Ichthyological Research*, 46 (3): 314-317.

Jacobsen I P, Bennett M B. 2009. A taxonomic review of the Australian butterfly ray *Gymnura australis*, (Ramsay & Ogilby, 1886) and other members of the family Gymnuridae (Order Rajiformes) from Indo-West Pacific. *Zootaxa*, 2228: 1-28.

James E Jr. Morrow. 1959. On Makaira Nigricans of Lac. *Postilla Yale Peabody Museum of Natural History*, 39: 1-12.

Jang M H, Kim J G, Park S B, Jeong K S, Cho G I, Joo G J. 2002. The current status of the distribution of introduced fish in large river systems of South Korea. *Internat. Rev. Hydrobiol.*, 87 (2-3): 319-328.

Jang-Liaw N H, Chen I S (张廖年鸿, 陈义雄). 2013. *Onychostoma minnanensis*, a new cyprinid species (Teleostei: Cyprinidae) from Fujian, southern China, with comments on the mitogenetic differentiation among related species. *Ichthyological Research*, 60 (1): 62-74.

Jang-Liaw N H, Gong Y H, Chen I S. 2012. A new marine gobiid species of the genus *Clariger* Jordan and Snyder (Gobiidae, Teleostei) from Taiwan. *ZooKeys*, 199: 13-21.

Japan Ministry of Environment. 2005. List of alien species recognized to be established in Japan or found in the Japanese wild. Website of the Japanese Ministry of the Environment (as of October 27, 2004) [PDF] [2005-02-04].

Jarocki F P. 1822. Zoologiia czyli zwiérzetopismo ogólne podlug náynowszego systematu. *Drukarni Lakiewicza, Warszawie* (*Warsaw*), 4: i-iv + 1-464 + i-xxvii, pls. 464.

Jawad L A, Taher M M A, Nadji H M H. 2001. Age and asymmetry studies on the Indain mackerel, *Rastrelliger kanagurta* (Osteichthyes: Scombridae) collected from the Red Sea coast of Yemen. *Indian Journal of Marine Sciences*, 30: 180-182.

Jayaram K C. 1966. A new species of sisorid fish from the Kameng Frontier Division, Nefa. *Journal of the Zoological Society of India*, 15 (1): 85-87.

Jenkins O P. 1903. Report on Collections of Fishes Made in the Hawaiian Islands with Description of New Species. *Bull. of U.S. Commission of Fish and Fisheries*: 417-511.

Jensen C, Schwartz F J. 1994. Atlantic Ocean Occurrences of the Sea Lamprey, *Petromyzon marinus* (Petromyzontiformes: Petromyzontidae), Parasitizing Sandbar, *Carcharhinus plumbeus*, and Dusky, *C. obscurus* (Carcharhiniformes: Carcharhinidae), Sharks off North and South Carolina. *Brimleyana Proces Verbaux*, 161: 109-117.

Jeong C H, Nakabo T. 2008. *Dipturus wuhanlingi*, a new species of skates (Elasmobranchii: Rajidae) from China inland. *Ichthyological Research*, 55: 183-190.

Jeong C H, Nakabo T, Wu H L. 2007. A new species of skate (Chondrichthyes: Rajidae), *Okamejei mengae* from the South

China Sea. *Korean Journal of Ichthyology*, 19 (1): 57-65.

Jeong D S, Choi S H, Han K H, Park C S, Park J H. 1997. Age, growth and maturity of the sand eel, *Ammodytes personatus* in the East Sea, Korea. *Bull. Nat. Fish. Res. Dev. Inst.*, 53: 37-42.

Jeong S J, Han K H, Kim J K, Sim D S. 2004. Age and growth of the blue spot mudskipper (*Boleophthalmus pectinirostris*) in the mud flat of Southwestern Korea. *Journal of the Korean Fisheries Society*, 37 (1): 44-50.

Jewett S L, Lachner E A. 1983. Seven new species of the Indo-Pacific genus *Eviota* (Pisces: Gobiidae). *Proceedings of the Biological Society of Washington*, 96 (4): 780-806.

Ji H S, Kim J K. 2011. A new species of snake eel, *Pisodonophis sangjuensis* (Anguilliformes: Ophichthidae) from Korea. *Zootaxa*, 2758: 57-68.

Ji H S, Kim J K. 2012. A new species of prickleback, *Dictyosoma tongyeongensis* (Perciformes: Stichaeidae) from the South Sea of Korea. *Zootaxa*, 3569: 55-66.

Jiang W S, Chen X Y, Yang J X (蒋万胜, 陈小勇, 杨君兴). 2010. A new species of sisorid catfish genus *Glyptothorax* (Teleostei: Sisoridae) from Salween drainage of Yunnan, China. *Environmental Biology of Fishes*, 87 (2): 125-133.

Jiang W S, Ng H H, Yang J X, Chen X Y. 2012. A taxonomic review of the catfish identified as *Glyptothorax zanaensis* (Teleostei: Siluriformes: Sisoridae), with the descriptions of two new species. *Zoological Journal of the Linnean Society*, 165 (2): 363-389.

Jiang Y E, Chen X Y, Yang J X (江艳娥, 陈小勇, 杨君兴). 2008. *Microrasbora* Annandale, a new genus record in China, with description of a new species (Teleostei: Cyprinidae). *Environmental Biology of Fishes*, 83 (3): 299-304.

Jiang Z G, Gao E H, Zhang E. 2012. *Microphysogobio nudiventris*, a new species of gudgeon (Teleostei: Cyprinidae) from the middle Chang-Jiang (Yangtze River) basin, Hubei Province, China. *Zootaxa*, 3586: 211-221.

Jiang Z G, Zhang E. 2013. Molecular evidence for taxonomic status of the gudgeon genus Huigobio Fang, 1938 (Teleostei: Cypriniformes), with a description of a new species from Guangdong Province, South China. *Zootaxa*, 3731 (1): 171-182.

Jin X B. 2006. Fauna Sinica Ostichthyes Scorpaeniformes. Beijing: Science Press: 1-727.

Johansson F. 2006. Body shape differentiation among mitochondrial-DNA lineages of *Zacco platypus* and *Opsariichthys bidens* (Cyprinidae) from the Chang Jiang and Xi Jiang river drainage areas in southern China. *Acta Zoologica Sinica*, 52: 948-953.

Johnson G D. 1983. *Niphon spinosus*: a primitive epiepheline serranid, with comments on the Monophyly and Intrarelationships of the Serranidae. *Copeia*, 3: 777-787.

Johnson G D. 1987. *Niphon spinosus*, a Primitive Epiepheline Serranid Corroborative Evidence from the Larvae. *Japanese Journal of Ichthyology*, 35 (1): 7-18.

Johnson J W, Randall J E, Chenoweth S F. 2001. Diagramma melanacrum new species of haemulid fish from Indonesia, Borneo and the Philippines with a generic review. *Momoirs of the Queensland Museum*, 46 (2): 657-676.

Johnson J Y. 1862. Descriptions of some new genera and species of fishes obtained at Madeira. *Proceedings of the Zoological Society of London*, 1862 (2): 167-180.

Johnson J Y. 1863. Description of five new species of fishes obtained at Madeira. *Proceedings of the Zoological Society of London*, 1863 (1): 36-46.

Johnson J Y. 1864. Description of three new genera of marine fishes obtained at Madeira. *Proceedings of the Zoological Society of London*, 1863 (3): 403-410.

Johnson J Y. 1866. Description of *Trachichthys darwinii*, a new species of berycoid fish from Madeira. *Proceedings of the Zoological Society of London*, 1866 (2): 311-315.

Jones R. 1976. Mesh regulation in the demersal fisheries of the South China Sea area. South China Sea Dev. & Coord. Progr. SCS/76/WP/34. Manila: 1-75.

Jordan D S. 1898. Description of a species of fish (*Mitsukurina owstoni*) from Japan, the type of a distinct family of lamnoid sharks. *Proceedings of the California Academy of Sciences*, 1 (6): 199-204.

Jordan D S. 1902. A review of the pediculate fishes or anglers of Japan. *Proceedings of the United States National Museum*, 24 (1261): 361-381.

Jordan D S. 1919. New genera of fishes. *Proceedings of the Academy of Natural Sciences of Philadelphia*, 70 (1918): 341-344.

Jordan D S. 1923. A classification of fishes, including families and genera as for as known. *Stanf. Univ. Publ., Boil. Sci.*, 3 (2): 1-340.

Jordan D S, Evermann B W. 1887. Description of six new species of fishes from the Gulf of Mexico, with notes on other species. *Proceedings of the United States National Museum*, 9 (586): 466-476.

Jordan D S, Evermann B W. 1902. Notes on a collection of fishes from the island of Formosa. *Proceedings of the United States National Museum*, 25 (1289): 315-368.

Jordan D S, Evermann B W. 1903. Description of a new genus and two new species of fishes from the Hawaiian Islands. *Bull. U. S. Fish Comm.*, 22: 209-210.

Jordan D S, Evermann B W, Tanaka S. 1927. Notes on new or rare fishes from Hawaii. *Proceedings of the California Academy of Sciences*, (*Ser. 4*) 16 (20): 649-680.

Jordan D S, Fowler H W. 1902a. Areview of the cling-fishes (Gobiesocidae) of the waters of Japan. *Proceedings of the United States National Museum*, 25 (1291): 413-416.

Jordan D S, Fowler H W. 1902b. A review of the Chaetodontidae and related families of fishes found in the waters of Japan. *Proceedings of the United States National Museum*, 25: 513-563.

Jordan D S, Fowler H W. 1902c. A review of the Ophidioid fishes of Japan. *Proceedings of the United States National Museum*, 25 (1303): 743-766.

Jordan D S, Fowler H W. 1902d. A Review of the Berycoid Fishes of Japan. *Proceedings of the National Museum*, 26 (1306): 1-21.

Jordan D S, Fowler H W. 1903a. A review of the dragonets (Callionymidae) and related fishes of the waters of Japan. *Proceedings of the United States National Museum*, 25: 939-959.

Jordan D S, Fowler H W. 1903b. A review of the cyprinoid fishes of Japan. *Proceedings of the United States National Museum*, 26: 812-841.

Jordan D S, Gilbert C H. 1880. Description of two new species of scopeloid fishes, *Sudis ringens* and *Myctophum crenulare*, from Santa Barbara Channel, California. *Proceedings of the United States National Museum*, 3 (146): 273-276.

Jordan D S, Gilbert C H. 1882. Notes on a collection of fishes made by Lieut. Henry E. Nichols, U.S.N., on the west coast of Mexico, with descriptions of new species. *Proceedings of the United States National Museum*, 4 (221): 225-233.

Jordan D S, Hubbs C L. 1925. Record of fishes obtained by David Starr Jordan in Japan, 1922. *Memoirs of the Carnegie Museum*, 10 (2): 93-346.

Jordan D S, Jordan E K. 1922. A list of the fishes of Hawaii, with notes and descriptions of new species. *Memoirs of the Carnegie Museum*, 10 (1): 1-92, pls. 1-4.

Jordan D S, Oshima M. 1919. *Salmo formosanus*, a new trout from the mountain streams of Formosa. *Proceedings of the Academy of Natural Sciences of Philadelphia*, 71: 122-124.

Jordan D S, Richardson R E. 1908a. A review of the flat-heads, gurnards and other mail-cheeked fishes of the waters of Japan. *Proceedings of the United States National Museum*, 33 (1581): 629-670.

Jordan D S, Richardson R E. 1908b. Fishes from the islands of the Philippine archipelago. *Bull. U S Bur. Fish.*, 27: 233-287; fig.1-12.

Jordan D S, Richardson R E. 1908c. A Catalog of the fishes of the island of Taiwan: based on the collections of Dr. Hans Sauter. *Memoirs of the Carnegie Museum*, 4 (4): 159-204.

Jordan D S, Richardson R E. 1909. A catalogue of the fishes of the island of Taiwan, based on the collections of Dr. Hans Sauter. *Memoirs of the Carnegie Museum*, 4 (4): 159-204.

Jordan D S, Richardson R E. 1910. Check-list of the species of fishes known from the Philippine Archipelago. *Philippine Is.*, Bur. Science Publ., 1: 1-78.

Jordan D S, Seale A. 1905a. List of fishes collected by Dr. Bashford Dean on the island of Negros, Philippines. *Proceedings of the United States National Museum*, 28 (1407): 769-803.

Jordan D S, Seale A. 1905b. List of fishes collected in 1882-83 by Pierre Louis Jouy at Shanghai and Hong Kong, China. *Proceedings of the United States National Museum*, 29 (1433): 517-529.

Jordan D S, Seale A. 1905c. List of fishes collected at Hong Kong by Captain William Finch, with description of five new species. *Proc. Davenport Acad. Sci. (Iowa)*, 10: 1-17.

Jordan D S, Seale A. 1906a. Descriptions of six new species of fishes from Japan. *Proceedings of the United States National Museum*, 30 (1445): 143-148.

Jordan D S, Seale A. 1906b. The fishes of Samoa. Description of the species found in the archipelago, with a provisional check-list of the fishes of Oceania. *Bull. Bur. Fish.*, 25: 173-455.

Jordan D S, Seale A. 1906c. List of fishes Collected in 1882-1883 Pierre Louis Jouy at Shanghai and Hong Kong, China. *Proceedings of the United States National Museum*, 29: 517-529, figs.

Jordan D S, Seale A. 1907. Fishes of the islands of Luzon and Panay. *Bull. Bur. Fish.*, 26: 1-48.

Jordan D S, Seale A. 1926. Review of the Engraulidae, with descriptions of new and rare species. *Bull. Mus. Comp. Zool.*, 67 (11): 355-418.

Jordan D S, Snyder J O. 1900. A list of fishes collected in Japan by Keinosuke Otaki, and by the United States steamer Albatross, with descriptions of fourteen new species. *Proceedings of the United States National Museum*, 23 (1213): 335-380.

Jordan D S, Snyder J O. 1901a. Descriptions of two new genera of fishes (*Ereunias* and *Draciscus*) from Japan. *Proceedings of the California Academy of Sciences*, 2: 377-380.

Jordan D S, Snyder J O. 1901b. A preliminary check list of the fishes of Japan. *Annot. Zool. Jpn.*, 3 (2-3): 31-159.

Jordan D S, Snyder J O. 1901c. List of fishes collected in 1883 and 1885 by Pierre Louis Jouy and preserved in the United States National Museum, with descriptions of six new species. *Proceedings of the United States National Museum*, 23 (1235): 739-769, pls. 31-38.

Jordan D S, Snyder J O. 1901d. A review of the apodal fishes or eels of Japan, with descriptions of nineteen new species. *Proceedings of the United States National Museum*, 23 (1239): 837-890.

Jordan D S, Snyder J O. 1901e. A review of the cardinal fishes of Japan. *Proceedings of the United States National Museum*, 23 (1240): 891-913.

Jordan D S, Snyder J O. 1901f. A review of the hypostomide and lophobranchiate fishes of Japan. *Proceedings of the United States National Museum*, 24 (1241): 1-20.

Jordan D S, Snyder J O. 1901g. A review of the gobioid fishes of Japan, with descriptions of twenty-one new species. *Proceedings of the United States National Museum*, 24 (1244): 33-132.

Jordan D S, Snyder J O. 1901h. A review of the gymnodont fishes of Japan. *Proceedings of the United States National Museum*, 24 (1254): 229-264.

Jordan D S, Snyder J O. 1901i. Descriptions of nine new species of fishes contained in museums of Japan. *J. Coll. Sci. Imp. Univ. Tokyo*, 15 (pt 2): 301-311, pls. 15-17.

Jordan D S, Snyder J O. 1902a. A review of the salmonoid fishes of Japan. *Proceedings of the United States National Museum*, 24 (v): 567-593.

Jordan D S, Snyder J O. 1902b. A review of the trachinoid fishes and their supposed allies found in the waters of Japan. *Proceedings of the United States National Museum*, 24 (1263): 461-497.

Jordan D S, Snyder J O. 1902c. Areview of the labroid fishes and related forms found in the waters of Japan. *Proceedings of the United States National Museum*, 24 (1266): 595-662.

Jordan D S, Snyder J O. 1902d. Descriptions of two new species of squaloid sharks from Japan. *Proceedings of the United States National Museum*, 25 (1279): 79-81.

Jordan D S, Snyder J O. 1902e. A review of the blennoid fishes of Japan. *Proceedings of the United States National Museum*, 25 (1293): 441-504.

Jordan D S, Snyder J O. 1904a. On a collection of fishes made by Mr. Alan Owston in the deep waters of Japan. *Smithson. Misc. Collect.*, 45: 230-240.

Jordan D S, Snyder J O. 1904b. On the species of white chimaera from Japan. *Proceedings of the United States National Museum*, 27 (1356): 223-226.

Jordan D S, Snyder J O. 1906. A review of the Poeciliidae or killifishes of Japan. *Proceedings of the United States National Museum*, 31 (1486): 287-290.

Jordan D S, Starks E C. 1901a. Descriptions of three new species of fishes from Japan. *Proceedings of the California Academy of Sciences*, (Ser. 3) 2 (7-8): 381-386.

Jordan D S, Starks E C. 1901b. A review of the atherine fishes of Japan. *Proceedings of the United States National Museum*, 24 (1250): 199-206.

Jordan D S, Starks E C. 1904a. A review of the Cottidae or sculpins found in the Waters of Japan. *Proceedings of the United States National Museum*, 27 (1358): 231-335.

Jordan D S, Starks E C. 1904b. List of fishes dredged by the steamer Albatross off the coast of of Japan in the summer of 1990, with descriptions of new species and a review of the Japanese Macrouridae. *Bull. U.S. Fish. Comm.*, 22 [1902]: 577-630. pls. 1-8.

Jordan D S, Starks E C. 1904c. A review of the scorpaenoid fishes of Japan. *Proceedings of the United States National Museum*, 27 (1351): 91-175.

Jordan D S, Starks E C. 1905. On a collection of fishes made in Korea, by Pierre Louis Jouy, with descriptions of new species. *Proceedings of the United States National Museum*, 28 (1391): 193-212.

Jordan D S, Starks E C. 1906a. A review of the flounders and soles of Japan. *Proceedings of the United States National Museum*, 31 (1484): 161-246.

Jordan D S, Starks E C. 1906b. List of fishes collected on Tanega and Yaku, offshore islands of southern Japan, by Robert

Van Vleck Anderson, with descriptions of seven new species. *Proceedings of the United States National Museum*, 30 (1462): 695-706.

Jordan D S, Starks E C. 1906c. Notes on a collection of fishes from Port Arthur, "Manchuria", obtained by James Francis Abbott. Proceedings of the United States National Museum, 31 (1493): 515-526, figs. 1-5.

Jordan D S, Starks E C. 1907. List of fishes recorded from Okinawa or the Riu Kiu Islands of Japan. *Proceedings of the United States National Museum*, 32 (1541): 491-504.

Jordan D S, Starks E C. 1917. Notes on a collection of fishes from Ceylon with descriptions of new species. *Annals of the Carnegie Museum*, 11 (3/4): 430-460.

Jordan D S, Tanaka S, Snyder J O. 1913. A catalogue of the fishes of Japan. *J. Coll. Sci. Tokyo Imperial Univ.*, 33: 497.

Jordan D S, Thompson W F. 1911. A review of the sciaenoid fishes of Japan. *Proceedings of the United States National Museum*, 39 (1787): 241-261.

Jordan D S, Thompson W F. 1914. Record of the fishes obtained in Japan in 1911. *Memoirs of the Carnegie Museum*, 6 (4): 205-313, pls. 224-242.

Joung S J, Chen C T. 1992a. Age and growth of the big eye *Priacanthus macracanthus* from the surrounding water of Guei-Shan Island, Taiwan. *Nippon Suisan Gakkaishi*, 58 (3): 481-488.

Joung S J, Chen C T. 1992b. The occurrence of two lanternsharks of the genus *Etmopterus* (Squalidae) in Taiwan. *Japanese Journal of Ichthyology*, 39 (1): 17-23.

Joung S J, Chen C T. 1995. Reproduction in the sandbar shark, *Carcharhinus plumbeus*, in the Waters off northeastern Taiwan. *Copeia*, 3: 659-665.

Jumper Jr. G Y, Baird R C. 1991. Location by olfaction: a model and application to the mating problem in the deep-sea hatchetfish *Argyropelecus hemigymnus*. *The American Naturalist*, 138 (6): 1431-1458.

Kai Y, Nakabo T. 2009. Taxonomic review of the genus *Cottiusculus* (Cottoidei: Cottidae) with description of a new species from the sea of Japan. *Ichthyological Research*, 56 (3): 213-226.

Kai Y, Sato T, Nakae M, Nakabo T, Machida Y. 2004. Genetic divergence between and within two color morphotypes of *Parapercis sexfasciata* (Perciformes: Pinguipedidae) from Tosa Bay, southern Japan. *Ichthyological Research*, 51: 381-385.

Kamohara T. 1933. On a new fish from Japan. *Dobutsugaku Zasshi* (= *Zoological Magazine Tokyo*), 45 (539): 389-393.

Kamohara T. 1934a. Supplementary notes on fishes in Kochi. *Dobutsugaku Zasshi* (= *Zoological Magazine Tokyo*), 46 (549): 299-303.

Kamohara T. 1934b. The additional notes in the fishes found in the neighbouring wabers of Kochi. *Zool. Mag. (Japan)*, (46): 457-463.

Kamohara T. 1935a. On a new fish of the Zeidae from Kochi, Japan. *Dobutsugaku Zasshi* (= *Zoological Magazine Tokyo*), 47 (588): 245-247.

Kamohara T. 1935b. On the Owstoniidae of Japan. *Annot. Zool. Jpn.*, 15 (1): 130-138.

Kamohara T. 1936a. On a New Fish of the Triglidae from Kochi, Japan. *Dobutsugaku Zasshi* (= *Zoological Magazine Tokyo*), 48 (8-10): 481-483.

Kamohara T. 1936b. Supplementary note on the fishes collected in the vicinity of Kchi-shi (IX). *Dobutsugaku Zasshi* (= *Zoological Magazine Tokyo*), 48 (6): 306-311.

Kamohara T. 1936c. On two new species of fishes found in Japan. *Dobutsugaku Zasshi* (= *Zoological Magazine Tokyo*), 48 (12): 1006-1008.

Kamohara T. 1936d. Two new deepsea fishes from Japan. *Annot. Zool. Jpn.*, 15 (4): 446-448.

Kamohara T. 1943. Some unrecorded and two new fishes from Prov. Tosa, Japan. *Bull. Biogeo. Soc. Jap.*, 13: 125-137.

Kamohara T. 1952. Revised descriptions of the offshore bottom-fishes of Prov. Tosa, Shikoku, Japan. *Rep. Kôchi Univ. Nat. Sci. Japan.*, 3: 1-122.

Kamohara T. 1953. A review of the fishes of the family Chlorophthalmidae found in the waters of Japan. *Japanese Journal of Ichthyology*, 3 (1): 1-6.

Kamohara T. 1958. A review of the labrid fishes found in the waters of Kochi Prefecture, Japan. *Rep. USA Mar. Biol. Stn., Kochi Univ.*, 5 (2): 1-20.

Kamohara T. 1960. On the Fishes of the Genus Chromis (Family Amphiprionidae, Chromides, Pisces), Found in the Waters of Japan. *Reports of the USA Marine Biological Institute, Kochi University*, 7 (1): 1-10.

Kan T T. 1986. Occurrences of *Masturus lanceolatus* (Molidae) in the Western Pacific Ocean. Indo-Pacific Fish Biology: 550-554.

Kang Z J, Chen Y X, He D K. 2016. *Pareuchiloglanis hupingshanensis*, a new species of the glyptosternine catfish

(Siluriformes: Sisoridae) from the middle Yangtze River, China. *Zootaxa*, 4083 (1): 109-125.

Kano T. 1934. *Oncorhynchus fromosanus* inhabiting mountains streams of Formosa, and its bearing upon the palaeogrophy of the island. *Nippon-Gakujutzukyokwai-Hokoku*, 10 (4): 1012-1016.

Kanou K, Sano M, Kohno H. 2005. Ontogenetic diet shift, feeding rhythm, and daily ration of juvenile yellowfin goby *Acanthogobius flavimanus* on a tidal mudflat in the Tama River estuary, central Japan. *Ichthyological Research*, 52: 319-324.

Kao H W, Shen S C. 1985. A new percophidid fish, *Osopsaron formosensis* (Percophidae: Hermerocoetinae) from Taiwan. *Journal of the Taiwan Museum*, 38 (1): 175-178.

Kao P H, Shao K T. 1996. Five new records of lanternfishes, genus *Diaphus* (Pisces: Myctophidae) from Taiwan. *Acata Zoologica Taiwanica*, 7 (2): 1-8.

Karmovskaya E S. 1994. Systematics and distribution of the eel genus *Gavialiceps* (Congridae) in the Indo-West Pacific. *Journal of Ichthyology*, 34 (3): 73-89.

Karmovskaya E S. 2004. Benthopelagic bathyal conger eels of families Congridae and Nettastomatidae from the western tropical Pacific, with descriptions of ten new species. *Journal of Ichthyology*, 44 (Suppl. 1): S1-S32.

Karrer C. 1982. Anguilliformes du Canal de Mozambique (Pisces, Teleostei). *Fauna Trop.*, 23: 1-116.

Karrer C, Smith D G. 1980. A new genus and species of congrid eel from the Indo-west Pacific. *Copeia*, 1980 (4): 642-648.

Kaschenko N. 1899. Results of the Altai Zoological Expedition in 1899, Vertebrates, Pisces. Tomsk.

Kashiwagi T, Ito T. 2010. Occurences of reef manta ray, *Manta alfredi* and giant manta ray, *M. birostris*, in Japan, examined by photographic records. *Report of Japanese Society for Elasmobranch Studies*, 46: 20-27.

Katayama M. 1934. On the external and internal characters of the bony fishes of the genus *Vegetichthys*, with a description of one new species. *Proceedings of the Imperial Academy*, 10 (7): 435-438.

Katayama M. 1942. A New Macrouroid Fish from the Japan Sea. *Dobutsugaku Zasshi* (= *Zoological Magazine Tokyo*), 54 (8): 332-334.

Katayama M. 1954. A new serranid fish found in Japan. *Japanese Journal of Ichthyology*, 3 (2): 56-61.

Katayama M. 1979. The anthiine fish, *Mirolabrichthys dispae*, from Ishigaki Island, Japan. *Japanese Journal of Ichthyology*, 25 (4): 291-293.

Katayama M, Masuda H. 1983. A new anthiine fish, *Anthias luzonensis* (Perciformes: Serranidae), from the Philippines. *Japanese Journal of Ichthyology*, 29 (4): 340-342.

Kato M, Kohono H, Taki Y. 1996. Juveniles of two sillaginids, *Sillago aeolus* and *S. sihama*, occurring in a surf zone in the Philippines. *Ichthyological Research*, 43: 431-439.

Katsuzo K. 1940. A Young of Ocean Sunfish, *Mola mola* Taken from the Stomach of *Germo germo*, and a Specimen of *Masturus lanceolatus* as the Second Record from Japanese Water. *Bulletin of the Biogeographical Society of Japan*, 10 (2): 25-28.

Kauffman D E. 1950. Notes on the biology of the tiger shark (*Galeocerdo arcticus*) from Philippine waters. *U.S. Dept. Int. Fish Wildl. Serv., Bur. Comm. Fish. Res. Rep.*, 16: 10.

Kaup J J. 1859. Description of a new species of fish, *Peristethus rieffeli*. *Proceedings of the Zoological Society of London*, 1859 (1): 103-107.

Kawai T. 2013. Revision of the peristediid genus *Satyrichthys* (Actinopterygii: Teleostei) with the description of a new species, *S. milleri* sp. nov. *Zootaxa*, 3635 (4): 419-438.

Kawashima N, Moyer J T. 1982. Two pomacentrid fishes, *Pristotis jordoni* and *Pomacentrus vaiuli*, from the Ryukyu Islands. *Japanese Journal of Ichthyology*, 29 (3): 206-266.

Kerr J T, Packer L. 1997. Habitat heterogeneity as a determinant of mammal species richness in high-energy regions. *Nature*, 385: 252-254.

Kessler K T. 1872. Ichthyological Fauna of Turkestan. *Izvestiia Imperatorskago Obschchestva Liubitelei Estestvozaniia, Antropologii i Etnografii*, 10 (1): 47-76, pls. 46-12.

Kessler K T. 1874. Pisces. *In*: Fedtschensko's Expedition to Turkestan. *Zoogeographical Researches Izvestiia Imperatorskago Obschchestva Liubitelei Estestvozaniia, Antropologii Etnografii*, 11: i-iv + 1-68.

Kessler K T. 1876. Ryby. *In*: Prejevalsky N. M. Mongolia Strana Tangutov. St. Petersburg, 2 (4): 1-36.

Kessler K T. 1879. Beiträge zur Ichthyologie von Central-Asien. *Bulletin de l'Académie Impériale des Sciences de St Pétersbourg*, 25: 282-310.

Kharin V E, Milovankin P G. 2005. On the first occurrence of spotted parrotfish *Oplegnathus punctatus* (Oplegnathidae) in the Peter the Great Bay (Sea of Japan). *Journal of Ichthyology*, 45 (9): 815-816.

Kido K. 1985. New and rare species of the genus *Paraliparis* (Family Liparididae) from southern Japan. *Japanese Journal of

Ichthyology, 31 (4): 362-368.

Kim B J, Endo H, Lee Y D. 2005. Redescription of the Japanese blacktail triplefin, *Springerichthys bapturus* (Perciformes: Tripterygiidae), from Korea. *Korean Journal of Ichthyology*, 17 (2): 148-151.

Kim B J, Go Y B, Imamura H. 2004. First record of the trachichthyid fish, *Gephyroberyx darwinii* (Teleostei: Beryciformes) from Korea. *Korean Journal of Ichthyology*, 16 (1): 9-12.

Kim I S. 1997. Illustrated encyclopedia of fauna and flora of Korea. Vol. 37. Seoul: Freshwater fishes. Ministry of Education: 1-629.

Kim I S, Choi Y, Lee C L, Lee Y J, Kim B J, Kim J H. 2005. Illustrated book of Korean fishes. *Kyo-Hak Pub Co. Seoul.*: 615. (in Korean).

Kim I S, Lee W O. 1995. First Record of the Seahorse Fish, *Hippocampus trimaculatus* (Pisces: Syngnathidae) from Korea. *Korean J. Zool.*, 38: 74-77.

Kim I S, Lee Y J. 1986. New record of the gobiid fish *Mugilogobius abei* from Korea. *Korean J. Syst. Zool.*, 2 (1): 21-24.

Kim J K, Park J H, Choi J H, Choi K H, Choi Y M, Chang D S, Kim Y S. 2007. First record of three barracudina fishes (Aulopiformes: Teleostei) in Korean waters. *Ocean Science Journal*, 42 (2): 61-67.

Kim J K, Ryu J H, Kim Y U. 2000. A New Record of an Emmelichthyid Fish, *Emmelichthys struhsakeri* Heemstra and Randall (Perciformes, Pisces) from Korea. *Journal of Fisheries Science and Technology*, 3 (1): 33-36.

Kim S Y, Iwamoto T, Yabe M. 2009. Four new records of grenadiers (Macrouridae, Gadiformes, Teleostei) from Korea. *Korean Journal of Ichthyology*, 21 (2): 106-117.

Kim Y, Cho G, Park S, Joo G. 1997. Fish fauna of headwater streams in Southern Region of Korea. *Acta Hydrobiologica Sinica*, 21 (9): 183-194.

Kim Y H, Kang Y J, Ryu D K. 1999. Growth of *Ammodytes personatus* in Korean waters. 1. Daily growth increment, early growth and spawning time in juvenile stage. *Journal of the Korean Fisheries Society*, 32 (5): 550-555.

Kim Y U, Kang B, Kim J K, Ahn G, Myoung G. 1995. New Records of two species, *Megalaspis cordyla* and *Champsodon snyderi* (Pisces: Perciformes) from Korea. *The Korean Journal of Ichthyology*, 7 (2): 101-108.

Kim Y U, Kim J K. 1997. Morphological Study of the Genus *Chromis* from Korea. II. Comparison of Skeletal Characters of *Chromis notata*, *Chromis analis* and *Chromis fumea*. *Journal of the Korean Fisheries Society*, 30 (4): 562-573.

Kimura R, Kimura S, Yoshigo H, Yoshino T. 2006. First record of two leiognathid fishes, *Gazza achlamys* and *Leiognathus aureus*, from Japan (Perciformes: Leiognathidae). *Japanese Journal of Ichthyology*, 53 (1): 83-87.

Kimura S. 1934. Description of the fishes collected from the Yangtze-kiang, China, by the late Dr. K. Kishinouye and his party in 1927-1929. *Journal of the Shanghai Scientific Institute*, 1: 11-247, pls. 241-246.

Kimura S. 1935. The freshwater fishes of Tsung-Ming Island, China. *Journal of Shanghai Science Institute Society*, 3 (3): 99-120.

Kimura S, Dunlap P V, Peristiwady T, Lavilla-Pitogo C R. 2003. The *Leiognathus aureus* complex (Perciformes: Leiognathidae) with the description of a new species. *Ichthyological Research*, 50: 221-232.

Kimura S, Golani D, Iwatsuki Y, Tabuchi M, Yoshino T. 2007. Redescriptions of the Indo-Pacific atherinid fishes *Atherinomorus forskalii*, *Atherinomorus lacunosus*, and *Atherinomorus pinguis*. *Ichthyological Research*, 54 (2): 145-159.

Kimura S, Iwatsuki Y, Kojima J I. 1998. Descriptive Morphology of the Juvenile Stages of Two Indo-Pacific Carangids, *Scomberoides lysan* and *Scomberoides tol* (Pisces: Perciformes). *Copeia*, 2: 510-515.

Kimura S, Jiang Z. 1995. *Zoarchias microstomus*, a new stichaeid fish from northeastern China. *Japanese Journal of Ichthyology*, 42 (2): 115-119.

Kimura S, Sado T, Iwatsuki Y, Yoshino T. 1999. Record of an engraulid fish, *Stolephorus commersonnii* from Ishigaki I., southern Japan. *Japanese Journal of Ichthyology*, 46 (1): 45-50.

Kimura S, Sato A. 2007. Descriptions of two new pricklebacks (Perciformes: Stichaeidae) from Japan. *Bull. Natl. Mus. Nat. Sci., Ser. A* Suppl. 1: 67-79.

Kimura S, Suzuki K. 1990. First record of an evermannellid fish, *Cocorella atrata*, from Japan. *Japanese Journal of Ichthyology*, 37 (2): 187-190.

Kimura S, Wu H L (木村清志, 伍汉霖). 1994. *Polyspondylogobius sinensis*, a new genus and species of gobiid fish from Southern China. *Japanese Journal of Ichthyology*, 40 (4): 421-425.

Kimura S, Yamashita T, Iwatsuki Y. 2000. A new species, *Gazza rhombea*, from the Indo-West Pacific, with a redescription of *G. achlamys* Jordan & Starks, 1917 (Perciformes: Leiognathidae). *Ichthyological Research*, 47 (1): 1-12.

Kingett P D, Choat J H. 1981. Analysis of density and distribution patterns in *Chrysophrys auratus* (Pisces: Sparidae) within a reef environment: an experimental approach. *Mar. Ecol. Prog.*, Ser. 5: 283-290.

Kishimoto H. 1987. A new stargazer, *Uranoscopus flavipinnis*, from Japan and Taiwan of China with redescription and neotype designation of *U. japonicus*. *Japanese Journal of Ichthyology*, 34 (1): 1-14.

Kishimoto H. 1989. *Uranoscopus chinensis* Guichenot, in Sauvage, 1882, a Senior synonym of *Uranoscopus flavipinnis* Kishimoto, 1987 (Teleostei: Uranoscopidae). *Copeia*, 3: 748-750.

Kishimoto H. 1997. New Records of Two Coral Reef Fishes, *Callechelys marmoratus* (Anguilliformes: Ophichthyidae) and *Andamia reyi* (Perciformes: Blenniidae), from Japan. *Bull. Inst. Oceanic Res. & Develop., Tokai Univ.*, 18: 17-22.

Klausewitz W. 1960. Fische aus dem Roten Meer. IV. Einige systematisch und ökologisch bemerkenswerte Meergrundeln (Pisces, Gobiidae). *Senckenbergiana Biologica*, 41 (3/4): 149-162.

Klausewitz W. 1974. *Cryptocentrus steinitzi* n. sp., ein neuer Symbiose-Gobiide (Pisces: Gobiidae). *Senckenbergiana Biologica*, 55 (1/3): 69-76.

Klausewitz W, Bauchot M L. 1967. Rehabilitation de *Sphyraena forsteri* Cuvier in Cur. *et* Val. 1829 *et* Designation dun neotype (Pisces, Mugilitormes, Sphyraenidae). *Bulletin du Museum National Dhistoire Naturelle*, 39 (1): 117-120.

Klausewitz W, Eibl-Eibesfeldt I. 1959. Neue Röhrenaale von den Maldiven und Nikobaren (Pisces, Apodes, Heterocongridae). *Senckenbergiana Biologica*, 40 (3/4): 135-153.

Klunzinger C B. 1870. Synopsis der Fische des Rothen Meeres—I: Theil. Percoiden-Mugiloiden. *Verh. K. K. Zool. Bot. Ges. Wien.*, 20: 669-749.

Kner R. 1866. Specielles Verzeichniss der während der Reise der kaiserlichen Fregatte "Novara" gesammelten Fische. III. und Schlussabtheilung. Sitzungsberichte der Kaiserlichen Akademie der Wissenschaften. *Mathematisch-Naturwissenschaftliche Classe*, 53: 543-550.

Kner R. 1867. Fische. Reise der österreichischen Fregatte "Novara" um die Erde in den Jahren 1857-1859, unter den Befehlen des Commodore B. von Wüllerstorf-Urbain. *Wien Zool Theil*, 1: 275-433, pls. 212-216.

Knizhin I B, Antonov A L, Safronov S N, Weiss S J. 2007. New species of grayling *Thymallus tugarinae* sp. nov. (Thymallidae) from the Amur River basin. *Journal of Ichthyology*, 47 (2): 121-139.

Knuckey J D S, Ebert D A, Burgess G H. 2011. *Etmopterus joungi* n. sp., a new species of lanternshark (Squaliformes: Etmopteridae) from Taiwan. Aqua. *International Journal of Ichthyology*, 17 (no. 2): 61-72.

Kobayashi K, Sakurai M. 1967. Record on a Rare Long-Snouted Chimaeroid, *Rhinochimaera pacifica* (Mitsukuri) off Kushiro, Pacific coast of Hokkaido, Japan. *Bulletin of the Faculty of Fisheries*, Hokkaido University, 18 (3): 197-200.

Kobayashi K, Suzuki K. 1990. Gonadogenesis and sex succession in the protogynous wrasse, *Cirrhilabrus temmincki*, in Suruga Bay, central Japan. *Japanese Journal of Ichthyology*, 37 (3): 256-264.

Kobayashi K, Suzuki K, Hioki S. 2007. Early gonadal formation in *Chaetodon auripes* and hermaphroditism in sixteen Japanese butterflyfishes (Chaetodontidae). *Japanese Journal of Ichthyology*, 54 (1): 21-40.

Kobayashi T, Iwata M, Numachi K. 1990. Genetic divergence among local spawning populations of Pacific herring in the vicinity of northern Japan. *Nippon Suisan Gakkaishi*, 56 (7): 1045-1052.

Koh J R, Moon D Y. 2003. First record of Japanese codling, *Physiculus japonica hilgendorf* (Moridae, Gadiformes) from Korea. *Journal of Fisheries Science and Technology*, 6 (2): 97-100.

Kohno H. 1987. An introduction to lapu-lapu (*Epinephelus*) of the Philippines. Part 3. *SEAFDEC Asian Aquacult.*, 9 (2): 5-8.

Koller O. 1926. Einigeneue Fischformen von der Insel Hainan. *Anzeiger der Akademie der Wissenschaften in Wien*, 63 (9): 74-77.

Koller O. 1927. Fische von der Insel Hai-nan. *Annalen des Naturhistorischen Museums in Wien*, 41: 25-49, Pls. 21.

Kon T, Yoshino T, Sakurai Y. 1999. *Liopropoma dorsoluteum* sp. nov., a new serranid fish from Okinawa, Japan. *Ichthyological Research*, 46 (1): 67-71.

Kon T, Yoshino T, Sakurai Y. 2000. A new anthiine fish (Perciformes; Serranidae), *Holanthias kingyo*, from the Ryukyu Islands. *Ichthyological Research*, 47 (1): 75-79.

Kong C P. 2000. A New Record of a Loach Goby, *Rhyacichthys aspro* (Kuhl & van Hasselt, 1837) in Borneo, from Penampang, Sabah, Malaysia. *Sabah Society Journal*, 17: 57-63.

Kong D P, Chen X Y, Yang J X (孔德平, 陈小勇, 杨君兴). 2007. Two new species of the sisorid genus *Oreoglanis* Smith from Yunnan, China (Teleostei: Sisoridae). *Environmental Biology of Fishes*, 78: 223-230.

Koo K C (顾光中). 1933. Fishes of Chefoo. *Nat. Akad. Peiping*, 1 (3): 1-235. pls. 1-35.

Kopf R K, Davie P S, Bromhead D, Pepperell J G. 2011. Age and growth of striped marlin (*Kajikia audax*) in the Southwest Pacific Ocean. *ICES J. Mar. Sci.*, 68 (9): 1884-1895.

Koto J, Furukawa I, Kodama K. 1960. Studies on tuna long-line fishery in the East China Sea IV. Ecological studies on the so-called white marlin *Marlina marlina*. *Bulletin of the Japanese Society of Scientific Fisheries*, 26: 887-893.

Kottelat M. 1982. A new noemacheiline loach from Thailand and Burma. *Japanese Journal of Ichthyology*, 29 (2): 169-172.

Kottelat M. 1989. Zoogeography of the fishes from Indochinese inland waters with an annotated check-list. *Bulletin Zoölogisch Museum, Universiteit van Amsterdam*, 12 (1): 1-55.

Kottelat M. 1990. Indochinese Nemacheilines. A Revision of Nemacheiline Loaches (Pisces: Cypriniformes) of Thailand, Burma, Laos, Cambodia and Southern Viet Nam. München: Druckerei Braunstein.

Kottelat M. 1997. European freshwater fishes. *Biologia, Bratislava, Section Zoology*, 52 (Suppl. 5): 1-271.

Kottelat M. 1999. Nomenclature of the genera *Barbodes*, *Cyclocheilichthys*, *Rasbora* and *Chonerhinos* (Teleostei: Cyprinidae and Tetraodontidae), with comments onthe definition of the first reviser. *The Raffles Bulletin of Zoology*, 47 (2): 591-600.

Kottelat M. 2000. Diagnoses of a new genus and 64 new species of fishes from Laos (Teleostei: Cyprinidae, Balitoridae, Bagridae, Syngnathidae, Chaudhuriidae and Tetraodontidae). *Journal of South Asian Natural History*, 5 (1): 37-82.

Kottelat M. 2001. Fishes of Laos. Colombo, Sri Lanka: Wildlife Heritage Trust Publications.

Kottelat M. 2004. On the *Bornean* and Chinese *Protomyzon* (Teleostei: Balitoridae), with descriptions of two new genera and two new species from Borneo, Vietnam and China. *Ichthyological Exploration of Freshwaters*, 15 (4): 301-310.

Kottelat M. 2006. Fishes of Mongolia. A check-list of the fishes known to occur in Mongolia with comments on systematics and nomenclature. The World Bank, Washington, DC.: i-xi+1-103.

Kottelat M. 2012. Conspectus cobitidum: an inventory of the loaches of the world (Teleostei: Cypriniformes: Cobitoidei). *The Raffles Bulletin of Zoology* (*Suppl.*), (26): 1-199.

Kottelat M. 2013. The fishes of the inland waters of southeast Asia: a catalogue and core bibliography of the fishes known to occur in freshwaters, mangroves and estuaries. *The Raffles Bulletin of Zoology* (*Suppl.*), 27: 1-663.

Kottelat M, Chu X L. 1987a. The botiine loaches (Osteichthyes: Cobitidae) of the Lancangjiang (upper Mekong) with description of a new species. *Zoological Research*, 8 (4): 393-400.

Kottelat M, Chu X L. 1987b. Two new species of *Rasbora* Bleeker, 1860 from southern Yunnan and northern Thailand. *Spixiana*, 10 (3): 313-318.

Kottelat M, Chu X L. 1988a. The genus *Homaloptera* (Osteichthyes, Cypriniformes, Homalopteridae) in Yunnan, China. *Cybium*, 12 (2): 103-106.

Kottelat M, Chu X L. 1988b. Revision of *Yunnanilus* with descriptions of a miniature species flock and six new species from China (Cypriniformes: Homalopteridae). *Environmental Biology of Fishes*, 23 (1-2): 65-93.

Kottelat M, Chu X L. 1988c. A synopsis of Chinese balitorine loaches (Osteichthyes: Homalopteridae) with comments on their phylogeny and description of a new genus. *Revue Suisse de Zoologie*, 95 (1): 181-201.

Kottelat M, Freyhof J. 2007. Handbook of European freshwater fishes. Berlin: Kottelat, Cornol, Switzerland and Freyhof, Publications Kottelat, Germany: xiii+ 1-646.

Kottelat M, Lim K K P. 1994. Diagnoses of two new genera and three new species of earthworm eels from the *Malay peninsula* and *Borneo* (Teleostei: Chaudhuriidae). *Ichthyological Exploration of Freshwaters*, 5 (2): 181-190.

Kottelat M, Lim K K P. 1999. Mating Behavior of *Zenarchopterus gilli* and *Zenarchopterus buffonis* and Function of the Modified Dorsal and Anal Fin Rays in Some Species of *Zenarchopterus* (Teleostei: Hemiramphidae). *Copeia*, 4: 1097-1101.

Koumans F P. 1931. A Preliminary Revision of the Genera of the Gobioid Fishes with United Ventral Fins. Drukkerij "Imperator" N.V. Lisse: 1-147.

Koumans F P. 1940. Results of a reexamination of types and specimens of gobioid fishes, with notes on the fishfauna [sic] of the surroundings of Batavia. *Zoologische Mededelingen* (*Leiden*), 22: 121-210.

Koumans F P. 1953a. Biological results of the snellius expedition XVI. The pisces and leptocardii of the snellius expedition. *Temminckia*, 9: 177-275.

Koumans F P. 1953b. Gobioidea. *In*: Weber M, de Beaufort L F. 1953. Fishes of the Indo-Australian Archipelago. E. J. Brill, Leiden, 10: i-xiii + 1-423.

Krabbenhoft T J, Munroe T A. 2003. *Symphurus bathyspilus*: a new cynoglossid flatfish (Pleuronectiformes: Cynoglossidae) from deepwaters of the Indo-West Pacific. *Copeia*, 4: 810-817.

Krasyukova Z V. 1984. Eight new species of sea-snails (Scorpaeniformes, Liparidae), described by Prof. P. Yu. Schmidt on the materials of the Kurilo-Sakhalin expeditions of the Zoological Institute of the Academy of Sciences of the USSR, 1947-1949. *Trudy Zoologicheskogo Instituta, Akademii Nauk SSSR*, 127: 5-16. [In Russian].

Kreyenberg M. 1911. Eineneue Cobitinen-Gattung aus China. *Zoologischer Anzeiger*, 38 (18-19): 417-419.

Kreyenberg W, Pappenheim P. 1908. Ein Beitragzur Kenntnis der Fische der Jangtze und seiner Zuflüsse. *Sitzungsberichte der Gesellschaft Naturforschender Freunde zu Berlin*, (4): 95-109.

Kriwet J, Endo H, Stelbrink B. 2010. On the occurrence of the Taiwan angel shark, *Squatina formosa* Shen & Ting, 1972 (Chondrichthyes, Squatinidae) from Japan. *Zoosyst. Evol.*, 86 (1): 117-124.

Krueger W H, Gibbs R H. 1966. Growth Changes and Sexual Dimorphism in the Stomiatoid Fish *Echiostoma barbatum*. *Copeia*, 1: 43-49.

Kuang Y D, *et al.* 1986. The Freshwater and Estuaries Fishes of Hainan Island. Guangzhou: Guangdong Science and Technology Press: 1-372.

Kubota T, Shiobara Y, Kubodera T. 1991. Food habits of the frilled shark *Chlamydoselachus anguineus* collected from Suruga bay, central Japan. *Nippon Suisan Gakkaishi*, 57 (1): 15-20.

Kubota T, Uyeno T. 1970. Food Habits of Lancetfish *Alepisaurus ferox* (Order Myctophiformes) in Suruga Bay, Japan. *Japanese Journal of Ichthyology*, 17 (1): 113-119.

Kubota T, Uyeno T. 1972. On the Occurrence of the Lanternfish *Electrona rissoi* in Japan. *Japanese Journal of Ichthyology*, 19 (2): 125.

Kuiter R H. 2003. A new pygmy seahorse (Pisces: Syngnathidae: Hippocampus) from Lord Howe Island. *Records of the Australian Museum*, 55: 113-116.

Kuiter R H, Randall J E. 1981. Three look-alike Indo-Pacific labrid fishes, *Halichoeres margaritaceus*, *H. nebulosus* and *H. miniatus*. *Revue française Aquariologie*, 8 (3): 13-18.

Kume M, Yoshino T. 2008. *Acanthopagrus chinshira*, a new sparid fish (Perciformes: Sparidae) from the East Asia. *Bull. Natl. Mus. Nat. Sci.*, *Ser. A*, (Suppl. 2): 47-57.

Kume S, Joseph J. 1966. Size composition, growth and sexual maturity of bigeye tuna, *Thunnus obesus* (Lowe), from the Japanese longline fishery in the Eastern Pacific Ocean. *Inter-Amer. Trop. Tuna Comm. Bull.*, 11 (2): 47-49.

Kume S, Joseph J. 1969. Size composition and sexual maturity of billfish caught by the Japanese longline fishery in the Pacific Ocean east of 130° W. *Bull. Far Seas Fish. Res. Lab.*, (2): 115-162.

Kuo C H, Huang K F, Mok H K (郭建贤，黄国峰，莫显荞). 1994. Hagfishes of Taiwan (1): A taxonomic revision with description of four new Paramyxine species. *Zoological Studies*, 33 (2): 126-139.

Kuo C H, Lee S C, Mok H K. 2010. A new species of hagfish *Eptatretus rubicundus* (Myxinidae: Myxiniformes) from Taiwan, with reference to its phylogenetic position based on its mitochondrial DNA sequence. *Zoological Studies*, 49 (6): 855-864.

Kuo S C, Mok H K. 1999. Redescription of *Paramyxine nelsoni* (Myxinidae; Myxiniformes) and comparison with *P. yangi* from Taiwan. *Zoological Studies*, 38 (no. 1): 89-94.

Kuo S R, Lin H J, Shao K T. 1999. Fish assemblages in the mangrove creeks of northern and southern Taiwan. *Estuaries*, 22 (4): 1004-1015.

Kuo S R, Shao K T. 1999. Species composition of fish in the coastal zones of the Tsengwen Estuary, with descriptions of five new records from Taiwan. *Zoological Studies*, 38 (4): 391-404.

Kuriiwa K, Harazaki S, Senou H. 2008. First record of Palemargin Grouper, *Epinephelus bontoides* (Perciformes: Serranidae), from Japan. *Japanese Journal of Ichthyology*, 55 (1): 37-41.

Kurita Y, Sano M, Shimizu M. 1991. Age and growth of the hexagrammid fish *Hexagrammos agrammus* at Aburatsubo, Japan. *Nippon Suisan Gakkaishi*, 57 (7): 1293-1299.

Kuroda N. 1950. A research on *Bembrops caudimacula* Steindachner. *Japanese Journal of Ichthyology*, 1 (1): 57-61.

Kuronuma K, Fukusho K. 1984. Rearing of marine fish larvae in Japan. Int. Devt. Res. Ctr., Ottawa, Canada: 1-109.

Kwok K Y, Ni I H. 1999. Reproduction of cutlassfishes *Trichiurus* spp. from the South China Sea. *Mar. Ecol. Prog. Ser.*, 176: 39-47.

Kyushin K, Amaoka K, Nakaya K, Ida H, Tanino Y, Senta T. 1982. Fishes of the South China Sea. Tokyo: Japan Marine Fishery Resource Research Center, Nori Otsuru: 1-333.

Lacépède B G E. 1800. Histoire naturelle des poissons. *Hist. Nat. Poiss.*, 2: i-lxiv+1-632.

Lacépède B G E. 1801. Histoire naturelle des poissons. *Hist. Nat. Poiss.*, 3: i-lxvi+1-558.

Lacépède B G E. 1802. Histoire naturelledes poissons. *Hist. Nat. Poiss.*, 4: i-xliv + 1-728, pl. 1-16. [Publication date: Hureau & Monod 1973, 2: 323].

Lacépède B G E. 1803. Histoire naturelle des poissons. *Hist. Nat. Poiss.*, 5: i-lxviii+1-803 index.

Lachner E A. 1951. Studies of certain apogonid fishes from the Indo-Pacific, with descriptions of three new species. *Proceedings of the United States National Museum*, 101 (3290): 581-610.

Lachner E A, Karnella S J. 1978. Fishes of the genus *Eviota* of the Red Sea with descriptions of three new species (Teleostei: Gobiidae). *Smithsonian Contributions to Zoology*, 286: 1-23.

Lachner E A, Karnella S J. 1980. Fishes of the Indo-Pacific genus *Eviota* with descriptions of eight new species (Teleostei:

Gobiidae). *Smithsonian Contribution to Zoology*, 315: 1-127.

Lachner E A, McKinney J F. 1974. *Barbuligobius boehlkei*, a new Indo-Pacific genus and species of Gobiidae (Pisces), with notes on the genera *Callogobius* and *Pipidonia*. *Copeia*, 4: 869-879.

LaMonte F, Conrad G M. 1937. Observations on the body form of the blue marlin (*Makaira nigricans amplapoey*). *Amer. Mus. Natur. Hist.*, 74 (4): 207-220.

Larson H K. 1976. Anew species of *Eviota* with discussion of the nominal genera *Eviota* and *Eviotops*. *Copeia*, 3: 498-502.

Larson H K. 1985. A revision of the gobiid genus *Bryaninops* (Pisces), with a description of six new species. *The Beagle* (*Occas. Pap. N. Terr. Mus. Arts Sci.*), 2 (1): 57-93.

Larson H K. 1990. A revision of the commensal gobiid genera *Pleurosicya* and *Luposicya* (Gobiidae), with descriptions of eight new species of *Pleurosicya* and discussion of related genera. *The Beagle* (*Rec. N. Terr. Mus. Arts Sci.*), 7 (1): 1-53.

Larson H K, Buckle D J. 2012. A revision of the goby genus *Gnatholepis* Bleeker (Teleostei, Gobiidae, Gobionellinae), with description of a new species. *Zootaxa*, 3529: 1-69.

Larson H K, Chen I S. 2007. A new species of *Tryssogobius* (Teleostei, Gobiidae) from Hianan Island and Taiwan, China. *Zoological Studies*, 46 (2): 155-161.

Larson H K, Jaafar Z, Lim K K P. 2008. An annotated checklist of the gobioid fishes of Singapore. *The Raffles Bulletin of Zoology*, 56 (1): 135-155.

Larson H K, Murdy E O. 2001. Families Eleotridae, Gobiidae. *In*: Carpenter & Niem. 2001. v. 6: 3574-3603.

Larson H K, Williams R S, Hammer M P. 2013. An annotated checklist of the fishes of the Northern Territory, Australia. *Zootaxa*, 3696 (1): 1-293.

Lassuy D R. 1980. Effects of "farming" behanior by *Eupomaantrus linidus* & *Hemiglyphidodon plagiometopon* on algal community structure. *Bulletin of Marine Science*, 30: 304-312.

Last P R. 2001. Nomeidae Driftfishes (cigarfishes). FAO, Rome: 3771-3791.

Last P R, Corrigan S, Naylor G. 2014. *Rhinobatos whitei*, a new shovelnose ray (Batoidea: Rhinobatidae) from the Philippine Archipelago. *Zootaxa*, 3872 (1): 31-47.

Last P R, Fahmi, Ishihara H. 2010. *Okamejie cairae* sp. nov. (Rajoidei: Rajidae), a new skate from the South China Sea. *In*: Descriptions of new sharks and rays from Borneo. *CSIRO Marine and Atmospheric Research Paper*, No. 032: 89-100.

Last P R, Séret B. 2008. Three new legskates of the genus *Sinobatis* (Rajoidei: Anacanthobatidae) from the Indo-West Pacific. *Zootaxa*, 1671: 33-58.

Laurs R M, Nishimoto R N. 1970. Five juvenile sailfish, *Istiophorus platypterus* from the Eastern Tropical Pacific. *Copeia*, (3): 478-502.

Lavoue S, Ho H C. 2017. *Pseudosetipinna* Peng & Zhao is a junior synonym of *Setipinna* Swainson and *Pseudosetipinna haizhouensis* Peng & Zhao is a junior synonym of *Setipinna tenuifilis* (Valenciennes) (Teleostei: Clupeoidei: Engraulidae). *Zootaxa*, 4294 (3): 342-348.

Le Danois Y. 1978. Description de deux nouvelle's especes de Chaunacidae (Pisces pediculati). *Cybium* (*Ser. 3*), 4: 87-93.

Lee C, Sadovy Y. 1998. A taste for live fish: Hong Kong's live reef fish market. *Naga ICLARM Q.*, 21 (2): 38-42.

Lee C K C. 1973. The feeding of *Upeneus moluccensis* (Bleeker) on fishing grounds near Hong Kong. *Hong Kong Fish. Bull.*, 3: 47-53.

Lee C K C. 1974. The reproduction, growth and survival of *Upeneus moluccensis* (Bleeker) in relation to the commercial fishery in Hong Kong. *Hong Kong Fish. Bull.*, 4: 17-32.

Lee C K C. 1975. The catch and effort statistics of pair and stern trawlers landing in Hong Kong for the period April-June 1974. Hong Kong Agriculture and Fisheries Department.

Lee C L, Asano H. 1997. A new ophichthid eel, *Ophichthus rotundus* (Ophichthidae, Anguilliformes) from Korea. *Korea J. Biol. Sci.*, 1: 549-552.

Lee C L, Joo D S. 1995. A new record of the flathead fish, *Inegocia guttata* (Platycephalidae) from Korea. *Korea Journal of Ichthyology*, 7: 114-119.

Lee C L, Joo D S. 1998. Taxonomic review of flathead fishes (Platycephalidae, Scorpaeniformes) from Korea. *Korea Journal of Ichthyology*, 10 (2): 216-230.

Lee C L, Kim I S. 1993. Synopsis of dragonet fish, Family Callionymidae (Pisces, Perciformes) from Korea. *Korean Journal of Ichthyology*, 5 (1): 1-40.

Lee M Y, Chen H M, Shao K T. 2009. A new species of deep-water tonguefish genus *Symphurus* (Pleuronectiformes: Cynoglossidae) from Taiwan. *Copeia*, 2009 (2): 342-347.

Lee M Y, Lee D A, Chen H M. 2005. New Records of Deep-Sea Cusk Eels, *Dicrolene tristis* and *Bassozetus multispinis* (Ophidiiformes: Ophidiidae) from Taiwan. *Journal of Marine Science and Technology*, 13 (2): 112-115.

Lee M Y, Munroe T A, Chen H M. 2009. A new species of tonguefish (Pleuronectiformes: Cynoglossidae) from Taiwanese waters. *Zootaxa*, 2203: 49-58.

Lee M Y, Munroe T A, Shao K T. 2013. *Symphurus orientalis* (Bleeker) redefined based on morphological and molecular characters (Pleuronectiformes: Cynoglossidae). *Zootaxa*, 3620 (3): 379-403.

Lee S C. 1979a. A New Record of the Blenny, and *Andamia tetradactylus* (Bleeker) Collected from Sanhsientai, Eastern Taiwan. *Bulletin of the Institute of Zoology*, "*Academia Sinica*", 18 (2): 89-90.

Lee S C. 1979b. New Record of Two Blennoid Fishes, *Exallias brevis* and *Cirripectes fuscoguttatus* from Waters of Taiwan. *Bulletin of the Institute of Zoology*, "*Academia Sinica*", 18 (1): 55-57.

Lee S C. 1980. Intertidal fishes of a rocky pool of the Sanhsiental, Eastern Taiwan. *Bulletin of the Institute of Zoology* "*Academia Sinica*", 19 (1): 21.

Lee S C. 1988. Fishes of Lophiiformes (Pediculati) of Taiwan. *Bulletin of the Institute of Zoology*, "*Academia Sinica*", 27 (1): 13-26.

Lee S C, Chang J T (李信彻, 张绒悌). 1996. A new goby *Rhinogobius rubromaculatus* (Teleostei, Gobiidae) from Taiwan. *Zoological Studies*, 35 (1): 30-35.

Lee S C, Chang J T, Tsu Y Y. 1995. Genetic relationships of four Taiwan mullets (Pisces: Perciformes: Mugilidae). *Journal of Fish Biology.*, 46 (1): 159-162.

Lee S C, Chang K H, Wu W L, Yang H C (李信彻, 张昆雄, 巫文隆, 杨鸿嘉), 1977. Formosan ribbonfishes (Perciformes: Trichiuridae) [台湾之带鱼类 (鲈形目: 带鱼科)]. *Bulletin of the Institute of Zoology*, "*Academia Sinica*", 16 (2): 77-84.

Lee S C, Chao W C. 1994. A new aulopid species, *Aulopus formosanus* (Aulopiformes: Aulopodidae) from Taiwan. *Zoological Studies*, 33 (3): 211-216.

Lee S C, Tzeng W N. 1985. First record of the moray eel, *Gymnothorax chlamydatus* from Taiwan. *Bulletin of the Institute of Zoology*, "*Academia Sinica*", 24 (2): 295-296.

Lee V L F, Lam S K S, Ng F K Y, Chan T K T, Young M L C. 2004. Field guide to the freshwater fish of Hong Kong. Hong Kong: Friends of the Country Parks and Cosmos Books Ltd.

Lee Y J. 2001. Osteological study of the genus *Acanthogobius* (Perciformes: Gobiidae) from Korea. *Korean Journal of Ichthyology*, 13 (1): 50-62.

Leis J M, Carson-Ewart B M. 1999. In situ swimming and settlement behaviour of larvae of an Indo-Pacific coral-reef fish, the coral trout *Plectropomus leopardus* (Pisces: Serranidae). *Marine Biology.*, 134: 51-64.

Leprieur F, Beauchard O, Blanchet S, Oberdorff T, Brosse S. 2008. Fish invasions in the world's river systems: when natural processes are blurred by human activities. *PLoS Biology*, 6 (2): 28.

Leslie W K. 1973. Pacific Marine Fishes—Book 1. *Transactions of the American Fisheries Society*, 102 (3): 669-670.

Lester R J G, Watson R A. 1985. Growth, mortality, parasitism, and potential yields of two *Priacanthus* species in the South China Sea. *Journal of Fish Biology.*, 27: 307-318.

Leu M Y, Fang L S, Mok H K. 2008. First record of *Schindleria pietschmanni* (Schindler, 1931) (Actinopterygii: Schindleriidae) from Taiwan. *Platax*, 5: 15-21.

Leung A W Y. 1994. The fish fauna of Lobster Bay, Cape D'Aguilar, Hong Kong. Hong Kong: M. Sc. Thesis, University of Hong Kong: 65 + figs., tables, refs.

Li F, Arai R. 2014. *Rhodeus albomarginatus*, a new bitterling (Teleostei: Cyprinidae: Acheilognathinae) from China. *Zootaxa*, 3790 (1): 165-176.

Li F, Liao T Y, Arai R, Zhao L. 2017. *Sinorhodeus microlepis*, a new genus and species of bitterling from China (Teleostei: Cyprinidae: Acheilognathinae). *Zootaxa*, 4353 (1): 069-088.

Li F L, Zhou W, Fu Q (李凤莲, 周伟, 付蔷). 2008. *Garra findolabium*, a new species of Cyprinid fish (Teleostei: Cypriniformes) from the Red River drainage in Yunnan, China. *Zootaxa*, 1743: 62-68.

Li J, Li X H. 2014. *Sinocyclocheilus gracilis*, a new species of hypogean fish from Guangxi, South China (Teleostei: Cypriniformes: Cyprinidae). *Ichthyological Exploration of Freshwaters*, 24 (3): 249-256.

Li J, Chen X G, Chan B P L. 2005. A new species of *Pseudobagrus* (Teleostei: Siluriformes: Bagridae) from southern China. *Zootaxa*, 1067: 49-57.

Li J, Li X H, Mayden R L. 2014. *Sinocyclocheilus brevifinus* (Teleostei: Cyprinidae), a new species of cavefish from Guangxi, China. *Zootaxa*, 3873 (1): 037-048.

Li J L, Liu N F, Yang J X. 2007. A brief review of *Triplophysa* (Cypriniformes: Balitoridae) species from the Tarim Basin in Xinjiang, China, with description of a new species. *Zootaxa*, 1605: 47-58.

Li S Z. 1994. A review of the fish genus *Ciliata* Couch, 1822, and description of a new species from Shandong Coast, China (Gadiformes: Gadidae). *Journal of Dalian Fisheries College*, 9 (1-2): 1-5.

Li S Z, Wang H M (李思忠, 王惠民). 1995. Fauna Sinica Ostichthyes, Pleuronectiformes. Beijing: Science Press: 1-433.

Li S Z, Zhang C G (李思忠, 张春光). 2011. Fauna Sinica Ostichthyes, Atheriniformes, Cyprinodontiformes, Beloniformes, Ophidiiformes, Gadiformes. Beijing: Science Press: 1-933.

Li X, Li F L, Liu K, Zhou W. 2008. Morphologic differentation and taxonomic status of *Pseudecheneis* (Siluriformes: Sisoridae) from Irrawaddy and Salween drainages, China. *Ichthyological Research*, 29 (1): 83-88.

Li X, Musikasinthorn P, Kumazawa Y. 2006. Molecular phylogenetic analyses of snakeheads (Perciformes: Channidae) using mitochondrial DNA sequences. *Ichthyological Research*, 53 (2): 148-159.

Li X, Zhou W, Thomson A W, Zhang Q, Yang Y. 2007. A review of the genus *Pareuchiloglanis* (Sisoridae) from the Lancangjiang (upper Mekong River) with descriptions of two new species from Yunnan, China. *Zootaxa*, 1440: 1-19.

Liang S H, Chuang L C, Chang M H. 2006. The pet trade as a source of invasive fish in Taiwan. *Taiwania*, 51 (2): 93-98.

Liang X F, Cao L, Zhang C G (梁旭方, 曹亮, 张春光). 2011. Molecular phylogeny of the *Sinocyclocheilus* (Cypriniformes: Cyprinidae) fishes in northwest partof Guangxi, China. *Environmental Biology of Fish*, 92: 371-379.

Liang Y S (梁润生). 1942. Notes on some species of Homalopterid loaches referring to *Pseudogastromyzon* from Fukien, China. *Contributions from the Research Institute of Zoology and Botany, Fukien Provincial Academy*, (1): 1-10.

Liang Y S. 1946. A report on the preliminary observation of fresh-water fishes from Tan-po. *J Arts Sci*, 1 (1): 9-11.

Liang Y S. 1948. Notes on a collection of fishes from Pescadores Islands. *Quar. Journal of the Taiwan Museum*, 1 (2): 1-20.

Liang Y S. 1951. A checklist of the fish specimens in the Taiwan fisheries research instirute. *Rep. Taiwan Fish. Res. Inst.*, 3: 1-35.

Liang Y S. 1960. Notes on the fish collection made by NAMRU No. 2. *Quar. Journal of the Taiwan Museum*, XIII (3 & 4).

Liang Y S. 1974. The adaptation and distribution of the small freshwater homalopterid fishes with description of a new species from Taiwan. *Symp. Biol. Environ. Sinica*: 141-156.

Liang Y S. 1984. Notes on *Rhyacichthysaspro* found in Taiwan. *Bulletin of the Institute of Zoology*, "*Academia Sinica*", 23 (2): 211-218.

Liao C I, Su H M, Chang E Y. 2001. Techniques in finfish larviculture in Taiwan. *Aquaculture 200*, 2001: 1-31.

Liao I C. 1975. Experiments on induced breeding of the grey mullet in Taiwan from 1963 to 1973. *Aquaculture*, 6: 31-58.

Liao I C, Lia H C. 1989. Exotic aquatic species in Taiwan. p. 101-118. *In*: de Silva S S. 1989. Exotic aquatic organisms in Asia. Proceedings of the Workshop on Introduction of Exotic Aquatic Organisms in Asia. Asian Fish. Soc. Spec. Publ. 3, 154 p. Manila: Asian Fisheries Society: 101-118.

Liao T Y, Kullander S O, Lin H D. 2011. Synonymization of *Pararasbora*, *Yaoshanicus*, and *Nicholsicypris* with *Aphyocypris*, and description of a new species of *Aphyocypris* from Taiwan (Teleostei: Cyprinidae). *Zoological Studies*, 50 (5): 657-664.

Liao U C, Chen L S, Shao K T. 2004. A review of parrotfishes (Perciformes: Scaridae) of Taiwan with descriptions of four New records and one doubtful species. *Zoological Studies*, 43 (3): 519-536.

Liao Y C, Chen L S, Shao K T. 2006. Review of the Astronesthid fishes (Stomiiformes: Stomiidae: Astronesthinae) from Taiwan with a description of one new species. *Zoological Studies*, 45 (4): 517-528.

Liao Y C, Cheng T Y, Shao K T. 2011. *Parapercis lutevittata*, a new cryptic species of Parapercis (Teleostei: Pinguipedidae), from the western Pacific based on morphological evidence and DNA barcoding. *Zootaxa*, 2867: 32-42.

Liao Y C, Reyes R B Jr., Shao K T. 2009. A new bandfish, *Owstonia sarmiento* (Pisces: Perciformes: Cepolidae: Owstoniinae), from the Philippines with a key to species of the genus. *The Raffles Bulletin of Zoology (Suppl.)*, 57 (2): 521-525.

Liaw W K (廖文光). 1960. Study on the Fishes from Ma-Kung, Pescadores Islands (Penghu), Taiwan (记马公采集之鱼类). *Lab. Fish. Biology-Report.*, 13: 1-26.

Licuanan W Y, Hilomen V V, Aliño P M, Malayang M J R. 2002. The limits of marine protected areas in a heavily exploited embayment in the Philippines. Paper submitted during the 6th Southern Luzon R & D Review. Oct. 28-29, 2002. TREES, UPLB.

Lin C C. 2007. A field guide to freshwater fish and shrimps in Taiwan. Vol. 2. Taiwan: Commonwealth Publishing Co. Ltd.

Lin C L, Ho J S. 2002. Two species of siphonostomatoid copepods parasitic on pelagic fishes in Taiwan. *Journal of Fisheries Society of Taiwan*, 29 (4): 313-332.

Lin F H. 1956. Studies on black croaker (*Argysomus nibe* J. & T.) in the northern trawling ground of Taiwan. *Rep. Inst. Fish. Biol. Ministry of Econ. Aff. and Taiwan Univ.*, 1 (1): 62-64.

Lin P L, Shao K T. 1999. A review of the carangid fishes (Family Carangidae) from Taiwan with descriptions of four new records. *Zoological Studies*, 38 (1): 33-68.

Lin P L, Shao K T, Chen J P (林沛立, 邵广昭, 陈正平). 1994. Five new records of coastal fishes from western Taiwan. *Zoological Studies*, 33 (2): 174-176.

Lin P L, Shao K T, Shen S C (林沛立, 邵广昭, 沈世杰). 1995. Records of the genus *Asterorhombus* (family Bothidae) and its two species from northern Taiwan and the Taiping Island (记北台湾及太平岛产两种鲆科星羊舌鲆属之新记录种). *Acta Zoologica Taiwanica*, 6 (1): 25-32.

Lin S J, Hwang D F, Shao K T, Jeng S S. 2000. Toxicity of Taiwanese gobies. *Fisheries Science*, 66: 547-552.

Lin S Y (林书颜). 1931. Carps and Carp-like fishes of Kwangtung and adjacent inlands. Kwangtung: Fishery Experimental Station, Bureau of Reconstruction.

Lin S Y. 1932a. New cyprinid fishes from White Cloud Mountain, Canton. *Lingnan Science Journal, Canton*, 11 (3): 379-383.

Lin S Y. 1932b. On fresh-water fishes of Heungchow. *Lingnan Science Journal, Canton*, 11 (1): 63-68.

Lin S Y. 1932c. On new fishes from Kweichow Province, China. *Lingnan Science Journal, Canton*, 11 (4): 515-519.

Lin S Y. 1933a. Contribution to a study of Cyprinidae of Kwangtung and adjacent provinces. *Lingnan Science Journal, Canton*, 12 (1): 75-91, pls. 4.

Lin S Y. 1933b. Contribution to a study of Cyprinidae of Kwangtung and adjacent provinces. *Lingnan Science Journal, Canton*, 12 (2): 197-215.

Lin S Y. 1934a. Three new fresh-water fishes of Kwangtung Province. *Lingnan Science Journal, Canton*, 13 (2): 225-230.

Lin S Y. 1934b. Contribution to a study of Cyprinidae of Kwangtung and adjacent province. *Lingnan Science Journal, Canton*, 13 (3): 437-455.

Lin S Y. 1934c. Contribution to a study of Cyprinidae of Kwangtung and adjacent provinces. *Lingnan Science Journal, Canton*, 13 (4): 615-632.

Lin S Y. 1935a. Contribution to a study of cyprinidae of Kwangtung and adjacent provinces. *Lingnan Science Journal, Canton*, 14 (2): 310.

Lin S Y. 1935b. Notes on a new genus, three new and two little known species of fishes from Kwangtung and Kwangsi Provinces. *Lingnan Science Journal, Canton*, 14 (2): 303-313.

Lin S Y. 1939. Description of two new carp from the new territories, Hongkang. *Repr. Hongkang Nat.*, 9 (3): 129.

Lin Y S, Poh Y P, Tzeng C S. 1999. Phylogeny of the genus *Anguilla*. *Acta Zoologica Taiwanica*, 10 (1): 76.

Linck H F. 1790. Versucheiner Eintheilung der Fischenach den Zähnen. *Magazin für das Neueste aus der Physik und Naturgeschichte, Gotha*, 6 (3): 28-38.

Lindberg G U, Krasyukova Z V. 1987. Fishes of the Sea of Japan and adjacent parts of Okhotsk and Yellow Sea. Part 5. *Teleostomi, Osteichthyes, Actinopterygii*. 30 Scorpaeniformes (176. Fam. Scorpaenidae - 194. Fam. Liparidae): 1-526.

Linnaeus C. 1758. Systema Naturae. Ed. X. (Systema naturae per regna tria naturae, secundum classes, ordines, genera, species, cum characteribus, differentiis, synonymis, locis. Tomus I. Editio decima, reformata.) Holmiae. 1: i-ii + 1-824 [Nantes and Pisces in Tom. 1, pp. 230-338; a few species on later pages. Date fixed by ICZN, Code Article 3. Pictures of available Linnaean type specimens is at www.linnean-online.org/].

Liu C H, Shen S C (刘振乡, 沈世杰). 1985. *Centroberyx rubricaudus*, a new Berycoid fish (Family Berycidae) from Taiwan (台湾产大眼鲷科之一新种红尾棘金眼鲷). *Journal of the Taiwan Museum* (台湾博物馆半年刊), 38 (2): 1-7.

Liu C H, Shen S C. 1991. A revision of the mugilid fishes from Taiwan. *Bulletin of the Institute of Zoology, "Academia Sinica"*, 30 (4): 273-288.

Liu C H, Zeng Y J. 1988. Notes on the Chinese paddlefish, *Psephurus gladius* (Martens). *Copeia*, (2): 482-484.

Liu C K. 1940. On two new fresh-water gobies. *Sinensia*, 11 (3-4): 213-219.

Liu C K, Tung I H. 1959. The reproduction and the spawning ground of the lizard fish, Saurida tumbil (Bloch), of Taiwan Strait. *Rpt. Inst. Fish. Biol. Ministry Econ. Aff. and Taiwan Univ.*, 1: 1-11.

Liu C X, Qin K J. 1987. Fauna Liaoningica Pisces. Shenyang: Liaoning Science and Technology Press: 1-552.

Liu D, Zhang C G, Tang W Q (刘东, 张春光, 唐文乔). 2012. First record of long whisker catfish *Mystus gulio* from China with discussions on the taxonomic status of the genus *Mystus*. *Acta Zootaxonomica Sinica*, 37 (3): 648-653.

Liu F H (刘发煊). 1932. The Elasmobranchiate fishes of north China. *Sci. Rep. Nat. Tsing Hua Univ.*, Ser. B, 1 (5): 133-177, pls. 1-6.

Liu H Z, Chen Y Y (刘焕章, 陈宜瑜). 1994a. Phylogeny of the Sinipercine fishes with some taxonomic notes. *Zoological Research*, 15 (S1): 1-12.

Liu H Z, Chen Y Y (刘焕章, 陈宜瑜). 1994b. Studies on phylogeny of the Sinipercine fishes. Proceedings of the Fourth Indo-Pac. Bangkok: Fish Conference: 200-211.

Liu J, *et al.* 2015. Fishes of the Bohai and Yellow Sea. Beijing: Science Press: 1-337.

Liu J, Li C S (刘静, 李春生). 1998. A new pomfret species, *Pampus minor* sp. nov. (Stromateidae) from Chinese waters. *Chinese Journal of Oceanology and Limnology*, 16 (no. 3): 280-285.

Liu J, Li C S. 2002. Phylogeny and biogeography of Chinese pomfret fishes (Pisces: Stromateidae). *Studia Marina Sinica*, (44): 239-251.

Liu J, Li C S. 2013. A new species of the genus *Pampus* (Perciformes, Stromateidae) from China. *Acta Zootaxonomica Sinica*, 38 (4): 885-890.

Liu J, Li C S, Ning P. 2013. Identity of silver pomfret *Pampus argentatus* (Euphrasen, 1788) based on specimens from its type locality, with a neotype designation (Teleostei, Stromateidae). *Acta Zootaxonomica Sinica*, 38 (1): 171-177.

Liu K M, Cheng Y L. 1999. Virtual population analysis of the big eye *Priacanthus macracanthus* in the waters off northeastern Taiwan. *Fish. Res.*, 41 (3): 243-254.

Liu K M, Chiang P J, Chen C T. 1998. Age and growth estimates of the bigeye thresher shark, *Alopias superciliosus*, in northeastern Taiwan waters. *Fish. Bull.*, 96 (3): 482-491.

Liu K, Zhou W. 2009. *Bangana brevirostris*, a new species of cyprinid fish (Teleostei: Cypriniformes) from the Lancang-Jiang (Upper Mekong River) drainage in Yunnan, Southwest China. *Zootaxa*, 1980: 61-68.

Liu S W, Chen X Y, Yang J X (刘淑伟, 陈小勇, 杨君兴). 2010. Two new species and a new record of the genus *Sinogastromyzon* (Teleostei: Balitoridae) from Yunnan, China. *Environmental Biology of Fishes*, 87 (1): 1-13.

Liu S W, Zhu Y, Wei R F, Chen X Y. 2012. A new species of the genus *Balitora* (Teleostei: Balitoridae) from Guangxi, China. *Environmental Biology of Fishes*, 93: 369-375.

Liu T, Deng H Q, Ma L, Xiao N, Zhou J. 2018. *Sinocyclocheilus zhenfengensis*, a new cyprinid species (Pisces: Teleostei) from Guizhou Province, Southwest China. *Applied Ichrthyology*, 34: 945-953.

Lloyd R E. 1907. Contributions to the fauna of the Arabian Sea, with descriptions of new fishes and crustacea. *Records of the Indian Museum (Calcutta)*, 1 (1): 1-12.

Lloyd R E. 1908. Report on the fish collected in Tibet by Capt. F. H. Stewart, I. M. S. *Records of the Indian Museum (Calcutta)*, 2 (4): 341-344, pl. 325.

Lloyd R E. 1909. A description of the deep-sea fish caught by the R. I. M. S. ship 'Investigator' since the year 1900, with supposed evidence of mutation in Malthopsis. *Memoirs of the Indian Museum*, 2 (3): 139-180, pls. 44-50.

Loh K H, Chen I S, Randall J E, Chen H M. 2008. A review and molecular phylogeny of the moray eel subfamily Uropterygiinae (Anguilliformes: Muraenidae) from Taiwan, with descriptiuon of a new species. *The Raffles Bulletin of Zoology (Suppl.)*, 19: 135-150.

Loh K H, Shao K T, Chen H M. 2011. *Gymnothorax melanosomatus*, a new moray eel (Teleostei: Anguilliformes: Muraenidae) from southeastern Taiwan. *Zootaxa*, 3134: 43-52.

Lopes P R D, Valente L M. 1997. Ocorrencia de *Heteropriacanthus cruentatus* (Lacepede, 1801) (Actinopterygii: Priacanthidae) no litoral do estado da bahia, Brasil. *Acta Biologica Leopoldensia*, 19 (2): 197-203.

Lopez N C. 2002. Helminth parasites from two species of Philippine teraponid fishes. p. 17. *In*: Aguilar G D, Buen-Tumilba M C. 2002.

Lourie S A, Kuiter R H. 2008. Three new pygmy seahorse species from Indonesia (Teleostei: Syngnathidae: Hippocampus). *Zootaxa*, 1963: 54-68.

Lourie S A, Vincent A C J, Hall H J. 1999. Seahorses: an identification guide to the world's species and their conservation. London: Project Seahorse: 1-214.

Lovetsky A. 1828. On the fishes belonging to the sturgeon genus and inhabiting waters of the Russian Empire. *Novyi Magazin*, 1 (2): 73-79.

Lowe R T. 1841. On new species of fishes from Madeira. *Proceedings of the Zoological Society of London*, (1840) 8 (89): 36-39.

Lowe R T. 1843. Notices of fishes newly observed or discovered in Madeira during the years 1840, 1841, and 1842. *Proceedings of the Zoological Society of London*, 1843 (pt 11): 81-95. [Publication date from Duncan 1937. *Also in Annals and Magazine of Natural History*, 1844. 13: 390-403.]

Lubbock R, Goldman B. 1974. A new magenta *Pseudochromis* (Teleostei: Pseudochromidae) from the Pacific. *Journal of Fish Biology.*, 6: 107-110.

Lubbock R, Polunin N V C. 1977. Notes on the Indo-West Pacific genus *Ctenogobiops* (Teleostei: Gobiidae), with descriptions of three new species. *Rev. Suisse Zool.*, 84 (2): 505-514.

Lubbock R, Randall J E. 1978. *Pseudochromis diadema*, a new basslet (Teleostei: Pseudochromidae) from Malaysia and the Philippine Islands. *Revue française Aquariologie*, 5 (2): 37-40.

Lütken Chr. Fr. 1892. Scopelini Musei Zoologici Universitatis Hauniensis. 6.

Ma X, Xie B X, Wang Y D, Wang M X. 2003. Intentionally introduced and transferred fishes in Chinas inland waters. *Asian Fisheries Science*, 16 (3&4): 279-290.

Mabuchi K, Fraser T H, Song H, Azuma Y, Nishida M. 2014. Revision of the systematics of the cardinalfishes (Percomorpha: Apogonidae) based on molecular analyses and comparative reevaluation of morphological characters. *Zootaxa*, 3846 (2): 151-203.

MacGilchrist A C. 1905. Natural history notes from the R.I.M.S. Investigator, Capt. T.H. Heming, R. N. (retired), commanding.—Series III., No. 8. On a new genus of teleostean fish closely allied to Chiasmodus. *Annals and Magazine of Natural History*, 15 (87): 268-270.

Machida Y. 1982. Rare ophidiid fish, *Porogadus guentheri*, from Japanese waters. *Rep. Usa Mar. Biol. Inst. Kochi Univ.*, 4: 27-33.

Machida Y. 1988. Preliminary study of nerve pattern in *Neobythites sivicola* (Ophidiidae, Ophidiiformes). *Mem. Fac. Sci. Kochi Univ. (Ser. D) (Biol.)*, 9: 49-56.

Machida Y. 1989a. First record of the deep-sea fish *Xyelacyba myersi* (Ophidiidae, Ophidiiformes) from Japan. *Japanese Journal of Ichthyology*, 36 (1): 120-125.

Machida Y. 1989b. A new deep-sea ophidiid fish, *Bassozetus levistomatus*, from the Izu-Bonin Trench, Japan. *Japanese Journal of Ichthyology*, 36 (2): 187-189.

Machida Y, Amaoka K. 1990. Pacific records of the deep-sea fish *Porogadus miles* (Ophidiiformes, Ophidiidae). *Japanese Journal of Ichthyology*, 37 (1): 64-68.

Machida Y, Asano H, Ohta S. 1994. Redescription of the congrid eel, Rhechias retrotincta (Jordan and Snyder), from Japan. *Japanese Journal of Ichthyology*, 41 (3): 312-316.

Machida Y, Ohta S. 1993. New record for *Neenchelys daedalus* (Ophichthidae) from Japan. *Japanese Journal of Ichthyology*, 39 (4): 391-394.

Machida Y, Ohta S. 1994. A new snake-eel, *Apterichtus orientalis*, from the Pacific coast of western Japan (Opichthinae, Ophichthidae). *Japanese Journal of Ichthyology*, 41 (1): 1-5.

Machida Y, Okamura O. 1983. Additional information on a rare Ophidiid fish, *Dicrolene quinquarius*, from Japan. *Memoirs of the Faculty of Science of the Kochi University*, 4: 13-18.

Machida Y, Okamura O. 1993. The sympatric occurrence of the carapid fishes *Pyramodon ventralis* and *P. lindas* in Japanese waters. *Japanese Journal of Ichthyology*, 40 (2): 153-160.

Machida Y, Okamura O, Ohta S. 1988. Notes on *Halosauropsis macrochir* (Halosauridae: Notacanthiformes) from Japan. *Japanese Journal of Ichthyology*, 35 (1): 78-82.

Machida Y, Yamakawa T. 1990. Occurrence of the deep-sea diceratiid anglerfish *Phyrichthys wedli* in the East China Sea. *Proc. Jpn. Soc. Sys. Zool.*, 42: 60-65.

Machida Y, Yoshino T. 1983. First record of *Brosmophyciops pautzkei* (Bythitidae, Ophidiiformes) from Japan. *Mem. Fac. Sci. Kochi Univ. (Ser. D) (Biol.)*, 5: 37-41.

Machida Y, Zhong J, Endo H, Wu H I (町田，钟俊生，远滕，伍汉霖). 2002. *Mastigoptrus imperator* Smith and Radcliffe, 1913, a senior synonym of *M. praetor* Smith and Radcliffe, 1913 (Ophidiidae, Ophidiiformes). *Ichthyological Research*, 49: 194-197.

Maeda K. 2013. First record of a Sicydiine Goby, *Stiphodon multisquamus* (Actinopterygii: Gobioidei: Gobiidae), from Okinawa Island, Japan. *Species Diversity*, 18: 215-221.

Maeda K, Tan H H. 2013. Review of *Stiphodon* (Gobiidae: Sicydiinae) from western Sumara, with description of a new species. *The Raffles Bulletin of Zoology*, 61 (2): 749-761.

Mai D Y. 1978. Identification of the fresh-water fishes of North Vietnam, Vol. 1. Ha Noi: Scientific & Technology, Publisher.

Mamaril A C. 2001. Translocation of the clupeid *Sardinella tawilis* to another lake in the Philippines: A proposal and ecological considerations. In: Santiago C B,Cuvin-Aralar M L, Basiao Z U. 2001. Conservation and Ecological Management of Philippine Lakes in Relation to Fisheries and Aquaculture. Quezon City: Southeast Asian Fisheries Development Center, Aquaculture Department, Iloilo, Philippines; Philippine Council for Aquatic and Marine Research and Development, Los Baños, Laguna, Philippines; and Bureau of Fisheries and Aquatic Resources: 137-147.

Man S H, Hodgkiss I J. 1981. Hong Kong freshwater fishes. Hong Kong: Urban Council, Wishing Printing Company: 1-75.

Manica A, Pilcher N, Oakley S. 2002. A new *Chrysiptera* species (Teleostei: Pomacentridae) from the Spratley Islands. *Malayan Nature J.*, 56 (3): 311-314.

Markevich A I. 2005. The chab *Kyphosus bleekeri* (Kyphosidae), a new species in the ichthyofauna of the Peter the Great Bay (the Sea of Japan). *Journal of Ichthyology*, 45 (3): 283-284.

Markle D F, Olney J E. 1980. A description of the Vexillifer Larvae of *Pyramodon ventralis* and *Snyderidia canina* (Pisces, Carapidae) with comments on Classification. *Pacific Science*, 34 (2): 173-180.

Markle D F, Olney J E. 1990. Systematics of the pearlfishes (Pisces: Carapidae). *Bulletin of Marine Science*, 47 (2): 269-410.

Martens E V. 1862. Über einenneuen Polyodon aus dem Yantsekiang und über die sogenannten Glaspolypen. *Monatsberichte der Königlichen Preuss Akademie der Wissenschaften zu Berlin*: 476-479.

Martin C. 1938. Two rare Philippine fishes. *Philpp. J. Sci.*, 66 (3): 387-389.

Maruyama K, Ono K. 1975. On the specimens of scorpaenid fish *Ectreposebastes imus* from off Kamaishi, Japan. *Japanese Journal of Ichthyology*, 21 (4): 233-235.

Masuda H, Amaoka K, Araga C, Uyeno T, Yoshino T. 1984. The fishes of the Japanese Archipelago. (plates). Tokyo: Tokai University Press, Shinjuku Tokai Building: 1-437.

Masuda H, Amaoka K, Araga C, Uyeno T, Yoshino T. 1988. The fishes of the Japanese Archipelago. 2nd Ed. Tokyo: Tokai University Press: 1-437.

Masuda H, Kobayashi Y. 1994. Grand atlas of fish life mode. Color variation in Japanese fish. Tokyo: Tokai Univ. Press: 1-468.

Masuda S, Ozawa T. 1979. Reexamination of the holotypes of *Bregmaceros japonicas* Tanaka and *B. nectabanus* Whitley. *Japanese Journal of Ichthyology*, 25 (4): 266-268.

Masuda Y, Shinohara N, Takahashi Y, Tabeta O, Matsuura K. 1991. Occurrence of natural hybrid between pufferfishes, *Takifugu xanthopterus* and *T. vermicularis*, in Ariake Bay, Kyushu, Japan. *Nippon Suisan Gakkaishi*, 57 (7): 1247-1255.

Masuzawa T, Kurata Y, Onishi K. 1975. Results of group study on population of demersal fishes in water from Sagami Bay to southern Izu Islands - population ecology of Japanese alfonsin and other demersal fishes. Japan Aquatic Resources Conservation Association Fishery Research Paper 28: 1-105. (English translation held at Fisheries Research Centre Library, MAF, P.O. Box 297, Wellington, New Zealand).

Matsubara K. 1936a. On two new species of fishes found in Japan. *Annotationes Zoologicae Japonenses*, 15 (3): 355-360.

Matsubara K. 1936b. A new carcharoid shark found in Japan. *Dobutsugaku Zasshi (= Zoological Magazine Tokyo)*, 48 (7): 380-382.

Matsubara K. 1937a. Studies on the deep-sea fishes of Japan. IV. A new mail-cheeked fish, *Hoplichthys fasciatus*, belonging to Hoplichthyidae. *Dobutsugaku Zasshi (= Zoological Magazine Tokyo)*, 49 (7): 264-265.

Matsubara K. 1937b. Studies on the deep-sea fishes of Japan. V. Diagnosis of a new mail-cheeked fish, *Parapterygotrigla multiocellata* n. g., n. sp., belonging to Triglidae. *Dobutsugaku Zasshi (= Zoological Magazine Tokyo)*, 49 (7): 266-267.

Matsubara K. 1938. Studies on the deep-sea fishes of Japan. VI. On some stomiatoid fishes from Kumano-Nada. *Journal of the Imperial Fisheries Institute*, 33 (1): 37-52.

Matsubara K. 1940. Studies on the deep-sea fishes of Japan. XIII. On Prof. Nakazaws collection of fishes referable to Isospondyli, Iniomi and Allotriognathi (1). *Suisan Kenkiu-Shi*, 35 (12): 314-319.

Matsubara K. 1943a. Ichthyological annotations from the depth of the Sea of Japan, I-VII. *The Journal Sigenkagaku Kenkyusyo*, 1 (1): 37-82.

Matsubara K. 1943b. Ichthyological annotations from the depth of the Sea of Japan VIII-IX. *J. Sigenkagaku Kenkyusyo*, 1 (2): 131-152.

Matsubara K. 1943c. Studies on the scorpaenoid fishes of Japan. *Trans. Sigenkagaku Kenkyusyo*, 1-2: 1-486.

Matsubara K. 1950. On a rare clupeoid fish, *Rouleina watasei* (Tanaka), taken from Numazu, Shizuoka Prefecture. *Japanese Journal of Ichthyology*, 1 (1): 25-29.

Matsubara K. 1953a. Revision of the Japanese serranid fish, referable to the genus *Acropoma*. *Mem. Coll. Agric. Kyoto Univ.*, 66: 21-29.

Matsubara K. 1953b. On a new pearl-fish, *Carapus owasianus* with notes on the genus *Jordanicus* Gilbert. *Japanese Journal of Ichthyology*, 3 (1): 29-32.

Matsubara K. 1954a. On a Rare Adult Berycoid Fish, *Diretmus argenteus* Johnson, Obtained from Japan. *Rep. Fac. Fish., Prefectural Univ. Mie.*, 1 (3): 417-424.

Matsubara K. 1954b. The First Appearance of a Deep-Sea Iniomous Fish, *Bathypterois atricolorantennatus* (Gilbert) in Japan. *Japanese Journal of Ichthyology*, I: 62-63.

Matsubara K, Hiyama J. 1932. A review of Triglidae, a family of mail-cheeked fishes, found in the waters around Japan.

Journal of the Imperial Fisheries Institute, 28 (1): 3-67.

Matsubara K, Iwai T. 1958. Results of the Amami Islands Expedition. No. 2. A new apogonid fish, *Siphamia majimai*. *Annals and Magazine of Natural History*, (Ser. 13) 1 (9): 603-608.

Matsubara K, Ochiai A. 1951. On the conger eels related to *Arisoma nystromi* (Jordan *et* Snyder) found in the waters of Japan and China. *Mem. Coll. Agric. Kyoto Univ.*, 59: 1-18.

Matsubara K, Ochiai A. 1955. A revision of Japanese fishes of the family Platycephalidae (the flatheads). *Mem. Coll. Agric., Kyoto Univ.*, (68): 1-109.

Matsubara K, Ochiai A. 1963. Report on the flatfish collected by the Amami Islands expedition in 1958. *Bull. Misaki Mar. Biol. Inst. Kyoto Univ.*, 4: 83-105.

Matsubara K, Takamuki H. 1951. The Japanese flatfishes of the genus *Samariscus*. *Japanese Journal of Ichthyology*, 1 (6): 361-367.

Matsubara K, Yamaguti M. 1943. On a new serranid fish *Malakichthys elegans* from Suruga Bay, with special reference to a comparison of hitherto known species. *Journal Sigenkagaku Kenkyusyo*, 1 (1): 83-96. [Abstract in *Jap. J. Zool.*, v. 10 (1943): 13].

Matsui I, Takai T. 1951. Ecological studies on the valuable fish in the East China Sea and Yellow Sea. II. Ecological studies on the black croaker, *Nibea nibe* (Jordan & Thompson). *Bulletin of the Japanese Society of Scientific Fisheries*, 16 (12): 125-143.

Matsui T. 1967. Review of the mackerel genera *Scomber* and *Rastrelliger* with description of a new species of Rastrelliger. *Copeia*, 1: 71-83.

Matsumoto R, Uchida S, Toda M, Nakaya K. 2006. Records of the bull shark, *Carcharhinus leucas*, from marine and freshwater areas in Japan. *Japanese Journal of Ichthyology*, 53 (2): 181-187.

Matsunuma M, Aizawa M, Sakurai Y, Motomura H. 2011. Record of a lionfish, *Pterois mombasae*, from Yaku-shima Island, southern Japan, and notes on distributional implications of the species and *P. antennata* in Japan (Scorpaenidae). *Nature of Kagoshima*, 37: 3-8.

Matsunuma M, Motomura H. 2014. *Pterois paucispinula*, a new species of lionfish (Scorpaendae: Pteroinae) from the western Pacific Ocean. *Ichthyological Research*, 62: 327-346.

Matsushita K, Nose Y. 1974. On the Spawning Season and Spawning Ground of the Japanese Gizzard Shad, *Konosirus punctatus*, in Lake Hamana. *Bulletin of the Japanese Society of Scientific Fisheries*, 40 (1): 35-42.

Matsuura K. 1976. Sexual dimorphism in a triggerfish, *Balistapus undulatus*. *Japanese Journal of Ichthyology*, 23 (3): 171-173.

Matsuura K. 1981. Record of a filefish, *Cantherhines fronticinctus*, form Honshu, Japan. *Memoirs of the National Science Museum*, 14.

Matsuura K. 1987. First Record of a Triacanthodid Fish, *Macrorhamphosodes uradoi* from New Zealand. *Japanese Journal of Ichthyology*, 34 (1): 105-107.

Matsuura K. 1994. *Arothron caeruleopunctatus*, a new puffer from the Indo-western Pacific. *Japanese Journal of Ichthyology*, 41 (1): 29-33.

Matsuura K. 2001. Families Ostraciidae, Aracanidae, Triodontidae, Tetraodontidae. *In*: Carpenter & Niem 2001, 6: 3948-3957.

Matsuura K, Sakai K. 1993. Records of two diodontid fishes, *Cyclichthys orbicularis* and *C. spilostylus*, from Japan. *Japanese Journal of Ichthyology*, 40 (3): 372-376.

Matsuura K, Toda M. 1981. First records of two pufferfishes, *Arothron mappa* and *A. reticularis*, from Japan. *Japanese Journal of Ichthyology*, 28 (1): 91-94.

Matsuura K, Yoshino T. 1984. Records of three tetraodontid fishes from Japan. *Japanese Journal of Ichthyology*, 31 (3): 331-334.

McClelland J. 1838. Observations on six new species of Cyprinidae, with an outline of a new classification of the family. *Journal of the Asiatic Society of Bengal*, 7: 941-948.

McClelland J. 1839. Indian Cyprinidae. *Asiatic Researches*, 19 (2): 217-471, pls. 237-261.

McClelland J. 1842. On the fresh-water fishes collected by William Griffith, Esq., F. L. S. Madras Medical Service, during his travels under the orders of the Supreme Government of India, from 1835 to 1842. *Calcutta Journal of Natural History*, 2 (8): 560-589, pls. 515, 518, 521, 566.

McClelland J. 1843. Description of a collection of fishes made at Chusan and Ningpo in China, by Dr. G. R. Playfair, Surgeon of the Phlegethon, war steamer, during the late military operations in that country. *Calcutta Journal of Natural History*, 4 (4): 390-413, pls. 21-25.

McClelland J. 1844. Apodal fishes of Bengal. *Calcutta Journal of Natural History*, 5 (18): 151-226.

McCosker J E. 1977. Fright Posture of the Plesiopid Fish *Calloplesiops altivelis*: An Example of Batesian Mimicry. *Science*, 197: 400-401.

McCosker J E. 1982. A new genus and two new species of remarkable Pacific worm eels (Ophichthidae, subfamily Myrophinae). *Proceedings of the California Academy of Sciences (Ser. 4)*, 43 (5): 59-66.

McCosker J E. 2002. Notes on Hawaiian snake eels (Pisces: Ophichthidae), with comments on *Ophichthus bonaparti*. *Pacific Science*, 56 (1): 23-34.

McCosker J E. 2014. A gigantic deepwater worm eel (Anguilliformes: Ophichthidae) from the Verde Island Passage, Philippine Archipelago. *In*: Williams G C, Gosliner T M. 2014. The Coral Triangle: the 2011 Hearst Philippine biodiversity expedition. California: San Francisco, California Academy of Sciences: 333-340.

McCosker J E, Chen W L, Chen H M. 2009. Comments on the snake-eel genus *Xyrias* (Anguilliformes: Ophichthidae) with the description of a new species. *Zootaxa*, 2289: 61-67.

McCosker J E, Chen Y Y. 2000. A new species of deepwater snake-eel, *Ophichthus aphotistos*, with comments on *Neenchelys retropinna* (Anguilliformes: Ophichthidae) from Taiwan. *Ichthyological Research*, 47 (4): 353-357.

McCosker J E, Hatooka K, Ohnishi N, Endo H. 2011. Redescription and designation of a neotype for *Aphthalmichthys kuro* Kuroda 1947, and its placement in *Callechelys* (Anguilliformes: Ophichthidae). *Ichthyological Research*, v. 58: 272-277.

McCosker J E, Loh K H, Lin J, Chen H M. 2012. *Pylorobranchus hoi*, a new genus and species of Myrophine worm-eel from Taiwan (Anguilliformes: Ophichtidae). *Zoological Studies*, 51 (7): 1188-1194.

McCosker J E, Randall J E. 1993. Finless snake-eels of the genus *Cirricaecula* (Anguilliformes: Ophichthidae), with the description of *C. macdowelli* from Taiwan. *Japanese Journal of Ichthyology*, 40 (2): 189-192.

McCosker J E, Randall J E. 2001. Revieion of the snake-eel genus *Barchtsomphis* (Anguillifprmes: Ophichthdae), with description of two new species and comments on the species of mystriophis. *Indo-Pacific Fishes*, 33: 1-32.

McCosker J E, Rosenblatt R H. 2010. The fishes of the Galápagos Archipelago: an update. *Proceedings of the California Academy of Sciences (Ser. 4)*, 61 (Supplement II) (11): 167-195 (Appendix).

McCulloch A R. 1914a. *Chaetodontoplus personifer*. *Rec. West. Aust. Mus.*, 1 (3).

McCulloch A R. 1914b. Fisheries. III. Report on Some Fishes Obtained by the F.I.S. "Endeavour" on the Coasts of Queensland, New South Wales, Victoria, Tasmania, South and South-Western Australia. *Commonwealth of Australia*, 2 (3): 77-165.

McCulloch A R. 1915. Biological Results of the Fishing Experiments carried on by the F. I. S. "Endeavour" 1909-14. (Report on some fishes obtained by the F. I. S. "Endeavour" on the coasts of Queensland, New South Wales, Victoria, Tasmania, South and... *Fisheries (Biological Results Endeavour)*, 3 (part 3): 97-170, pls. 13-37.

McCulloch A R. 1916. Fisheries. IV. Report on Some Fishes Obtained by the F.I.S. "Endeavour" on the coasts of Queensland, New South Wales, Victoria, Tasmania, South and South-western Australia. *Commonwealth of Australia*, 4 (4): 169-200.

McCulloch A R, Waite E R. 1918. Descriptions of two new Australian Gobies. *Records of the South Australian Museum (Adelaide)*, 1 (1): 79-82, pl. 8.

McGlone M S. 1996. When history matters: scale, time, climate and tree diversity. *Global Ecology and Biogeography Letters*, 5 (6): 309-314.

McKay R J. 1971. Two new genera and five new species of Percophidid fishes (Pisces: Percophididae) from western Australia. *Journal of the Royal Society of Western Australia*, 54 (2): 40-46.

McKay R J. 1985. A revision of the fishes of the family Sillaginidae. *Mem. Qd Mus.*, 22 (1): 1-73.

McKay S I. 1993. Genetic relationships of *Brachygobius* and related brackish Indo-west Pacific and Australian genera (Teleostei: Gobiidae). *Journal of Fish Biology.*, 43: 723-738.

McKinney J F, Lachner E A. 1978. Two new species of *Callogobius* from Indo-Pacific waters (Teleostei: Gobiidae). *Proceedings of the Biological Society of Washington*, 91 (1): 203-215.

McKinney J F, Springer V G. 1976. Four new species of the fish genus *Ecsenius* with notes on other species of the genus (Blenniidae: Salariini). *Smithsonian Contribution to Zoology*, 236: 1-27.

McManus L T, Chua T E. 1990. The coastal environmental profile of Lingayen Gulf, Philippines. ICLARM Technical Reports 22. Manila: International Center for Living Aquatic Resources Management: 1-69.

McMillan C B, Wisner R L. 2004. Review of the hagfishes (Myxinidae, Myxiniformes) of the northwestern Pacific Ocean, with descriptions of three new species, *Eptatretus fernholmi*, *Paramyxine moki*, and *P. walkeri*. *Zoological Studies*, 43 (no. 1): 51-73.

Mead G W. 1958. Three new species of archibenthic iniomous fishes from the western North Atlantic. *Journal of the*

Washington Academy of Sciences, 48 (11): 362-372.

Mead G W. 1972. Bramidae. *Dana Rep.*, 81: 1-166.

Mead G W, Taylor F H C. 1953. A collection of oceanic fishes from off northeastern Japan. *J. Fish. Res. Board Can.*, 10 (8): 560-582.

Melo M R S, Braga A C, Nunan G W A, Costa P A S. 2010. On new collections of deep-sea Gadiformes (Actinopterygii: Teleostei) from the Brazilian continental slope, between 11° and 23°S. *Zootaxa*, 2433: 25-46.

Meng Q, Chu Y, Li S. 1985. Description of four new species of Scyliorhinidae from depths of the South China Sea. *Oceanologia et Limnologia Sinica*, 16 (1): 49-50.

Meng Q, Chu Y, Li S. 1986. Description of four new species of the genus *Apristurus* (Scyliorhinidae) from deep waters of the South China Sea. *Oceanologia et Limnologia Sinica*, 17 (4): 274-275.

Merrett N R, Sazonov Y I, Shcherbachev Y N. 1983. A new genus and species of rattail fish (Macrouridae) from the eastern North Atlantic and eastern Indian Ocean, with notes on its ecology. *Journal of Fish Biology*, 22 (5): 549-561.

Meyer K A. 1977. Reproductive behavior and patterns of sexuality in the Japanese labrid fish *Thalassoma cupido*. *Japanese Journal of Ichthyology*, 24 (2): 101-112.

Miao C P. 1934. Notes on the fresh-water fishes of the Southern part of Kiangsu I. Chinkiang. *Contr. Biol. Lab. Sci. China Zool. Ser.*, 10 (3): 111-224.

Mihara E, Amaoka K. 1995. *Samariscus fasciatus* Fowler, 1934, a junior synonym of *Plagiopsetta glossa* Franz, 1910 (Pleuronectiformes: Pleuronectidae). *Japanese Journal of Ichthyology*, 42 (2): 208-211.

Miles G C. 1938. The Osteology and relationships of the Wahoo (*Acanthocybium solandri*), a Scombroid fish. *American Museum Novitates*, 1000: 1-32.

Mims S D, Georgi T A, Liu C H. 1993. The Chinese peddlefish, *Psephurus gladius*, biology, life history, and potential for cultivation. *World Aquaculture*, 24 (1): 46-48.

Min R, Chen X Y, Yang J X. 2010. *Paracobitis nanpanjiangensis*, a new loach (Balitoridae: Nemacheilinae) from Yunnan, China. *Environmental Biology of Fishes*, 87 (3): 199-204.

Min R, Chen X Y, Yang J X, Winterbottom R, Mayden R L. 2012b. Phylogenetic relationships of the genus *Homatula* (Cypriniformes: Nemacheilidae), with special reference to the biogeographic history around the Yunnan-Guizhou Plateau. *Zootaxa*, 3586: 78-94.

Min R, Yang J X, Chen X Y. 2012a. *Homatula wuliangensis* (Teleostei: Nemacheilidae), a new loach from Yunnan, China. *Zootaxa*, 3586: 313-318.

Min R, Yang J X, Chen X Y. 2013. *Homatula disparizona*, a new species of loach from the Red River drainage in China (Teleostei: Nemacheilidae). *Ichthyological Exploration of Freshwaters*, 23 (4): 351-355.

Min T S, Senta T, Supongpan S. 1977. Fisheries biology of Pristipomoides spp. (Family Lutjanidae) in the South China Sea and its adjacent waters. *Singapore J. Pri. Ind.*, 5 (2): 96-115.

Mincarone M M, McCosker J E. 2014. Redescription of Eptatretus luzonicus Fernholm *et al.*, 2013, a replacement name for Eptatretus fernholmi McMillan and Wisner, 2004 (Craniata: Myxinidae), based on the discovery of the holotype and additional specimens from the Philippines. *In*: Williams G C, Gosliner T M. 2014. The Coral Triangle: The 2011 Hearst Biodiverisity Philippine Expedition. San Francisco: California Academy of Sciences: 341-349.

Ming C L, Aliño P. 1992. An underwater guide to the South China Sea. Singapore: Times Editions Pte Ltd.: 1-144.

Ministry of the Environment. 2009. Japan integrated biodiversity information system. http://www.biodic.go.jp/ [2000-09-27].

Misu H. 1958. Studies on the fisheries biology of the ribbon fish *Trichiurus lepturus* in the East China and Yellow Seas. 1. On the age and growth. *Bull. Seikai Reg. Fish. Res. Lab.*, 15: 1-14.

Mitani F, Ida E. 1964. A study on the growth and age of the jack mackerel in the East China Sea. *Bulletin of the Japanese Society of Scientific Fisheries*, 30 (12): 958-977.

Mitani F, Sato T. 1959. Studies on the growth and age of the yellow-tail *Seriola quinqueradiata* (T. & S.) found in Japan and adjacent region. II. Estimation of age and growth from the opercular bone. *Bulletin of the Japanese Society of Scientific Fisheries*, 24 (10): 803-808.

Mito S. 1961. Pelagic fish eggs from Japanese waters. I.—Clupeina, Chanina, Stomiatina, Myctophida, Anguilida, Belonida and Syngnathida. *Sci. Bull. Fac. Agric. Kyushu Univ.*, 18: 285-310.

Mitrofanov V P. 1959. On the taxonomy of *Brachymystax lenok* of the lake Marka-Kul. *Sbornik. Rabot. po. Ikhtiologii Gidrobiologii*, (2): 267-275.

Mitsukuri K. 1895. On a new genus of the chimaeroid group Hariotta. *Dobutsugaku Zasshi* (= *Zoological Magazine Tokyo*), 7 (80): 97-98.

Mitsuomi S, Nakaya K. 2003. Functional anatomy of the luring apparatus of the deep-sea ceratoid anglerfish *Cryptopsaras couesii*, (Lophiiformes: Ceratiidae). *Ichthyological Research*, 51: 33-37.

Miya M, Nemoto T. 1987a. Some aspects of the biology of the micronektonic fish *Cyclothone pallida* and *C. acclinidens* (Pisces: Gonostomatidae) in Sagami Bay, Central Japan. *J. Oceanog. Soc. Jap.*, 42: 473-480.

Miya M, Nemoto T. 1987b. The bathypelagic gonostomatid fish *Cyclothone obscura* from Sagami Bay, Central Japan. *Japanese Journal of Ichthyology*, 33 (4): 417-418.

Miyanohara M, Iwatsuki Y, Sakai M. 1999. Analysis of the Okinawa and Miyazaki Populations of the Common Silver-biddy *Gerres oyena* using Random Amplified Polymorphic DNA (RAPD) Techniques. *Fisheries Science*, 65 (2): 177-181.

Mizuno S, Tominaga Y. 1980. First record of the scorpaenoid fish *Caracanthus unipinna* from Japan, with comments on the charactets of the genus. *Japanese Journal of Ichthyology*, 26 (4): 369-372.

Mochizuki K. 1979. A new percichthyid fish, *Neoscombrops pacificus*, from Japan, with a redescription of *N. annectens* from South Africa. *Japanese Journal of Ichthyology*, 26 (3): 247-252.

Mochizuki K, Fukui S. 1983. Development and replacement of upper jaw teeth in gobiid fish, *Sicyopterus japonicus*. *Japanese Journal of Ichthyology*, 30 (1): 27-36.

Mochizuki K, Gultneh S. 1989. Redescription of *Synagrops spinosus* (Percichthyidae) with its first record from the West Pacific. *Japanese Journal of Ichthyology*, 35 (4): 421-427.

Mohsin A K M, Ambak M A, Said M Z B M, Sakiam M, Hayase S. 1986. A study on the feeding habits of fishes in the south-western portion of the South China Sea. *In*: Mohsin A K M, Rahman R A, Ambak M A. 1986. Ekspedisi Matahari 86. A study on the offshore water of the Malaysian EEZ. Faculty of Fisheries and Marine Science, Univerisiti Pertanian Malaysia: 15.

Mok H K. 2002. Myxine kuoi, a new species of hagfish from southwestern Taiwanese waters. *Zoological Studies*, 41 (1): 59-62.

Mok H K, Kuo C H. 2001. *Myxine formosana*, a new species of hagfish (Myxiniformes: Myxinidae) from southwestern waters of Taiwan. *Ichthyological Research*, 48 (3): 295-297.

Mok H K, Lee C Y, Chan H J. 1991. *Meadia roseni*, a new synaphobranchid eel from the coast of Taiwan (Anguilloidea: Synaphobranchidae). *Bulletin of Marine Science*, 48 (1): 39-45.

Mok H K, Yeh M W, Kuo S C. 1997. Sound Characteristics and vocal activity of sweepers, *Pempheris oualensis* (Pempheridae, Perciformes). *Proceedings of the "Science Council"*, Part B: Life Sciences, 21 (4): 175-179.

Møller P R, Schwarzhans W. 2008. Review of the Dinematichthyini (Teleostei, Bythitidae) of the Indo-west Pacific, Part IV. *Dinematichthys* and two new genera with descriptions of nine new species. *The Beagle*, 24: 87-146.

Montilla J. 1935. A review of the Philippine Menidae and Gerridae. *Philippine Journal of Science*, 58: 281-295.

Morgans J F C. 1959. Three confusing species of serranid fish, one described as new, from East Africa. *Annals and Magazine of Natural History*, (Ser. 13) 1 (10): 642-656.

Mori T. 1927a. On four new freshwater fishes from the River Liao, South Manchurio. *Journal of the Chosen Natural History Society*, (5): 1-4.

Mori T. 1927b. On the freshwater fishes from the Liaohe and the Amur River, with a zoogeographical note. *Journal of the Chosen Natural History Society*, (5): 5-28.

Mori T. 1927c. On the freshwater fishes from the Yalu River with description of new species. *Journal of the Chosen Natural History Society*, (6): 8-24.

Mori T. 1927d. On the genus *Sarcocheilichthys*, with the description of four new species. *Annotnes Zool. Jap.*, 11 (2): 97-106.

Mori T. 1928a. Fresh water fishes from Tsi-nan, China, with description of five new species. *Jap. J. Zool.*, 2 (1): 61-72.

Mori T. 1928b. On the fresh water fishes from the Yalu River, Korea, with descriptions of new species. *Journal of the Chosen Natural History Society*, (6): 54-70.

Mori T. 1929. Addition to the fish fauna of Tsi-nan, China, with descriptions of two new species. *Jap. J. Zool.*, 2 (4): 383-385.

Mori T. 1930. On the fresh water fishes from the Tumen River, Korea, with description of new species. *Journal of the Chosen Natural History Society*, 11: 1-49, pls. 33.

Mori T. 1933a. Second addition to the fish fauna of Tsinan, China, with description of three new species. *Jap. J. Zool.*, 5 (2): 165-169.

Mori T. 1933b. On the classifications of cyprinoid fishes, *Microphysogobio*, n. gen. and *Saurogobio*. *Zoological Magazine*, 45: 114-115.

Mori T. 1934. The fresh water fishes of Jehol. *Report of the First Scientific Expedition to Manchoukuo, Tokyo. Zoology, Sec. 5*, 1: 1-61.

Mori T. 1936a. Studies on the geographical distribution of freshwater fishs in eastern Asia. Tokyo: Toppan Printing.

Mori T. 1936b. Descriptions of one new genus and three new species of Siluroidea from Chosen. *Dobutsugaku Zasshi*, 48 (8-10): 671-675.

Mori T. 1941. A new species and a new subspecies of Cyprinidae from North China. *Zoological Magazine Tokyo*, 53 (3): 182-184.

Mori T. 1952. Check list of the fishes of Korea. *Mem. Hyogo. Univ. Agri.*, 1 (3): 227.

Morrissey J F, Elizaga E T. 1999. Capture of megamouth #11 in the Philippines. *Philipp. Sci.*, 36: 143-147.

Morrow J E Jr. 1954. Fishes from East Africa, with new records and descriptions of two new species. *Annals and Magazine of Natural History*, (Ser. 12), 7 (83): 797-820.

Morton B. 1979a. The coastal seafood of Hong Kong. *In*: Morton B S. 1979. The future of the Hong Kong seashore Oxford University Press, News Building, Nort Point, Hong Kong: 125-150.

Morton B. 1979b. The ecology of the Hong Kong seashore. *In*: Morton B S. 1979. The future of the Hong Kong seashore Oxford University Press, News Building, Nort Point, Hong Kong: 99-123.

Motomura H, Béarez P, Causse R. 2011. Review of Indo-Pacific specimens of the subfamily Scorpaeninae (Scorpaenidae), deposited in the Muséum national d'Histoire naturelle, Paris, with description of a new species of *Neomerinthe. Cybium*, 35 (1): 55-73.

Motomura H, Iwatsuki Y, Kimura S. 2001. Redescription of *Polydactylus sexfilis* (Valenciennes *in* Cuvier and Valenciennes, 1831), a senior synonym of *P. kuru* (Bleeker, 1853) with designation of a lectotype (Perciformes: Polynemidae). *Ichthyological Research*, 48: 83-89.

Motomura H, Iwatsuki Y, Kimura S, Yoshino T. 2002. Revision of the Indo-West Pacific polynemid fish genus *Eleutheronema* (Teleostei: Perciformes). *Ichthyological Research*, 49 (1): 47-61.

Motomura H, Iwatsuki Y, Yoshino T, Kimura S. 1999. A record of a polynemid fish, *Polydactylus sextarius*, from southern Japan (Perciformes: Polynemidae). *Japanese Journal of Ichthyology*, 46 (1): 57-61.

Motomura H, Iwatsuki Y, Yoshino T, Kimura S, Inamura O. 1998. A record of a carangid fish, *Scomberoides commersonnianus*, from Japan (Perciformes: Carangidae). *Japanese Journal of Ichthyology*, 45 (2): 101-105.

Motomura H, Kuriiwa K, Katayama E, Senou H, Ogiwara G, Meguro M, Matsunuma M, Takata Y, Yoshida T, Yamashita M, Kimura S, Endo H, Murase A, Iwatsuki Y, Sakurai Y, Harazaki S, Hidaka K, Izumi H, Matsuura K. 2010. Annotated checklist of marine and estuarine fishes of Yaku-shima Island, Kagoshima, southern Japan. *In*: Fishes of Yaku-shima Island-A World Heritage island in the Osumi Group, Kagoshima Prefecture, southern Japan. Tokyo: National Museum of Nature and Science: 65-247.

Motomura H, Matsunuma M, Ho H C. 2011. New records of three scorpaenid fishes (Teleostei: Scorpaeniformes) from Taiwan. *Journal of the Fisheries Society of Taiwan*, 38 (2): 97-107.

Motomura H, Matsuura K. 2010. Fishes of Yaku-shima Island - A world heritage island in the Osumi Group, Kagoshima Prefecture, southern Japan. Tokyo: National Museum of Nature and Science: i-viii + 1-264, 1-704 figs.

Motomura H, Okamoto M, Iwatsuki Y. 2001. Description of a new species of threadfin (Teleostei: Perciformes: Polynemidae), *Polydactylus longipes*, from Mindanao Island, Philippines. *Copeia*, 2001 (4): 1087-1092.

Motomura H, Paulin C D, Sewart A L. 2005. First records of *Scorpaena onaria* (Scorpaeniformes: Scorpaenidae) from the southwestern Pacific Ocean, and comparisons with the northern hemisphere population. 39: 865-880.

Motomura H, Sakurai Y, Senou H, Ho H C. 2009. Morphological comparisons of the Indo-West Pacific scorpionfish, *Parascorpaena aurita*, with a closely related species, *P. picta*, with first record of *P. aurita* from East Asia (Scorpaeniformes: Scorpaenidae). *Zootaxa*, 2195: 34-42.

Motomura H, Senou H. 2009. New records of the drawf scorpionfish, *Sebastapistes fowleri* (Actinopterygii: Scorpaeniformes: Scorpaenidae), from East Asia, and notes on Australian records of this species. *Species Diversity*, 14 (1): 1-8.

Motomura H, Shinohara G. 2005. Assessment of taxonomic characters of *Scorpaenopsis obtusa* and *S. gibbosa* (Scorpaenidae), with first records of *S. obtusa* from Japan and Australia and comments on the synonymy of *S. gibbosa. Cybium*, 29 (3): 295-301.

Motomura H, Yoshino Y, Takamura N. 2004. Review of the scorpionfish genus *Scorpaenopsis* (Scorpaeniformes: Scorpaenidae) in Japanese waters with three new records and an assessment of standard Japanese names. *Japanese Journal of Ichthyology*, 51 (2): 89-115.

Moyer J T, Ida H. 1975. Redescription of *Pomacentrus nagasakiensis* and comparison with specimens from Miyake-Jima and the Bonin Island. *Japanese Journal of Ichthyology*, 22 (2): 104-109.

Moyer J T, Nakazono A. 1978. *Protandrous hermaphroditism* in six species of the anemonefish genus *Amphiprion* in Japan. *Japanese Journal of Ichthyology*, 25 (2): 101-106.

Moyer J T, Sano M. 1985. First record of the lizardfish *Synodus jaculum* from Japan. *Japanese Journal of Ichthyology*, 32 (1): 90-92.

Müller J, Henle F G J. 1838-1841. Systematische Beschreibung der Plagiostomen. Berlin: Veit und Comp.

Mundy B C. 1990. Development of larvae and juveniles of the Alfonsins, *Beryx splendens* and *B. decadactylus* (Berycidae, Beryciformes). *Bulletin of Marine Science*, 46 (2): 257-273.

Munk O. 1966. On the Retina of *Diretmus argenteus* Johnson, 1863 (Diretmidae, Pisces). *Vidensk. Medd. Fra Dansk Naturh. Foren.*, 129: 73-80, pl. 4/5.

Munk O. 2000. Histology of the fusion area between the parasitic male and the female in the deep-sea anglerfish *Neoceratias spinifer* Pappenheim, 1914 (Teleostei, Ceratioidei). *Acta Zoologica* (*Stockholm*), 81: 315-324.

Munroe T A, Amaoka K. 1998. *Symphurus hondoensis* Hubbs, 1915, a valid species of Western Pacific tonguefish (Pleuronectiformes: Cynoglossidae). *Ichthyological Research*, 45 (4): 385-391.

Murdoch W R. 1976. A preliminary feasibility study to prosecute offshore pelagic stocks from Hong Kong. Manila: South China Sea Fisheries Development and Coordinating Programme, Manila, SCS/76/WP/30: 1-27.

Murdy E O. 1985. Osteology of *Istigobius ornatus*. *Bulletin of Marine Science*, 36 (1): 124-138.

Murdy E O. 1989. A taxonomic revision and cladistic analysis of the Oxudercine gobies (Gobiidae: Oxudercinae). *Records of the Australian Museum, Suppl.* 11: 1-93.

Murdy E O. 2008. *Paratrypauchen*, a new genus for *Trypauchen microcephalus* Bleeker, 1860, (Perciformes: Gobiidae: Amblyopinae) with a redescription of *Ctenotrypauchen chinensis* Steindachner, 1867, and a key to 'Trypauchen' group of genera. *Aqua, International Journal of Ichthyology*, 14 (3): 115-128.

Murdy E O, Ferraris C J Jr., Hoese D I, Steene R C. 1981. Preliminary list of fishes from Sombrero Island, Philippines, with fifteen new records. *Proceedings of the Biological Society of Washington*, 94 (4): 1163-1173.

Mutia M T M, Magistrado M D L, Muyot M C. 2004. Status of *Sardinella tawilis* in Taal Lake, Batangas, Philippines. Proceedings of the 8th Zonal Research and Development Review, October 6-7, 2004, De la Salle University, Taft Avenue, Manila. CD-ROM. Philippine Council for Aquatic and Marine R&D and Southern Luzon Zonal Center for Aquatic and Marine R & D: Los Baños, Laguna.

Myers G S. 1929. A note on the Formosa Homalopterid fishes, *Crossostoma lacustre* Steindachner. *Copeia*, 170: 1-2.

Myers G S. 1930. *Ptychidio jordani*, an unusual new cyprinoid fish from Formosa. *Copeia*, 4: 110-113.

Myers G S. 1931. On the fishes described by Koller from Hainan in 1926 and 1927. *Lingnan Science Journal, Canton*, 10 (2-3): 255-262.

Myers G S. 1934. Corrections of the type localities of *Metzia mesembrina*, a Formosan cyprinid, and of *Othonocheirodus eigenmanni*, a Peruvian characin. *Copeia*, (1): 43.

Myers G S. 1941. Suppression of *Lissochilus* in favour of *Acrossocheilus* for a genus of Asiatic cyprinid fishes, with notes on its classification. *Copeia*, (1): 42-44.

Myers G S, Wales J H. 1930. On the Occurrence and Habits of Ocean Sunfish (*Mola mola*) in Monterey Bay, California. *Copeia*, (1): 11.

Myers R F. 1994. Clarification of the Status of the Fishes *Plectropomus areolatus* (Serranidae) and *Lethrinus semicinctus* (Lethrinidae) in the Mariana Islands. *Micronesica*, 27 (1/2): 119-121.

Myers R F. 1999. Micronesian reef fishes. A comprehensive guide to the coral reef fishes of Micronesia. 3rd revised ed. Guam: Coral Graphics: 1-330.

Nafpaktitis B G. 1978. Systematics and distribution of lanternfishes of the genera *Lobianchia* and *Diaphus* (Myctophidae) in the Indian Ocean. *Nat. Hist. Mus. Los Ang. Cty. Sci. Bull.*, 30: 1-92.

Nagatomo S, Machida Y. 1999. Fishes of the tribe Slariini (Blenniidae, Pericformes) from Kochi prefecture, southern Japan. *Bull. Mar. Sci. Fish., Kochi Univ.*, (19): 49-61.

Nagatomo S, Machida Y, Endo H. 2001. Growth-related changes in morphology and food habit of a blenny, *Istiblennius edentulus*, inhabiting rock pools at Shiranohana on Yokonami Peninsula, Kochi Prefecture. Japan. *Bull. Mar. Sci. Fish. Kochi Univ.*, 21: 22-33.

Nair K P. 1976. Age and Growth of the Yellow Dog Shark *Scoliodon laticaudus* Muller and Henle from Bombay Waters. *J. Mar. Biol. Ass. India*, 18 (3): 531-539.

Nakabo T. 1987. A new species of the genus *Foetorepus* (Callionymidae) from southern Japan with a revised key to the Japanese species of the genus. *Japanese Journal of Ichthyology*, 33 (4): 335-341.

Nakabo T. 1991. Redescription of a Rare Callionymid Fish, *Paradiplogrammus corallinus*, from Hawaii and Japan. *Japanese Journal of Ichthyology*, 38 (3): 249-253.

Nakabo T. 1993. Fishes of Japan with pictorial keys to the species. Tokyo: Tokai University Press: 1-1474.

Nakabo T. 2000a. Fishes of Japan with pictorial keys to the species. Second edition. Tokai University Press, v. 1: i-lvi + 1-866 [In Japanese].

Nakabo T. 2002b. Fishes of Japan with pictorial keys to the species, English edition. Vol. 1. Tokai University Press: i-lxi + 1-866-1749.

Nakabo T, Bray D J, Yamada U. 2006. A new species of *Zenopsis* (Zeiniformes: Zeidae) from the South China Sea, East China Sea and off Western Australia. *Mem. Mus. Victoria*, 63 (1): 91-96.

Nakabo T, Hayashi M. 1991. New record of *Pseudocalliurichthys pleurostictus* (Callionymidae) from Amami O-shima, Japan. *Japanese Journal of Ichthyology*, 38 (1): 73-76.

Nakabo T, Iwata A, Ikeda Y. 1992. New record of *Diplogrammus goramensis* (Callionymidae) from Japan. *Japanese Journal of Ichthyology*, 39 (1): 103-106.

Nakabo T, Jeon S R. 1985. New record of a dragonet fish, *Repomucenus olidus*, (Pisces: Callionymidae) from kum-river (kang gyong-up), Korea. *The Korean Journal of Ichthyology*, 8 (2): 74-83.

Nakabo T, Jeon S R. 1986. New record of the dragonet *Repomucenus ornatipinnis* (Callionymidae) from Korea. *Japanese Journal of Ichthyology*, 32 (4): 447-449.

Nakabo T, Jeon S R, Li S. 1987. A new species of the genus *Repomucenus* (Callionymidae) from the Yellow Sea. *Japanese Journal of Ichthyology*, 34 (3): 286-290.

Nakabo T, Senou H, Masuda H. 1993. *Scorpaenopsis iop*, a new species of Scorpaenidae from southern Japan. *Japanese Journal of Ichthyology*, 40 (1): 29-33.

Nakamura I. 1980. New record of a rare gempylid, *Thyrsitoides marleyi*, from the Sea of Japan. *Japanese Journal of Ichthyology*, 26 (4): 357-360.

Nakamura I. 1983. The gempylid, *Nesiarchus nasutus* from Japan and the Sulu Sea. *Japanese Journal of Ichthyology*, 29 (4): 408-415.

Nakamura I, Paxton J R. 1977. A juvenile Gempylid fish, *Nealotus tripes*, from Eastern Australia. *Australian Zoologist*, 19 (2): 179-184.

Nakamura Y, Horinouchi M, Nakai T, Sano M. 2003. Food habits of fishes in a seagrass bed on a fringing coral reef at Iriomote Island, southern Japan. *Ichthyological Research*, 50: 15-22.

Nakatsubo T, Kawachi M, Mano N, Hirose H. 2007. Spawning period of ocean sunfish *Mola mola* in waters of the eastern Kanto region, Japan. *Aquacult. Sci.*, 55 (4): 613-618.

Nakaya K. 1973. An Albino Zebra Shark *Stegostoma fasciatum* from the Indian Ocean, with Comments on Albinism in Elasmobranches. *Japanese Journal of Ichthyology*, 20 (2): 120-122.

Nakaya K. 1975. Taxonomy, comparative anatomy and phylogeny of Japanese catsharks, Scyliorhinidae. *Mem. Fac. Fish. Hokkaido Univ.*, 23 (1): 1-94.

Nakaya K. 1983. Redescription of the Hologtype of *Proscyllium habereri* (Lamniformes, Triakidae). *Japanese Journal of Ichthyology*, 29 (4): 469-473.

Nakaya K. 1988. Morphology and Taxonomy of *Apristurus longicephalus* (Lamniformes, Scyliorhinidae). *Japanese Journal of Ichthyology*, 34 (4): 431-442.

Nakaya K, Inque S, Ho H C. 2013. A review of the genus *Cephaloscyllium* (Chondrichthyes: Carcharhiniformes: Scyliorhinidae) from Taiwanese waters. *Zootaxa*, 3752 (1): 101-129.

Nakaya K, Shirai S. 1992. Fauna and zoogeography of deep-benthic chondrichthyan fishes around the Japanese Archipelago. *Japanese Journal of Ichthyology*, 39 (1): 37-48.

Nakayama N, Endo H. 2012. A new grandier of the genus *Nezumia* (Pisces: Gadiformes: Macrouridae) from southern Japan. *Zootaxa*, 3410: 61-68.

Nakazono A, Takeya H, Tsukahara H. 1979. Studies on the Spawning Behavior of *Chromis notata* (Temminck *et* Schlegel). *Sci. Bull. Fac. Agr., Kyushu Univ.*, 34 (1, 2): 29-37.

Nalbant T T. 1965. *Leptobotias* from the Yangtze River, China, with the description of *Leptobotia banarescui* n. sp. (Pisces, Cobitidae). *Annotationes Zoologicaeet Botanicae*, (11): 1-5.

Neal H V. 1986. A Summary of Studies on the Segmentation of the Nervous System in *Squalus acanthias*. *Anatomischer Anzeiger*, 12 (17): 377-391.

Neal H V. 1987. The Development of the Hypoglossus Musculature in Petromyzon and Squalus. *Anatomischer Anzeiger*, 13 (17): 441-463.

Neely D A, Conway K W, Mayden L. 2007. *Erromyzon yangi*, a new hillstream loach (Teleostei: Balitoridae) from the Pearl River drainage of Guangxi Province, China. *Ichthyological Exploration of Freshwaters*, 18 (2): 97-102.

Neer J A, Thompson B A, Carlson J K. 2005. Age and Growth of *Carcharhinus leucas* in the Northern Gulf of Mexico:

Incorporating Variability in Size at Birth. *Journal of Fish Biology*, 67: 370-383.

Nelson G J. 1970. Dorsal scutes in the Chinese gizzard shad *Clupanodon thrissa* (Linnaeus). *Japanese Journal of Ichthyology*, 17 (4): 131-134.

Nelson J S. 1985. On the relationship of the New Zealand marine fish *Antipodocottus galatheae* with the Japanese Stlengis misakia (Scorpaeniformes: Cottidae). *NZOI Records*, 5 (1): 1-12.

Nelson J S. 2006. Fishes of the World. New York: Wiley.

Nelson J S, Chirichigus N, Balbontin F. 1985. New Material of *Psychrolutes sio* (Scorpaeniformes, Psychrolutidae) from the Eastern Pacific of South America and Comments on the Taxonomy of *Psychrolutes inermis* and *Psychrolutes macrocephalus* from the Eastern Atlantic of Africa. *Canadian Journal of Zoology*, 63: 444-451.

Ng H H. 2004. Two new glyptosternine catfishes (Teleostei: Sisoridae) from Vietnam and China. *Zootaxa*, 428: 1-12.

Ng H H. 2006. The identity of *Pseudecheneis sulcata* (M'Clelland, 1842), with descriptions of two new species of rheophilic catfish (Teleostei: Sisoridae) from Nepal and China. *Zootaxa*, 1254: 45-68.

Ng H H. 2009. *Tachysurus spilotus*, a new species of catfish from central Vietnam (Teleostei: Bagridae). *Zootaxa*, 2283: 16-28.

Ng H H, Freyhof J. 2007. *Pseudobagrus nubilosus*, a new species of catfish from central Vietnam (Teleostei: Bagridae), with notes on the validity of *Pelteobagrus* and *Pseudobagrus*. *Ichthyol Explor Freshwat*, 18 (1): 9-16.

Ng H H, Jiang W S, Chen X Y. 2012. *Glyptothorax lanceatus*, a new species of sisorid catfish (Teleostei: Siluriformes) from southwestern China. *Zootaxa*, 3250: 54-62.

Ng H H, Rainboth W J. 2001. A review of the sisorid catfish genus *Oreoglanis* (Siluriformes: Sisoridae) with descriptions of four new species. *Occasional Papers of the Museum of Zoology University of Michigan*, 732: 1-34.

Ng H H, Tan H H. 1999. The fishes of the Endau drainage, Peninsular Malaysia with descriptions of two new species of catfishes (Teleostei: Akysidae, Bagridae). *Zoological Studies*, 38 (3): 350-366.

Nguyen T N. 1972. The size composition and length-weight relationship of commercial demersal fishes in the South China Sea. Mar. Fish. Res. Dept. (Changi, Singapore) Southeast Asian Fisheries Development Center, Working papers of Trainees v. 2.

Nguyen V H. 2005. Ca Nuoc Ngot Viet Nam. Tap II. *Freshwater fishes of Vietnam*, 2: 1-760.

Nguyen V H, Ngo S V. 2001. Ca nuocngot Viet Nam. Tap I. Ho ca chep (Cyprinidae). *Ca. Nuoc. Ngot. Viet. Nam.*, 1: 1-622.

Ni I H, Kwok K Y. 1999. Marine fish fauna in Hong Kong waters. *Zoological Studies*, 38 (2): 130-152.

Ni Y. 1981. On a new species of the genus *Eleotriodes* Bleeker from China. *Oceanologia et Limnologia Sinica*, 12 (4): 362-364.

Ni Y. 1989. A new species of goby from China. *Journal of Fisheries of China*, 13 (3): 239-243.

Ni Y, Li C S. 1992. *Takifugu coronoidus*, nov. sp. (Tetraodontiformes) from Chinese waters. *Oceanologia et Limnologia Sinica*, 23 (5): 527-532.

Ni Y, Wu H L. 1985. Two new species of the genera *Aboma* and *Acanthogobius* from China. *Journal of Fisheries of China*, 9 (4): 383-388.

Ni Y, Wu H L. 2006. Fishes of Jiangsu Province. Beijing: China Agriculture Press: 1-963.

Ni Y, Wu H L, Li S. 2012. A new species of the genus *Sladenia* (Pisces, Lophiidae) from the East China Sea and the South China Sea. *Acta Zootaxonomica Sinica*, 37 (1): 211-216.

Nichols J T. 1925a. An analysis of Chinese loaches of the genus *Misgurnus*. *American Museum Novitates*, 169: 3-6.

Nichols J T. 1925b. *Homaloptera caldwelli*, a new Chinese loach. *American Museum Novitates*, 172: 1.

Nichols J T. 1925c. *Nemacheilus* and related loaches in China. *American Museum Novitates*, 171: 1-7.

Nichols J T. 1925d. A new homalopterin loach from Fukien. *American Museum Novitates*, 167: 1-2.

Nichols J T. 1925e. Some Chinese fresh-water fishes. 4. Gudgeons of the genus *Coriparieus*. 5. Gudgeons of related to the Eurpean *Gobiogobio*. 6. New gudgeons of the genera *Gnathopogon* and *Leucogobio*. *American Museum Novitates*, 181: 1-8.

Nichols J T. 1925f. Some Chinese fresh-water fishes. 7. new carps of the genera *Varicohinus* and *Xenocypris*. 8. Carps referred to the genus *Pseudorasbora*. *American Museum Novitates*, 182: 1-8.

Nichols J T. 1925g. Some Chinese fresh-water fishes. 10. Subgenera of bagrin catfishes. 11. Certain apparently undescribed carps from Fukien. 12. A small goby from the central Yangtze. 13. A new minnow referred to *Leucogobio*. 14. Two apparently undescribed fishes from Yunnan. *American Museum Novitates*, 185: 1-7.

Nichols J T. 1926a. Some Chinese fresh-water fishes. 15. Two apparently undescribed catfishes from Fukien. 16. Concerning gudgeons related to *Pseudogobio* and two new species of it. 17. Two new rhodeins. *American Museum Novitates*, 214: 1-7.

Nichols J T. 1926b. Some Chinese fresh-water fishes. 18. New species in recent and earlier Fukien collections. *American Museum Novitates*, 224: 1-7.

Nichols J T. 1928. Chinese fresh-water fishes in the American Museum of Natural History's collections. A provinsional check-list of the fresh-water fishes of China. *Bulletin of the American Museum of Natural History*, 58 (1): 1-62.

Nichols J T. 1929. Some Chinese fresh-water fishes. (19) New leucogobioid gudgeons from Shantung. (21) An analysis of minnows of the genus *Pseudorasbora* from Shantung. *American Museum Novitates*, (377): 1-11.

Nichols J T. 1930a. Some Chinese freshwater fishes. 24. Two new Mandarin fishes. 25. New *Sarcocheilichthys* in northeastern Kiangsi. *American Museum Novitates*, 431: 1-6.

Nichols J T. 1930b. Some Chinese freshwater fishes. 26. Two new species of *Pseudogobio*. 27. A new catfish from northeastern Kiangsi. *American Museum Novitates*, 440: 1-5.

Nichols J T. 1931a. *Crossostoma fangi*, a new loach from near Canton, China. *Lingnan Science Journal, Canton*, 10 (2/3): 263-264.

Nichols J T. 1931b. A new *Barbus* (*Lissochilichthys*) and a new loach from Kwangtung Province. *Lingnan Science Journal, Canton*, 10 (4): 455-459.

Nichols J T. 1931c. Some Chinese fresh-water fishes. 28. A collection from Chungan Hsien, northwestern Fukien. *American Museum Novitates*, 449: 1-3.

Nichols J T. 1941. Four new fishes from western China. *American Museum Novitates*, 1107: 1-3.

Nichols J T. 1943. The Fresh-Water fishes of China. *Nat. Hist. Cent. Asia*, 9: 1-322.

Nichols J T. 1951. Four new gobies from New Guinea. *American Museum Novitates*, 1539: 1-8.

Nichols J T. 1958. A new goby and other fishes from Formosa. *American Museum Novitates*, 1876: 1-7.

Nichols J T, Breder C M Jr. 1935. New Pacific flying-fishes collected by Templeton Crocker. *American Museum Novitates*, 821: 1-4.

Nichols J T, Pope C H. 1927. The fishes of Hainan. *Bulletin of the American Museum of Natural History*, 54 (2): 321-394, Pl. 326.

Nielsen J G. 1974. *Aphyonus bolini*, a new deep sea fish from the South China Sea (Pisces, Ophidioidei, Aphyonidae). *Steenstrupia Zool. Mus. Univ. Copenhagen*, 3 (16): 179-182.

Nielsen J G. 1997. Deepwater ophidiiform fishes from off New Caledonia with six new species. *In*: Séret B. 1997. Résultats des Campagnes Musorstom. *Mem. Mus. Natn. Hist. Nat.*, 17 (174): 51-82.

Nielsen J G. 2002. Revision of the Indo-Pacific species of *Neobythites* (Teleostei, Ophidiidae), with 15 new species. *Galathea Report*, 19: 5-104.

Nielsen J G. 2011. Revision of the bathyal fish genus *Pseudonus* (Teleostei, Bythitidae); *P. squamiceps* a senior synonym of *P. platycephalus*, new to Australian waters. *Zootaxa*, 2867: 59-66.

Nielsen J G, Bertelsen E, Jespersen A. 1989. The biology of *Eurypharynx pelecanoides* (Pisces, Eurypharyngidae). *Acta Zoologica*, 70 (3): 187-197.

Nielsen J G, Cohen D M. 1986. Ophidiidae. *In*: Smith M M, Heemstra P C. 1986. Smiths' Sea Fishes. Berlin: Springer-Verlag: 345-350.

Nielsen J G, Cohen D M, Markle D F, Robins C R. 1999. FAO species catalogue Vol. 18 - Ophidiiform fishes of the world (Order Ophidiiformes). An annotated and illustrated catalogue of pearlfishes, cusk-eels, brotulas and other ophidiirorm fishes known to date. *FAO Fish. Synop.*, 125: 1-178.

Nielsen J G, Machida Y. 1985. Notes on *Barathronus maculatus* (Aphyonidae) with two records from off Japan. *Japanese Journal of Ichthyology*, 32 (1): 1-5.

Nielsen J G, Machida Y. 1988. Revision of the Indo-West Pacific bathyal fish genus *Glyptophidium* (Ophidiiformes, Ophidiidae). *Japanese Journal of Ichthyology*, 35 (3): 289-319.

Nikolskii G V, Soin S G. 1948. On catfishes (family Siluridae) in the Amur basin. *C. R. Acad. Sci. Moscow*, 59: 1357-1360.

Nikolsky A M. 1903. On three new species of fishes from Central Asia (*Schizothorax kozlovi* sp. n., *Ptychobarbus kaznakovi* sp. n., *Nemachilus fedtschenkoae* sp. n.). *Ezhegodnik. Zoologicheskogo Muzeya Akademii Nauk SSSR*, 8: 90-94.

Nip T H M. 2010. First records of several sicydiine gobies (Gobiidae: Sicydiinae) from the mainland of China. *Journal of Threatened Taxa*, 2 (11): 1237-1244.

Nishida K, Nakaya K. 1988. A new species of the genus *Dasyatis* (Elasmobranchii: Dasyatididae) from Southern Japan and lectotype designation of *D. zugei*. *Japanese Journal of Ichthyology*, 35 (2): 115-123.

Nishikawa S, Amaoka K, Nakanishi K. 1974. A comparative study of chromosomes of twelve species of gobioid fish in Japan. *Japanese Journal of Ichthyology*, 21 (2): 61-71.

Nishikawa S, Honda M, Wakatsuki A. 1977. A comparative study of chromosomes in Japanese fishes. II. Chromosomes of eight species of Scorpaeniformes. *J. Shimonoseki Univ. Fish.*, 25 (3): 187-191.

Nishikawa S, Karasawa T. 1972. A comparative study of chromosomes in Japanese fishes. I. A study of two somatic chromosomes of three species of Scups. *J. Shimonoseki Univ. Fish.*, 20 (3): 101-105.

Nishikawa S, Sakamoto K. 1977. A comparative study of chromosomes in Japanese fishes. III. Somatic chromosomes of three anguilloid species. *J. Shimonoseki Univ. Fish.*, 25 (3): 193-196.

Nishikawa S, Sakamoto K. 1978a. A comparative study of chromosomes in Japanese fishes—IV. Somatic chromosomes of two Saurida species. *J. Shimonoseki Univ. Fish.*, 27 (1): 113-117.

Nishikawa S, Sakamoto K. 1978b. A comparative study of chromosomes in Japanese fishes—V. Somatic chromosomes in Japanese blennioid fish *Dictyosoma burgeri* Van der Hoven. *J. Shimonoseki Univ. Fish.*, 27 (1): 119-121.

Nishimura S. 1960. A record of *Regalecus russellii* from the Sato Straits in Japan Sea. *Ann. Rep. Reg. Jap. Sea Fish. Res. Lab.*, 6: 58-68.

Nor L A, Kykharev N N, Zaytiev A K. 1985. The biology of *Erythrocles schlegeli* (Richardson) (Emmelichthyidae) of the South China Sea. *Journal of Ichthyology*, 25 (2): 146-149.

Norcross J J, Richardson S L, Massmann W H, Joseph E B. 1974. Development of Young Bluefish (*Pomatomus saltatrix*) and Distribution of Eggs and Young in Virginian Coastal Waters. *Trans. Amer. Fish. Soc.*, 3: 477-497.

Norman J R. 1922. Two new fishes from New Britain and Japan. *Annals and Magazine of Natural History*, 10 (56): 217-218.

Norman J R. 1923. Three new fishes from Yunnan, collected by Prof. J. W. Gregory, F. R. S. *Annals and Magazine of Natural History*, (Ser. 9), 11 (64): 561-563.

Norman J R. 1925a. Two new fishes from Tonkin, with notes on the siluroid genera *Glyptosternum, Exostoma, etc. Annals and Magazine of Natural History*, (Ser. 9), 15 (89): 570-575.

Norman J R. 1925b. Two new fishes from China. *Annals and Magazine of Natural History*, 16 (92): 270.

Norman J R. 1926. A synopsis of the rays of the family Rhinobatidae, with a revision of the genus *Rhinobatus*. *Proceedings of the Zoological Society of London*, 1926 (4): 941-982.

Norman J R. 1927. The flatfishes (Heterosomata) of India, with a list of the specimens in the Indian Museum. Part I. *Rec. Indian Mus.*, 29 (1): 7-48.

Norman J R. 1930. Oceanic fishes and flatfishes collected in 1925-1927. *Discovery Rep.*, 2: 261-369.

Norman J R. 1931. Two new flatfishes from the Indo-Australian Archipelago, with a synopsis of the species of the genera *Poecilopsetta* and *Nematops*. *Treubia Buitenzorg*, 13: 421-426.

Norman J R. 1939. Fishes. The John Murray Expedition 1933-34. *Scientific Reports, John Murray Expededition*, 7 (1): 1-116.

Nyström E. 1887. Redogörelse för den Japanska Fisksamlingen i Upsala Universitets Zoologiska Museum. Bihang till Kongl. Svenska vetenskaps-akademiens handlingar. *Stockholm*, 13 (pt 4) 4: 1-54.

Ocean Biogeographic Information System. 2006. Synagrops philippinensis Data Extent Map (from OBIS Australia/C Square Mapper). (data sourced from FishBase DiGIR Provider-Philippine Server, Australian Museum (OZCAM), Seamounts Online (seamount biota), MV Ichthyology (OZCAM), UW Fish specimens, CSIRO Marine Data Warehouse (OBIS Australia). Retrieved August 24, 2006 at www.iobis.org/ [2020-06-15].

Ochavillo D, Silvestre G. 1991. Optimum mesh size for the trawl fisheries of Lingayen Gulf, Philippines. *In*: Chou L M, Chua T E, Khoo H W, Lim P E, Paw J N, Silvestre G T, Valencia M J, White A T, Wong P K. 1991. Towards an Integrated Management of Tropical Coastal Resources. ICLARM Conf. Proc.: 41-44. NUS, Sing.; NSTB, Sing.; and ICLARM, Phil.

Ochi H. 1985. Temporal patterns of breeding and larval settlement in a temperate population of the tropical anemonefish, *Amphiprion clarkii*. *Japanese Journal of Ichthyology*, 32 (2): 248-257.

Ochiai A. 1957. A Preliminary Report on the Fin Organ of a Soleoid Fish, Pardachirus pavoninus (Lacepede). Memoirs of the College of Agriculture, Kyoto University: 1-76.

Ochiai A. 1963. Fauna Japonica. Soleina (Pisces). Tokyo: Biogeographical Society of Japan: 1-24.

Ochiai A. 1966. Study about biology and morphology of Cynoglossidae in Japan. Tokyo: Misaki Marine Biological Station, Tokyo Univ. Press: 1-97. (in Japanese).

Ochiai A, Amaoka K. 1962. Review of the Japanese flatfishes of the genus *Samariscus*, with the description of a new species from Tonking Bay. *Annals and Magazine of Natural History*, (Ser. 13), 5 (50): 83-91.

Ochiai A, Araga C, Nakajima M. 1955. A revision of the dragonets referable to the genus *Callionymus* found in the waters of Japan. *Publications of the Seto Marine Biological Laboratory*, 5 (1) (art. 7): 95-132.

Ochiai A, Asano H. 1963. Two Rare Fishes, *Gnathypops Hopkinsi* Jordan & Snyder, and *Chauliodus sloani sloani* Bloch & Schneider, Obtained from Japan. *Bulletin of the Misaki Marine Biological Institute, Kyoto University*, 4: 75-81 (4 figs.).

Ochiai A, Ikegami T, Nozawa Y. 1978. On the metamorphosis and identification of the leptocephali of the congrid eel, *Conger japonicus*, from Tosa Bay, Japan. *Japanese Journal of Ichthyology*, 25 (3): 205-210.

Odate S. 1966. Studies on the fishes of the family Myctophidae in the northeastern Sea of Japan. III. The determination of age and growth of Susuki-Hadaka, *Myctophum affine* (Lüdken). *Bull. Tohoku Reg. Fish. Res. Lab.*, 26: 35-43.

Oelschlager H A. 1974. Ergebnisse der Forschungsreisen des FFS "Walther Herwig" nach Sudamerika. XXXI. Das Jugendstadium von *Lampris guttatus* (Brunnich, 1788) (Osteichthyes, Allotriognathi), ein Beitrag zur Kenntnis seiner Entwicklung. *Arch. Fisch Wiss.*, 25 (1): 3-19.

Ogilby J D. 1889. The reptiles and fishes of Lord Howe Island. In: Lord Howe Island, its zoology, geology, and physical characteristics. *Memoirs of the Australian Museum*, Sydney No. 2 (art. no. 3): 49-74, pls. 2-3.

Ogilby J D. 1909. Report by J. Douglas Ogilby on a large fish destructive to oysters. *Rep. Mar. Department Queensland (1908-1909) Appendix*, 5: 19-21. [Also as a separate, pp. 1-2].

Ogilby J D. 1910. On some new fishes from the Queensland coast. *Endeavour Series*, I: 85-139.

Ohashi S, Nielsen J G, Yabe M. 2012. A new species of the ophidiid genus *Neobythites* (Teleostei: Ophidiiformes) from Tosa Bay, Kochi Prefecture, Japan. *Bull. Natl. Mus. Nat. Sci. Ser. A*, Suppl. 6: 27-32.

Ohashi Y, Motomura H. 2011. Pleuronectiform fishes of northern Kagoshima Prefecture, Japan. *Nature of Kagoshima*, 37: 71-118.

Ohashi Y, Motomura H. 2012. First Japanese records of *Crossorhombus valderostratus* (Bothidae) from Kagoshima Prefecture, southern Japan. *Nature of Kagoshima*, 38: 145-151.

Ohshimo S. 2004. Spatial distribution and biomass of pelagic fish in the East China Sea in summer, based on acoustic surveys from 1997 to 2001. *Fisheries Science*, 70: 389-400.

Ojima Y, Kashiwagi E. 1979. A karyotype study of eleven species of labrid fishes from Japan. *Proc. Japan Acad., Ser. B: Phys. Biol. Sci.*, 55 (6): 280-285.

Okada Y. 1955. Fishes of Japan. Tokyo: Maruzen Co. Ltd.: 1-434.

Okada Y. 1961. Studies on the freshwater fishes of Japan. *Prefectural University of Mie, Tsu, Mie Prefecture, Japan. (for 1959-1960)*, i-xi: 1-860, pls. 1-61.

Okada Y, Ikeda H. 1937. Notes on the fishes of the Riu-Kiu Islands. II. Pomacentridae and Callionymidae. *Bulletin of the Biogeographical Society of Japan*, 7: 67-95, pls. 4-6.

Okada Y, Suzuki K. 1956. Taxonomic Considerations of the Lantern Fish *Polyipnus spinosus* Günther and Related Species. *Pacific Science*, 10: 296-302.

Okamoto M, Matsuda K, Matsuda T. 2010. Description of a pelagic juvenile specimen of *Gadella jordani* (Actinopterygii: Gadiformes: Moridae) from southern Japan, with a note on the color in life. *Species Diversity*, 15: 131-138.

Okamura O. 1963. Two new and one rare macrouroid fishes of the genera, Coelorhynchus and Lionurus, found in the Japanese waters. *Bull. Misaki Mar. Biol. Inst. Kyoto Univ.*, 4: 21-35.

Okamura O. 1970a. Fauna Japonica. Macrourina (Pisces). Tokyo: Academic Press of Japan: 1-216.

Okamura O. 1970b. Studies on the Macrouroid Fishes of Japan-Morphology, Ecology and Phylogeny. *Reports of the USA Marine Biological Institute, Kochi University*, 17 (1-2): 1-179.

Okamura O, Amaoka K. 1997. Sea fishes of Japan. Tokyo: Yama-kei Publishers Co., Ltd.: 1-783.

Okamura O, Kishida S. 1963. A new genus and species of the bembroid fish collected from the Bungo Channel, Japan. *Bull. Misaki Mar. Biol. Inst. Kyoto Univ.*, 4: 43-48.

Okamura O, Kitajima T. 1984. Fishes of the Okinawa Trough and the adjacent waters. Vol. 1. The intensive research of unexploited fishery resources on continental slopes. Tokyo: Japan Fisheries Resource Conservation Association: 1-414, pls. 1-205.

Okamura O, Machida Y. 1986. Additional records of fishes from Kochi Prefecture, Japan. *Mem. Fac. Sci. Kochi Univ. Ser. D*, 7: 17-41.

Okamura O, Machida Y, Yamakawa T, Matsuura K, Yatou T. 1985. Fishes of the Okinawa Trough and the adjacent waters. Vol. 2. The intensive research of unexploited fishery resources on continental slopes. Tokyo: Japan Fisheries Resource Conservation Association: 418-781, pls. 206-418.

Oken L. 1817. For discussion of pagination and Cuvier's French "generic" names Latinized by Oken. *V Kl Fische Isis (Oken)*, 8 (148): 1779-1782.

Oki D, Tabeta O. 1999. Reproductive characteristics of big eye *Priacanthus macracanthus* in the East China Sea. *Fisheries Science*, 65 (6): 835-838.

Okiyama M, Tsukamoto Y. 1989. Sea whip goby, *Bryaninops yongei*, collected from outer shelf off Miyakojima, East China Sea. *Japanese Journal of Ichthyology*, 36 (3): 369-370.

Okiyama M. 1971. Early life history of the gonostomatid fish, *Maurolicus muelleri* (Gmelin), in the Japan Sea. *Bull. Jap. Sea Reg. Fish. Res. Lab.*, 23: 21-53.

Okiyama M. 1993. An atlas of the early stage fishes in Japan. Koeltz Scientific Books, Germany: 1-1154.

Okiyama M. 2001. *Luciogobius adapel*, a new species of gobiid fish. *Bulletin of the National Science Museum, Tokyo*, Ser. A, 27 (2): 141-149.

Omori M, Takechi H, Nakabo T. 1997. Some notes on the maturation and spawning of the bramid fish, *Brama dussumieri*, in the southeastern waters of Japan. *Ichthyological Research*, 44 (1): 73-76.

Orlov A M. 2002. New data on opah from the Pacific waters off Japan. *Probl. Fish.*, 3 (3) 11: 421-427.

Osbeck P. 1765. Reisenach Ostindien und China. Nebst O. Toreens Reisenach Suratte und C. G. Ekebergs Nachricht von den Landwirthschaft der Chineser.

Oshima M. 1919. Contributions to the study of the fresh water fishes of the island of Formosa. *Annals of the Carnegie Museum*, 12 (2-4): 169-328.

Oshima M. 1920a. Notes on freshwater fishes of Formosa, with descriptions of new genera and species. *Proceedings of the Academy of Natural Sciences of Philadelphia.*, 72: 120-135, Pls.

Oshima M. 1920b. Two new cyprinoid fishes from Formosa. *Proceedings of the Academy of Natural Sciences of Philadelphia.*, 72: 189-191.

Oshima M. 1926a. Notes on a collection of fishes from Hainan, obtained by Prof. S.F. Light. *Annotationes Zoologicae Japonenses*, 11 (1): 1-25.

Oshima M. 1926b. Notes on a small collection of freshwater fishes from east Mongolia. *Zool. Mag. Tokyo*, 38: 102.

Oshima M. 1927a. A Review of the Sparoid Fishes Found in the Waters of Formosa. *Japanese Journal of Ichthyology*, 1 (5): 127-155.

Oshima M. 1927b. List of flounders and soles found in the waters of Formosa, with descriptions of hitherto unrecorded species. *Jpn. J. Zool.*, 1 (5): 177-204.

Oshimo S, Tanaka H, Hiyama Y. 2009. Long-term stock assessment and growth changes of the Japanese sardine (*Sardinops melanostictus*) in the Sea of Japan and East China Sea from 1953 to 2006. *Fish. Oceanogr.*, 18 (5): 346-358.

Owen J G. 1989. Patterns of herpetofaunal species richness: relation to temperature, precipitation, and variance in elevation. *Journal of Biogeography*, 16 (2): 141-150.

Ozawa T. 1973. On the Early Life History of the Gonostomatid Fish *Vinciguerria nimbaria* (Jordan and Williams) in the Western North Pacific. *Memoires of the Faculty of Fisheries Kagoshima University*, 22 (1): 127-141.

Ozawa T. 1976. Early Life History of the Gonostomatid Fish, *Pollichthys mauli*, in the Oceanic Region off Southern Japan. *Japanese Journal of Ichthyology*, 23 (1): 43-54.

Ozawa T, Fujii K, Kawaguchi K. 1977. Feeding chronology of the vertically migrating gonostomatid fish, *Vinciguerria nimbaria* (Jordan & Williams), off Southern Japan. *Journal of the Oceanographical Society of Japan*, 33 (6): 320-327.

Ozawa T, Matsui S. 1979. First Record of the Schindlerid Fish, *Schindleria praematura*, from Southern Japan and the South China Sea. *Japanese Journal of Ichthyology*, 25 (4): 283-285.

Padilla J E, Trinidad A C. 1995. An application of production theory to fishing effort standardization in the small-pelagics fishery in central Philippines. *Fish. Res.*, 22 (1-2): 137-153.

Palko B J, Beardsley G L, Rechards W J. 1982. Synopsis of the biological data on dolphinfishes, *Coryphaena hippurus* Linnaeus and *Coryphaena equiselis* Linnaeus. FAO Fisheries Synopsis: 1-130.

Pallas P S. 1769. Spicilegia Zoologica quibus novae imprimis *et* obscurae animalium species iconibus, descriptionibus atque commentariis illustrantur. Berolini, Gottl. *August. Lange. Spicilegia Zool.*, 1 (fasc. 7): 1-42, pls. 1-6.

Pallas P S. 1771-1778. Reise durch verschiedene Provinzen des russischen Reiches. *St. Petersburg*, 1: 1-1771.

Pallas P S. 1814. Zoographia Rosso-Asiatica, sistens omnium animalium in extenso Imperio Rossico *et* adjacentibus maribus observatorum recensionem, domicilia, mores *et* descriptions anatomenatque icones plurimorum, Vol. 3: 1-428.

Palomares M L D. 1987. Comparative studies on the food consumption of marine fishes with emphasis on species occurring in the Philippines. Diliman: Masters Thesis, Institute of Biology, College of Science, University of the Philippines: 1-107.

Pan J H, Zhong L, Zheng C Y, Wu H L, Liu J H. 1991. The freshwater fishes of Guangdong Province. Guangzhou: Guangdong Science and Technology Press: frontmatter + 1-589.

Par M L, Brisout De Barneville. 1846. Note sur les Diodoniens. *Revue Zoologique*: 136-143.

Parenti P. 2002. *Muraena compressa* Walbaum, 1792, an invalid senior synonym of the snake mackerel *Gempylus serpens* Cuvier, 1829. *Caribbean Journal of Science, University of Puerto Rico, Mayagüez*, 38 (3-4): 267-268.

Parenti P, Randall J E. 2000. An annotated checklist of the species of the Labroid fish families Labridae and Scaridae.

Ichthyol. Bull. J. L. B. Smith Inst. Ichthyol., 68: 1-97.

Parin N P, Evseenko S A, Vasil-eva E D. 2014. Fishes of Russian Seas, Annotated Catalogue. Moscow: KMK Scientific Press: 1-733.

Parin N V. 1964. Taxonomic Status, Geographic Variation, and Distribution of the Oceanic Halfbeak *Euleptorhamphus viridis* (Van Hasselt) (Hemirhamphidae, Pisces). *Trudy Instituta Okeanologii*, 73 (33): 185-203.

Parin N V, Borodulina O D. 1993. A new mesobenthic fish, *Eupogonesthes xenicus* (Astronesthidae), from the eastern Indian Ocean. *Voprosy Ikhtiologii*, 33 (3): 442-445. [In Russian. *English translation in Journal of Ichthyology*, 33 (8): 111-116].

Parin N V, Borodulina O D. 2000. Redescriptions and new data on the distribution of six rare and poorly known species of the mesopelagic fish genus *Astronesthes* (Astronesthidae). *Journal of Ichthyology*, 40 (1): S15-S30.

Park J M, Hashimoto H, Jeong J M, Kim H J, Baeck G W. 2013. Age and growth of the robust tonguefish *Cynoglossus robustus* in the Seto Inland Sea, Japan. *Animal Cells and Systems*, 17 (4): 290-297.

Parr A E. 1928. Deepsea fishes of the order Iniomi from the waters around the Bahama and Bermuda islands. With annotated keys to the Sudididae, Myctophidae, Scopelarchidae, Evermannellidae, Omosudidae, Cetomimidae and Rondeletidae of the world. *Bulletin of the Bingham Oceanographic Collection Yale University*, 3 (3): 1-193.

Parr A E. 1945. Barbourisidae, a new family of deep sea fishes. *Copeia*, 3: 127-129.

Patterson C, Rosen D E. 1989. The paracanthopterygii revisited: Order and Disorder. *In*: Cohen. 1989. Papers on the systematica of Gadiform fishes. *Sci. Ser. Nat. Hist. Mus., Los Angeles*, 32: 5-36.

Paul L J. 1967. An evaluation of tagging experiments on the New Zealand snapper, *Chrysophrys auratus* (Forster), during the period 1952 to 1963. *New Zealand Journal of Marien & Freshwater Research*, 1 (4): 455-463.

Paul L J. 1968. Early Scale Growth Characteristic of the New Zealand snapper, *Chrysophrys auratus* (Forster), with reference to selection of a scale-sampling site. *New Zealand Journal of Marine and Freshwater Research*, 2 (2): 273-292.

Paul L J, Tarring S C. 1980. Growth rate and population structure of snapper, *Chrysophrys auratus*, in the East Cape region, New Zealand. *New Zealand Journal of Marien & Freshwater Research*, 14 (3): 237-247.

Paul R S, Taylor P B. 1959. Venom of the lionfish *Pterois volitans*. *The American Journal of Physiology*, 197 (2): 437-440.

Paulin C D, Roberts C D. 1997. Review of the morid cods (Teleostei, Paracanthopterygii, Moridae) of New Caledonia, southwest Pacific Ocean, with description of a new species of Gadella. *In*: Séret B. 1997. Résultats des Campagnes MUSORSTOM. *Mem. Mus. Natl. Hist. Nat. (MMNHN)*, 174: 17-41.

Paulin C D, Stewart A, Roberts C D, McMillan P J. 1989. New Zealand fish a complete guide. *National Museum of New Zealand Miscellaneous Series*: 1-279.

Pauly D, Martosubroto P. 1980. The population dynamics of *Nemipterus marginatus* (Cuvier & Val.) off Western Kalimantan, South China Sea. *Journal of Fish Biology.*, 17: 263-273.

Paxton J R, Hoese D F, Allen G R, Hanley J E. 1989. Zoological Catalogue of Australia. Volume 7. Pisces. Petromyzontidae to Carangidae. Australian Government Publishing Service, Canberra. *Zool. Cat. Aust.*, 7: 1-665.

Paxton J R, Lavenberg R J. 1973. Feeding Mortality in a Deep Sea Angler Fish (*Diceratias bispinosus*) due to a Macrourid Fish (*Ventrifossa* sp.). *Reprinted from The Australian Zoologist*, 18 (1): 47-52.

Pearson D L, Carroll S S. 1998. Global patterns of species richness: spatial models for conservation planning using bioindicator and precipitation data. *Conservation Biology*, 12 (4): 809-821.

Pellegrin J. 1907. Mission permanente Française en Indo-Chine. Poissons du Tonkin. *Bulletin du Muséum National d'Histoire Naturelle (Série 1)*, 13 (7): 499-503.

Pellegrin J. 1908. Poissons d'eau douce de Formose. Description d'une espèce nouvelle de la famille des Cyprinidés. *Bulletin du Muséum National d'Histoire Naturelle (Série 1)*, 14 (6): 262-265.

Pellegrin J. 1931. Description de deux Cyprinidés nouveaux de Chine appartenant au genre *Schizothorax* Heckel. *Bulletin de la Société Zoologique de France*, 56: 145-149.

Pellegrin J. 1932. Poissons du *Tonkin recueillis* par M. Le Commandant Vétérinaire Houdemer. Description d'une espèce nouvelle. *Bulletin de la Société Zoologique de France*, 57: 154-158.

Pellegrin J. 1936. Poissons nouveaux du haut-Laos *et* de l'Annam. *Bulletin de la Société Zoologique de France*, 61: 243-248.

Pellegrin J, Chevey P. 1934. Poissons de Nghia-Lo (Tonkin). Description de quatre espèces nouvelles. *Bulletin de la Société Zoologique de France*, 59: 337-343.

Pellegrin J, Chevey P. 1935. Poisson nouveau do Tonkin appartenant au genre *Sinogastromyzon*. *Bulletin de la Société Zoologique de France*, 60: 232-234.

Pellegrin J, Fang P W. 1935. A new homalopteroid, *Paraprotomyzon multifasciatus* nov. gen. nov. sp., from eastern

Szechuan, China. *Sinensia*, 6 (2): 99-107.

Pellegrin J, Fang P W. 1940. Poissons du Laosrecueillis par Mm. Delacour, Greenway, Ed. Blanc. Description d'un genre, de cinq espèceset d'unevariété. *Bulletin de la Société Zoologique de France*, 65: 111-123.

Penden A E, Nugtegaal D. 1980. Occurrence of the pilotfish (Naucrates ductor Carangidae) off British Columbia. *Syesis*, 13: 213.

Peng Y B, Zhao Z R. 1988. A new genus and a new species of Chinese anchovies. *Journal of Fisheries of China*, 12 (4): 355-358.

Peng Z G, He S P, Zhang Y. 2004. Phylogenetic relationships of glyptosternoid fishes (Siluriformes: Sisoridae) inferred from mitochondrial cytochrome *b* gene sequences. *Molecular Phylogenetics and Evolution*, 31 (3): 979-987.

Peng Z G, Ho S Y W, Zhang Y G, He S P. 2006. Uplift of the Tibetan plateau: evidence from divergence times of glyptosternoid catfishes. *Molecular Phylogenetics and Evolution*, 39: 568-572.

Pennant T. 1776. British zoology. 4th Ed. London: British Zool.: 1-425.

Peters W. 1861. Über zwei neue Gattungen von Fischen aus dem Ganges. Berlin: Monatsber. K. Akad. Wiss.: 712-713.

Peters W. 1880. Über die von der chinesischen Regierung zu der internationalen Fischerei-Austellunggesandte Fischsammlung aus Ningpo. *Monatsberichte der Königlichen Preuss Akademie der Wissenschaften zu Berlin*, 45: 921-927.

Peters W. 1881. Über eine Sammlung von Fischen, welche Hr. Dr. Gerlach in Hong Kong gesandt hat. Monatsberichte der Königlichen Preuss. Berlin: Akademie der Wissenschaften zu Berlin.

Petit G, Tchang T L. 1933. Un cyprinidé nouveau d'Indochine. *Bulletin du Muséum National d'Histoire Naturelle (Série 2)*, 5 (3): 189-192.

Phillip C H. 1972. Anthias heraldi, a synonym of Lutjanus gibbus, an Indo-Pacific Lutjanid fish. *Copeia*, 3: 599-601.

Pietsch T W. 1972a. A review of the monotypic deep-sea anglerfish Family Centrophrynidae: Taxonomy, distribution and osteology. *Copeia*, 1: 17-47.

Pietsch T W. 1972b. Ergebnisse der Forschungsreisen des FFS Walther Herwig nach Südamerica 19: Systematics and distribution of ceratioid fishes of the genus *Dolopichthys* (Oneirodidae), with the description of a new species. *Archiv für Fischereiwissenschaft*, 23 (1): 1-28.

Pietsch T W. 1974. Systematics and distribution of ceratioid anglerfishes of the genus *Lophodolos* (Oneirodidae). Breviora, 425: 1-19.

Pietsch T W. 1986. Systematics and distribution of bathypelagic anglerfishes of the family Ceratiidae (order: Lophiiformes). *Copeia*, 1986 (2): 479-493.

Pietsch T W. 2009. Oceanic anglerfishes. *Extraordinary diversity in the Deep Sea*: i-xii + 1-557.

Pietsch T W, Grobecker D B. 1987. Frogfishes of the world: Systematics, zoogeography, and behavioral ecology. Palo Alto: Stanford University Press: 1-420.

Pietsch T W, Ho H C, Chen H M. 2004. Revision of the deep-sea anglerfish genus *Bufoceratias* Whitley (Lophiiformes: Ceratioidei: Diceratiidae), with description of a new species from the Indo-West Pacific Ocean. *Copeia*, 2004 (1): 98-107.

Pietsch T W, Nafpaktitis B G. 1971. A male *Melanocetus johnsoni* attached to a Female *Centrophryne spinulosa* (Pisces: Ceratioidea). *Copeia*, 2: 322-324.

Pietsch T W, Seigel J A. 1980. Certioid anglerfishes of the Philippine Archipelago, with descriptions of five new species. *Fish. Bull.*, 78 (2): 379-398.

Pietsch T W, van Duzer J P. 1980. Systematics and distribution of ceratioid anglerfishes of the family Melanocetidae with the description of a new species from the eastern North Pacific Ocean. *United States National Marine Fisheries Service Fishery Bulletin*, 78 (1): 59-87.

Pietschmann V. 1908. Zwei neue japanische Haifische. *Anzeiger der Akademie der Wissenschaften in Wien*, 45 (10): 132-135. [Also as a separate: 1-3 [1908, No.20]].

Pietschmann V. 1911. Ueber *Neopercis macrophthalma* n. sp. und *Heterognathodon doederleini*, Ishikawa, zwei Fische aus/Formosa. *Wien Ann. Nat. Hist. Hofmus.*, 115: 431-435.

Pietschmann V. 1928. Neue Fischarten aus dem Pazifischen Ozean. *Anzeiger der Akademie der Wissenschaften in Wien*, 65 (27): 297-298.

Pietschmann V. 1934. Drei neue Fische aus den hawaiischen Küstengewäassern. *Anzeiger der Akademie der Wissenschaften in Wien*, 71: 99-100.

Pinchuk V I. 1978. Observations on and additions to the family Gobiidae in "Fishes of the Sea of Japan and adjacent waters of the Okhotsk and Yellow Seas" Part 4, 1975 by G. U. Lindbergand Z. V. Krasyukova, with a description of

Chaenogobius taranetze sp. nov. *Voprosy Ikhtiologii*, 18 (1): 3-18.

Playfair R L, Günther A. 1867. The Fishes of Zanzibar. London: John Van Voorst, Paternoster Row: 1-153.

Poey F. 1854. Memoriassobre la historia natural de la Isla de Cuba, acompañadas de sumarios Latinos y extractos en Francés. *La Habana*, 1: 1-463.

Poll M. 1953. Poissons III. Téléostéens Malacoptérygiens. Résultats scientifique. Expédition océanographic belge dans les eaux côtières africaines de l Atlantique sud (1948-1949). *Bruxelles*, 4 (2): 1-258.

Polunin N V C, Lubbock R. 1977. Prawn-associated gobies (Teleostei: Gobiidae) from the Seychelles, western Indian Ocean: systematics and ecology. *J. Zool. (Lond.)*, 183: 63-101.

Poss S G, Eschmeyer W N. 1975. The Indo-West Pacific scorpionfish genus *Ocosia* Jordan and Starks (Scorpaenidae, Tetraroginae), with description of three new species. *Matsya*, 1: 1-18.

Potthoff T. 1980. Development and structure of fins and fin supports in dolphin fishes *Coryphaena hippurus* and *Coryphaena equiselis* (Coryphaenidae). *Fishery Bulletin*, 78 (2): 277-311.

Prokofiev A M. 2004. A new species of the genus *Micronoemacheilus* Rendahl, 1944 (Balitoridae: Nemacheilinae) from Hainan (China) with notes on its status. *Voprosy Ikhtiologii*, 44 (3): 154-161.

Prokofiev A M. 2006. Two new species of the loach genus *Triplophysa* Rendahl 1933 from Western Mongolia and Northwestern China, with a key the species from the interior drainages of Tien-Shan, Karakurum and Altai Mountains. *Senckenbergiana biologica*, 86 (2): 235-259.

Prokofiev, A M. 2007a. Materials towards the revision of the genus *Triplophysa* Rendahl, 1933 (Cobitoidea: Balitoridae: Nemacheilinae): a revision of nominal taxa of Herzenstein (1888) described within the species "*Nemachilus*" stoliczkae and "*N.*" dorsonotatus, with the description of the new species *T. scapanognatha* sp. nov. *Voprosy Ikhtiologii*, 47 (1): 5-25.

Prokofiev, A M. 2007b. Morphology, systematics and origin of the stone loach genus *Orthrias* (Teleostei: Balitoridae: Nemachelinae). KMK Scientific Press Pdt, Moscow: 1-110.

Qi D L, Li T P, Zhao X Q, Guo S C, Li J X. 2006. Mitochondrial cytochrome *b* Sequence Variation and Phylogenetics of the Highly Specialized Schizothoracine Fishes (Teleostei: Cyprinidae) in the Qinghai-Tibet Plateau. *Biochemical Genetics*, 44 (5-6): 270-285.

Qin K J, Jin X B. 1992. A new genus and species of cottidae of China. *Journal of Dalian Fisheries College*, 6 (3-4): 1-5.

Qin Q, Wu Z, Pan J. 2000. Immunization against vibriosis in maricultured grouper, *Epinephelus awoara* in China. *In*: The Third World Fisheries Congress Abstracts Book. Beijing: P.R. China: 132-133.

Quéro J C, Hureau J C, Karrer C, Post A, Saldanha L. 1990. Clofeta III: Check-list of the fishes of the eastern tropical Atlantic. Paris: UNESCO: 1-1492.

Quoy J R C, Gaimard J P. 1824-25. Description des Poissons. Chapter IX. *In*: de Freycinet L. Voyage autour du Monde. exécuté sur les corvettes de L. M. "L'Uranie" *et* "La Physicienne" pendant les années 1817, 1818, 1819 *et* 1820. Paris: 192-401 [1-328 in 1824; 329-616 in 1825], Atlas pls. 43-65.

Radcliffe L. 1911. Notes on some fishes of the genus Amia, family of Cheilodipteridae, with descriptions of four new species from the Philippine Islands. *Proceedings of the United States National Museum*, 41 (1853): 245-261.

Radcliffe L. 1912a. Descriptions of fifteen new fishes of the family Cheilodipteridae, from the Philippine Islands and contiguous waters. *Proceedings of the United States National Museum*, 41 (1868): 431-446.

Radcliffe L. 1912b. Descriptions of a new family, two new genera, and twenty-nine new species of anacanthine fishes from the Philippine Islands and contiguous waters. *Proceedings of the United States National Museum*, 43: 105-140.

Rafinesque C S. 1810. Caratteri di alcuninuovigeneri e nuove specie di animali e piantedella Sicilia, con varie osservazioni sopra i medisimi. Sanfilippo, Palermo.

Rafinesque C S. 1820. Ichthyologia Ochiensis: 50.

Rahman M H, Tachichara K. 2005. Reproductive biology of *Sillago aeolus* in Okinawa Island, Japan. *Fisheries Science*, 71 (1): 122-132.

Rainboth W J. 1985. *Neolissochilus*, a new genus of South Asian cyprinid fishes. *Beaufortia*, 35 (3): 25-35.

Rainboth W J. 1989. *Discherodontus*, a new genus of cyprinid fishes from southeastern Asia. *Occasional Papers of the Museum of Zoology, University of Michigan*, 718: 1-31.

Rainboth W J. 1996. Fishes of the Cambodian Mekong. *FAO, Rome*, 265: 27.

Raj U, Seeto J. 1983. A new species of *Paracaesio* (Pisces: Lutjanidae) from the Fiji Islands. *Copeia*, 2: 450-453.

Ralston S. 1981. A new record of the pomacanthid fish *Centropyge interruptus* from the Hawaiian Islands. *Japanese Journal of Ichthyology*, 27 (4): 327-329.

Randall J E. 1955. A revision of the surgeon fish genus *Ctenochaetus*, family Acanthuridae, with descriptions of five new species. *Zoologica, Scientific Contributions of the New York Zoological Society*, 40 (pt 4, no. 15): 149-166, pls. 1-2.

Randall J E. 1963. Review of the hawkfishes (Family Cirrhitidae). *Proceedings of the United States National Museum*, 114 (3472): 389-451.

Randall J E. 1971. The nominal triggerfishes (Balistidae) *Pachynathus nycteris* and *Oncobalistes erythropterus*, junior synonyms of *Melichthys vidua*. *Copeia*, 3: 462-469.

Randall J E. 1972. A revision of the labrid fish genus *Anampses*. *Micronesica*, 8 (1-2): 151-195.

Randall J E. 1977. Contribution to the biology of the whitetip reef shark (*Triaenodon obesus*). *Pacific Science*, 31 (2): 143-164.

Randall J E. 1979. A review of the serranid fish genus *Anthias* of the Hawaiian Islands, with descriptions of two new species. *Contrib. Sci. (Los Angel.)*, 302: 1-13.

Randall J E. 1980a. Revision of the fish genus *Plectranthias* (Serranidae: Anthiinae) with descriptions of 13 new species. *Micronesica*, 16 (1): 101-187.

Randall J E. 1980b. Two new Indo-Pacific labrid fishes of the genus *Halichoeres*, with notes on other species of the genus. *Pacific Science*, 34 (4): 415-432.

Randall J E. 1981a. A review of the Indo-Pacific sand tilefish genus *Hoplolatilus* (Perciformes: Malacanthidae). *Freshwater Mar. Aquar.*, 4 (12): 39-45.

Randall J E. 1981b. Revision of the labrid fish genus *Labropsis* with descriptions of five new species. *Micronesica*, 17 (1-2): 125-155.

Randall J E. 1981c. Two new species and six new records of labrid fishes from the Red Sea. *Senckenb. Marit.*, 13 (1/3): 79-109.

Randall J E. 1983. A new fish of the genus *Anthias* (Perciformes: Serranidae) from the western Pacific, with notes on *A. luzonensis*. *The Aquarium*, 6 (9): 27-37.

Randall J E. 1984. Two new Indo-Pacific mugiloidid fishes of the genus *Parapercis*. *Freshwater and Marine Aquarium*, 7 (12): 41-49. [Appeared earlier in same journal, 7 (10): 47-54].

Randall J E. 1985. On the validity of the tetraodontid fish *Arothron manilensis* (Procé). *Japanese Journal of Ichthyology*, 32 (3): 347-355.

Randall J E. 1987. *Heliases ternatensis* Bleeker, 1856 (currently *Chromis ternatensis*; Osteichthyes, Perciformes): proposed conservation and adoption of the name *Chromis viridis* (Cuvier, 1830) for the fish commonly called *C. caerulea* (Cuvier, 1830). *Bulletin Zoological Nomenclature*, 44 (4): 248-250.

Randall J E. 1988. Three new Indo-Pacific damselfishes of the genus *Chromis* (Pomacentridae). *Mem. Mus. Victoria.*, 49 (1): 73-81.

Randall J E. 1992. A review of the Labrid fishes of the genus *Cirrhilabrus* from Japan, Taiwan of China and the Mariana Islands, with description of two new species. *Micronesica*, 25 (1): 99-121.

Randall J E. 1994. A new genus and six new gobiid fishes (Perciformes: Gobiidae) from Arabian waters. *Fauna of Saudia Arabia*, 14: 317-340.

Randall J E. 1995. Coastal fishes of Oman. Bathurst: Crowford House Publishing Pty Ltd: 1-439.

Randall J E. 1996a. Second revision of the labrid fish genus *Leptojulis*, with descriptions of two new species. *Indo-Pacific Fishes*, 24: 1-20.

Randall J E. 1996b. Two new anthiine fishes of the genus *Plectranthias* (Perciformes: Serranidae), with a key to the species. *Micronesica*, 29 (2): 113-131.

Randall J E. 1997. The parrotfish *Scarus atropectoralis* Schultz, a junior synonym of *S. xanthopleura* Bleeker. *Revue française Aquariologie*, 24 (1-2): 49-52.

Randall J E. 1998a. First record of the lizardfish *Synodus rubromarmoratus* Russell and Cressey from Hawaii and Japan. *I.O.P. Diving News*, 9 (12): 6-7.

Randall J E. 1998b. Revision of the Indo-Pacific squirrelfishes (Beryciformes: Holocentridae: Holocentrinae) of the genus *Sargocentron*, with descriptions of four new species. *Indo-Pacific Fishes*, 27: 1-105, pls. 1-11.

Randall J E. 1999a. *Halichoeres bleekeri* (Steindachner & Döderlein), a valid Japanese species of labrid fish, distinct from *H. tenuispinis* (Günther) from China. *Ichthyological Research*, 46 (3): 225-231.

Randall J E. 1999b. *Halichoeres orientalis*, a new labrid fish from southern Japan and Taiwan of China. *Zoological Studies*, 38 (3): 295-300.

Randall J E. 1999c. Revision of the Indo-Pacific labrid fishes of the genus *Pseudochelinus*, with descriptions of three new species. *Indo-Pacific Fishes*, 28: 1-34.

Randall J E. 1999d. Revision of Indo-Pacific labrid fishes of the genus *Coris*, with descriptions of five new species.

Indo-Pacific Fishes, 29: 1-74.

Randall J E. 2000. Revision of the Indo-Pacific labrid fishes of the genus *Stethojulis*, with descriptions of two new species. *Indo-Pacific Fishes*, 31: 1-42.

Randall J E. 2001a. Five new Indo-Pacific gobiid fishes of the genus *Coryphopterus*. *Zoological Studies*, 40 (3): 206-225.

Randall J E. 2001b. *Naso reticulatus*, a new unicornfish (Perciformes: Acanthuridae) from Taiwan of China and Indonesia, with a key to the species of *Naso. Zoological Studies*, 40 (2): 170-176.

Randall J E. 2002. Surgeonfishes of Hawaii and the world. Hawaii: Mutual Publishing: 1-136.

Randall J E. 2003a. *Thalassoma nigrofasciatum*, a new species of labrid fish from the south-west Pacific. *Aqua J. Ichthyol. Aquat. Biol.*, 7 (1): 1-8.

Randall J E. 2003b. Review of the sandperches of the *Parapercis cylindrica* complex (Perciformes: Pinguipedidae), with description of two new species from the western Pacific. No. 72: 1-19.

Randall J E. 2004a. Five new shrimp gobies of the genus *Amblyeleotris* from islands of Oceania. 8 (2): 61-78.

Randall J E. 2004b. On the status of the pomacentrid fish *Stegastes lividus* (Forster). *Ichthyological Research*, 51: 389-391.

Randall J E. 2008. Six new sandperches of the genus *Parapercis* from the Western Pacific, with description of a neotype for *P. maculata* (Bloch and Schneider). *The Raffles Bulletin of Zoology (Suppl.)*, 19: 159-178.

Randall J E, Allen G R. 1973. A revision of the gobiid fish genus *Nemateleotris*, with descriptions of two new species. *Qura. Journal of the Taiwan Museum*, 26 (3/4): 347-367.

Randall J E, Allen G R. 1987. Four new serranid fishes of the genus *Epinephelus* (Perciformes: Epinephelinae) from Western Australia. *Rec. West. Aust. Mus.*, 13 (3): 387-411.

Randall J E, Allen G R. 2004. *Gomphosus varius* × *Thalassoma lunare*, a hybrid labrid fish from Australia. *Aqua.*, 8 (no. 3): 135-139.

Randall J E, Allen G R, Anderson W D Jr. 1987. Revision of the Indo-Pacific lutjanid genus *Pinjalo*, with description of a new species. *Indo-Pacific Fishes*, 14: 1-17.

Randall J E, Allen G R, Steene R C. 1990. Fishes of the Great Barrier Reef and Coral Sea. Bathurst: Crawford House Press: 1-507.

Randall J E, Araga C. 1978. The Japanese labrid fish *Coris musume*, a junior synonym of the Australlian *C. picta*. *Publ. Seto Mar. Biol. Lab.*, 24 (4/6): 427-431.

Randall J E, Bauchot M L. 1999. Clarification of the two Indo-Pacific species of bonefishes, *Albula glossodonta* and *A. forsteri*. *Cybium*, 23 (1): 79-83.

Randall J E, Bauchot M L, Ben-Tuvia A, Heemstra P C. 1985. *Cephalopholis argus* Schneider, 1801 and *Cephalopholis sexmaculata* (Ruppell, 1830) (Osteichthyes, Serranidae): Proposed conservation by suppression of *Bodianus guttatus* Bloch, 1790, *Anthius argus* Bloch, 1792 and...*Bulletin Zoological Nomenclature*, 42 (4): 374-378.

Randall J E, Bauchot M L, Guézé P. 1993. *Upeneus japonicus* (Houttuyn), a senior synonym of the Japanese goatfish *U. bensasi* (Temminck *et* Schlegel). *Japanese Journal of Ichthyology*, 40 (3): 301-305.

Randall J E, Chen C H. 1985. First record of the labrid fish *Bodianus cylindriatus* (Tanaka) from the Hawaiian Islands. *Pacific Science*, 39 (3): 291-293.

Randall J E, Cornish A S. 2000. *Xyrichtys trivittatus*, a new species of razorfish (Perciformes: Labridae) from Hong Kong and Taiwan. *Zoological Studies*, 39 (1): 18-22.

Randall J E, Dooley J K. 1974. Revision of the Indo-Pacific branchiostegid fish genus *Hoplolatilus*, with descriptions of two new species. *Copeia*, 2: 457-471.

Randall J E, Earle J L. 2004. *Novaculoides*, a new genus for the Indo-Pacific labrid fish *Novaculichthys macrolepidotus*. *Aqua*, 8 (no. 1): 37-43.

Randall J E, Earle J L, Rocha L A. 2008. *Xyrichtys pastellus*, a new razorfish from the southwest Pacific, with discussion of the related *X. sciistius* and *X. woodi*. *Aqua Int. J. Ichthyol.*, 14 (3): 149-158.

Randall J E, Emery A R. 1971. On the resemblance of the young of the fishes *Platax pinnatus* and *Plectorhynchus chaetodontoides* to flatworm and nudibranchs. *New York. Zool. Soc.*: 115-119.

Randall J E, Eschmeyer W N. 2001. Revision of the Indo-Pacific scorpionfish genus *Scorpaenopsis*, with descriptions of eight new species. *Indo-Pacific Fishes*, 34: 1-79, I-XII.

Randall J E, Ferraris C J Jr. 1981. A revision of the Indo-Pacific labrid fish genus *Leptojulis* with descriptions of two new species. *Revue française Aquariologie*, 8 (3): 89-96.

Randall J E, Fraser T H, Lachner E A. 1990. On the validity of the Indo-Pacific cardinalfishes *Apogon aureus* (Lacépède) and *A. fleurieu* (Lacépède), with description of a related new species from the Red Sea. *Proceedings of the Biological Society of Washington*, 103 (1): 39-62.

Randall J E, Fridman D. 1981. *Chaetodon auriga* × *Chaetodon fasciatus*, a Hybrid Butterflyfish from the Red Sea. *Revue française Aquariologie*, 7 (4): 113-116.

Randall J E, Greenfield D W. 1996. Revision of the Indo-Pacific holocentrid fishes of the genus *Myripristis*, with descriptions of three new species. *Indo-Pacific Fishes*, 25: 1-61.

Randall J E, Greenfield D W. 2001. A preliminary review of the Indo-Pacific gobiid fishes of the genus *Gnatholepis*. *Ichthyological Bulletin of the J. L. B. Smith Institute of Ichthyology*, 69: 1-17.

Randall J E, Heemstra P C. 1978. Reclassification of the Japanese cirrhitid fishes *Serranocirrhitus latus* and *Isobuna japonica* to the Anthiinae. *Japanese Journal of Ichthyology*, 25 (3): 165-172.

Randall J E, Heemstra P C. 1985. A review of the squirrelfishes of the subfamily Holocentrinae from the western Indian Ocean and Red Sea. *Ichthyological Bulletin of the J. L. B. Smith Institute of Ichthyology*, 49: 1-27, pls. 1-2.

Randall J E, Heemstra P C. 1986. *Epinephelus truncatus katayama*, a junior synonym of the indo-pacific serranid fish *Epinephelus retouti* Bleeker. *Japanese Journal of Ichthyology*, 33 (1): 51-56.

Randall J E, Heemstra P C. 2006. Review of the Indo-Pacific fishes of the genus *Odontanthias* (Serranidae: Anthiinae), with descriptions of two new species and a related genus. *Indo-Pacific Fishes*, (38): 32.

Randall J E, Helfman G S. 1973. Attacks on humans by the blacktip reef shark (*Carcharhinus melanopterus*). *Pacific Science*, 27 (3): 226-238.

Randall J E, Hoese D. 1985. Revision of the Indo-Pacific dartfishes, genus *Ptereleotris* (Perciformes: Gobioidei). *Indo-Pacific Fishes*, 7: 1-36.

Randall J E, Ida H, Moyer J T. 1981. A review of the damselfishes of the genus *Chromis* from Japan and Taiwan of China, with description of a new species. *Japanese Journal of Ichthyology*, 28 (3): 203-242.

Randall J E, Jaafar Z. 2009. Comparison of the Indo-Pacific shrimpgobies *Amblyeleotris fasciata* (Herre, 1953) and *Amblyeleotris wheeleri* Polunin and Lubbock, 1977. *Aqua*, 15 (1): 49-58.

Randall J E, Jonnson L. 2008. Clarification of the western Pacific razorfishes (Labridae: Xyrichtyinae) identified as *Iniistius baldwini*, *I. evides*, and *I. maculosus*. *Raffles Bull. Zool.*, Suppl. 19: 179-182.

Randall J E, Justine J L. 2008. *Cephalopholis aurantia* x *C. spiloparaea*, a hybrid serranid fish from Caledonia. *Raffles Bull. Zool.*, 56 (1): 157-159.

Randall J E, Khalaf M. 2003. Redescription of the labrid fish *Oxycheilinus orientalis*, a senior synonym of *O. rhodochrous*, and the first record from the Red Sea. *Zoological Studies*, 42 (1): 135-139.

Randall J E, Klausewitz W. 1986. New records of the Serranid Fish *Epinephelus radiatus* from the Red Sea and Gulf of Oman. *Senckenb. Marit.*, 18 (3/6): 229-237.

Randall J E, Kuiter R H. 1989. The juvenile Indo-Pacific group *Anyperodon leucogrammicus*, a mimic of the wrasse *Halichoeres purpurescens* and allied species, with a review of the recent literature on mimicry in fishes. *Revue française Aquariologie*, 16 (2): 51-56.

Randall J E, Kulbicki M. 1998. Two new cardinalfishes (Perciformes: Apogonidae) of the *Apogon cyanosoma* complex from the western Pacific, with notes on the status of *A. wassinki* Bleeker. *Rev. Fr. Aquariol.*, 25 (1-2): 31-40.

Randall J E, Lachner E A. 1986. The status of the Indo-West Pacific cardinalfishes *Apogon aroubiensis* and *A. nigrofasciatus*. *Proceedings of the Biological Society of Washington*, 99 (1): 110-120.

Randall J E, Lachner E A, Fraser T H. 1985. A revision of the Indo-Pacific apogonid fish genus *Pseudamia*, with descriptions of three new species. *Indo-Pacific Fishes*, 6: 1-23.

Randall J E, Lim K K P. 2000. A checklist of the fishes of the South China Sea. *Raffles Bull. Zool.*, Suppl. (8): 569-667.

Randall J E, Lubbock R. 1981. Labrid fishes of the genus *Paracheilinus*, with descriptions of three new species from the Philippines. *Japanese Journal of Ichthyology*, 28 (1): 19-30.

Randall J E, Lubbock R. 1982. A new Indo-Pacific dartfish of the genus *Ptereleotris* (Perciformes: Gobiidae). *Revue française Aquariologie*, 9 (2): 41-46.

Randall J E, Masuda H. 1991. Two new labrid fishes of the genus *Cirrhilabrus* from Japan. *Revue Française dAquariologie*, 18 (2): 53-60.

Randall J E, Matsuura K, Zama A. 1978. A revision of the triggerfish genus *Xanthichthys*, with description of a new species. *Bulletin of Marine Science*, 28 (4): 688-706.

Randall J E, Mundy B C. 1998. *Balistes polylepis* and *Xanthichthys caeruleolineatus*, two large triggerfishes (Tetraodontiformes: Balistidae) from the Hawaiian Islands, with a key to Hawaiian species. *Pacific Science*, 52 (4): 322-333.

Randall J E, Myers R F. 2000. *Scarus fuscocaudalis*, a new species of parrotfish (Perciformes: Labroidei: Scaridae) from the western Pacific. *Micronesica*, 32 (2): 221-228.

Randall J E, Ormond R F G. 1978. On the Red Sea parrotfishes of Forsskål, *Scarus psittacus* and *S. ferrugineus*. *Zool. J. Linn. Soc.*, 63 (3): 239-248.

Randall J E, Poss S G. 2002. Redescription of the Indo-Pacific scorpionfish *Scorpaenopsis fowleri* and reallocation to the genus *Sebastapistes*. *Pacific Science*, 56 (1): 57-64.

Randall J E, Randall H A. 1981. A revision of the labrid fish genus *Pseudojuloides*, with descriptions of five new species. *Pacific Science*, 35 (1): 51-74.

Randall J E, Richard L P. 2008. *Synodus orientalis*, a New Lizardfish (Aulopiformes: Synodontidae) from Taiwan of China and Japan, with Correction of the Asian Records of *S. lobeli*. *Zoological Studies*, 47 (5): 657-662.

Randall J E, Senou H. 2007. Two New Soles of the Genus *Aseraggodes* (Pleuronectiformes: Soleidae) from Taiwan of China and Japan. *Zoological Studies*, 46 (3): 303-310.

Randall J E, Shao K T, Chen J P. 2003. A review of the Indo-Pacific gobiid fish genus *Ctenogobiops*, with descriptions of two new species. *Zoological Studies*, 42 (4): 506-515.

Randall J E, Shao K T, Chen J P. 2007. Two new shrimp gobies of the genus *Ctenogobiops* (Perciformes: Gobiidae), from the Western Pacific. *Zoological Studies*, 46 (1): 26-34.

Randall J E, Shen D C. 2002. First records of the gobioid fishes *Gunnellichthys monostigma* and *Nemateleotris decora* from the Red Sea. *Fauna Arabia*, 19: 491-495.

Randall J E, Shen S C. 1978. A review of the labrid fishes of the genus *Cirrhilabrus* from Taiwan, with description of a new species. *Bulletin of the Institute of Zoology, "Academia Sinica"*, 17 (1): 13-24.

Randall J E, Shimizu T, Yamakawa T. 1982. A revision of the holocentrid fish genus *Ostichthys*, with descriptions of four new species and a related new genus. *Japanese Journal of Ichthyology*, 29 (1): 1-26.

Randall J E, Smith M M. 1982. A review of the labrid fishes of the genus *Halichoeres* of the western Indian Ocean, with descriptions of six new species. *Ichthyol. Bull. J. L. B. Smith Inst. Ichthyol.*, 45: 1-26.

Randall J E, Smith M M, Aida K. 1980. Notes on the classification and distribution of the Indo-Pacific soapfish, *Belonoperca chabanaudi* (Perciformes: Grammistidae). *J. L. B. Smith Inst. Ichthyol. Spec. Publ.*, 21: 1-8.

Randall J E, Springer V G. 1975. *Labroides pectoralis*, a new species of labrid fish from the tropical Western Pacific. *UO*, 25: 4-11.

Randall J E, Stender G K. 2001. The nibbler *Girella leonine* and the soldierfish *Myripristis murdjan* from Midway Atoll, first records for the Hawaiian Islands. *Pacific Science*, 56 (2): 137-141.

Randall J E, Struhsaker P. 1971. The acanthurid fish *Naso lopezi* Herre formt he Hawaiian Islands. *Copeia*, 2.

Randall J E, Struhsaker P. 1981. *Naso maculatus*, a new species of acanthurid fish from the Hawaiian Islands and Japan. *Copeia*, 3: 553-558.

Randall J E, Swerdloff S N. 1973. A review of the damselfish genus *Chromis* from the Hawaiian Islands, with descriptions of three new species. *Pacific Science*, 27 (4): 327-349.

Randall J E, Taylor L R. 1988. Review of the Indo-Pacific fishes of the serranid genus *Liopropoma*, with descriptions of seven new species. *Indo-Pacific Fishes*, 16: 1-47.

Randall J E, Williams J T, Rocha L A. 2008. The Indo-Pacific tetraodontid fish *Canthigaster coronata*, a complex of three species. *Smithiana Bull.*, 9: 3-13.

Randall J E, Yamakawa T. 1988. A new species of the labrid fish of the genus *Hologymnosus* from the western Pacific, with notes on *H. longipes*. *Revue française Aquariologie*, 15 (1): 25-30.

Randall J E, Yamakawa T. 1996. Two new soldierfishes (Beryciformes: Holocentridae: Myripristis) from Japan. *Ichthyological Research*, 43 (3): 211-222.

Rass T S, Lindberg G U. 1971. Modern concepts of the natural system of recent fishes. *Problem of Ichthyology, Academy Science U.S.S.R. Tom.*, 11, 3 (68): 380-407.

Rau N, Rau A. 1980. Commercial marine fishes of the Central Philippines (bony fish). German Agency for Technical Cooperation, Germany: 1-623.

Raven H C, Pflueger A. 1939. On the Anatomy and Evolution of the Locomotor Apparatus of the Nipple-tailed Ocean Sunfish (*Masturus lanceolatus*). *Bulletin of the American Museum of Natural History*, LXXVI (6): 143-150.

Reavis R H, Barlow G W. 1998. Why is the coral-reef fish *Valenciennea strigata* (Gobiidae) monogamous? *Behavioral Ecology & Sociobiology*, 43: 229-237.

Rechnitzer A B, Böhlke J E. 1958. *Ichthyococcus irregularis*, a new gonostomatine fish from the eastern Pacific. *Copeia*, 1958 (1): 10-15, pls. 1-2.

Recto C P, Lopez N C. 2002. Metazoan parasites from the gills and gut of three species of Philippine Carangid fishes. *In*: Aguilar G D, Buen-Tumilba M C. 2002. Abstracts. 1st national conference in capture fisheries. Miagao: Responsive research and development for a sustainable capture fisheries. 4-6 December 2002 College of Fisheries and Ocean sciences, University of the Philippines in the Visayas: 18.

Reece J S, Smith D G, Holm E. 2010. The moray eels of the *Anarchias cantonensis* group (Anguilliformes: Muraenidae), with description of two new species. *Copeia*, 2010 (3): 421-430.

Reeves C D. 1927. A catalogue of fishes of Northeastern China and Korea. *J. Pan-Pacif. Res. Inst.*, 2 (3): 1-16.

Reeves C D. 1933. Manual of the Vertebrate Animals of Northeastern and Central China, exclusive of birds. Shanghai: Chung Hwa Book Co. Ltd.

Regan C T. 1902. On the fishes from the Maldive Islands. The Fauna and Geography of the Maldive and Laccadive Archipelagoes. *Being the Account of the Work Carried on and of the Collections Made by an Expedition During the Years 1899 and 1900*, 1 (3): 272-281.

Regan C T. 1903. On the classification of the fishes of the suborder Plectognathi; with notes and descriptions of new species from specimens in the British Museum Collection. *Proceedings of the Zoological Society of London*, 1902 [2 (2)]: 284-303.

Regan C T. 1904a. On the affinities of the genus *Draconetta*, with description of a new species. *Annals and Magazine of Natural History*, 14 (80): 130-131.

Regan C T. 1904b. Descriptions of two new cyprinid fishes from Yunnan Fu. *Annals and Magazine of Natural History*, (Ser. 7), 14 (7): 416-417.

Regan C T. 1904c. On a collection of fishes made by Mr. John Graham at Yunnan Fu. *Annals and Magazine of Natural History*, (Ser. 7), 13 (75): 190-194.

Regan C T. 1905a. Description de six poissons nouveaux faisantpartie de la collection du Musée d'Histoire Naturelle de Genève. *Revue Suisse de Zoologie*, 13: 389-393.

Regan C T. 1905b. Descriptions of two new cyprinid fishes from Tibet. *Annals and Magazine of Natural History*, (Ser. 7), 15 (7): 300-301.

Regan C T. 1905c. Descriptions of five new cyprinid fishes from Lhasa, Tibet, collected by Captain H. J. & Waller I. M. S. *Annals and Magazine of Natural History*, (Ser. 7), 15 (66): 185-188.

Regan C T. 1905d. On a collection of fishes from the inland sea of Japan made by Mr. R. Gordon Smith. *Annals and Magazine of Natural History*, (Ser. 7), 15 (85): 17-26.

Regan C T. 1905e. A synopsis of the species of the silurid genera *Parexostoma*, *Chimarrhichthys*, and *Exostoma*. *Annals and Magazine of Natural History*, (Ser. 7), 15 (86): 182-185.

Regan C T. 1906a. On fishes from the Persian Gulf, the Sea of Oman and Karachi, collected by Mr. F.W. Townsend. *Journal of the Bombay Natural History Society*, 16: 318-333.

Regan C T. 1906b. Descriptions of two new cyprinid fishes from Yunnan Fu, collected by Mr. John Graham. *Annals and Magazine of Natural History*, (Ser. 7), 17 (99): 332-333.

Regan C T. 1906c. Descriptions of some new sharks in the British Museum Collection. *Annals and Magazine of Natural History*, 18 (108): 435-440.

Regan C T. 1907a. Descriptions of three new fishes from Yunnan, collected by Mr. John. Graham. *Annals and Magazine of Natural History*, (Ser. 7), 19 (109): 63-64.

Regan C T. 1907b. Fishes: Reports on a collection of Batrachia, reptiles and fish from Nepal and the western Himalayas. *Records of the Indian Museum (Calcutta)*, 1: 149-158.

Regan C T. 1908a. Description of three new freshwater fishes from China. *Annals and Magazine of Natural History*, (Ser. 8), 1 (1): 109-111.

Regan C T. 1908b. Descriptions of new freshwater fishes from China and Japan. *Annals and Magazine of Natural History*, 1 (2): 149-153.

Regan C T. 1908c. Description of new fishes from Lake Candidius, Formosa, collected by Dr. A. Moltrecht. *Annals and Magazine of Natural History*, (Ser. 8), 2 (10): 356-360.

Regan C T. 1908d. A synopsis of the fishes of the subfamily Salanginae. *Annals and Magazine of Natural History*, 2 (11): 444-446.

Regan C T. 1908e. Descriptions of three new cyprinid fishes from Yunnan, collected by Mr. John Graham. *Annals and Magazine of Natural History*, (8) 2: 356-357.

Regan C T. 1908f. The Duke of Bedford's zoological exploration in eastern Asia. 8. A collection of freshwater fishes from Corea. *Proc. Soc. Lond.*: 59-63.

Regan C T. 1908g. Report on the marine fishes collected by Mr. J. Stanley Gardiner in the Indian Ocean. *Trans. Linn. Soc. London (Ser. 2, Zool.)*, 12 (3): 217-255.

Regan C T. 1909a. A collection of fishes made by Dr. C.W. Andrews, F.R.S., at Christmas Island. *Proceedings of the Zoological Society of London*, 1909 (2): 403-406.

Regan C T. 1909b. Descriptions of new marine fishes from Australia and the Pacific. *Annals and Magazine of Natural History*, 4 (23): 438-440.

Regan C T. 1911. The classification of the teleostean fishes of the order Ostariophysi-I. Cyprinoidea. *Annals and Magazine of Natural History (Ser. 8)*, 8 (43): 13-32.

Regan C T. 1912. New fishes from Aldabra and Assumption, collected by Mr. J. C. F. Fryer. *Trans. Linn. Soc. London (Ser. 2, Zool.)*, 15 (2-18): 301-302.

Regan C T. 1913. A synopsis of the siluroid fishes of the genus *Liocassis*, with descriptions of new species. *Annals and Magazine of Natural History (Ser. 8)*, 11 (66): 547-554.

Regan C T. 1914. Fishes from Yunnan, collected by Mr. John Graham, with description of a new species of *Barilius*. *Annals and Magazine of Natural History, (Ser. 8)*, 13 (74): 260-261.

Regan C T. 1917. A revision of the clupeoid fishes of the genera *Pomolobus*, *Brevoortia* and *Dorosoma* and their allies. *Annals and Magazine of Natural History*, 19 (112): 297-316.

Regan C T. 1921. New fishes from deep water off the coast of Natal. *Annals and Magazine of Natural History*, 7 (41): 412-420.

Regan C T. 1925. New ceratioid fishes from the N. Atlantic, the Caribbean Sea, and the Gulf of Panama, collected by the Dana. *Annals and Magazine of Natural History*, 15 (89): 561-567.

Regan C T, Trewavas E. 1929. The fishes of the families Astronesthidae and Chauliodontidae. *Danish Dana Exped.*, 5: 1-39.

Regan C T, Trewavas E. 1930. The fishes of the families Stomiatidae and Malacosteidae. *Danish Dana Exped.*, 6: 1-143.

Regan C T, Trewavas E. 1932. Deep-sea angler-fishes (Ceratioidea). *Rep. Carlsberg Ocean. Exped. 1928-30 Dana Rept.*, 2: 1-113.

Reijnen B T, van der Meij S E T, van Ofwegen L P. 2011. Fish, fans and hydroids: host species of pygmy seahorses. *ZooKeys*, 103: 1-26.

Ren Q, Yang J X, Chen X Y (任秋, 杨君兴, 陈小勇). 2012. A new species of the genus *Triplophysa* (Cypriniformes: Nemacheilidae), *Triplophysa longliensis* sp. nov, from Guizhou, China. *Zootaxa*, 3586: 187-194.

Rendahl H. 1921. Results of Dr. E. Mjöbergs Swedish scientific expeditions to Australia, 1910-13. XXVIII. *Fische. K. Sven. Vetenskapsakad. Handl.*, 61 (9): 1-24.

Rendahl H. 1923. Eineneue Art der Familie Salangidae aus China. *Zoologischer Anzeiger*, 56 (nos 3/4): 92-93.

Rendahl H. 1924. Beiträge zur Kenntniss der marinen Ichthyologie von China. *Arkiv. för Zoologi.*, 16 (2): 1-37.

Rendahl H. 1925. Eineneue Art der Gattung Glyptosternum aus China. *Zoologischer Anzeiger*, 64 (11-12): 307-308.

Rendahl H. 1928. Beiträge zur Kenntnis der chinesischen Süsswasserfische I. Systematischer Teil. *Arkiv. för Zoologi.*, 20 (1): 1-194.

Rendahl H. 1932. Die fischfauna der chinesischenprovinz Szetschwan. *Ark. Zool.*, 24A (16): 1-134.

Rendahl H. 1933. Studien über innerasiatische Fische. *Arkiv. för Zoologi.* 25 (11): 1-51.

Rendahl H. 1935. Einpaarneueunter-arten von *Cobitis taenia*. *Memoranda Societatis pro Fauna et Flora Fennica*, 10: 329-336.

Rendahl H. 1944. Einige Cobitiden von Annam und Tonkin. *Göteborgs Kungliga Vetenskaps-och Vitterhets-Samhälles Handlingar (Ser 6 B)*, 3 (3): 1-54.

Rendahl H. 1945. Dieauf Formosa Vorkommende from der *Cobitistaenia*. *Ark. Zool. Bd.*, 35 (A): 15-19.

Rhodes K L. 1998. Seasonal trends in epibenthic fish assemblages in the near-shore waters of the western Yellow Sea, Qingdao, Peoples Republic of China. *Estuarine, Coastal and Shelf Science*, 46: 629-643.

Richards J, Chong C K, Mak P, Leung A. 1985. Country report - Hong Kong. *In*: Report of the FAO/SEAFDEC Workshop on shared stocks in Southeast Asia, 18-22 February 1985, Bangkok. *FAO Fish. Rep.*, No. 337: 63-71.

Richards W J. 1992. Comments on the genus *Lepidotrigla* (Pisces: Triglidae) with descriptions of two new species from the Indian and Pacific Oceans. *Bulletin of Marine Science*, 51 (1): 45-65.

Richardson J. 1836. Fishes. *In*: Back G. 1836. Narrative of the Arctic land expedition to the mouth of the Great Fish River, and along the shores of the Arctic Ocean in the years 1833, 1834, and 1835. London.

Richardson J. 1842. Contributions to the ichthyology of Australia. *Annals and Magazine of Natural History, (New Series)*, 9 (55): 15-31.

Richardson J. 1844-48. Ichthyology of the voyage of H. M. S. Erebus & Terror. *In*: Richardson J, Gray J E. The zoology of the voyage of H. H. S. "Erebus & Terror", under the command of Captain Sir J. C. Ross...during...1839-43. London, 2 (2): i-viii + 1-139, pls. 1-60.

Richardson J. 1845. Ichthyology-Part 3. *In*: Hinds R B. 1845. The zoology of the voyage of H. M. S. Sulphur, under the command of Captain Sir Edward Belcher, R. N., C. B., F. R. G. S., *etc.*, during the years 1836-42. London: Smith, Elder & Co.

Richardson J. 1846. Report on the ichthyology of the seas of China and Japan. Report of the British Association for the Advancement of Science 15th Meeting: 187-320.

Richardson J, Whitehead P J P. 1972. Report on the ichthyology of the seas of China and Japan. With a new index to names in Richardson's Report on the ichthyology of the seas of China and Japan. Junk: Lochem.

Robert H K. 1961. *Paramyruskellersi* Fowler, a synonym of the eel *Conger cinereus* cinereus Ruppell. *Copeia*, 1: 115.

Robert K J, Michael A B. 1972. Geographic meristic variation in *Diplophos taenia* Günther (Salmoniformes: Gonostomatidae). *Deep-Sea Research*, 19: 813-821.

Roberts C D, Stewart A L. 1997. Gemfishes (Scombroidei, Gempylidae, Rexea) of New Caledonia, southwest Pacific Ocean, with description of a new species. No. 7. *In*: Séret B. 1997. Résultats des Campagnes Musorstom, Vol. 17. *Mem. Mus. Natl. Hist. Nat.* (*MMNHN*), 174: 125-141.

Roberts T R. 1993a. Systematic revision of the Southeast Asian cyprinid fish genus *Labiobarbus* (Teleostei: Cyprinidae). *The Raffles Bulletin of Zoology*, 41: 315-329.

Roberts T R. 1993b. The freshwater fishes of Java, as observed by Kuhl and van Hasselt in 1820-23. *Zoologische Verhandelingen*, 285: 1-94.

Roberts T R. 1998a. Review of the tropical Asian cyprinid fish genus *Poropuntius*, with descriptions of new species and trophic morphs. Natural History Bulletin of the Siam Society, 46 (1): 105-135.

Roberts T R. 1998b. Systematic observations on tropical Asian medakas or ricefishes of the genus *Oryzias*, with descriptions of four new species. Ichthyological Research, 45 (3): 213-224.

Roberts T R, Ferraris C J. 1998. Review of South Asian sisorid catfish genera *Gagata* and *Nangra*, with descriptions of a new genus and five new species. *Proceedings of the California Academy of Sciences*, 50 (14): 315-345.

Roberts T R, Karnasuta J. 1987. *Dasyatis laosensis*, a new whiptailed stingray (family Dasyatidae), from the Mekong River of Laos and Thailand. *Environmental Biology of Fishes*, 20 (3): 161-167.

Robins C H, Robins C R. 1976. New genera and species of dysommine and synaphobranchine eels (Synaphobranchidae) with an analysis of the Dysomminae. *Proceedings of the Academy of Natural Sciences of Philadelphia*, (127): 249-280.

Robison B H. 1975. Observations on living juvenile specimens of the slender mola, *Ranzania laevis* (Pisces, Molidae). *Pacific Science*, 29 (1): 27-29.

Rohde K. 1992. Latitudinal gradients in species diversity: the search for the primary cause. *Oikos*, 65 (3): 514-527.

Roldan R G, Muñoz J C. 2004. A field guide on Philippine coral reef fishes. Quezon City: Fisheries Resource Management Project, Bureau of Fisheries and Aquatic Resources, Department of Agriculture: 1-51.

Romero A, Zhao Y H, Chen X Y. 2009. The hypogean fishes of China. *Environmental Biology of Fish*, 86: 211-289.

Ronquillo I A. 1960. Synopsis of biological data on Philippine sardines (*Sardinella perforata, S. fimbriata, S. sirm, S. longiceps*). *In*: Rosa H Jr., Murphy G. 1960. Proceedings of the world scientific meeting on the biology of sardines and related species, Rome, Italy, 14-21 September 1959. Vol. 2, Spec. Synop. 13: 453-495.

Rosen D E, Bailey R M. 1963. The poeciliid fishes (Cyprinodontiformes), their structure, zoogeography, and systematics. *Bulletin of the American Museum of Natural History*, 126 (1): 1-176.

Rosenzweig M L. 1992. Species diversity gradients: we know more and less than we thought. *Journal of Mammalogy*, 4: 715-730.

Roxas H A, Martin C. 1937. Checklist of Philippine fishes. Bureau of Printing, Manila. Department of Agriculture and Commerce. Technical Bulletin (6). *Philipp. Fish.*: 1-314.

Roxas H A. 1934. A review of Philippine isospondylous fishes. *Philippine Journal of Science*, 55 (3): 231-295.

Rüppell W P E S. 1835a. Neuer Nachtrag von Beschreibungen und Abbildungen neuer Fische, im Nil entdeckt. *Museum Senckenbergianum: Abhandlungen aus dem Gebiete der beschreibenden Naturgeschichte, von Mitgliedern der Senckenbergischen Naturforschenden Gesellschaft in Frankfurt am Main*, 2 (1): 1-28.

Rüppell W P E S. 1835b. Memoir on a new species of sword-fish (Histiophorus immaculatus). *Proc. Zool. Soc. London*, 1834-38: 1-187.

Russell B C. 1985. Revision of the Indo-Pacific labrid fish genus *Suezichthys*, with descriptions of four new species. *Indo-Pacific Fishes*, 2: 1-21.

Russell B C. 1990. FAO species catalog Vol. 12. Nemipterid fishes of the world. (Threadfin breams, whiptail breams, monocle breams, dwarf monocle breams, and coral breams). Family Nemipteridae. An annotated and illustrated catalog of Nemipterid species known to date. *FAO Fish. Synop.*, 125: 1-149.

Russell B C. 1991. Description of a new species of *Nemipterus* (Pisces: Perciformes; Nemipteridae) from the western Pacific, with re-descriptions of *Nemipterus marginatus* (Valenciennes), *N. mesoprion* (Bleeker) and *N. nematopus* (Bleeker). *J. Nat. Hist.*, 25 (5): 1379-1389.

Russell B C. 1993. A review of the threadfin breams of the genus *Nemipterus* (Nemipteridae) from Japan and Taiwan of China, with description of a new species. *Japanese Journal of Ichthyology*, 39 (4): 295-310.

Russell B C, Cressey R F. 1979. Three new species of Indo-west Pacific lizardfish (Synodontidae). *Proceedings of the Biological Society of Washington*, 92 (1): 166-175.

Ruth C B. 1915. Report on the Marine biology of the sudanese Red Sea, from Collections made by Cyril Crossland, M.A., D. Sc., F.L.S.-XXII: The Fishes. *Taylor and Francis*: 477-485.

Rutter C M. 1897. A collection of fishes obtained in Swatow, China, by Miss Adele M. Fielde. *Proceedings of the Academy of Natural Sciences of Philadelphia*, 49: 56-90.

S. B. L. 1949. Freshwater Fishes of the U. S. S. R. and Adjacent countrise (Rybypresnykh vod SSSR i Sopredelnykhstran). Vol. II Akademiya Nauk SSSR. Zoologicheskii Institit 496. *Akademiya Nauk SSSR*, 2: 496.

Sablin V V. 1980. Reproduction and population dynamics of the saury (*Colalabis sairi* (Bev.)) in the northwest Pacific Ocean. Thesis abstract, INBYuM, Sevastopol.

Sadovy Y. 1998. Patterns of reproduction in marine fishes of Hong Kong and adjacent waters. *In*: Morton B. 1998. The Marine Biology of the South China Sea. Proceedings of the Third International Conference of the Marine Biology of the South China Sea, Hong Kong 28 October-1 November 1996. Hong Kong: Hong Kong University Press: 261-274.

Sadovy Y, Cornish A S. 2000. Reef fishes of Hong Kong. Hong Kong: Hong Kong University Press: i-xi + 1-321.

Safran P, Omori M. 1990. Some ecological observations on fishes associated with drifting seaweed off Tohoku coast, Japan. *Mar. Biol.*, 105: 395-402.

Sainsbury K J, Kailola P J, Leyland G G. 1985. Continental Shelf Fishes of Northern and North-Western Australia, an Illustrated Guide. 156-182.

Saitoh K, Kobayashi T, Hayashizaki K, Asahida T, Yokoyama Y, Toyohara H, Yamashita Y. 2001. Sequence and structure of Japanese flounder (*Paralichthys olivaceus*) mitochondrial genome. *Bull. Tokohu Natl. Fish. Res. Inst.*, (64): 1-36.

Sakai H, Nakamura M. 1979. Two new species of freshwater gobies (Gobiidae: Sicydiaphiinae) from Ishigaki Island, Japan. *Japanese Journal of Ichthyology*, 26 (1): 43-54.

Sakai H, Sato M, Nakamura M. 2001. Annotated checklist of fishes collected from the rivers in the Ryukyu Archipelago. *Bulletin of the National Science Museum (Tokyo)*, Ser. A, 27 (2): 81-139.

Sakai K, Nakabo T. 1995. Taxonomic Review of the Indo-Pacific Kyphosid Fish, *Kyphosus vaigiensis* (Quoy and Gaimard). *Japanese Journal of Ichthyology*, 42 (1): 61-70.

Sakaizumi M. 1986. Genetic divergence in wild populations of Medaka, *Oryzias latipes* (Pisces: Oryziatidae) from Japan and China. *Genetica*, 69: 119-125.

Sakamoto K. 1984. Interrelationships of the family Pleuronectidae (Pisces: Pleuronectiformes). *Memoirs of the Faculty of Fisheries Hokkaido University*, 31 (1-2): 95-215.

Sakamoto R, Kojima S. 1999. Review of dolphinfish biological and fishing data in Japanese waters. *Sci. Mar.*, 63 (3-4): 375-385.

Sakamoto T, Suzuki K. 1978. Spawning Behavior and Early Life History of the Porcupine Puffer, *Diodon holocanthus*, in Aquaria. *Japanese Journal of Ichthyology*, 24 (4): 261-270.

Sambilay V C Jr. 1991. Depth-distribution patterns of demersal fishes of the Samar Sea, Philippines, and their use for estimation of mortality. M.Sc. thesis, University of the Philippines in the Visayas: 1-66.

Sano M, Hayashi M, Kishimoto H, Manabe H, Kobayashi K. 1984. Validity of the plesiopid fish *Plesiops nakaharae* Tanaka, 1917, with a record of *Plesiops cephalotaenia* from Japan. *Science Report of the Yokosuka City Museum*, (32): 11-22.

Sano M, Moyer J T. 1985. Bathymetric distribution and feeding habits of two sympatric cheilodactylid fishes at Miyake-jima, Japan. *Japanese Journal of Ichthyology*, 32 (2): 239-247.

Sasaki D, Kimura S. 2014. Taxonomic review of the genus *Hypoatherina* Schultz 1948 (Atheriniformes: Atherinidae). *Ichthyological Research*, 61 (3): 207-241.

Sasaki K. 1990. *Johnius grypotus* (Richardson, 1846), resurrection of a Chinese sciaenid species. *Japanese Journal of Ichthyology*, 37 (3): 224-229.

Sasaki K. 1992. Two new and two resurrected species of the sciaenid genus *Johnius* (Johnius) from the West Pacific. *Japanese Journal of Ichthyology*, 39 (3): 191-199.

Sasaki K. 1999. *Johnius* (*Johnieops*) *philippinus*, a new sciaenid from the Philippines, with a synopsis of species included in the subgenus *Johnieops*. *Ichthyological Research*, 46 (3): 271-279.

Sasaki K, Amaoka K. 1989. *Johnius distinctus* (Tanaka, 1916), a senior synonym of *J. tingi* (Tang, 1937) (Perciformes, Sciaenidae). *Japanese Journal of Ichthyology*, 35 (4): 466-468.

Sasaki K, Amaoka K. 1991. *Gymnothorax prolatus*, a new moray from Taiwan. *Japanese Journal of Ichthyology*, 38 (1): 7-10.

Sasaki K, Uyeno T. 1987. *Squaliolus aliae*, a Dalatiid Shark Distinct from *S. laticaudus*. *Japanese Journal of Ichthyology*, 34 (3): 373-376.

Sato T. 1963. Fishery biology of black croaker, *Argyrosomus nibe* (Jordan *et* Thompson). I. On the age and growth of the black croaker in the central and southern parts of the East China Sea. *Bull. Seikai Reg. Fish. Res. Lab.*, 29: 75-96.

Sauvage H E. 1874. Notices ichthyologiques. *Revue et Magasin de Zoologie (Ser 3)*, 2: 332-340.

Sauvage H E. 1878a. Note sur quelques Cyprinidae *et* Cobitidae d'espèes inédites, provenant des eaux douces de la Chine. *Bulletin de la Société philomathique de Paris (7th Série)*, 2: 86-90.

Sauvage H E. 1878b. Note sur quelques poisons d'espèes nouvellesprovenant des eauxdouces de l'Indo-Chine. *Bulletin de la Société Philomathique de Paris (7th Série)*, 2: 233-242.

Sauvage H E. 1880a. Description de quelques poissons de la collection du Muséum d'histoire naturelle. *Bulletin de la Société philomathique de Paris (7th Série)*, 4: 220-228.

Sauvage H E. 1880b. Notice sur quelquespoissons de l'île Campbell *et* de l'Indo-Chine. *Bulletin de la Société Philomathique de Paris, (7th Série)* 4: 228-233.

Sauvage H E. 1882. Description de quelques poissons de la collection du Muséum dhistoire naturelle. *Bulletin de la Société philomathique de Paris*, 6 (7): 168-176.

Sauvage H E. 1883. Sur une collection de poissons recuelliedans le lac Biwako (Japon) par M. F. Steenackers. *Bulletin de la Société philomathique de Paris (7th Série)*, 7: 144-150.

Sauvage H E. 1884. Contribution a la faune ichthyologique du Tonkin. *Bulletin de la Société Zoologique de France*, 9: 209-215, pls. 207-208.

Sauvage H E, Dabry de Thiersant P. 1874. Notes sur les poissons des eaux douces de Chine. *Annales des Sciences Naturelles, Paris (Zoologie et Paléontologie) (Sér. 6)*, 1 (art. 5): 1-18.

Sawada Y, Arai R, Abe T. 1972. *Gobiodon okinawae*, a new coral-goby from the Ryukyu Islands, Japan. *Japanese Journal of Ichthyology*, 19 (2): 57-62.

Sayles L P, Hershkowitz S G. 1937. Placoid scale type and their distribution in *Squalus acanthias*. *Biological Bulletin*, 73 (1): 51-66.

Sazonov Y I. 1994. Additions to the list of macrourids (Gadiformes, Bathygadidae, and Macrouridae) from the Northwest Pacific Ridge. *Journal of Ichthyology*, 34 (5): 98-115.

Sazonov Y I. 1997. A new species of the genus *Conocara* (Alepocephalidae) from the Indo-Pacific. *Journal of Ichthyology*, 37 (9): 749-753.

Sazonov Y I, Shcherbachev Y N. 1982. A preliminary review of grenadiers related to the genus *Cetonurus* Günther (Gadiformes, Macrouridae). Description of new taxa related to the genera *Cetonurus* Günther and *Kumba* Marshall. *Voprosy Ikhtiol.*, 22 (5): 707-721.

Sazonov Y I, Shcherbachev Y N, Iwamoto T. 2003. The grenadier genus *Mataeocephalus* Berg, 1898 (Teleostei, Gadiformes, Macrouridae), with descriptions of two new species. *Proceedings of the California Academy of Sciences*, 54 (17): 279-301.

Schaaf-Da Silva J A, Ebert D A. 2006. *Etmopterus burgessi* sp. nov., a new species of lanternshark (Squaliformes: Etmopteridae) from Taiwan. *Zootaxa*, 1373: 53-64.

Schaaf-Da Silva J A, Ebert D A. 2008. A revision of the western North Pacific swellsharks, genus *Cephaloscyllium* Gill 1862 (Chondrichthyes: Carcharhiniformes: Scyliorhinidae), including descriptions of two new species. *Zootaxa*, 1872: 1-28.

Schindler O. 1930. Ein neuer Hemirhamphus aus dem pazifischen Ozean. *Anzeiger der Akademie der Wissenschaften in Wien*, 67 (9): 79-80.

Schlegel H. 1852. Over twee nieuwe soorten van visschen, *Amphacanthus vulpinus* & *A. puellus*. *Bijdragen tot de Dierkunde*, 1: 38-40, pl. 1.

Schlegel H, Müller S. 1839. Overzigt den uit de Sunda en Moluksche zeeën bekende visschen, van de geslachten Amphiprion, Premnas, Pomacentrus, Glyphisodon, Dascyllus en Heliases. *Verh. Natuur. Gesch. Leiden*, 1839-44: 17-26, pls. 4-6.

Schmid H, Randall J E. 1997. First record of the tripletail, *Lobotes surinamensis* (Pisces: Lobotidae), from the Red Sea. *Fauna Saudi Arabia*, 16: 353-355.

Schmidt P. 1928. On a rare Japanese deep-sea fish, *Ereunias grallator* Jordan and Snyder. Comptes Rendus de l'Académie des Sciences de lURSS: 319-320.

Schmidt P. 1929. On the occurrence of the eel *Uroconger lepturus* Richardson in Japan. Comptes Rendus de l'Académie des Sciences de lURSS: 189-196.

Schrank F P. 1798. Fauna Boica. Durchgedachte Geschichte der in Baieren einheimischen und zahmen Thiere. Nürnberg.

Schroeder R E. 1980. Philippine shore fishes of the western Sulu Sea. Manila: Bureau of Fisheries and Aquatic Resources and NMPC Books: 1-266.

Schroeder R E. 1982. Length-weight relationships of fishes from Honda Bay, Palawan, Philippines. *Fish. Res. J. Philipp.*, 7 (2): 50-53.

Schultz L P. 1938. Notes on the scorpaenid fish, *Taenianotus triacanthus*, from the hawailan islands. *Copeia*, (4): 135-155.

Schultz L P. 1943a. Fishes of the Phoenix and Samoan islands collected in 1939 during the expedition of the U. S. S. "Bushnell". *Bulletin of the United States National Museum*, No. 180: i-x + 1-316, pls. 1-9.

Schultz L P. 1943b. Family Apogonidea. In Fishes of the Phoenix and Samoan Islands. *Proceedings of the Academy of Natural Sciences of Philadelphia*, (148): 177-188.

Schultz L P. 1948. A new name for *Synchiropus altivelis*Regan, with a key to the genera of the fish family Callionymidae. *Jour. Wash., Acad. Sci.*, 38 (12).

Schultz L P. 1953a. Review of the indo-pacific anemone fishes, genus *Amphiprion*, with descriptions of two new species. *Proceedings of the United States National Museum*, 103 (3323): 187-201, pls. 9-10.

Schultz L P. 1953b. Fishes of the Marshall and Marianas Island. *Bull. U.S. Natn. Mus.*, 202 (1): 504-520.

Schultz L P. 1956. *Lepidocybium flavobrunneum*, a Rare Gempylid Fish New to the Fauna of the Gulf of Mexico. *Copeia*, (1): 65-65.

Schultz L P. 1966a. *Parapercis kamoharai* (Family Mugiloididae), a New Fish from Japan with Notes on other Species of the Genus. *Smithsonian Miscellaneous Collections*, 151 (4): 1-4.

Schultz L P. 1966b. Fishes of the Marshall and Marianas Island. *Bulletin of the United States National Museum*, 202 (3): 1-176.

Schwartz F J. 1973. Spinal and Cranial Deformities in the Elasmobranchs *Carcharhinus leucas*, *Squalus acanthias*, and *Carcharhinus milberti*. *The Journal of the Elisha Mitchell Scientific Society*, 89 (1): 74-77.

Schwartz F J. 1983. Shark Ageing Methods and Age Estimation of Scalloped Hammerhead, *Sphyrna lewini*, and Dusky, *Carcharhinus obscurus*, Sharks Based on Vertebral Ring Counts. *NOAA Technical Report NMFS*, 8: 67-174.

Schwartz F J. 1994a. Body-Organ Weight Relationships of Near-Term and Newborn Tiger Sharks, *Galeocerdo cuvier*, Captured off North Carolina. *The Journal of the Elisha Mitchell Scientific Society*, 110 (2): 104-107.

Schwartz F J. 1994b. Anomalous Multi-spotting in Red Drum, *Sciaenops ocellatus* (Family Sciaenidae), from North Carolina. *The Journal of the Elisha Mitchell Scientific Society*, 110 (2): 108-110.

Schwarzhans W. 2014. Head and otolith morphology of the genera *Hymenocephalus*, *Hymenogadus* and *Spicomacrurus* (Macrouridae), with the description of three new species. *Zootaxa*, 3888 (1): 1-73.

Schwarzhans W, Møller P R, Nielsen J G. 2005. Review of the Dinematichthyini (Teleostei: Bythitidae) of the Indo-West Pacific. Part I. *Diancistrus* and two new genera with 26 new species. *The Beagle, Records of the Museums and Art Galleries of the Northern Terriyory*, 21: 73-163.

Scopoli J A. 1777. Introductio ad historiam naturalem, sistens genera lapidum, plantarum *et* animalium hactenus detecta, caracteribus essentialibus donata, in tribus divisa, subinde ad leges naturae. Prague.

Seale A. 1908. The fishery resources of the Philippine Islands. Part I, Commercial fishes. *Philippine Journal of Science*, 3 (6): 513-531.

Seale A. 1910a. Descriptions of four new species of fishes from Bantayan Island, Philippine Archipelago. *Philippine Journal of Science*, 5 (2): 115-119.

Seale A. 1910b. New species of Philippine fishes. *The Philippine Journal of Science Section A*, 4 (6) (for 1909): 491-543, pls. 1-13.

Seale A. 1910c. The successful transference of black bass into the Philippine Islands with notes on the transportation of live fish long distances. *Philippine Journal of Science*, 5 (3): 153-159.

Seale A. 1914. Fishes of Hong Kong. *Philippine Journal of Science*, 9 (1): 59-81.

Seale A. 1917. New species of apodal fishes. *Bull. Mus. Comp. Zool.*, 61 (4): 79-94.

Seale A, Bean B A. 1908. On a collection of fishes in the Philippine Islands made by Maj. Edgar A. Mearns, Surgeon, U.S. Army, with descriptions of seven new species. *Proceedings of the United States National Museum*, 33: 229-248.

Sedor A N, Cohen D M. 1987. New bythitid fish, *Dinematichthys minyomma*, from the Caribbean Sea. *Contrib. Sci. (Los Angel.)*, 385: 5-10.

Seki M P, Bigelow K T. 1993. Aspects of the life history and ecology of the Pacific Pomfret *Brama japonica* during winter occupation of the subtropical frontal zone. *Bull. North Pac. Comm.*, 53 (2): 273-284.

Seki M P, Callahan M W. 1988. The Feeding Habits of Two Deep Slope Snappers, *Pristipomoides zonatus* and *P. auricilla*, at Pathfinder Reef, Mariana Archipelago. *Fishery Bulletin.*, 86 (4): 807-811.

Seki M P, Mundy B C. 1991. Some Notes on the Early Life Stages of the Pacific Pomfret, *Brama japonica*, and Other Bramidae from the Central North Pacific Ocean. *Japanese Journal of Ichthyology*, 38 (1): 63-68.

Senou H, Hirata T. 2000. A new labrid fish, *Cirrhilabrus katoi*, from southern Japan. *Ichthyological Research*, 47 (1): 89-93.

Senou H, Kobayashi Y, Kobayashi N. 2007. Coastal fishes of the Miyako Group, the Ryukyu Islands, Japan. *Bull. Kanagawa Prefect. Mus.* (*Nat. Sci.*), 36: 47-74.

Senou H, Kudo T. 2007. A new species of the genus *Chromis* (Perciformes: Pomacentridae) from Taiwan of China and Japan. *Bull. Natl. Mus. Nat. Sci., Ser. A*, Suppl. 1: 51-57.

Senou H, Suzuki T, Shibukawa K, Yano K. 2004. A photographic guide to the gobioid fishes of Japan. Tokyo: Heibonsha, Ltd.: 1-534.

Senou H, Yanagita M, Kobayashi Y. 1993. A tadpole fish, *Ateleopus tanabensis* Tanaka, 1918 (Pisces: Ateleopodidae), occurred in shallow coastal waters during the earthquake swarm off the eastern coast of Izu Peninsula. *I. O. P. Diving News*, 4 (5) [May]: 2-5.

Senta T. 1974. Redescription of Trichiurid Fish *Tentoriceps cristatus* and Its Occurrence in the South China Sea and the Straits of Malacca. *Japanese Journal of Ichthyology*, 21 (4): 175-182.

Senta T, Tan S M. 1975. On pristipomoides multidens and *P. typus* (Family Lutjanidae). *Japanese Journal of Ichthyology*, 22 (2): 68-76.

Shan X J, Wu Y F, Kang B. 2005. Morphological comparison between Chinese ayu and Japanese ayu and establishment of *Plecoglossus altivelis chinensis* Wu & Shan subsp. nov. *Journal of Ocean University of China*, 4 (1): 61-66.

Shao K T (邵广昭). 1986. Thirteen new records of the labrid fishes (Pisces: Labridae) from Taiwan (台湾产十三种新记录之隆头鱼科鱼类). *Journal of the Taiwan Museum* (台湾博物馆半年刊), 39 (1): 181-196.

Shao K T. 1990. Garden Eels from Taiwan, with Description of a New Species. *UO (Japanese Society of Ichthyology)*, 40: 1-16.

Shao K T. 1991. Waterproof guide to reef fishes of Taiwan. Taipei: Recreation Press: 1-70.

Shao K T, Chang K H, Chang W. 1985. Notes on the six new records of damselfishes (Pisces: Pomacentridae) from Taiwan. *Journal of the Taiwan Museum*, 38 (2): 39-46.

Shao K T, Chang K H, Lee S C. 1978. Electrophoretic studies of myogens for identification of *Trichiurus lepturus* and *T. japonicus* (Pisces: Trichiuridae). Stud. & Essays in Commemoration of the Golden Jubilee of "Academia Sinica": 721-730.

Shao K T, Chen I S. 1993. Seven new records of gobiid fishes from Taiwan. *Bulletin of the Institute of Zoology, "Academia Sinica"*, 32 (4): 229-235.

Shao K T, Chen J P (邵广昭, 陈正平). 1986. Ten new records of cardinalfishes from Taiwan, with a synopsis of the family Apogonidae (台湾海域产天竺鲷科鱼类之分类整理兼记十种本省产之新记录种). *Journal of the Taiwan Museum* (台湾博物馆半年刊), 39 (2): 61-104.

Shao K T, Chen J P. 1987a. Fishes of the family Platycephalidae (Teleostei: Platycephaloidei) of Taiwan with descriptions of two new species (台湾产之牛尾鱼科鱼类兼记其两新种). *Bulletin of the Institute of Zoology, "Academia Sinica"*, 26 (1): 77-94.

Shao K T, Chen J P. 1987b. First record of Scombropidae (Pisces: Percoidei) from Taiwan. *Bulletin of the Institute of Zoology, "Academia Sinica"*, 26 (3): 191-194.

Shao K T, Chen J P. 1988. Twelve new records of fishes from Taiwan. *Journal of the Taiwan Museum*, 41 (1): 113-125.

Shao K T, Chen J P, Jzeng M H (邵广昭, 陈正平, 郑明修). 1987. New records of gobiid fishes associated with snapping shrimps from Taiwan (台湾产与枪虾共生的新记录种鰕虎科鱼类). *Journal of the Taiwan Museum*, 40 (1): 57-69.

Shao K T, Chen J P, Kao P H, Wu C Y. 1993. Fish fauna and their geographical distribution along the western coast of Taiwan. *Acata Zoologica Taiwanica*, 4 (2): 113-140.

Shao K T, Chen L J, Chen L S. 1992. First record of the subfamily Pyramodontinae (Pisces: Carapidae) from Taiwan. *Acata Zoologica Taiwanica*, 3 (1): 1-4.

Shao K T, Chen L S. 1992. Evaluating the effectiveness of the coal ash artificial reefs at Wan-Li, northern Taiwan. *Journal of Fisheries Society of Taiwan*, 19 (4): 239-250.

Shao K T, Chen L W. 1989. Fishes of the family Scaridae from Taiwan. *Bulletin of the Institute of Zoology, "Academia Sinica"*, 28 (1): 15-39.

Shao K T, Chen L W, Lee S C. 1987. Eight new records of groupers (Percoidei: Serranidae) from Taiwan. *Bulletin of the

Institute of Zoology, "*Academia Sinica*", 26 (1): 69-75.

Shao K T, Ho H C, Lin P L, Lee P F, Lee M Y, Tsai C Y, Liao Y C, Lin Y C. 2008. A checklist of the fishes of southern Taiwan, Northern South China Sea. *The Raffles Bulletin of Zoology (Suppl.)*, 19: 233-271.

Shao K T, Hsieh L Y, Wu Y Y, Wu C Y. 2001. Taxonomic and distributional database of fishes in Taiwan. *In*: Liao I C, Baker J. 2001. Aquaculture and fisheries resources management: Proceedings of the Joint Taiwan of China-Australia Aquaculture and Fisheries Resources and Management Forum. Keelung: TFRI Conference Proceedings: 73-76.

Shao K T, Hwang D F. 1997. Rhinochimaera pacifica (Chimaeriformes, Rhinochimaeridae): the First Rhinochimaerid Recorded from Taiwan. *Acta Zoologica Taiwanica*, 8 (2): 33-38.

Shao K T, Kao P H, Lee C C. 1990. Fish fauna and species composition in the waters around Tunghsiao, northwest Taiwan. to be filled.

Shao K T, Kuo S R, Lee C C. 1986. Additional seven new records of damselfishes (Pisces: Pomacentridae) from Taiwan, with description of the two anomalies of damselfish specimens. *Bulletin of the Institute of Zoology*, "*Academia Sinica*", 25 (2): 151-160.

Shao K T, Shen S C, Chen L W (邵光昭, 沈世杰, 陈立文). 1986. A newly recorded sandborer, *Sillago (Sillaginopodys) chondropus* Bleeker, with a synopsis of the fishes of family Sillaginidae of Taiwan (台湾海域产沙鲹科鱼类之再检讨兼记一种新纪录之沙鲹鱼类). *Bulletin of the Institute of Zoology*, "*Academia Sinica*", 25 (2): 141-150.

Shao K T, Shen S C, Chiu T S, Tzeng C S. 1992. Distribution and database of fishes in Taiwan. *In*: Peng C Y. 1992. Collections of research studies on Survey of Taiwan biological resources and information management. Institute of Botany, "Academia Sinica", Vol. 2: 173-206. (in Chinese).

Shapiro S. 1938. A Study of Proportional Changes During the Post-Larval Growth of the Blue Marlin (Makaira Nigricans Ampla Poey). *American Museum Novitates*, 995.

Shaw G. 1804. General zoology or systematic natural history. [see Shaw 1803, ref. 4014]. v. 5 (pt 1): i-v + 1-25, pls. 93-132, 43+, 65+, 6+, 74+ and (pt 2): i-vi + 251-463, pls. 132-182, 158+.

Shaw T H. 1930a. Fishes of Soochow. *Bulletin of the Fan Memorial Institute Biology*, 1 (10): 165-205.

Shaw T H. 1930b. Notes on some fishes from Ka-Shing and Shing-Tsong, Chekiang Province. *Bulletin of the Fan Memorial Institute of Biology*, Peiping (Zoological Series), 1 (7): 109-124.

Shaw T H. 1934. Notes on a Sturgeon, *Huso dauricus* (Georgi) from Chefoo. *China J.*, 20: 108.

Shaw T H, Tchang T L. 1931. A review of the cobitoid fishes of Hopei province and adjacent territories. *Bulletin of the Fan Memorial Institute of Biology*, Peiping (Zoological Series), 2 (5): 65-84.

Sheiko B A. 2012. *Alectrias markevichi* sp. nov. - A new species of cockscombs (Perciformes: Stichaeidae: Alectriinae) from the sublittoral of the sea of Japan and adjacent waters. *J. Ichthyo.*, 52 (5): 308-320.

Shen S C (沈世杰). 1960. *Bregmaceros lanceolatus* and *Bregmaceros pescadorus*, two new species of dwarf fishes from southern Taiwan and Pescadore Islands. *Quar. Journal of the Taiwan Museum*, 13 (1-2): 67-74.

Shen S C. 1964. Notes on the leptocephali and juveniles of *Elops saurus* Linnaeus and *Albula vulpes* (Linnaeus) collected from the estuary of Tam-sui river in Taiwan. *Quar. Journal of the Taiwan Museum*, 17 (1/2): 61-66.

Shen S C. 1971. Osteological Study on *Springeratus xanthosoma* (Bleeker) from the Indo-Pacific Region, Exelcusive of South Africa, Australia and New Zealand. *Rep. of Ins. of Fish. Biol. of Min. of Econ. Affairs & Taiwan Univ.*, 2 (4): 16-39.

Shen S C. 1982. Study on the pleuronectid fishes (family Pleuronectidae) from Taiwan. *Quar. Journal of the Taiwan Museum*, 35 (3-4): 197-213.

Shen S C. 1984. Coastal fishes of Taiwan. Taipei: Shih-chieh Shen: 1-190.

Shen S C. 1986a. A new species of stingray *Hexatrygon taiwanensis* from Taiwan Strait. *Journal of the Taiwan Museum*, 39 (1): 175-179.

Shen S C. 1986b. A new species *Hexatrygon brevirostra* and a new record *Anacanthobatis borneensis* (Rajiformes) from Taiwan. *Journal of the Taiwan Museum*, 39 (2): 105-110.

Shen S C. 1994. A revision of the tripterygiid fishes from coastal waters of Taiwan with descriptions of two new genera and five new species. *Acata Zoologica Taiwanica*, 5 (2): 1-32.

Shen S C. 1997. A review of the genus *Scolopsis* of nemipterid fishes, with descriptions of three new records from Taiwan. *Zoological Studies*, 36 (4): 345-352.

Shen S C. 1998. A review of congrid eels of the genus *Ariosoma* from Taiwan, with description of a new species. *Zoological Studies*, 37 (1): 7-12.

Shen S C, Lam C. 1977. First Records of *Chelmo rostratus* and *Forcipiger longirostris* from the Waters of Taiwan. *Japanese*

Journal of Ichthyology, 24 (3): 207-212.

Shen S C, Lim P C. 1975. An additional study on chaetodont fishes (Chaetodontidae) with description of two new species. *Bulletin of the Institute of Zoology*, "*Academia Sinica*" (*Taipei*), 14 (2): 79-105.

Shen S C, Lin P C (沈世杰, 林炳智). 1973. Ecological and morphological study on fish-fauna from the waters around Taiwan and its adjacent islands. 6. Study on the Plectognath fishes -a. The Family of Ostraciontoid fish. Ostraciontidae. *Acta Oceanog. Taiwanica, Sci. Rep. Taiwan Univ.*, 3: 245-268, tab. 1, figs. 1-13.

Shen S C, Lin P C. 1974a. Ecological and morphological study on fish- fauna from the waters around Taiwan and its adjacent islands. 9. Study on the Plectognath fishes -d. The Family Balistidae. *Acta Oceanog. Taiwanica, Sci. Rep. Taiwan Univ.*, 4: 191-224, figs. 1-20.

Shen S C, Lin P C. 1974b. Study on the Plectognath fish, -b. The Family Canthigasteridae. *Bulletin of the Institute of Zoology*, "*Academia Sinica*", 13 (1): 15-34, figs. 1-14.

Shen S C, Lin P C. 1975. An additional study on chaetodont fishes (Chaetodontidae) with description of two new species. Bulletin of the Institute of Zoology, "Academia Sinica" (Taipei), 14 (2): 79-105.

Shen S C, Lin P C, Ding W H (沈世杰, 林炳智, 丁蔚华). 1975. Ecological and morphological study on fish-fauna from the waters around Taiwan and its adjacent islands. 8 Study on the Plectognath fishes. -c. The Family Tetraodontidae. *Acta Oceanog. Taiwanica, Sci. Rep. Taiwan Univ.*, 5: 152-178, figs. 1-19.

Shen S C, Lin W W. 1984. Some New Records of Fishes from Taiwan with Descriptions of Three New Species. *Taiwan Mus. Spec. Publ.*, Ser. 4: 1-26.

Shen S C, Liu C S. 1984. A new stingray of the genus *Hexatrygon* from Taiwan. *Acta Oceanogr. Taiwan*, (15): 201-206.

Shen S C, Tao H J. 1975. Systematic studies on the hagfish (Eptatretidae) in the adjacent waters around Taiwan with description of two new species. *Chinese Bioscience*, 2 (8): 64-79.

Shen S C, Ting W H. 1972. Ecological and morphological study on fish-fauna from the waters around Taiwan and its adjacent islands. 2. Notes on some rare continental shelf fishes and description of two new species. *Bulletin of the Institute of Zoology*, "*Academia Sinica*", 11 (1): 13-31.

Shen S C, Wang S C. 1991. Redescription and designation of a neotype for *Sardinella hualiensis* (Chu and Tsai, 1958) (Pisces: Clupeidae). *Bulletin of the Institute of Zoology*, "*Academia Sinica*", 30 (1): 59-62.

Shepard J W, Meyer K A. 1978a. New records of labrid fishes from Japan. *UO*, 29: 31-40.

Shepard J W, Meyer K A. 1978b. A New Species of the Labrid Fish Genus *Macropharyngodon* from Southern Japan. *Japanese Journal of Ichthyology*, 25 (3): 159-164.

Shepard J W, Okamoto K. 1977. A record of the labrid fish *Pseudocheilinus evanidus* from Japan. *Japanese Journal of Ichthyology*, 23 (4): 233-237.

Shibukawa K, Iwata A. 1997. First record of the dottyback *Pseudochromis striatus* from Japan. *Ichthyological Research*, 44 (3): 297-301.

Shibukawa K, Suzuki T. 2004. *Vanderhorstia papilio*, a new shrimp-associated goby from the Ryukyu Islands, Japan (Perciformes: Gobiidae: Gobiinae), with comments on the limits of the genus. *Ichthyological Research*, 51: 113-119.

Shibukawa K, Suzuki T, Senou H. 2012. Review of the shrimp-associated goby genus *Lotilia* (Actinopterygii: Perciformes: Gobiidae), with description of a new species from the West Pacific. *Zootaxa*, 3362: 54-64.

Shih H H, Jeng M S. 2002. *Hysterothylacium aduncum* (Nematoda: Anisakidae) infecting a herbivorous fish *Siganus fuscescens*, off the Taiwanese coast of the northwest Pacific. *Zoological Studies*, 41 (2): 208-215.

Shih H J. 1935. List of the fishes of Szechuan. *Sci. Q. Natn. Univ. Peking.*, 5 (4): 425-436.

Shih H J, Tchang T L. 1934. Notes of the fishes of Kiatintg and Omei, Szechuan. *Contr. Boil. Dep. Sci. Inst. W. China*, 2: 1-11.

Shimada K, Yoshino T. 1984. A new trichonotid fish from the Yaeyama Islands, Okinawa Prefecture, Japan. *Japanese Journal of Ichthyology*, 31 (1): 15-19.

Shimada K, Yoshino T. 1987. First record of the snapper, *Lutjanus dodecacanthoides* (Bleeker), from Japan with a note on the Japanes names of some lutjanid fishes. *Bull of the College of Science*, 44: 151-157.

Shimizu T, Yamakawa T. 1979. Review of the squirrelfishes (Subfamily Holocentrinae: Order Beryciformes) of Japan, with a description of a new species. *Japanese Journal of Ichthyology*, 26 (2): 109-147.

Shimose T, Yokawa K, Saito H, Tachihara K. 2008. Seasonal occurrence and feeding habits of black marlin, *Istiompax indica*, around Yonaguni Island, southwestern Japan. *Ichthyological Research*, 55: 90-94.

Shindo S. 1972. Note on the study on the stock of lizard fish, *Saurida tumbil* in the East China Sea. *Proc. IPFC*, 13 (3): 298-305.

Shinohara G. 1998. Record of a scorpaenid fish, *Scorpaenodes varipinnis* from Japan. *Japanese Journal of Ichthyology*, 45

(1): 37-41.

Shinohara G, Endo H, Matsuura K. 1996. Deep-water fishes collected from the Pacific coast of northern Honshu, Japan. *Monographs of the National Science Museum, Tokyo*, No. 29: 153-185.

Shinohara G, Endo H, Matsuura K, Machida Y, Honda H. 2001. Annotated checklist of the deepwater fishes from Tosa Bay, Japan. p. 283-343. *In*: Fujita T, Takeda M. 2001. Deep-sea fauna and pollutants in Tosa Bay. Tokyo: National Science Museum Monographs/20: 283-343.

Shinohara G, Sato T, Aonuma Y, Horikawa H, Matsuura K, Nakabo T, Sato K. 2005. Annotated checklist of deep-sea fishes from the waters around the Ryukyu Islands, Japan. Deep-sea fauna and pollutants in the Nansei Islands. *Monographs of the National Science Museum, Tokyo*, 29: 385-452.

Shinohara S. 1963. Description of a new lutjanid fish of the genus *Pristipomoides* from the Ryukyu Islands. *Bull. Arts Sci. Div. Ryukyu Univ.*, 6: 49-53.

Shiobara Y, Suzuki K. 1983. Life History of Two Gobioids, *Istigobius hoshinonis* (Tanaka) and *I. campbelli* (Jordan *et* Snyder), under Natural and Rearing Conditions. *J. Fac. Mar. Sci. Technol., Tokai Univ.*, 16: 193-205.

Shiogaki M. 1985. A new stichaeid fish of the genus *Alectrias* from Mutsu Bay, northern Japan. *Japanese Journal of Ichthyology*, 32 (3): 305-315.

Shirai S, Tachikawa H. 1993. Taxonomic resolution of the *Etmopterus pusillus* species group (Elasmobranchii, Etmopteridae), with description of *E. bigelowi* n. sp. *Copeia*, 2: 483-495.

Shirai Y, Kitazawa H. 1998. Peculiar feeding behavior of *Asterorhombus intermedius* in an aquarium. *Japanese Journal of Ichthyology*, 45 (1): 47-50.

Shmida A, Wilson M V. 1985. Biological determinants of species diversity. *Journal of Biogeography*, 12 (1): 1-20.

Sidney Shapiro. 1938. A study of proportional changes during the post-larval growth of the blue marlin (Makaira Nigricans Ampla Poey). *American Museum Novitates*, 995: 1-20.

Silvestre G T, Garces L R, Luna C Z. 1995. Resource and ecological assessment of Lagonoy Gulf, Philippines: Terminal Report Vol. 1.

Sin T M, Teo M M, Ng P K L. 1995. *Dischistodus darwiniensis* (Whitley), a Valid Species of Damselfish (Teleostei: Pomacentridae), Distinct from *Dischistodus fasciatus* (Cuvier). *The Raffles Bulletin of Zoology*, 43 (1): 143-155.

Singh A, Sen N, Bănărescu P, Nalbant T T. 1982. New noemacheiline loaches from India (Pisces, Cobitidae). *Travaux du Muséum d'Histoire Naturelle "Grigore Antipa"*, 23 [1981 (1982)]: 201-212.

Sivasubramaniam K. 1969. Occurrence of Oriental bonito (*Sarda orientalis* Temminck & Schlegel) in the inshore water of Ceylon. *Bull. Fish. Res. Stn. Ceylon.*, 20: 73-77.

Smith C L. 1964a. *Taenioides limicola*, a new goby from Guam, Marianas Islands. *Micronesica*, 1 (1-2): 145-150.

Smith C L, Schwarz A L. 1990. Sex change in the damselfish *Dascyllus reticulatus* (Richardson) (Perciformes: Pomacentridae). *Bulletin of Marine Science*, 46 (3): 790-798.

Smith D G. 1994. Catalog of type specimens of Recent fishes in the National Museum of Natural History, Smithsonian Institution, 6: Anguilliformes, Saccopharyngiformes, and Notacanthiformes (Teleostei: Elopomorpha). *Smithsonian Contributions to Zoology*, 566: i-iii + 1-50.

Smith D G. 2012. A checklist of the moray eels of the world (Teleostei: Anguilliformes: Muraenidae). *Zootaxa*, 3474: 1-64.

Smith D G, Böhlke E B. 1997. A review of the Indo-Pacific banded morays of the *Gymnothorax reticularis* group, with descriptions of three new species (Pisces, Anguilliformes, Muraenidae). *Proceedings of the Academy of Natural Sciences of Philadelphia*, 148: 177-188.

Smith D G, Böhlke E B. 2006. Corrections and additions to the type catalog of Indo-Pacific Muraenidae. *Proceedings of the Academy of Natural Sciences of Philadelphia*, 155: 35-39.

Smith H M. 1912. The squaloid sharks of the Philippine Archipelago, with descriptions of new genera and species. *Proceedings of the United States National Museum*, 41 (1877): 677-685.

Smith H M. 1913. Description of a new carcharioid shark from the Sulu Archipelago. *Proceedings of the United States National Museum*, 45: 599-601.

Smith H M. 1929. Notes on some Siamese fishes. *Journal of the Siam Society, Natural History Supplement*, 8 (1): 11-14.

Smith H M. 1931a. Descriptions of new genera and species of Siamese fishes. *Proceedings of the United States National Museum*, 79 (2873): 1-48, Pl. 41.

Smith H M. 1931b. *Sikukia stejnegeri*, a new genus and species of freshwater cyprinoid fishes from Siam. *Copeia*, 3: 138-139.

Smith H M. 1933. Contributions to the ichthyology of Siam II-VI, Vol. 9, Vol. 1.

Smith H M. 1938. Status of the Asiatic fish genus *Culter*. *Journal of the Washington Academy of Sciences*, 28 (9): 407-411.

Smith H M. 1941. The gobies Waitea and Mahidolia. *J. Wash. Acad. Sci.*, 31 (9): 409-415.

Smith H M. 1945. The fresh-water fishes of Siam or Thailand. *Bulletin of the United States National Museum*, 188: i-xi+1-622, Pls. 621-629.

Smith H M, Pope T E B. 1906. List of fishes collected in Japan in 1903, with descriptions of new genera and species. *Proceedings of the United States National Museum*, 31: 459-499.

Smith H M, Radcliffe L. 1911. Descriptions of three new fishes of the family Chaetodontidae from the Philippine Islands. [Scientific results of the Philippine cruise of the Fisheries steamer "Albatross" 1907-1910.--No. 9]. *Proceedings of the United States National Museum*, 40 (1822): 319-326.

Smith H M, Radcliffe L. 1912. Description of a new family of pediculate fishes from Celebes. [Scientific results of the Philippine cruise of the Fisheries steamer "Albatross", 1907-1910. No. 20]. *Proceedings of the United States National Museum*, 42 (1917): 579-581.

Smith J L B. 1946. New Species and new records of Fishes from South Africa. *Annals and Magazine of Natural History*, 11 (108): 793-821.

Smith J L B. 1949. Forty-two fishes new to South Africa, with notes on others. *Annals and Magazine of Natural History*, 2: 97-111.

Smith J L B. 1955a. New species and new records of fishes from Moçambique. Part I. Memorias do Museu Dr. *Alvaro de Castro*, 3: 3-27: 1-3.

Smith J L B. 1955b. The fishes of Aldabra. Part II. *Annals and Magazine of Natural History*, (Ser. 12), 8 (93): 689-697.

Smith J L B. 1957a. The fishes of Aldabra. Part V. *Annals and Magazine of Natural History*, (Ser. 12), 9 (106): 721-729.

Smith J L B. 1957b. The fishes of Aldabra. Part VI. *Annals and Magazine of Natural History*, (Ser. 12), 9 (107): 817-829.

Smith J L B. 1957c. Deep-line fishing in northern Mozambique, with the description of a new pentapodid fish. *Annals and Magazine of Natural History*, 12 (10): 121-124.

Smith J L B. 1957d. The fishes of the family Scorpaenidae in the western Indian Ocean. Pt. II. The subfamilies Pteroinae, Apistinae, Setarchinae and Sebastinae. *Ichthyological Bulletin, Department of Ichthyology, Rhodes University*, 5: 75-87, pls. 5-6.

Smith J L B. 1957e. The fishes of the family Scorpaenidae in the western Indian Ocean. Part I. The sub-family Scorpaeninae. *Bull. J. L. B. Smith Inst. Ichthyol.*, 42: 49-72.

Smith J L B. 1958a. Fishes of the families Tetrarogidae, Caracanthidae and Synanciidae, from the western Indian Ocean with further notes on scorpaenid fishes. *Ichthyol. Bull. J. L. B. Smith Inst. Ichthyol.*, 12: 167-181.

Smith J L B. 1958b. The fishes of the family Eleotridae in the western Indian Ocean. *Bull. J. L. B. Smith Inst. Ichthyol.*, 11: 137-163.

Smith J L B. 1958c. The genus *Limnichthys* Waite, 1904 in African seas. *Annals and Magazine of Natural History*, (Ser. 13) 1 (4): 247-249.

Smith J L B. 1959a. Gobioid fishes of the families Gobiidae, Periophthalmidae, Trypauchenidae, Taenioididae and Kraemeriidae of the western Indian Ocean. *Ichthyol. Bull. J. L. B. Smith Inst. Ichthyol.*, 13: 185-225.

Smith J L B. 1959b. Fishes of the families Blenniidae and Salariidae of the western Indian Ocean. *Ichthyol. Bull. J. L. B. Smith Inst. Ichthyol.*, 14: 229-252.

Smith J L B. 1961. Fishes of the family Apogonidae of the western Indian Ocean and the Red Sea. Ichthyol. *Bull. J. L. B. Smith Inst. Ichthyol.*, 22: 373-418.

Smith J L B. 1962a. The moray eels of the western Indian Ocean and the Red Sea. Ichthyol. *Bull. J. L. B. Smith Inst. Ichthyol.*, 23: 421-444.

Smith J L B. 1962b. The rare "Furred-Tongue" Uraspis uraspis (Gunther) from South Africa, and other new records from there. Ichthyol. *Bull. J. L. B. Smith Inst. Ichthyol.*, 26: 505-510.

Smith J L B. 1964b. A new serranid fish from deep water off Cook Island, Pacific. *Annals and Magazine of Natural History*, (Ser. 13), 6 [1963]: 719-720, pl. 21.

Smith J L B. 1965a. *Kaupichthys diodontus* Scultz, in the western Indian Ocean. A problem in systematics. *Occas. Pap. Dep. Ichthyol. Rhodes Univ.*, 5: 45-54.

Smith J L B. 1965b. The Indian genus *Bathymyrus* Alcock, 1889 with description of a new species from Vietnam. *Occas. Pap. Dep. Ichthyol. Rhodes Univ.*, 2: 1-11.

Smith J L B. 1966. Fishes of the sub-family Nasinae with a synopsis of the Prionurinae. *Ichthyol. Bull. J. L. B. Smith Inst. Ichthyol.*, 32: 635-682.

Smith J L B. 1967a. The lizard shark *Chlamydoselachus anguineus* Garman, in South Africa. *Occas. Pap. Dep. Ichthyol. Rhodes Univ.*, 10: 105-114.

Smith M M. 1967b. *Echidna tritor* (Vaillant & Sauvage, 1875), the large adult of *Echidna polyzona* (Richardson, 1845), and other interesting fishes collected by Dr. R.A.C. Jensen in Southern Mocambique waters. *Mems. Inst. Invest. Cient. Moeamb.*, 9: 293-308.

Smith M M, Heemstra P C. 1986. Smiths Sea Fishes. Johannesburg: Macmillan South Africa: 1-1047.

Smith-Vaniz W F. 1976. The saber-toothed blennies, tribe Nemophini (Pisces: Blenniidae). *Acad. Nat. Sci. Phila.*, 19: 1-196.

Smith-Vaniz W F. 1989. Revision of the jawfish genus Stalix (Pisces: Opistognathidae), with descriptions of four new species. *Proceedings of the Academy of Natural Sciences of Philadelphia*, 141: 375-407.

Smith-Vaniz W F. 2009. Three new species of Indo-Pacific jawfishes (Opistognathus: Opistognathidae), with the posterior end of the upper jaw produced as a thin flexible lamina. *Aqua, International Journal of Ichthyology*, 15 (2): 69-108.

Smith-Vaniz W F, Johnson G D. 1990. Two new species of Acanthoclininae (Pisces: Plesiopidae) with a synopsis and phylogeny of the subfamily. *Proceedings of the Academy of Natural Sciences of Philadelphia*, 142: 211-260.

Smith-Vaniz W F, Johnson G D, Randall J E. 1988. Redescription of *Gracila albomarginata* (Fowler and Bean) and *Cephalopholis polleni* (Bleeker) with comments on the generic limits of selected indo-pacific groupers (Pisces: Serranidae: Epinephelinae). *Proceedings of the Academy of Natural Sciences of Philadelphia*, 140 (2): 1-23.

Smith-Vaniz W F, Randall J E. 1973. *Blennechis filamentosus* Valenciennes, the prejuvenile of Aspidontus taeniatus Quoy and Gaimard (Pisces: Blenniidae). *Notulae Naturae (Philadelphia)*, 448: 1-11.

Smith-Vaniz W F, Randall J E. 1994. *Scomber dentex* Bloch and Schneider, 1801 (currently *Caranx* or *Pseudocaranx dentex*) and *Caranx lugubris* Poey, (1860) (Osteichthyes, Perciformes): proposed conservation of the specific names. *Bulletin Zoologial Nomenclature*, 51 (4): 323-329.

Smith-Vaniz W F, Yoshino T. 1985. Review of Japanese jawfishes of the genus *Opistognathus* (Opistognathidae) with description of two new species. *Japanese Journal of Ichthyology*, 32 (1): 18-27.

Smitt F A. 1900. Preliminary notes on the arrangement of the genus *Gobius*, with an enumeration of its European species. *Öfversigtaf Kongliga Vetenskaps-Akademiens Förhandlingar, Kungliga Svenska Vetenskapsakademien*, 56 (6): 543-555.

Snyder J O. 1908. Descriptions of Eighteen New Species and Two New Genera of Fishes from Japan and the Riu Kiu Islands. *Proceedings of the United States National Museum*, 35: 93-111.

Snyder J O. 1909. Descriptions of new genera and species of fishes from Japan and the Riu Kiu Islands. *Proceedings of the United States National Museum*, 36 (1688): 597-610.

Snyder J O. 1911. Descriptions of new genera and species of fishes from Japan and the Riu Kiu Islands. *Proceedings of the United States National Museum*, 40 (1836): 525-549.

Sokolovskaya T G, Sokolovskii A S, Sobolevskii E I. 1998. A list of fishes of Peter the Great Bay (the Sea of Japan). *Journal of Ichthyology*, 38 (1): 1-11.

Sokolovskiy A S, Sokolovskaya T G. 1981. Species composition of the family Astronesthidae (Salmoniformes) in the Northwest Pacific. *Journal of Ichthyology*, 21 (2): 43-48.

Sokolovskiy A S, Sokolovskaya T G. 2003. Larvae and juveniles of the genus *Liparis* (Pisces: Liparidae) from the northwestern Sea of Japan. *Russian Journal of Marine Biology*, 29 (5): 305-315.

Somiya H. 1979. Yellow Lens Eyes and Luminous Organs of *Echiostoma barbatum* (Stomiatoidei, Melanostomiatidae). *Japanese Journal of Ichthyology*, 25 (4): 269-272.

Son Y M, He S P. 2001. Transfer of *Cobitis laterimaculata* to the genus *Niwaella* (Cobitidae). *Korean Journal of Ichthyology*, 13 (1): 1-5.

Son Y M, He S P. 2005. *Cobitis zhejiangensis*, a new species from the Ling River, China (Teleostei: Cobitidae). *Korean Journal of Ichthyology*, 17 (4): 236-240.

Song X L, Cao L, Zhang E. 2018. *Onychostoma brevibarba*, a new cyprinine fish (Pisces: Teleostei) from the middle Chang Jiang basin in Hunan Province, South China. *Zootaxa*, 4410 (1): 147-163.

Sowerby de A C. 1930. The naturalist in "Manchuria". Arthur de Carle Sowerby Tientsin Press, 4: 42-167.

Spanier E, Goren M. 1988. An Indo-Pacific Trunkfish *Tetrosomus gibbosus* (Linnaeus): First Record of the Family Ostracionidae in the Mediterranean. *The Fisheries Society of the British Isles*, 32: 797-798.

Sparks J S, Chakrabarty P. 2007. A new species of ponyfish (Teleostei: Leiognathidae: Photoplagios) from the Philippines. *Copeia*, 2007 (3): 622-629.

Springer S. 1950. A revision of North American sharks allied to the genus *Carcharhinus*. *American Museum Novitates*, 1451: 1-13.

Springer S, Waller R A. 1969. *Hexanchus vitulus*, A new six gill shark from the Bahamas. *Bulletin of Marine Science*, 19 (1): 159-174.

Springer V G. 1971. Revision of the Fish Genus *Ecsenius* (Blenniidae, Blenniinae, Salariini). *Smithsonian Contribution to*

Zoology, 72: 1-74.

Springer V G. 1988. The Indo-Pacific blenniid fish genus *Ecsenius*. *Smithsonian Contribution to Zoology*, 465: 1-134.

Springer V G, Allen G R. 2001. *Ecsenius ops*, from Indonesia, and *E. tricolor*, from western Philippines and northwestern Kalimantan, new species of blenniid fishes in the stigmatura species group. *Aqua, J. Ichthyol. Aquat. Biol.*, 4 (4): 151-160.

Springer V G, McErlean A J. 1961. Tagging of great Barracuda, *Sphyraena barracuda* (Walbaum). *Transactions of the American Fisheries Society*, 90 (4): 497-500.

Springer V G, Williams J T. 1994. The Indo-Pacific blenniid fish genus *Istiblennius* reappraised: a revision of *Istiblennius, Blenniella*, and *Paralticus*, new genus. *Smithsonian Contribution to Zoology*, 565: 1-193.

Squire J L, Nielsen D V. 1983. Results of a tagging program to determine migration rates and patterns for black marlin, *Makaira indica*, in the Southwest Pacific Ocean. *NOAA Tech. Rep. NMFS, SSRF*, 772: 1-19.

Starnes W C. 1988. Revision, phylogeny and biogeographic comments on the circumtropical marine percoid fish family Priacanthidae. *Bulletin of Marine Science*, 43 (2): 117-203.

Starnes W C, Mochizuki K. 1982. Occurrence of the Percichthyid Fish *Neoscombrops pacificus* near Samoa. *Japanese Journal of Ichthyology*, 29 (3): 295-297.

Stein D L, Bond C E. 1978. A new deep-sea fish from the eastern North Pacific *Psychrolutes phrictus* (Pisces: Cottidae Psychrolutinae). *Contrib. Sci. (Los Angel.)*, 296: 1-9.

Steindachner F. 1866a. Ichthyologische Mittelungen, VIII. *Verhandlungen der K.-K. Zoologisch-Botanischen Gesellschaft in Wien*, 16: 475-484.

Steindachner F. 1866b. Ichthyologische Mittheilungen (IX). *Verhandlungen der K.-.K Zoologisch-Botanischen Gesellschaft in Wien*, 16: 761-796.

Steindachner F. 1867. Uber einige neue und seltene meeresfische aus China. *Sber. Akademie der Wissenschaften in Wien*, 55: 711-713, 590.

Steindachner F. 1879. Ichthyologische Beiträge (VIII). *Sitzungsberichte der Kaiserlichen Akademie der Wissenschaften. Mathematisch-Naturwissenschaften Classe*, 80: 119-191.

Steindachner F. 1881. Ichthyologische Beiträge (X). *Sitzungsberichte der Kaiserlichen Akademie der Wissenschaften. Mathematisch-Naturwissenschaften Classe*, 83 (1. Abth.): 179-219, pls. 1-8.

Steindachner F. 1892. Über einigeneue und seltene Fischarten aus der ichthyologischensammlung des k. k. naturhistorischen Hofmuseums. *Denkschriften der Kaiserlichen Akademie der Wissenschaften in Wien, Mathematisch-Naturwissenschaftliche Classe*, 59 (1): 357-384.

Steindachner F. 1893. Ichthyologische Beiträge (XVI). *Anzeiger der Akademie der Wissenschaften in Wien*, 30 (14): 150-152.

Steindachner F. 1903. Über einige neue Fisch- und Reptilienarten des k. k. naturhistorischen Hofmuseums. *Anzeiger der Akademie der Wissenschaften in Wien*, 40 (3): 17-18.

Steindachner F. 1908a. Ueber eine noch unbekannte Art der Gattung Bergiella Eig. aus dem La Plata. *Anzeiger der Akademie der Wissenschaften in Wien*, 45 (8): 110-113.

Steindachner F. 1908b. Über dreineue Arten von Süsswasserfischen aus dem Amazonasgebiet und aus dem See Candidius auf der Insel Formosa, ferner über die vorgerückte Altersform von Loricariaacuta C.V. Anz. *Verlag der Ostereichischen Akademie der Wissenschaften*, 45 (7): 82-87.

Steindachner F, Döderlein L. 1881-1887. Beit Kent fische Japan. *Denkschr. K. Akad. Wiss.*, 4.

Steindachner F, Döderlein L. 1883a. Beiträge zur Kenntniss der Fische Japans (II). *Anzeiger der Akademie der Wissenschaften in Wien*, 20 (15): 123-125.

Steindachner F, Döderlein L. 1883b. Beiträge zur Kenntniss der Fische Japans (I). Denkschr. *Akademie der Wissenschaften in Wien*, 47 (1. abth.): 211-242, pls. 1-7.

Steindachner F, Döderlein L. 1887. Beitrage zur Kenntnis der Fische Japans. (IV). Denkschr. *Akademie der Wissenschaften in Wien*, 53: 257-296.

Stephens J S, Springer V G. 1971. *Neoclinus nudus*, New Scaleless Clinid Fish from Taiwan with a Key to *Neoclinus*. *Proceedings of the Biological Society of Washington*, 84 (9): 65-72.

Stepien C A, Randall J E, Rosenblatt R H. 1994. Genetic and morphological divergence of a circumtropical complex of goatfishes: *Mulloidichthys vanicolensis, M. dentatus*, and *M. martinicus*. *Pacific Science*, 48 (1): 44-56.

Steven B, McEachran J D. 1983. A first record of the bigeye thresher, *Alopias superciliosus*, the blue shark, *Prionace glauca*, and the pelagic stingray, *Dasyatis violacea*, from the Gulf of Mexico. *Northeast Gulf Science*, 6 (1): 59-61.

Stevens G C. 1989. The latitudinal gradient in geographical range: how so many species coexist in the tropics. *The American*

Naturalist, 133 (2): 240-256.

Stevens G C. 1992. The elevational gradient in altitudinal range: an extension of Rapoport's latitudinal rule to altitude. *The American Naturalist*, 140: 893-911.

Strahan R. 1962. Variation in *Eptatretus burgeri* (Family Myxinidae), with a Further Description of the Species. *Copeia*, (4): 801-807.

Strasburg D W, Schultz L P. 1953. The blenniid fish genera *Cirripectus* and *Exallias* with descriptions of two new species from the tropical Pacific. *J. Wash. Acad. Sci.*, 43: 128-135.

Su J, Tyler J C. 1986. Diagnoses of *Arothron nigropunctatus* and *A. meleagris*, Two Extremely Polychromatic Indo-Pacific Pufferfishes (Pisces: Tetraodontidae). *Proceedings of the Academy of Natural Sciences of Philadelphia*, 138 (1): 14-32.

Su J X, Li C S. 2002. Fauna Sinica-Ostichthyes, Tetraodontiformes, Pegasiformes Gobiesociformes, Lophiiformes. Beijing: Science Press: 1-485.

Su R F, Yang J X, Chen Y R (苏瑞凤, 杨君兴, 陈银瑞). 2001. A review of the Chinese species of *Crossocheilus*, with description of a new species (Ostariophysi: Cyprinidae). *The Raffles Bulletin of Zoology*, 48 (2): 215-221.

Su R F, Yang J X, Cui G H (苏瑞凤, 杨君兴, 崔桂华). 2003. Taxonomic review of the Genus *Sinocrossocheilus* Wu (Teleostei: Cyprinidae), with a Description of Four New Species. *Zoological Studies*, 42 (3): 420-430.

Suckley G. 1861. Notices of certain new species of North American Salmonidae. *Annals of the Lyceum of Natural History of New York*, 7 (30): 306-313.

Suda Y, Tachikawa H, Baba O. 1986. Adult form of the stromateoid fish, *Nomeus gronovii*, from the north Pacific. *Japanese Journal of Ichthyology*, 33 (3): 319-322.

Sun C, Li X, Zhou W, Li F L. 2018. A review of *Garra* (Teleostei: Cypriniformes) from two rivers in West Yunnan, China with description of a new species. *Zootaxa*, 4378 (1): 49-70.

Sun C L, Huang C L, Yeh S Z. 2001. Age and growth of the bigeye tuna, *Thunnus obesus*, in the western Pacific Ocean. *Fish. Bull.*, 99: 502-509.

Sun Z W, Ren S J, Zhang E (孙智薇, 任圣杰, 张鹗). 2013. *Liobagrus chenghaiensis*, a new species of catfish (Siluriformes: Amblycipitidae) from Yunnan, South China. *Ichthyological Exploration of Freshwaters*, 23 (4): 375-384.

Sunobe T. 1988. A new gobiid fish of the genus *Eviota* from Cape Sta, Japan. *Japanese Journal of Ichthyology*, 35 (3): 278-281.

Sunobe T, Nakazono A. 1987. Embryonic development and larvae of genus *Eviota* (Pisces: Gobiidae) I. *Eviota abax* and *E. storthynx. J. Fac. Agr., Kyushu Univ.*, 31 (3): 287-295.

Sunobe T, Shimada K. 1989. First record of the gobiid fish, *Eviota albolineata*, from Japan. *Japanese Journal of Ichthyology*, 35 (4): 479-481.

Susan J K, Lachner E A. 1981. Three new species of the *Eviota epiphanes* group having vertical trunk bars (Pisces: Gobiidae). *Proceedings of the Biological Society of Washington*, 94 (1): 264-275.

Suzuki K, Hioki S, Kitazawa H. 1983. Spawning and Life History of *Triacanthus biaculeatus* (Pisces: Triacanthidae) in an Aquarium. *J. Fac. Mar. Sci. Technol., Tokai Univ.*, 17: 131-138.

Suzuki K, Hioki S, Tanaka Y, Iwasa K. 1979. Spawning Behavior, Eggs, Larvae, and Sex Reversal of Two Pomacanthine Fishes, *Genicanthus lamarck* and *G. semifasciatus*, in the Aquarium. *Journal of the Faculty of Marine Science and Technology, Tokai University*, 12: 149-165.

Suzuki K, Kimura S. 1980a. First record of the deep-sea cottid fish *Psychrolutes inermis* from Japan. *Japanese Journal of Ichthyology*, 27 (1): 77-81.

Suzuki K, Kimura S. 1980b. Growth of *Parapristipoma trilineatum* in Kumano-nada, central Japan. *Japanese Journal of Ichthyology*, 27 (1): 64-70.

Suzuki K, Tanaka Y, Hioki S. 1980. Spawning Behavior, Eggs, and Larvae of the Butterflyfish, *Chaetodon nippon*, in an Aquarium. *Japanese Journal of Ichthyology*, 26 (4): 334-341.

Suzuki T, Nakabo T. 1996. Revision of the genus *Acanthaphritis* (Percophidae) with the description of a new species. *Ichthological Research*, 43 (4): 441-454.

Suzuki T, Yano K, Senou H, Yoshino T. 2003. First record of a syngnathid fish, *Bulbonaricus brauni* from Iriomote Island, Ryukyus Islands, Japan. *I. O. P. Diving News*, 14 (1): 2-5.

Suzuki T, Yonezawa T, Sakaue J. 2010. Three new secies of the ptereleotrid fish genus *Parioglossus* (Perciformes: Gobioidei) from Japan, Palau and India. *Bull. Natl. Mus. Nat. Sci., Ser. A*, (Suppl. 4): 31-48.

Svetovidov A N. 1948. Gadiformes. *Fauna USSR, Fishes*, 9 (4): 1-221.

Swainson W. 1838. On the natural history and classification of fishes, amphibians & reptiles, or monocardian animals. Vol. 1.

London: A. Spottiswoode.

Swainson W. 1839. The natural history of fishes, amphibians & reptiles, or monocardian animals. Vol. 2. London: Longman, Orme, Brown, Green, Longmans: 1-452.

Sykes W H. 1839. On the fishes of the Deccan. *Proceedings of the Zoological Society of London*, 1838 (6): 157-165.

Takada W, Uyeno T. 1978. A record of the filefish, *Amanses scopas*, collected from the Amami Islands, Japan. *Japanese Journal of Ichthyology*, 25 (2): 153-154.

Takagi K. 1951. Sur la nouvelle raie torpille, *Crassinarke dormitor*, gen. *et* sp. nov., appartenant a la sous-famille narkinée. *J. Tokyo Univ. Fish.*, 38 (1): 27-34.

Takagi K. 1957. Descriptions of some new gobioid fishes of Japan, with a proposition on the sensory line system as a taxonomic appliance. *J. Tokyo Univ. Fish.*, 43 (1): 97-126.

Takahashi M, Nakaya K. 2004. *Hemitriakis complicofasciata*, a new whitefin topshark (Carcharhiniformes; Triakidae) from Japan. *Ichthological Research*, 51 (3): 248-255.

Taki I. 1953. On two new species of fishes from the Inland Sea of Japan. *J. Sci. Hiroshima Univ. Ser. B Div.*, 14: 201-212.

Taki Y, Kohno H, Hara S. 1986. Early development of fin-supports and fin-rays in the milkfish *Chanos chanos*. *Japanese Journal of Ichthyology*, 32 (4): 410-413.

Takita T, Iwamoto T, Kai S, Sogabe I. 1983. Maturation and spawning of the dragonet, *Callionymus enneactis*, in an aquarium. *Japanese Journal of Ichthyology*, 30 (3): 221-226.

Talwar P K, Jhingran A G. 1991. Inland Fishes of India and Adjacent Countries. Vols. 2. Oxford: Oxford & IBH Publishing Co.

Talwar P K, Mukerjee P. 1978. Record of the Crocodile Fish, *Gargariscus prionocephalus* (Dumeril) in Indian Waters. *Bull. Zool. Surv. India.*, 1 (1): 91.

Tan H H, Lim K K P. 2004. Inland fishes from the Anambas and Natuna Islands, South China Sea, with description of a new species of *Betta* (Teleostei: Osphronemidae). *The Raffles Bulletin of Zoology (Suppl.)*, (11): 107-115.

Tan H H, Ng P K L. 2005. The labyrinth fishes (Teleostei: Anabanatoidei, Channoidei) of Sumatra, Indonesia. *The Raffles Bulletin of Zoology (Suppl.)*, (13): 115-138.

Tan S M, Lim P Y, Tetsushi S, Hooi K K (comps.). 1982. A colour guide to the fishes of the South China Sea and the Andaman Sea. Primary Production Department/Marine Fisheries Research Department, SEAFDEC Singapore: 1-45.

Tanaka S (田中茂穂). 1908a. Descriptions of eight new species of fishes from Japan. *Annot. Zool. Jpn.*, 7 (1): 27-47.

Tanaka S. 1908b. Notes on some Japanese fishes, with descriptions of fourteen new species. Journal of the College of Science. *Imp. Univ. Tokyo*, 23 (art. 7): 1-54, pls. 1-4.

Tanaka S. 1909. Descriptions of one new genus and ten new species of Japanese fishes. Journal of the College of Science. *Imp. Univ. Tokyo*, 27 (art. 8): 1-27, pl. 1.

Tanaka S. 1912. Figures and description of the fishes of Japan: including Riu Kiu Islands, Taiwan of China, Kurile Islands, Korea and southern Sakhalin. Kazma-shobo, Tokyo, 5: 71-86, pls. 21-25.

Tanaka S. 1917a. Eleven new species of the fishes of Japan. *Dobutsugaku Zasshi* (= *Zoological Magazine Tokyo*), 29 (339): 7-12.

Tanaka S. 1917b. Six new species of Japanese fishes. *Dobutsugaku Zasshi* (= *Zoological Magazine Tokyo*), 29 (345): 198-201.

Tanaka S. 1917c. Three new species of Japanese fishes. *Dobutsugaku Zasshi* (= *Zoological Magazine Tokyo*), 29 (346): 225-226.

Tanaka S. 1917d. Six new species of Japanese fishes. [See second article with same title, author, date.]. *Dobutsugaku Zasshi* (= *Zoological Magazine Tokyo*), 29 (340): 37-40.

Tanaka S. 1918. Twelve new species of Japanese fishes. *Dobutsugaku Zasshi* (= *Zoological Magazine Tokyo*), 30 (356): 223-227.

Tanaka S. 1935. Fishes of Japan. Tokyo: Kazamashobo.

Tanaka Y, Suzuki K. 1991. Spawning, Eggs and larvae of the Hawkfish, *Cirrhitichthys aureus* in an Aquarium. *Japanese Journal of Ichthyology*, 38 (3): 283-288.

Tandog-Edralin D, Cortez-Zaragoza E C, Dalzell P, Pauly D. 1990. Some aspects of the biology and population dynamics of skipjack (*Katsuwonus pelamis*) in Philippine waters. *Asian Mar. Biol.*, 7: 15-29.

Tandog-Edralin D, Ganaden S R, Fox P. 1988. A comparative study of fish mortality rates in moderately and heavily fished areas of the Philippines. *In*: Venema S C, Christensen J M, Pauly D. 1988. Contributions to tropical fisheries biology. FAO/DANIDA Follow-up Training Course on Fish Stock Assessment in the Tropics, Denmark, 1986 and Philippines, 1987. FAO Fish. Rep. (389): 468-481.

Tang D S (汤笃信). 1933. On a new ray (*Platyrhina*) from Amoy, China. *Lingnan Science Journal, Canton*, 12 (4): 561-563.

Tang D S. 1934a. An annotated list of *Elasmobranchs* of Kwangtung Province. *Nat. Sci. Bull. Univ. Amoy.*, 1 (2): 165-173.

Tang D S. 1934b.The Elasmobranchiate fishes of Amoy. *Nat. Sci. Bull. Univ. Amoy.*, 1 (2): 29-111.

Tang D S. 1937. A study of sciaenoid fishes of China. *Amoy Mar. Biol. Bull.*, 2 (2): 47-88.

Tang D S. 1942. Fishes of Kweiyang, with descriptions of two new genera and five new species. *Lingnan Science Journal, Canton*, 20 (2-4): 147-166.

Tang L, Zhao Y H, Zhang C G (唐莉, 赵亚辉, 张春光). 2012. A new blind loach, *Oreonectes elongatus* sp. nov. (Cypriniformes: Balitoridae) from Guangxi, China. *Environmental Biology of Fishes*, 93 (4): 483-490.

Tang Q Y, Li X B, Yu D, Zhu Y R, Ding B Q, Liu H Z, Danley P D. 2018. *Saurogobio punctatus* sp. nov., a new cyprinid gudgeon (Teleostei: Cypriniformes) from the Yangtze River, based on both morphological and molecular data. *Journal of Fish Biology*, (2018) 92: 347-364.

Tang W Q, Zhang C G (唐文乔, 张春光). 2002. One new species of the family Ophichthidae from East China Sea (Pisces: Anguilliformes). *Acta Zootaxonomica Sinica*, 27 (4): 854-856. [In Chinese, English abstract].

Tang W Q, Zhang C G. 2003. A new species of the genus *Cirrhimureana* from the East China Sea (Pisces, Anguilliformes, Ophichthidae). *Acta Zootaxonomica Sinica*, 28 (3): 551-553.

Tang W Q, Zhang C G. 2004. A taxonomic study on snake eel family Ophichthidae in China with the review of Ophichthidae (Pisces, Anguiliformes). *Journal of Shanghai Fisheries University*, 13 (1): 16-22. [In Chinese, English abstract].

Tåning A V. 1928. Synopsis of the scopelids in the North Atlantic. Preliminary review. *Videnskabelige Meddelelser fra Dansk Naturhistorisk Foren*, 86: 49-69.

Tåning A V. 1932. Notes on scopelids from the Dana Expeditions I. *Videnskabelige Meddelelser fra Dansk Naturhistorisk Forening, Kjøbenhavn*, 94: 125-146.

Taniuchi T. 1971. Reproduction of the Sandbar Shark, *Carcharhinus milberti*, in the East China Sea. *Japanese Journal of Ichthyology*, 18 (2): 94-98.

Taniuchi T. 1975. Reef whitetip shark, *Triaenodon obesus*, from Japan. *Japanese Journal of Ichthyology*, 22 (3): 167-170.

Taniuchi T, Kanaya T, Uwabe S, Kojima T, Akimoto S, Mitani I. 2004. Age and growth of alfonsino *Beryx splendens* from the Kanto District, central Japan, based on growth increments on otoliths. *Fisheries Science*, 70 (5): 845-851.

Taniuchi T, Tachikawa H, Kurata Y, Nose Y. 1985. Galapagos shark, *Carcharinus galapagensis*, from the Ogasawara Islands, Japan. *Japanese Journal of Ichthyology*, 31 (4): 449-452.

Taniuchi T, Yanagisawa F. 1983. Occurrence of the prickly shark, *Echinorhinus cookei*, at Kumanonada, Japan. *Japanese Journal of Ichthyology*, 29 (4): 465-468.

Tao M A, Miller M J, Aoyama J, Tsukamoto K. 2007. Genetic identification of *Conger myriaster leptocephali* in East China Sea. *Fisheries Science*, 73: 989-994.

Taranetz A. 1937. A note on a new genus of gudgeons from the Amur Basin. *Bulletins of the Pacific Science, Institute*, 23 (1937): 113-115.

Tchang C L (张春霖). 1935. Study of the gymnodont fishes of Tsingtao. *Lingnan Science Journal, Canton*, 14 (2): 315-320.

Tchang C L. 1940. Notes on some Elasmobranchiate fishes. *Bulletin of the Fan Memorial Institute of Biology, Peiping*, 10 (3): 159-166.

Tchang C L. 1940-1941. Notes on a hagfish from Foochow. *Nat Hist. Bull. Peking*, 15 (2): 153.

Tchang C L. 1955. Report of fishes on Yellow Sea and Bo Sea. Beijing: Science Press.

Tchang S. 1948. Recherches Limnologiqueset Zoologiques sur le lac de Kunming, Yunnan. *Contr. Inst. Zool. Nat. Acad.*, 4 (1): 18.

Tchang T L (= Tchang C L). 1923. A new fishes from Kaifeng. *Bulletin of the Fan Memorial Institute of Biology, Peiping (Zoology Ser.)*, 3 (14): 211-216.

Tchang T L. 1928. A review of the fishes of Nanking. *Contributions from the Biological Laboratory of the Science Society of China*, 4 (4): 1-42.

Tchang T L. 1929a. Description de Cyprinidés nouveaux de Chine. *Bulletin du Muséum National d'Histoire Naturelle (Sér. 2)*, 1 (4): 239-243.

Tchang T L. 1929b. Un nouveau Cobitidé de Se-Tchuan (Chine). *Bulletin du Muséum National d'Histoire Naturelle (Sér. 2)*, 1 (5): 307-308.

Tchang T L. 1930a. Contribution a l'etude morphologique, biologique *et* toxinomique des cyprinides du bassin du Yangtze. *Theses Univ. Paris*, (A), 209: 1-171.

Tchang T L. 1930b. Description de Cyprinidés nouveaux de Se-Tchuan. *Bulletin du Muséum National d'Histoire Naturelle*

(*Sér. 2*), 2 (1): 84-85.

Tchang T L. 1930c. Notes de cyprinides du bassin Tangtze. *Sinensia*, 1 (7): 87-93.

Tchang T L. 1930d. Nouveau genre *et* nouvelles espèces de cyprinidés de Chine. *Bulletin de la Société Zoologique de France*, 55 (1): 46-52.

Tchang T L. 1931. Notes on some cyprinoid fishes from Szechwan. *Bulletin of the Fan Memorial Institute of Biology, Peiping (Zool.)*, 2 (11).

Tchang T L. 1932a. Notes on some fishes of Ching-po lake. *Bulletin of the Fan Memorial Institute of Biology, Peiping (Zoology Ser.)*, 3 (8): 109-119.

Tchang T L. 1932b. Notes on three new Chinese fishes. *Bulletin of the Fan Memorial Institute of Biology, Peiping (Zoology Ser.)*, 3 (9): 121-124.

Tchang T L. 1933a. Description of two cyprinoid fishes from Sinkiang province, China. *Philippine Journal of Science*, 12 (3): 431.

Tchang T L. 1933b. The study of Chinese cyprinoid fishes, Part 1. *Zool. Sinica (B)*, 2 (1): 1-247.

Tchang T L. 1934. Notes on a new catfish from Kaifeng. *Bulletin of the Fan Memorial Institute of Biology, Peiping (Zoology Ser.)*, 5 (1): 41-43.

Tchang T L. 1935a. A new genus of loach from Yunnan. *Bulletin of the Fan Memorial Institute of Biology, Peiping (Zoology Ser.)*, 6 (1): 17-19.

Tchang T L. 1935b. Two new species of *Barbus* from Yunnan. *Bulletin of the Fan Memorial Institute of Zoology (Zoology Ser.)*, 6 (2): 60-64.

Tchang T L. 1935c. A new catfish from Yunnan. *Bulletin of the Fan Memorial Institute of Biology, Peiping (Zoology Ser.)*, 6 (3): 95-97.

Tchang T L. 1935d. Two new catfishes from south China. *Bulletin of the Fan Memorial Institute of Biology, Peiping (Zoology Ser.)*, 6 (4): 174-177.

Tchang T L. 1936a. Notes on a new *Barbus* from Yunnan. *Bulletin of the Fan Memorial Institute of Biology, Peiping (Zoology Ser.)*, 7: 17-19.

Tchang T L. 1936b. Study on some Chinese catfishes. *Bulletin of the Fan Memorial Institute of Biology, Peiping (Zoology Ser.)*, 7: 33-56.

Tchang T L. 1937. The fishes of Hainan. *Bulletin of the Fan Memorial Institute of Biology, Peiping (Zoology Ser.)*, 7 (3): 99-101.

Tchang T L. 1938a. Some Chinese Clupeoid fishes. *Bulletin of the Fan Memorial Institute of Biology, Peiping (Zoology Ser.)*, 8 (4): 311-337.

Tchang T L. 1938b. A review of Chinese *Hemirhamphus*. *Bulletin of the Fan Memorial Institute of Biology, Peiping (Zoology Ser.)*, 8 (4): 339-340.

Tchang T L. 1939a. Studies on Chinese *Glossogobius*. *Bulletin of the Fan Memorial Institute of Biology, Peiping (Zoology Ser.)*, 9: 67-70.

Tchang T L. 1939b. The Gobies of China. *Bulletin of the Fan Memorial Institute of Biology, Peiping (Zoology Ser.)*, 9: 263-288.

Tchang T L. 1941. List of fishes from Ho-nan. *Peking Nat. Hist. Bull.*, 16 (1): 79-84.

Tchang T L, Shaw T H (张春霖, 寿振黄). 1931a. Preliminary notes on the cyprinoid fishes of Hopei province. *Bulletin of the Fan Memorial Institute of Biology, Peiping (Zoology Ser.)*, 2 (15): 283-294.

Tchang T L, Shaw T H (张春霖, 寿振黄). 1931b. A review of the Cobitioid fishes of Hopei province and adjacent territories. *Bulletin of the Fan Memorial Institute of Biology, Peiping (Zoology Ser.)*, 2 (5): 65-84.

Tchang T L, Shih H J. 1934. Notes on the fishes of the valley of lower Kialingkiang. *Lingnan Science Journal, Canton*, 13 (3): 431-435.

Teather K L, Boswell J, Gray M A. 2000. Early life-history parameters of Japanese medaka (*Oryzias latipes*). *Copeia*, 2000 (3): 813-818.

Temminck C J, Schlegel H. 1842. Pisces. Siebolds Fauna Japanica: 1-323, pls. 1-143, Supl. pl. A. Lerden. photocopy-pp 176-188, plsno.

Temminck C J, Schlegel H. 1846. Pisces. *In*: Siebold P F. 1846. Fauna Japonica, sive descriptio animalium quae in itinere per Japoniam suscepto annis 1823-1830 collegit, notis observationibus *et* adumbrationibus illustravit, 10-14: 173-269.

Teng H T. 1958a. A new species of *Cyclostomata* from Taiwan. *Chinese Fisheries*, 66: 3-6. [In Chinese].

Teng H T. 1958b. Studies on the elasmobranch fishes from Formosa. part 1. 18 unrecorded species of sharks from Formosa. *Rep. Biol. Fish. Res. Inst., Taiwan*, (3): 1-30.

Teng H T. 1959a. Studies on the elasmobranch fishes from Formosa. part 2. A new carcharoid shark (*Carcharias yangi*) from Formosa. Rep. Inst. Fish. Biol. Taiwan Univ., 1 (3): 1-5.

Teng H T. 1959b. Studies on the elasmobranch fishes from Formosa. Part 3. A new species of shark of the genus *Cirrhoscyllium* from Kao-Hsiung, Formosa. *Taiwan Fisheries Research Institute*: 1-6.

Teng H T. 1959c. Studies on the Elasmobranch Fishes from Formosa. Part 4: *Squaliolus alii*, a new species of deep sea squaloid shark from Tung-Kang, Formosa. *Taiwan Fisheries Research Institute*, 8: 1-6.

Teng H T. 1959d. Studies on the Elasmobranch Fishes from Formosa. Part 6: A New Species of Deep Sea Shark (*Centrophorus niaukang*) from Formosa. *Taiwan Fisheries Research Institute*, 9: 1-6.

Teng H T. 1959e. Studies on the elasmobranch fishes from Formosa. Part 7. A review of the rhinobatoid rays of Formosa, with description of a new species of *Rhinobatos*. *Rep. Lab. Fish. Biol. Taiwan*, 10: 1-15.

Teng H T. 1962. Classification and distribution of the *Chondrichthys* of Taiwan Lab. *Mar. Zool. Fac. Fish. Hokkaido Univ.*: 1-304 (In Japanese).

Teng H T, Chen C H. 1972. Pacific lancefish (*Alepisaurus borealis* Gill) found in the Southern waters of Taiwan. *Bull. Taiwan Fisher. Res. Inst.*, 20: 145-151.

Teng H T, Chen T R. 1960. Contributions to the studies of Fishes from I-Lan and Lo-Tong Districts (Mainly from I-Lan River, I-Lan Tsuo-Sue River and adjacent freshwaters). *Fish Biology*, 11: 1-28.

Teng H Y, Lin Y S, Tzeng C S. 2009. A new *Anguilla* species and a reanalysis of the phylogeny of freshwater eels. *Zoological Studies*, 48 (6): 808-822.

Terborgh J. 1973. On the notion of favorableness in plant ecology. *The American Naturalist*, 107: 481-501.

Teshima K, Ahmad M, Mizue K. 1978. Studies on Sharks-XIV Reproduction in the Telok Anson Shark Collected from Perak River, Malaysia. *Japanese Journal of Ichthyology*, 25 (3): 181-189.

The Philippine Bureau of Science, Monographic Publications on Fishes. 1910. The Philippine Bureau of Science monographic publications on fishes. Manila: Bureau of Printing.

Tian M C, Sun B L. 1982. Notes on Some Deep-sea Fishes. *The Okinawa Trough Studia Marina Sinica*, 9: 115-127.

Tibbetts I R, Collette B B, Isaac R, Kreiter P. 2007. Functional and Phylogenetic Implications of the Vesicular Swimbladder of *Hemiramphus* and *Oxyporhamphus* convexus (Beloniformes: Teleostei). *Copeia*, 4: 808-817.

Tiews K, Ronquillo I A, Santos L M. 1970. On the biology of anchovies (*Stolephorus* Lacépède) in Philippine waters. *Proc. IPFC*, 13 (2): 20-48.

Tirant G. 1884. Note sur quelques espèces de poissons des montagnes de Samrong-Tong (Cambodge). *Bulletin de la Société des Études Indo-chinoises Saigon*, 1883: 167-173.

Tominaga Y, Kubota T. 1972. Records of the redmouth whalefish, *Rondeletia loricata*, from Sagami Bay and Suruga Bay, Japan, with notes on the holotype. *Japanese Journal of Ichthyology*, 19 (3): 181-185.

Tominaga Y, Yasuda F. 1973. *Holacanthus interruptus*, a valid pomacanthid species, distinct from *Centropyge fisheri*. *Japanese Journal of Ichthyology*, 20 (3): 157-162.

Tomiyama I. 1934. Four new species of gobies of Japan. *Journal of the Faculty of Science University of Tokyo Section IV Zoology*, 3 (pt 3): 325-334.

Tomiyama I. 1936. Gobiidae of Japan. *Jap. J. Zool.* 7 (1): 37-112.

Tomiyama I, Abe T. 1958. Figures and descriptions of the fishes of Japan (a continuation of Dr. Shigeho Tanakas work). *Tokyo. Figs. Descr. Fish. Japan*, 57: 1171-1194, pls. 229-231.

Tomiyama S, Fukui A, Kitagawa Y, Okiyama M. 2008. Records of telescope fish, *Gigantura indica* (Aulopiformes: Giganturidae), around Japan. *Japanese Journal of Ichthyology*, 55 (2): 127-133.

Tomiyama T, Yamada M, Yoshida T. 2013. Seasonal migration of the snailfish *Liparis tanakae* and their habitat overlap with 0-year-old Japanese flounder *Paralichthys olivaceus*. *Journal of the Marine Biological Association of the United Kingdom*, 93 (7): 1981-1987.

Tomoki S. 1995. Embryonic development and larvae of three gobiid fish, *Trimma okinawae*, *Trimma grammistes* and *Trimmatom* sp. *Japanese Journal of Ichthyology*, 42 (1): 11-16.

Tong L J. 1978. Tagging snapper *Chrysophrys auratus* by scuba divers. *N.Z.J. Mar. Freshwat. Res.*, 12 (1): 73-76.

Torii A, Javonillo R, Ozawa T. 2004. Reexamination of *Bregmaceros lanceolatus* Shen, 1960 with description of a new species *Bregmaceros pseudolanceolatus* (Gadiformes: Bregmacerotidae). *Ichthyological Research*, 51 (2): 106-112.

Townsend C H, Nichols J T. 1925. Deep sea fishes of the Albatross Lower California expedition. *Bulletin of the American Museum of Natural History*, 52 (art. 1): 1-20, Pls. 1-4, map.

Trewavas E. 1977. The sciaenid fishes (croakers or drums) of the Indo-west Pacific. *Trans. Zool. Soc. Lond.*, 33: 253-541.

Trott L B, Chan W L. 1972. *Carapus homei* commensal in the mantle cavity of *Tridacna* sp. in the South China Sea. *Copeia*,

(4): 872-873.

Trott L B, Trott E E. 1972. Pearl fishes (Carapidae: Gadiformes) collected from Puerto Galera, Mindoro, Philippines. *Copeia*, 1972 (4): 839-843.

Tsarin S A. 1993. Description of a New Species in the Species Group *Myctophum asperum* (Myctophidae) with Comments on This Group. *Journal of Ichthyology*, 33 (4): 93-98.

Tsukamoto Y, Kimura S. 1993. Development of Laboratory-reared Eggs, Larvae and Juveniles of the Atherinid Fish, *Hypoatherina tsurugae*, and Comparison with Related Species. *Japanese Journal of Ichthyology*, 40 (2): 261-267.

Tucker D W. 1957. Studies on the trichiuroid fishes - 4. a specimen of *Evoxymetopon taeniatus* (poey) Gill, from the Gulf of Mexico. *Amm. Nag. Nat. Hist.*, 12 (10): 425-428, pl. 1.

Tung I H (童逸修). 1959. Note on the food habit of lizard fish (*Saurida tumbil* Bloch) of Taiwan Straits. 1 (3): 38-41.

Tung I H (童逸修). 1981. On the fishery biology of the grey mullet, *Mugil cephalus* Linnaeus, in Taiwan. *Rep. Inst. Fish. Biol. Minist. Econ. Aff., Taiwan Univ.*, 3: 38-102.

Turner J R G, Lennon J J, Lawrenson J A. 1988. British bird species distributions and the energy theory. *Nature*, 335: 539-541.

Tyler J C. 1966a. Mimicry between the plectognath fishes *Canthigaster valentini* (Canthigasteridae) and *Paraluteres prionurus* (Aluteridae). *Notulae Naturae of the Academy of Natural Sciences of Philadelphia*, 386: 1-13.

Tyler J C. 1966b. A new species of serranoid fish of the family Anthidae from the Indian Ocean. *Not. Nat. (Phila.)*, 389: 1-6.

Tyler J C. 1967. A Redescription of *Triodon macropterus* Lesson, A phyletically Important Plectognath Fish, Proceedings, Series C . 70 (1).

Tyler J C. 1970. A redescription of the Inquiline Carapid fish *Onuxodon parvibrachium*, with a discussion of the sleull structure and the host. *Bulletin of Marine Science*, 20 (1): 148-164.

Tzeng C S. 1986. Distribution of the freshwater fishes of Taiwan. *Journal of the Taiwan Museum*, 39 (2): 127-146.

Tzeng C S, Hsu C F, Shen S C, Huang P C. 1990. Mitochondrial DNA identity of *Crossostoma* (Homalopteridae, Pisces) from the same geographical origin. *Bulletin of the Institute of Zoology*, "Academia Sinica", 29: 11-19.

Tzeng C S, Shen S C (曾晴贤, 沈世杰). 1982. Studies on the homalopterid fishes of Taiwan, with description of a new species. *Bulletin of the Institute of Zoology*, "Academia Sinica", 21 (2): 161-169.

Tzeng W N 1984. An estimate of the exploitation rate of *Anguilla japonica* elvers immigrating into the coastal waters off Shuang-Chi River, Taiwan. *Bulletin of the Institute of Zoology*, "Academia Sinica": 173-180.

Tzeng W N, Wang Y T. 1986. Occurrence of the leptocephalus larvae of *Elops hawaiensis* and *Megalops cyprinoides* in the Gony-shy-tyan River estuary of north Taiwan with reference to some ecological and taxonomic aspects. Nat. Sci. *Conncil Monogrcph Series*, 14: 165-176.

Uchida K, Imai S, Mito T, Fujita S, Ueno M, Shojima Y, Senta T, Tahuka M, Dotsu Y. 1958. Studies on the eggs, larvae and juvenile of Japanese fishes, series 1. Second Laboratory of Fisheries Biology, Fisheries Department, Faculty of Agriculture, Kyushu Univeristy, Fukuoka, Japan: 1-89.

Ueno M, Fujita S. 1954. On the development of the egg of *Sillago sihama* (Forskal). *Japanese Journal of Ichthyology*, 3 (345): 118-120.

Uiblein F. 2011. Taxonomic review of Western Indian Ocean goatfishes of the genus *Mulloidichthys* (Family Mullidae), with description of a new species and remarks on colour and body form variation in Indo-West Pacific species. *Smithiana Bulletin*, 13: 51-73.

Uiblein F, McGrouther M. 2012. A new deep-water goatfish of the genus *Upeneus* (Mullidae) from northern Australia and the Philippines, with a taxonomic account of *U. subvittatus* and remarks on *U. mascareinsis*. *Zootaxa*, 3550: 61-70.

Ungson J R, Hermes R. 1985. Species composition and relative abundance of goby fry and by-catch at Santa, Ilocos Sur (Luzon, Philippines). *Fish. Res. J. Philipp.*, 10 (1-2): 1-8.

Urano T, Mochizuki K. 1984. A record of an ariommid fish, *Ariomma indica*, from Japan. *Japanese Journal of Ichthyology*, 31 (2): 205-209.

Uwa H. 1991. Cytosystematic study of the Hainan medaka, *Oryzias curvinotus*, from Hong Kong (Teleostei: Oryziidae). *Ichthyological Exploration of Freshwatets*, 1 (4): 361-368.

Uwa H, Wang R F, Chen Y R. 1988. Karyotypes and geographical distribution of ricefishes from Yunnan, southwestern China. *Japanese Journal of Ichthyology*, 35 (3): 332-340.

Uwate K R. 1979. Revision of the anglerfish Diceratiidae with descriptions of two new species. *Cpoeia*, 1: 129-144.

Uyeno T, Nakamura K, Mikami S. 1976. On the Body Coloration and Abnormal Specimen of the Goblin Shark *Mitsukurina owstoni* Jordan. *Bulletin of the Kanagawa Prefectural Museum* (Natural Science), 9: 67-70.

Vahl M. 1794. Beskrivelse af en nye fiske-slaegt, Caecula. *Skrivter af Naturhistorie-Selskabet Kiøbenhavn*, 3 (2): 149-156. [A translation appeared in Smith 1965: 716-717].

Vahl M. 1797. Beskrivelse tvende nye arter af *Lophius* (*L. stellatus* og *L. setigerus*). *Skrivter af Naturhistorie-Selskabet Kiøbenhavn*, 4: 212-216.

Vaillant L. 1888. Mission Scientifique du Cap Horn. 1882-1883. - Tome VI. Zoologie. *Poissons*: 3-35 (pls. 1-4).

Vaillant L L. 1892. Sur quelques poissons rapportés du haut-Tonkin, par M. Pavie. *Bulletin de la Société Philomathique de Paris (8th Série)*, 4 (3): 125-127.

Vaillant L L. 1902. Résultats zoologiques de l'expédition scientifique Néerlandaise au Bornéo central. Poissons. *Notes from the Leyden Museum*, 24 (1): 1-166, pls. 161-162.

Vaillant L L. 1904. Quelques reptiles, batraciens *et* poissons du Haut-Tonkin. *Bulletin du Muséum National d'Histoire Naturelle (Série 1)*, 10 (6): 297-301.

Vaillant L L, Sauvage H E. 1875. Note sur quelques espèces nouvelles de poissons des îles Sandwich. *Revue et Magasin de Zoologie (Ser. 3)*, 3: 278-287.

van Dam A J. 1926. Two new fishes from China. *Annals and Magazine of Natural History*, (9) 18: 342.

van Hasselt J C. 1823. Uittreksel uit een' brief van Dr. J.C. van Hasselt, aan den Heer C. J. Temminck. *Algemeene Konst-en Letter-bode II Deel*, 35: 130-133 [English translation, see Alfred, 1961b].

van Rensburg B J, Chown S L, Gaston K J. 2002. Species richness, environmental correlates, and spatial scale: a test using South African birds. *The American Naturalist*, 159 (5): 566-577.

Vidthayanon C. 1998. Species composition and diversity of fishes in the South China Sea, area II: Sarawak, Sabah and Brunei Darussalam waters. In Proceedings of the Second Technical Seminar on Marine Fishery Resources Survey in the South China Sea, Area II.

Vinciguerra D. 1890. Viaggio di Leonardo Fea in Birmania e regioni vicine. XXIV. Pesci. *Annalidel Museo Civico di Storia Naturale di Genova (Serie 2)*, 9: 129-362.

Wakeman J M, Wohlschlag D E. 1983. Time course of osmotic adaptation with respect to blood serum osmolality and oxygen uptake in the euryhaline teleost, *Sciaenops ocellatus* (Red Drum). *Contrib. in Mar. Sci.*, 26: 165-177.

Wakiya Y, Takahashi N. 1937. Study on fishes of the family Salangidae. *Journal of the College of Agriculture, Imperial University Tokyo*, 14 (4): 265-296.

Walbaum J. 1792. Petri Artedisueci genera piscium. In quibus systema totum ichthyologiae proponitur cum classibus, ordinibus, generum characteribus, specierum differentiis, observationibus plurimis. Redactis speciebus 242 ad genera 52. Ichthyologiae pars III. Ant. Ferdin. Rose, Grypeswaldiae.

Walker K F, Yang H Z. 1999. Fish and fisheries in western China. *FAO Fish. Tech. Pap.*, 385: 237-278.

Wallace J H. 1967a. The batoid fishes of the east coast of Southern Africa. Part II: manta, eagle, duckbill, cownose, butterfly and sting rays. *Invest. Rep. Oceanogr. Res. Inst. Durban*, 16: 1-56.

Wallace J H. 1967b. The batoid fishes of the east coast of Southern Africa. Part III: Skates and Electric Rays. *Invest. Rep. Oceanogr. Res. Inst. Durban*, 17: 1-62.

Walsh F M, Randall J E. 2004. *Thalassoma jansenii* x *T. quinquevittatum* and *T. nigrofasciatum* x *T. quinquevittatum*, hybrid labrid fishes from Indonesia and the Coral Sea. *Aqua*, 9 (2): 69-74.

Walsh J H, Ebert D A. 2007. A review of the systematics of western North Pacific angel sharks, genus *Squatina*, with redescriptions of *Squatina formosa*, *S. japonica*, and *S. nebulosa* (Chondrichthyes: Squatiniformes, Squatinidae). *Zootaxa*, 1551: 31-47.

Walsh J H, Ebert D A, Compagno L J V. 2011. *Squatina caillieti* sp. nov., a new species of angel shark (Chondrichthyes: Squatiniformes: Squatinidae) from the Philippine Islands. *Zootaxa*, 2759: 49-59.

Wang C S, Shih H H, Ku C C, Chen S N. 2003. Studies on epizootic iridovirus infection among red sea bream, *Pagrus major* (Temminck & Schlegel), cultured in Taiwan. *J. Fish Dis.*, 26: 127-133.

Wang C X(王存信). 1993. Ecological characteristics of the fish fauna of the South China Sea. *In*: The Marine Biology of the South China Sea, Morton, B. 1993. Proceedings of the First International Conference on the Marine Biology of Hong Kong and the South China Sea. Hong Kong, 28 October - 3 November, 1990.

Wang D, Zhao Y H, Yang J X, Zhang C G. 2014. A new cavefish species from Southwest China, *Sinocyclocheilus gracilicaudatus* sp. nov. (Teleostei: Cypriniformes: Cyprinidae). *Zootaxa* 3768 (5): 583-590.

Wang F C (王凤振). 1933. Preliminary notes on some Chinese gobioid fishes. *Sci. Quart. Natl. Univ. Peking*, 3 (4): 1-17.

Wang F C. 1936. The Fishes of Peiping and its vicinity. *Sci. Rept. Nat. Univ. Peking*, 1 (2): 1-28.

Wang J T M, Chen C T. 2001. A review of lanternfishes (Families: Myctophidae and Neoscopelidae) and their distributions around Taiwan and the Tungsha Islands with notes on seventeen new records. *Zoological Studies*, 40 (2): 103-126.

Wang K F (王以康). 1933a. Preliminary notes on some Chinese gobioid fishes. *Sci. Quart. Nstl. Univ. Peking*, 3 (4): 1-17.

Wang K F. 1933b. Study of the teleost fishes of coastal region of Shantung I. *Contributions from the Biological Laboratory of the Science Society of China*, 9 (1): 1-76.

Wang K F. 1933c. Preliminary notes On the fishes of Chekiang (Elasmobranches). *Contributions from the Biological Laboratory of the Science Society of China*, 9 (3): 87-117.

Wang K F. 1935. Preliminary notes on the fishes of Chekiang. *Contributions from the Biological Laboratory of the Science Society of China (Zoology Series)*, 11 (1): 1-65.

Wang K F. 1941. The labroid fishes of Hainan. *Contributions from the Biological Laboratory of the Science Society of China (Zoology Series)*, 15 (6): 87-119.

Wang K F. 1958. Taxonomic Synopsis of Chinese Fishes. Shanghai: Shanghai Scientific & Technical Publishers.

Wang K F, Wang S C (王以康, 王希成). 1935. Study of the teleost fishes of coastal region of Shangtung III. *Contributions from the Biological Laboratory of the Science Society of China (Zoology Series)*, 11 (6): 176-237, fig. 1-52.

Wang K L, Liu L Y, You F, Xu C. 1992. Studies on the genetic variation and systematics of the hairtail fishes from the South China Sea. *Marine Science*, 2: 69-72. [In Chinese, English summary].

Wang M C, Shao K T (王明智, 邵广昭). 2006. Ten New Records of Lanternfishes (Pisces: Myctophiformes) Collected around Taiwanese Waters (台湾近海十种新纪录灯笼鱼目鱼类). *Journal of the Fisheries Society of Taiwan*, 33 (1): 55-67.

Wang S A, Wang Z M, Li G L, Cao Y P, et al. (王所安, 王志敏, 李国良, 曹玉萍, 等). 2001. The fauna of Hebei, China. Shijiazhuang: Hebei Science and Technology Publishing House: 1-366.

Wang S C, Chen J P, Shao K T. 1994. Four new records of labrid fishes (Pisces: Labridae) from Taiwan. *Acta Zoologica Taiwanica*, 5 (1): 41-45.

Wang S C, Shao K T, Shen S C (王慎之, 邵广昭, 沈世杰). 1996. *Enneapterygius cheni*, A New Triplefin Fish (Pisces: Tripterygiidae) from Taiwan (台湾东部海域产之新种三鳍鳚——陈氏双线鳚). *Acta Zoologica Taiwanica*, 7 (1): 79-83.

Wang T M, Chen C T. 1981. Reproduction of smooth dogfish, *Mustelus griseus* in northwestern Taiwan waters. *Journal of Fisheries Society of Taiwan*, 8: 23-36.

Wang T M, Shao K T, Chen C T. 1996. *Enneapterygius cheni*, a new triplefin fish (Pisces: Tripterygiidae) from Taiwan. *Acata Zoologica Taiwanica*, 7 (1): 79-83.

Wang X Z, Li J B, He S P. 2006. Molecular evidence for the monophyly of East Asian groups of Cyprinidae (Teleostei: Cypriniformes) derived from the nuclear recombination activating gene 2 sequences. *Molecular Phylogenetics and Evolution*, 42 (1): 157-170.

Wang Y T, Tzeng W N. 1997. Temporal succession and spatial segregation of clupeoid larvae in coastal waters off the Tanshui River estuary, northern Taiwan. *Mar. Biol.*, 129 (1): 23-32.

Warfel E, Manacop P R. 1950. Otter trawl explorations in Philippine waters. Washington, D.C.: Research Report 25, Fish and Wildlife Service, U.S. Dept. Int.

Warpachowsky N. 1887. Uner die gattung *Hemiculter* Bleeker und uber einegattung Hemiculterella. *Bull. Acad. Imp. Sci. Peterb.*, 32: 13-24.

Warpachowsky N, Herzenstein S M. 1888. Notizen über die Fischfauna des Amur-Beckens und der angrenzenden Gebiete. [Remarks on the ichthyology of the River Amur Basin and adjacent countries]. *Trudy St.-Peterburgskogo Obscestva Estestvoispytatelej (= Travaux de la Société des Naturalistes de St. Pétersbourg)*, 19 (8) (for 1887): 1-58, pl. 1. [In Russian, German summary; diagnoses in Latin. Authorship reversed with German title].

Watanabe J, Aoyama J, Tsukamoto K. 2009. A new species of freshwater eel *Anguilla luzonensis* (Teleostei: Anguillidae) from Luzon Island of the Phillippines. *Fisheries Science*, 75: 387-392.

Watanabe K, Zhang C G, Zhao Y H. 2002. Redescription of the East Asian bagrid catfish, *Pseudobagrus kyphus* Mai, 1978, and a new record from China. *Ichthyological Research*, 49: 384-388.

Watanabe M. 1960. Fauna Japonica, Cottidae (Pisces). Tokyo: Tokyo News Service.

Watanabe M. 1972. First Record of the Gobioid Fish, *Rhyacichthys aspro*, from Formosa. *Japanese Journal of Ichthyology*, 19 (2): 120-124.

Watanabe M. 1983. A review of homalopterid fishes of Taiwan, with description of a new species. *Bulletin of the Biogeographical Society of Japan*, 38 (11): 105-123.

Watanabe M, Hart J L. 1946. On the life-history of some species of chaetodondae (VI) *Chaetodon plebeius* Cuvier et Valenciennes. *Short Rep. Res. Inst. Nat. Resources*, 16: 1-3.

Watanabe M, Lin Y. 1985. Revision of the Salmonid fish in Taiwan. *Bulletin of the Biogeographical Society of Japan*, 40 (10): 75-84.

Watanabe T. 1965. Ecological distribution of eggs of frog-flounder *Pleuronichthys cornutus* in Tokyo Bay. *Bull. Jap. Soc. Sci. Fish.*, 31 (8): 591-596.

Watson R E, Chen I S. 1998. Freshwater gobies of the genus *Stiphodon* from Japan and Taiwan of China(Teleostei: Gobiidae: Sicydiini). *Journal of Ichthyology and Aquatic Biology*, 3 (2): 55-68.

Watson R E, Kottelat M. 1995. Gobies of the genus *Stiphodon* from Leyte, Philippines, with descriptions of two new species (Teleostei: Gobiidae: Sicydiinae). *Ichthyological Exploration of Freshwaters*, 6 (1): 1-16.

Weber M. 1894. Die Süsswasser-Fische des Indischen Archipels, nebst Bemerkungen über den Ursprung der Fauna von Celebes. *Zool. Ergebn. Reise Nederl. Ost-Ind.*, 3: 405-476.

Weber M. 1895. Fische von Ambon, Java, Thursday Island, dem Burnett-Fluss und von der Süd-Küste von Neu-Guinea. *In*: Zoologische Forschungsreisen in Australien und dem malayischen Archipel; mit Unterstützung des Herrn Dr Paul von Ritter ausgeführt Jahren 1891-1893 von Dr Richard Semon, 5: 259-276.

Weber M. 1913. Die Fische der Siboga-Expedition. *E. J. Brill, Leiden.*, i-xii + 1-710, pls. 1-12.

Weber M, de Beaufort L F. 1916a. The fishes of Indo-Australian Archipelago, II: Cyprinoidea, Apodes, Synbranchi.

Weber M, de Beaufort L F. 1916b. The fishes of the Indo-Australian Archipelago, III: Ostariophysi.

Weber M, de Beaufort L F. 1922. The fishes of the Indo-Australian Archipelago, IV: Heteromi, Solenichthyes, Synentognathi, Percesoces, Labyrinthici, Microcyprini. *E. J. Brill, Leiden. Fish. Indo-Aust. Arch.*: 1-410.

Weber M, de Beaufort L F. 1929. The fishes of the Indo-Australian Archipelago, V: Anacanthini, Allotriognathi, Heterostomata, Berycomorphi, Percomorphi: families Kuhliidae, Apogonidae, Plesiopidae, Pseudoplesiopidae, Priacanthidae, Centropomidae. E. J. Brill Ltd., Leiden. Fish. Indo-Aust. Arch.: 1-458.

Weitzman S H, Chan L L. 1966. Identification and relationships of *Tanichthys albonubes* and *Aphyocypris pooni*, two cyprinid fishes from South China. *Copeia*, 2: 285-296.

Welander A D, Schultz L P. 1951. *Chromis atripectoralis*, a new damselfish from the tropical Pacific, closely related to *C. caeruleus*, family Pomacentridae. *J. Wash. Acad. Sci.*, 41 (3): 107-110.

Weng S P, Wang Y Q, He J G, Deng M, Lu L, Guan H J, Liu Y J, Chan S M. 2002. Outbreaks of an iridovirus in red drum, *Sciaenops ocellata* (L.), cultured in southern China. *J. Fish Dis.*, 25: 681-685.

Westenberg J. 1981. Fishery products of Indochina. A compilation of literature up to the Japanese invasion. *Proc. Indo-Pacific Fish. Cum. 2nd Meet.*, 23: 125-150.

White A. 1987. Philippine coral reefs. A natural history guide. New Day Publishers: 1-223.

White A, Calumpong H. 1993. Saving Tubbataha Reef: Earthwatch expedition to the Philippines 92. *Silliman J.*, 36 (2): 77-105.

White W T, Last P R. 2013. Notes on shark and ray types at the South China Sea Fisheries Research Institute (SCSFRI) in Guangzhou, China. *Zootaxa*, 3752 (1): 228-248.

White W T, Yearsley G K, Last P R. 2007. Clarification of the status of *Squalus taiwanensis* and a diagnosis of *Squalus acanthias* from Australia, including a key to the Indo-Australasian species of Squalus. *In*: Last P R, White W T, Pogonoski J J. 2007. Descriptions of new dogfishes of the genus Squalus (Squaloidea: Squalidae). CSIRO Marine and Atmospheric Research Paper, No. 014: 109-115.

Whitehead P J P. 1985. FAO species catalog - Clupeoid fishes of the world (suborder Clupeoidei). Part 1 - Chirocentridae, Clupeidae and Pristigasteridae. *FAO Fish. Synop.*, 7 (125): 1-303.

Whitehead P J P, Nelson G J, Wongratana T. 1988. FAO species catalogue - Clupeoid fishes of the world (Suborder Clupeoidei). An annotated and illustrated catalogue of the herrings, sardines, pilchards, sprats, anchovies and wolf-herrings. Part 2. Engraulididae. *FAO Fish. Synop.*, 7 (125): 305-579.

Whitley G P. 1930a. Ichthyological miscellanea. *Momoirs of the Queensland Museum*, 10: 8-31.

Whitley G P. 1930b. More ichthyological miscellanea. *Momoirs of the Queensland Museum*, 11 (1): 23-51.

Whitley G P. 1935. Studies in ichthyology. No. 9. *Records of the Australian Museum*, 19 (4): 215-250.

Whitley G P. 1964. Fishes from the Coral Sea and the Swain Reefs. *Records of the Australian Museum*, 26 (5): 145-195.

Whitley G P, Colefax A N. 1938. Fishes from Nauru, Gilbert Islands, Oceania. *Proceedings of the Linnean Society of New South Wales*, 63 (3-4): 282-304.

Wiens J J, Donoghue M J. 2004. Historical biogeography, ecology and species richness. *Trends in Ecology & Evolution*, 19 (12): 639-644.

Willette D A, Santos M D, Aragon M A. 2011. First report of the Taiwan sardinella *Sardinella hualiensis* (Clupeiformes: Clupeidae) in the Philippines. *Journal of Fish Biology.*, 79: 2087-2094.

Williams F, Heemstra P C, Shameem A. 1980. Notes on Indo-Pacific carangid fishes of the genus *Carangoides* Bleeker. II. The *Carangoides armatus* group. (CAS). *Bulletin of Marine Science*, 30 (1): 13-20.

Williams F, Venkataraman V K. 1978. Notes on Indo-Pacific Carangid Fishes of the Genus *Carangoides* Bleeker. I. The *Carangoides malabaricus* Group. *Bulletin of Marine Science*, 28 (3): 501-511.

Williams J T. 1984. Studies on *Echiodon* (Pisces: Carapidae), with description of two new Indo-Pacific species. *Copeia*, 2: 410-422.

Williams J T. 1985. *Cirripectes imitator*, a new species of western Pacific blenniid fish. *Proceedings of the Biological Society of Washington*, 98 (2): 533-538.

Williams J T. 1988. Indo-Pacific Fishes: Revision and Phylogenetic Relationships of the Blenniid fish Genus *Cirripectes*. Honolulu: Bernice Pauahi Bishop Museum: 1-17.

Wilson C D, Seki M P. 1994. Biology and Population Characteristics of *Squalus mitsukurii* from a Seamount in the Central North Pacific Ocean. *Fishery Bulletin*, 92 (4): 851-864.

Winterbottom R. 1985. Two new gobiid fish species (in Priolepis and Trimma) from the Chagos Archipelago, central Indian Ocean. *Can. J. Zool.*, 63 (4): 748-754.

Winterbottom R. 1989. A revision of the *Trimmatom nanus* species complex (Pisces, Gobiidae), with descriptions of three new species and redefinition of *Trimmatom*. *Can. J. Zool.*, 67: 2403-2410.

Winterbottom R. 1993. Philippine Fishes - ROM Records - Jan. 27, 1993. Computerized catalog of the fish collection in the Royal Ontario Museum.

Winterbottom R. 2003. A new species of the gobiid fish *Trimma* from the western pacific and northern Indian Ocean coral reefs, with a description of its osteology. *Zootaxa*, 218: 1-24.

Winterbottom R, Burridge M. 1993. Revision of the species of Priolepis possessing a reduced transverse pattern of cheek papillae and no predorsal scales (Teleostei; Gobiidae). *Can. J. Zool.*, 71: 494-514.

Winterbottom R, Chen I S. 2004. Two new species of *Trimma* (Teleostei: Gobiidae) from the western Pacific Ocean. *Raffles Bull. Zool. Suppl.*, (11): 103-106.

Winterbottom R, Reist J D, Goodchild C D. 1984. Geographic variation in *Congrogadus subducens* (Teleostei, Perciformes, Congrogadidae). *Can. J. Zool.*, 62: 1605-1617.

Wong C. 1982. Harvesting and marketing of cultured marine fish in Hong Kong. p. 137-140. *In*: Guerrero R D III, Soesanto V. 1982. Report of the training course on small-scale pen and cage culture for finfish, 26-31 Oct. 1981, Laguna, Philippines, and 1-13 Nov. 1981, Aberdeen, Hong Kong. SCS/Gen/82/34.

Wongratana T. 1983. Diagnoses of 24 new species and proposal of a new name for a species of Indo-Pacific clupeoid fishes. *Japanese Journal of Ichthyology*, 29 (4): 385-407.

Wood-Mason J, Alcock A M B. 1891. Natural History Notes from H. M. Indian Marine Survey Steamer Investigator, Commander R. F. Hoskyn, R. N., commanding. - Series II, No. 1. On the Results of Deep-sea Dredging during the Season 1890-91. *Ann. & Mag. N. Hist.*, Ser. 6, 6 (8): 16-138.

Wright D H. 1983. Species-energy theory: an extension of species-area theory. *Oikos*, 41 (3): 496-506.

Wright J J, Ng H H. 2008. A new species of *Liobagrus* (Siluriformes: Amblycipitidae) from southern China. *Proceedings of the Academy of Natural Sciences of Philadelphia.*, 157: 37-43.

Wu H L, Zhong J S (伍汉霖, 钟俊生). 2008. Fauna Sinica Ostichthyes Perciformes (V) Gobioidei. Beijing: Science Press: 1-940, pls. 1-16.

Wu H L, Zhong J S, Chen I S (伍汉霖, 钟俊生, 陈义雄). 2009. Taxonomic research of the Gobioid Fishes (Perciformes: Gobioidei) in China. *Joural of Ichthyology*, Korea, 21: 63-72.

Wu H W (伍献文). 1929. A study of the fishes of Amoy, part I. *Contributions from the Biological Laboratory of the Science Society of China* (Zoology Series), 5 (4): 1-90.

Wu H W. 1930a. Description de poissons nouveaux de Chine. *Bulletin du Muséum National d'Histoire Naturelle* (Série 2), 2 (3): 255-259.

Wu H W. 1930b. Notes on some fishes collected by the Biological Laboratory, Science Society of China. *Contributions from the Biological Laboratory of the Science Society of China* (Zoology Series), 6 (5): 45-57.

Wu H W. 1930c. On some fishes collected from the upper Yangtze valley. *Sinensia*, 1 (6): 65-85.

Wu H W. 1931a. Note sur les Poissons marins recueillis par M.Y. Chen sur la cote du Tcheking, Avec. synopsis des especes du genre Tridentiger. Contr. Mettop. Mus. Nat. Hist. Acad., Sinica, 1 (11): 165-172.

Wu H W. 1931b. Description de deuxpoissons nouveaux provenant de la Chine. *Bulletin du Muséum National d'Histoire Naturelle*, 3 (2): 219-221.

Wu H W. 1931c. Notes on the fishes from the coast of Foochow region and Ming River. *Contributions from the Biological Laboratory of the Science Society of China (Zoology Series)*, 7 (1): 6-29.

Wu H W. 1932. Contribution a l'etude morphologique, biologique *et* systematique des poissons heterosomes (Pisces Heterosomata) de la Chine. Theses presentees a la faculte des Sciences de l'Universite de Paris: 1-178.

Wu H W. 1934. Notes on the fresh-water fishes of Fukien in the museum of Amoy University. *Annual Report of Marine Biology Assemble of China*, 3: 91-100.

Wu H W. 1939. On the fishes of Li-Kiang. *Sinensia*, 10 (1-6): 92-142.

Wu H W, Wang K F (伍献文和王以康). 1931a. On a collection of fishes from the upper Yangtze Valley. *Contributions from the Biological Laboratory of the Science Society of China (Zoology Series)*, 7 (6): 221-237.

Wu H W, Wang K F. 1931b. Four new fishes from Chefoo. *Contributions from the Biological Laboratory of the Science Society of China (Zoology Series)*, 8: 1-2.

Wu K Y, Randall J E, Chen J P. 2011. Two new species of anthiine fishes of the genus *Plectranthias* (Perciformes: Serranidae) from Taiwan. *Zoological Studies*, 50 (2): 247-253.

Wu Q Q, Deng X J, Wang Y J, Liu Y. 2018. *Rhinogobius maculagenys*, A new species of freshwater goby (Teleostei: Gobiidae) from Hunan, China. *Zootaxa*, 4476 (1): 118-129.

Wu R X, Liu J, Ning P. 2011. A new record species of the headrabbit puffer, *Lagocephalus lagocephalus* (Linnaeus, 1758) from China Seas. *Acta Zootaxonomica Sinica*, 36 (3): 622-626.

Wu T J, Yang J, Lan J H. 2012. A new blind loach *Triplophysa lihuensis* sp. nov. (Teleostei: Balitoridae) from Guangxi, China. *Zoological Studies*, 51 (6): 874-880.

Wu T J, Yang J, Xiu L H. 2015. A new species of *Bibarba* (Teleostei: Cypriniformes: Cobitidae) from Guangxi, China. *Zootaxa*, 3905 (1): 138-144.

Wu Y F. 1987. A survey of the fish fauna of the Mount Namjagbarwa region in Xizang (Tibet), China. *In*: Kullander S O, Fernholm B. 1987. Proceedings Fifth Congress European Ichthyologists (1985): 109-112.

Xia J H, Wu H L, Li C H, Wu Y Q, Liu S H. 2018. A new species of *Rhinogobius* (Pisces: Gobiidae), with analyses of its DNA barcode. *Zootaxa*, 4407 (4): 553-562.

Xie Y, Lin Z Y, William P G, Li D. 2001. Invasive species in China—an overview. *Biodiversity & Conservation*, 10 (8): 1317-1341.

Xie Z G, Xie C X, Zhang E. 2003. *Sinibrama longianalis*, a new cyprinid species (Pisces: Teleostei) from the upper Yangtze River basin in Guizhou, China. *The Raffles Bulletin of Zoology*, 51: 403-411.

Xin Q, Zhang E, Cao W X. 2009. *Onychostoma virgulatum*, a new species of cyprinid fish (Pisces: Teleostei) from southern Anhui province, south China. *Ichthyological Exploration of Freshwaters*, 20 (3): 255-266.

Xing Y C, Zhao Y H, Tang W Q, Zhang C G. 2011. A new species, *Microphysogobio wulonghensis* (Teleostei: Cypriniformes: Cyprinidae), from Shandong Province, China. *Zootaxa*, 2901: 59-68.

Xu C Y, Deng S M, Xiong G Q, Zhan H X. 1980. Two new fishes from East China Sea. *Oceanologia et Limnologia Sinica*, 11 (2): 179-184.

Xu G. 1985. Fish mariculture studies in China. *ICLARM News l.*, 8 (4): 5-6.

Xu X, Zhang Q. 1988. Age and growth of Saurida tumbil in the fishing ground of South Fujian and Taiwan Bank. *J. Oceanogr. Taiwan Strait/Taiwan Haixa*, 7 (3): 256-263.

Yamada U, *et al.*, 1986. Fishes of the East China Sea and Yellow Sea. *Bull. Saikai Reg. Fish. Reg. Fish. Res. Lab.*: 654-678 [In Japanese].

Yamada U, Nakabo T. 1983. Morphology and ecology of *Satyrichthys rieffeli* (family: Peristediidae) from Japan. *UO*, 33: 1-16.

Yamada U, Nakabo T. 1986. Morphology and ecology of *Parastromateus niger* (Bloch) (Carangidae) from the East China Sea. *UO*, 36: 1-14.

Yamada U, Nakabo T, Abe T. 1984. Morphology and ecology of *Ariomma indica* (Day) (Stromateoidei, Ariommatidae) from the East China Sea and Northern Waters. *UO*, 35: 7-16.

Yamada U, Shirai S, Irie T, Tokimura M, Deng S, Zheng Y, Li C, Kim Y U, Kim Y S. 1995. Names and illustrations of fishes from the East China Sea and the Yellow Sea. Tokyo: Overseas Fishery Cooperation Foundation: 1-288.

Yamaguchi A, Taniuchi T. 2000. Food variations and ontogenetic dietary shift of the starspotted-dogfish *Mustelus manazo* at five locations in Japan and Taiwan of China. *Fisheries Science*, 66 (6): 1039-1048.

Yamakawa T. 1976. The record of scorpaenoid fish, *Snyderina yamanokami*, collected from off Amami-Oshima, Kagoshima Prefecture, Japan. *Japanese Journal of Ichthyology*, 23 (1): 60-61.

Yamakawa T, Machida Y, Gushima K. 1995. First record of the coral catshark, *Atelomycterus marmoratus*, from Kuchierabu

Island, southern Japan. *Japanese Journal of Ichthyology*, 42 (2): 193-195.

Yamakawa T, Manabe S. 1987. First record of two fishes, *Synodus jaculum* and *Chaetodon daedalma*, from Kochi prefecture, Japan. *Reports of the USA Marine Biological Institute, Kochi University*, 9: 169-172.

Yamakawa T, Randall J E. 1989. *Chromis okamurai*, a new damselfish from the Okinawa Trough, Japan. *Japanese Journal of Ichthyology*, 36 (3): 299-302.

Yamakawa T, Taniuchi T, Nose Y. 1986. Review of the *Etmopterus lucifer* group (Squalidae) in Japan. In Proc. 2nd Int. Conf. Indo-Pacific Fishes: 197-207.

Yamamoto K. 2008. *Thamnaconus hypargyreus* × *T. modestus* hybrids (Monacanthidae) collected from the East China Sea. *Japanese Journal of Ichthyology*, 55 (1): 17-26.

Yamamoto M, Makino H, Kobayashi J I, Tominaga O. 2004. Food organisms and feeding habits of larval and juvenile Japanese flounder *Paralichthys olivaceus* at Ohama Beach in Hiuchi-Nada, the central Seto inland sea, Japan. *Fisheries Science*, 70 (6): 1098-1105.

Yamanoue Y, Matsuura K. 2002. A new species of the genus *Acropoma* (Perciformes: Acropomatidae) from the Philippines. *Ichthyological Research*, 49 (1): 21-24.

Yamanoue Y, Yoseda K. 2001. A new species of the genus *Malakcihthys* (Perciformes: Acropomatidae) from *Japan*. *Ichthyological Research*, 48 (3): 257-261.

Yamaoka K, Han H S, Taniguchi N. 1992. Genetic dimorphism in *Pseudocaranx dentex* from Tosa bay, Japan. *Nippon Suisan Gakkaishi*, 58 (1): 39-44.

Yamaoka K, Kita H, Taniguchi N. 1994. Genetic relationships in siganids from southern Japan. p. 294-316. In Proceedings Fourth Indo-Pacific Fish Conference, 28 Nov.-Dec. 1993. Kasetsart University, Bangkok, Thailand.

Yamaoka K, Nishiyama M, Taniguchi N. 1989. Genetic divergence in lizardfishes of the genus *Saurida* from southern Japan. *Japanese Journal of Ichthyology*, 36 (2): 208-219.

Yamashita Y, Kitagawa D, Aoyama T. 1985. A field study of predation of the hypreiid amphipod *Parathemisto japonica* on larvae of the Japanese sand eel *Ammodytes personatus*. *Bulletin of the Japanese Society of Scientific Fisheries*, 51 (10): 1599-1607.

Yanagisawa Y. 1978. Studies on the interspecific relationship between gobiid fishes and snapping shrimp. I. Gobiid fishes associated with snapping shrimps in Japan. *Publ. Seto Mar. Biol. Lab.*, 24 (4/6): 269-325.

Yang J, Chen X Y, Yang J X (杨剑, 陈小勇, 杨君兴). 2007. A new species of *Metahomaloptera* (Teleostei: Balitoridae) from China. *Zootaxa*, 1526: 63-68.

Yang J, Chen X Y, Yang J X. 2008. A new species of the genus *Mekongina* Fowler, 1937 (Cypriniformes: Cyprinidae) from South China. *Journal of Fish Biology*, 73: 2005-2011.

Yang J, Chen X Y, Yang J X. 2009 (杨剑, 陈小勇, 杨君兴). The identity of *Schizothorax griseus* Pellegrin, 1931, with descriptions of three new species of schizothoracine fishes (Teleostei: Cyprinidae) from China. *Zootaxa*, 2006: 23-40.

Yang J, Kottelat M, Yang J X, Chen X Y, 2012. *Yaoshania* and *Erromyzon*, a new genus and a new species of balitorid loaches from Guangxi, China (Teleostei: Cypriniformes). *Zootaxa*, 3586: 173-186.

Yang J, Wu T J, Lan J H (杨剑, 吴铁军, 蓝家湖). 2011. A new blind loach, *Triplophysa huanjiangensis* (Teleostei: Balitoridae), from Guangxi, China. *Zoological Research*, 32 (5): 566-571.

Yang J, Wu T J, Yang J X. 2012. A new cave-dwelling loach, *Triplophysa macrocephala* (Teleostei: Cypriniformes: Balitoridae), from Guangxi, China. *Environmental Biology of Fishes*, 93 (2): 169-175.

Yang J J, Huang Z, Chen S, Li Q. 1996. The Deep-Water Pelagic Fishes in the Area form Nansha Islands to the Northeast part of South China Sea. Beijing: Science Publication Company: 1-190.

Yang J Q, Wu H L, Chen I S (杨金权, 伍汉霖, 陈义雄). 2008. A new species of *Rhinogobius* (Teleostei: Gobiidae) from the Feiyunjiang Basin in Zhejiang Province, China. *Ichthyological Research*, 55 (4): 379-385.

Yang J X (杨君兴). 1991. The fishes of Fuxian Lake, Yunnan, China, with description of two new species. *Ichthyological Exploration of Freshwaters*, 2 (3): 193-202.

Yang J X, Chen Y R (杨君兴, 陈银瑞). 1992. Revision of the subgenus *Botia* (*Sinibotia*) with description of a new species (Cypriniformes: Cobitidae). *Ichthyological Exploration of Freshwaters*, 2 (4): 341-349.

Yang J X, Chen Y R (杨君兴, 陈银瑞). 1993. The Cavefishes from Duan, Guangxi, China with Comments on their Adaptations to Cave Habits. Beijing: Proceedings of the XI International Congress Speleology: 124-126.

Yang L P, Zhou W. 2011. A review of the genus *Mastacembelus* (Perciformes, Mastacembelidae) in China with description of two new species and one new record. *Acta Zootaxonomica Sinica*, 36 (2): 325-331.

Yang Q, Xiong B X, Tang Q Y. 2010. *Acheilognathus striatus*, a new bitterling species from the lower Yangtze River, China.

Environmental Biology of Fish, 88: 333-341.

Yang Q, Zhu Y R, Xiong B X, Liu H Z. 2011. *Acheilognathus changtingensis* sp. nov., a new species of the Cyprinid genus *Acheilognathus* (Teleostei: Cyprinidae) from southeastern China based on morphogical and molecular evidence. *Zoological Science*, 28 (2): 158-167.

Yang Y R, Zeng B G, Paxton J R. 1988. Additional specimens of the deepsea fish *Hispidoberyx ambagiousus* (Hispidoberycidae, Berciformes) from the South China Sea, with comments on the family relationships. *Jap. Soc. Ichthyol.*, 38: 3-8.

Yano K. 1988. A new lanternshark *Etmopterus splendidus* from the East China Sea and Java Sea. *Japanese Journal of Ichthyology*, 34 (4): 421-425.

Yano K, Miya M, Aizawa M, Noichi T. 2007. Some aspects of the biology of the goblin shark, *Mitsukurina owstoni*, collected from the Tokyo Submarine Canyon and adjacent waters, Japan. *Ichthyological Research*, 54: 388-398.

Yano K, Mochizuki K, Tsukada O, Suzuki K. 2003. Further description and notes of natural history of the viper dogfish, *Trigonognathus kabeyai* from the Kumano-nada Sea and the Ogasawara Islands, Japan (Chondrichtyes: Etmopteridae). *Ichthyological Research*, 50: 251-258.

Yano K, Sato F, Takahashi T. 1999. Observations of mating behavior of the manta ray, *Manta birostris*, at the Ogasawara Islands, Japan. *Ichthyological Research*, 46 (3): 289-296.

Yano K, Tanaka S. 1984. Some biological aspects of the deep sea squaloid shark *Centroscymnus* from Suruga Bay, Japan. *Bulletin of the Japanese Society of Scientific Fisheries*, 50 (2): 249-256.

Yao M, He Y, Peng Z G. 2018. *Lanlabeo duanensis*, a new genus and species of labeonin fish (Teleostei: Cyprinidae) from southern China. *Zootaxa*, 4471 (3): 556-568.

Yasuda F, Katsumata Y, Imai C. 1977. Juvenile color pattern of a serranid fish, *Cephalopholis igarashiensis*, from Japan. *Japanese Journal of Ichthyology*, 24 (2): 144-146.

Yasuda F, Kawashima N, Sano M, Ida H. 1977. New records of a pomacentrid fish *Dascyllus melanurus* and a cirrhitid fish *Paracirrhites hemistictus* from Japanese waters. *Japanese Journal of Ichthyology*, 24 (3): 213-217.

Yasuda F, Masuda H, Takama S. 1975. A butterfly fish, *Chaetodon selene*, from the Izu Peninsula, Japan, with a note on juvenile. *Japanese Journal of Ichthyology*, 22 (2): 97-99.

Yasuda F, Mochizuki K, Kawajiri M, Nose Y. 1971. On the meristic and morphometric differences between *Scombrops boops* and *S. gilberti*. *Japanese Journal of Ichthyology*, 18 (3): 1-6.

Yasuda F, Tominaga Y. 1969. A new pomacanthine fish, *Holocanthus venustus*, from the Pacific coast of Japan, with notes on the young of *H. sexstriatus* and *H. septentrionalis*. *Japanese Journal of Ichthyology*, 16 (4): 143-151.

Yasuda F, Zama A. 1975. Notes on the two rare chaetodont fishes, *Parachaetodon ocellatus* and *Coradion chrysozonus*, from the Ogasawara Islands. *J. of the Tokyo Univ. of Fisheries*, 62 (1): 33-38.

Yasuda H, Kosaka M. 1951. On the growth of the Japanese principal fish. IV. *Branchiostegus japonicus* (Houttuyn) and its allied forms. *Bulletin of the Japanese Society of Scientific Fisheries*, 15 (12): 855-858.

Yatsu A, Iwata A, Sato M. 1983. First records of the blenniid fishes, *Petroscirtes springeri* and *Petroscirtes variabilis*, from Japan. *Japanese Journal of Ichthyology*, 30 (3): 297-300.

Yatsu A, Yasuda F, Taki Y. 1978. A new stichaeid fish, *Dictyosoma rubrimaculata* from Japan, with notes on the geographic dimorphism in *Dictyosoma burgeri*. *Japanese Journal of Ichthyology*, 25 (1): 40-50.

Yeh H M, Lee M Y, Shao K T (叶信明, 李茂荧, 邵广昭). 2005. Fifteen Taiwanese new records of Ophidiid fishes (Pisces: Ophidiidae) collected from the deep waters by the RV Ocean Researcher I (使用海研一号所采集之 15 种台湾新纪录鼬鳚科鱼类). *Journal of Fisheries Society of Taiwan*, 32 (3): 279-299.

Yeh H M, Lee M Y, Shao K T (叶信明, 李茂荧, 邵广昭). 2006. *Neobythites longipes* Smith; Radcliffe, 1913 (Pisces: Ophidiidae), a New Record from the Waters Adjacent to Taiwan (长新鼬鳚——台湾新纪录种鼬鳚科鱼类). *Journal of the Fisheries Society of Taiwan*, 33 (4): 357-364.

Yeh S Y, Lai H L, Liu H C. 1977. Age and growth of lizard fish, *Saurida tumbil* (Bloch) in the East China Sea and the Gulf of Tonkin. *Acta Oceanogr. Taiwan*, 7: 134-145.

Yi W J, Zhang E, Shen J Z. 2014. *Vanmanenia maculata*, a new species of hillstream loach from the Chang-Jiang Basin, South China (Teleostei: Gastromyzontidae). *Zootaxa*, 3802 (1): 85-97.

Yimin Y, Rosenberg A A. 1991. A study of the dynamics and management of the hairtail fishery, *Trichiurus haumela*, in the East China Sea. *Aquat. Living Resour.*, 4: 65-75.

Yokogawa K, Seki S. 1995. Morphological and genetic differences between Japanese and Chinese sea bass of the genus *Lateolabrax*. *Japanese Journal of Ichthyology*, 41 (4): 437-445.

Yokota T, Furukawa T. 1952. Studies on the stocks of the clupeoid fishes in Hyuganada. III. Note on the variation of the number of vertebrae and monthly growth rate of the Japanese anchovy, *Engraulis japonicus* Temminck *et* Schlegel. *Bulletin of the Japanese Society of Scientific Fisheries*, 17 (7-8): 60-64.

Yoneda M, Tokimura M, Fujita H, Takeshita N, Takeshita K, Matsuyama M, Matsuura S. 2001. Reproductive cycle, fecundity, and seasonal distribution of the anglerfish *Lophius litulon* in the East China and Yellow seas. *Fish. Bull.*, 99 (2): 356-370.

Yoshida T, Harazaki S, Motomura H. 2010. Apogonid fishes (Teleostei: Perciformes) of Yaku-shima Island, Kagoshima Prefecture, southern Japan. *In*: Motomura H, Matsuura K. 2010. Fishes of Yaku-Shima Island—A World Heritage Island in the Osumi Group, Kagoshima Prefecture, southern Japan. Tokyo: National Museum of Nature and Science: 27-64.

Yoshino T. 1972. *Plectranthias yamakawai*, a new anthiine fish from the RynKyu Islands, with a revision of the genus *Plectranthias*. *Japanese Journal of Ichthyology*, 19 (2): 49-56.

Yoshino T, Hiramatsu W, Tabata O, Hayashi Y. 1984. First record of the tilefish, *Branchiostegus argentatus* (Cuvier) from Japanese waters, with a discussion on the validity of *B. auratus* (Kishinouye). *Galaxea*, 3: 145-151.

Yoshino T, Hiromi Y. 1980. First record of the Goby *Barbuligobius boehlkei*: lachner *et* mckinney fron Japan. *Bulletin of College of Science University of the Ryusyus*, 30.

Yoshino T, Kon T. 1998. First record of the malacanthid fish, *Hoplolatilus marcosi*, from Japan. *Japanese Journal of Ichthyology*, 45 (2): 111-114.

Yoshino T, Kon T, Okabe S. 1999. Review of the genus *Limnichthys* (Perciformes: Creediidae) from Japan, with description of a new species. *Ichthyological Research*, 46 (1): 73-83.

Yoshino T, Tadao S. 1981. Records of a rare snapper, *Lipocheilus carnolabrum* (Chan), from the Ryukyu islands. Tadao: Bulletin of the College of Science University of the Ryukyus: 1-31.

Yoshino T, Toda M. 1984. Notes on the two acanthurid fishes, *Naso brachycentron* and *N. annulatus*, from the Ryukyu Island. *Galaxea*, 3: 153-159.

Youn C H. 2002. Fishes of Korea with pictorial key and systematic list. Academy Book: Seoul: 1-747.

Yu M Z. 1996. Checklist of vertebrates of Taiwan. *Biolog. Bull. Tunghai Univ. Taiwan*, 72: 73-79.

Yu T C, Tung T Y. 1985. Studies on culture of *Sillago japonica*. *Bull. of Taiwan Fisheries Res. Inst.*, 38: 115-121.

Yuan L Y, Wu Z Q, Zhang E. 2006. *Acrossocheilus spinifer*, a new species of barred cyprinid fish from south China (Pisces: Teleostei). *Journal of Fish Biology*, 68 (Supplement B): 163-173.

Yuan L Y, Zhang E, Huang Y F. 2008. Revision of the Labeonine genus *Sinocrossocheilus* (Teleostei: Cyprinidae) from South China. *Zootaxa*, 1809: 36-48.

Yue P Q, Chen Y Y. 1998. China Red Data Book of Endangered Animals. Pisces. *In*: Wang S. 1998. National Environmental Protection Agency. Endangered Species Scientific Commision. Beijing: Science Press: 1-247.

Zaiser M J, Moyer J T. 1981. Notes on the reproductive behavior of the lizardfish *Synodus ulae* at Miyake-jima, Japan. *Japanese Journal of Ichthyology*, 28 (1): 95-97.

Zakaria-Ismail M. 1994. Zoogeography and biodiversity of the freshwater fishes of Southeast Asia. *Hydrobiologia*, 285: 1-3.

Zaki M S, Rahardjo P, Kamal E. 1997. Fish by-catch of the trawl fishing in Terengganu waters, South China Sea. *Fish J. Garing*, 6 (1): 10-18.

Zama A. 1976. A sea chub, *Kyphosus bigibbus*, found in the southern waters of Japan. *Japanese Journal of Ichthyology*, 23 (2): 100-104.

Zama A, Asai M, Yasude F. 1977. Changes with Growth in Bony Cranial Projections and Color Patterns in the Japanese Boarfish, *Pentaceros japonicus*. *Japanese Journal of Ichthyology*, 24 (1): 26-34.

Zhang B, Tang Q S, Jin X S, Xue Y. 2005. Feeding competition of the major fish in the East China Sea and the Yellow Sea. *Acta Zoologica Sinica*, 51 (4): 616-623.

Zhang C G, Musikasinthorn P, Watanabe K. 2002. *Channa nox*, a new channid fish lacking a pelvic fin from Guangxi, China. *Ichthyological Research*, 49 (2): 140-146.

Zhang E (张鹗). 1994. Phylogenetic relationship of the endemic Chinese cyprinid fish *Pseudogyrinocheilus prochilus*. *Zoological Reaserch*, 15 (Suppl.): 26-35.

Zhang E (张鹗). 2000. Revision of the cyprinid genus *Parasinilabeo*, with descriptions of two new species from Southern China (Teleostei: Cyprinidae). *Ichthyological Exploration of Freshwaters*, 11 (3): 102-107.

Zhang E. 2005a. *Acrossocheilus malacopterus*, a new non-barred species of cyprinid from South China. *Cybium*, 29 (3): 253-260.

Zhang E. 2005b. *Garra bispinosa*, a new species of cyprinid fish (Teleostei: Cypriniformes) from Yunnan, Southwest China. *The Raffles Bulletin of Zoology (Suppl.)*, 13: 9-15.

Zhang E. 2005c. Phylogenetic relationships of labeonine cyprinids of the disc-bearing group (Pisces: Teleostei). *Zoological Studies*, 44 (1): 130-143.

Zhang E. 2006. *Garra rotundinasus*, a new species of Cyprinid fish (Pisces: Teleostei) from the upper Irrawaddy river basin, China. *The Raffles Bulletin of Zoology*, 54 (2): 447-453.

Zhang E, Chen Y Y. 2002. *Garra tengchongensis*, a new cyprinid species from the Upper Irrawaddy River Basin in Yunnan, China (Pisces: Teleostei). *The Raffles Bulletin of Zoology*, 50: 459-464.

Zhang E, Chen Y Y. 2004. *Qianlabeo striatus*, a new genus and species of Labeoninae from Guizhou Province, China (Teleostei: Cyprinidae). *Hydrobiologia*, 527 (1): 25-33.

Zhang E, Chen Y Y. 2006. Revised diagnosis of the genus *Bangana* Hamilton, 1822 (Pisces: Cyprinidae), with taxonomic and nomenclatural notes on the Chinese species. *Zootaxa*, 1281: 41-54.

Zhang E, Fang F. 2005. *Linichthys*: a new genus of Chinese cyprinid fishes (Teleostei: Cypriniformes). *Copeia*, 2005 (1): 61-67.

Zhang E, He S P, Chen Y Y (张鹗, 何舜平, 陈宜瑜). 2002. Revision of the cyprinid genus *Placocheilus* Wu, 1977 in China, with description of a new species from Yunnan. *Hydrobiologia*, 487: 207-217.

Zhang E, Kottelat M. 2006. *Akrokolioplax*, a new genus of Southeast Asian labeonine fishes (Teleostei: Cyprinidae). *Zootaxa*, 1225: 21-30.

Zhang E, Kullander S O, Chen Y Y. 2006. Fixation of the type species of the genus *Sinilabeo* and description of a new species from the Upper Yangtze River basin, China (Pisces: Cyprinidae). *Copeia*, 1: 96-102.

Zhang E, Qiang X, Lan J H. 2008. Description of a new genus and two new species of labeonine fishes from South China (Teleosei: Cyprinidae). *Zootaxa*, 1682: 33-44.

Zhang J, Li M, Xu M Q, Takita T, Wei F W. 2007. Molecular phylogeny of icefish Salangidae based on complete mtDNA cytochrome *b* sequences, with comments on estuarine fish evolution. *Biological Journal of the Linnean Society*, 91 (2): 325-340.

Zhang J, Yamaguchi A, Zhou Q, Zhang C G. 2010. Rare occurrences of *Dasyatis bennettii* (Chondrichthyes: Dasyatidae) in freshwaters of Southern China. *Journal of Applied Ichthyology*, 26 (6): 939-941.

Zhang R Z, Lu H F, Zhao C Y, Chen L F, Zhang Z J, Jiang Y W. 1985. Fish eggs and larvae in the nearshore waters of China. Shanghai: Shanghai Scientific & Technical Publishers: 1-206.

Zhang S Y (张世义). 2001. Fauna Sinica, Osteichthyes: Acipenseriformes, Elopiformes, Clupeiformes and Gonorhynchiformes. Beijing: Science Press: i-vii + 1-209.

Zhang W. 1998. Chinas biodiversity: a country study. Beijing: China Environmental Science Press: 1-476.

Zhang Y F. 1996. Catalogue of the fish type speciments preserved in the fish collection of the Institute of Zoology, Academia Sinica. *Acta Zootaxonomica Sinica*, 21 (4): 498-503.

Zhang Y L, Qiao X G. 1994. Study on phylogeny and zoogeography of fishes of the family Salangidae. *Acta Zoologica Taiwanica*, 5 (2): 95-113.

Zhang Z L, Zhao Y H, Zhang C G (张振玲, 赵亚辉, 张春光). 2006. A new blind loach, *Oreonectes translucens* (Teleostei: Cypriniformes: Nemacheilinae), from Guangxi, China. *Zoological Studies*, 45 (4): 611-615.

Zhao Y H, Gozlan R E, Zhang C G. 2011. Out of sight out of mind: current knowledge of Chinese cave fishes. *Journal of Fish Biology*, 79 (6): 1545-1562.

Zhao Y H, Kullander F, Kullander S O, Zhang C G. 2009a. A review of the genus *Distoechodon* (Teleostei: Cyprinidae), and description of a new species. *Environmental Biology of Fishes*, 86: 31-44.

Zhao Y H, Lan J H, Zhang C G (赵亚辉, 蓝家湖, 张春光). 2004. A new species of amblycipitid catfish, *Xiurenbagrus gigas* (Teleostei: Siluriformes), from Guangxi, China. *Ichthyological Research*, 51 (3): 228-232.

Zhao Y H, Lan J H, Zhang C G. 2009. A new cavefish species, *Sinocyclocheilus brevibarbatus* (Teleostei: Cypriniformes: Cyprinidae), from Guangxi, China. *Environmental Biology of Fishes*, 86: 203-209.

Zhao Y H, Watanabe K, Zhang C G. 2006. *Sinocyclocheilus donglanensis*, a new cavefifish (Teleostei: Cypriniformes) from Guangxi, China. *Ichthyological Research*, 53 (2): 121-128.

Zhao Y H, Zhang C G, Zhou J (赵亚辉, 张春光, 周解). 2009b. *Sinocyclocheilus guilinensis*, a new species from an endemic cavefish group (Cypriniformes: Cyprinidea) in China. *Environmental Biology of Fishes*, 86: 203-209.

Zhao Y, Ma C, Song W. 2000. Description of two new species of Parvicapsula Shulman, 1953 (Myxosporea: Parvicapsulidae) parasitic in the urinary bladder of marine fishes, *Paralichthys olivaceus* and *Kareius bicoloratus*, from the coast of the Yellow Sea, China. p.188. In The Third World Fisheries Congress abstracts books. Beijing, P.R. China.

Zheng L P, Chen X Y, Yang J X (郑兰平, 陈小勇, 杨君兴). 2010. A new species of genus *Pseudogyrinocheilus* (Teleostei:

Cyprinidae) from Guangxi, China. *Environmental Biology of Fishes*, 87: 93-97.

Zheng L P, Du L N, Chen X Y, Yang J X. 2009. A new species of genus *Triplophysa* (Nemacheilinae: Balitoridae), *Triplophysa longipectoralis* sp. nov. from Guangxi, China. *Environmental Biology of Fishes*, 85 (3): 221-227.

Zheng L P, Du L N, Chen X Y, Yang J X. 2010. A new species of the genus *Triplophysa* (Nemacheilinae: Balitoridae), *Triplophysa jianchuanensis* sp. nov, from Yunnan, China. *Environmental Biology of Fishes*, 89 (1): 21-29.

Zheng L P, Yang J X, Chen X Y. 2012a. A new species of *Triplophysa* (Nemacheilidae: Cypriniformes), from Guangxi, southern China. *Journal of Fish Biology*, 80 (4): 831-841.

Zheng L P, Yang J X, Chen X Y. 2012b. *Schistura prolixifasciata*, a new species of loach (Teleostei: Nemacheilidae) from the Salween basin in Yunnan, China. *Ichthyological Exploration of Freshwaters*, 23 (1): 63-68.

Zheng L P, Yang J X, Chen X Y, Wang W Y. 2010. Phylogenetic relationships of the Chinese Labeoninae (Teleostei, Cypriniformes) derived from two nuclear and three mitochondrial genes. *Zoologica Scripta*, 39 (6): 559-571.

Zheng L P, Zhou W. 2005. Revision of the cyprinid genus *Discogobio* Lin, 1931 (Pisces: Teleostei) from the upper Red River basin in Wenshan Prefecture, Yunnan, China, with descriptions of three new species. *Environmental Biology of Fishes*, 81: 255-266.

Zhong J S, Chen I S (钟俊生, 陈义雄). 1997. A new species of the genus *Pseudogobiopsis* (Pisces, Gobiidae) from China. *Journal of Taiwan Museum*, 50 (2): 77-84.

Zhou C W, Cai D L, Qing Y. 1986. On the classification and distribution of the Siniperine fishes (family Serranidae) of east Asia. *Ichthyological Society of Japan*, 965-966.

Zhou W, Cui G H. 1992. *Anabarilius brevianalis*, a new species from the Jinshajiang River basin, China (Teleostei: Cyprinidae). *Ichthyological Exploration of Freshwaters*, 3 (1): 49-54.

Zhou W, Cui G H. 1993. Status of the scaleless species of *Schistura* in China, with description of a new species (Teleostei: Balitoridae). *Ichthyological Exploration of Freshwaters*, 4 (1): 81-92.

Zhou W, Cui G H. 1996. A review of Tor species from the Lancangjiang River (Upper Mekong River), China (Teleostei: Cyprinidae). *Ichthyological Exploration of Freshwaters*, 7 (2): 131-142.

Zhou W, Cui G H. 1997. Fishes of the genus *Triplophysa* (Cypriniformes: Balitoridae) in the Yuanjiang (upper Red River) basin of Yunnan, China, with description of a new species. *Ichthyological Exploration of Freshwaters*, 8 (2): 177-183.

Zhou W, Kottelat M. 2005. *Schistura disparizona*, a new species of loach from Salween drainage in Yunnan (Teleostei: Balitoridae). *The Raffles Bulletin of Zoology (Suppl.)*, (13): 17-20.

Zhou W, Li X, Thomson A W. 2011a. A new genus of glyptosternine catfish (Siluriformes: Sisoridae) with descriptions of two new species from Yunnan, China. *Copeia*, (2): 226-241.

Zhou W, Li X, Thomson A W. 2011b. Two new species of the Glyptosternine catfish genus *Euchiloglanis* (Teleostei: Sisoridae) from southwest China with redescriptions of *E. davidi* and *E. kishinouyei*. *Zootaxa*, 2871: 1-18.

Zhou W, Li X, Yang Y (周伟, 李旭, 杨颖). 2008. A review of the catfish genus *Pseudecheneis* (Siluriformes: Sisoridae) from China, with the description of four new species. *The Raffles Bulletin of Zoology*, 56 (1): 107-124.

Zhou W, Pan F, Kottelat M. 2005. Species of *Garra* and *Discogobio* (Teleostei: Cyprinidae) in Yuanjiang (Upper Red River) drainage of Yunnan Province, China with description of a new species. *Zoological Research*, 44 (4): 445-453.

Zhou W, Yang Y, Li X, Li M H. 2007. A review of the catfish genus *Pseudexostoma* (Siluriformes: Sisoridae) with description of a new species from the upper Salween (Nujiang) Basin of China. *The Raffles Bulletin of Zoology*, 55 (1): 147-155.

Zhou W, Zhou Y W. 2005. Phylogeny of the genus *Pseudecheneis* (Sisoridae) with an explanation of its distribution pattern. *Zoological Studies*, 44 (3): 417-433.

Zhu D, Zhang E, Lan J H. 2012. *Rectoris longibarbus*, a new styglophiclabeonine species (Teleostei: Cyprinidae) from South China, with a note on the taxonomy of *R. mutabilis*. *Zootaxa*, 2012 (3586): 55-68.

Zhu S Q. 1995. Synopsis of freshwater fishes of China. Nanjing: Jiangsu Science and Technology Publishing House: i-v + 1-549.

Zhu Y, Lü Y J, Yang J X, Zhang S (朱瑜, 吕业坚, 杨君兴, 张盛). 2008. A new blind underground species of the genus *Protocobitis* (Cobitidae) from Guangxi, China. *Zoological Research*, 29 (4): 452-454.

Zhu Y, Zhang E, Zhang M, Han Y Q. 2011. *Cophecheilus bamen*, a new genus and species of labeonine fishes (Teleostei: Cyprinidae) from South China. *Zootaxa*, 2881: 39-50.

Zhu Y, Zhao Y H, Huang K. 2013. *Aphyocypris pulchrilineata*, a new miniature cyprinid species from Guangxi, China. *Ichthyological Research*, 60: 232-236.

Zhu Y D, Meng Q W (朱元鼎, 孟庆闻). 2001a. Description of four new species, a new genus and a new family of elasmobranchiate fishes from the deep sea of the South China Sea. *Ocean. Limn. Sinica*, 12 (2): 103-116.

Zhu Y D, Meng Q W. 2001b. Fauna Sinica Cyclostomata Chondrichthyes. Beijing: Science Press: 1-548.

Ziegler B. 1979. Growth and mortality rates of some fishes of Manila bay. Philippines as estimated from the analysis of length frequencies. Mathematisch-Naturwissenschaftliche Fakultät der Christian-Albrechts-Universität, Kiel: 1-117. Thesis.

Zugmayer E. 1911. Diagnoses de poissons nouveaux provenant des campagnes du yacht "Princesse-Alice" (1901 à 1910). *Bull. Inst. Oceanogr. (Monaco)*, 193: 1-14.

Zugmayer E. 1912. On a new genus of cyprinoid fishes from high Asia. *Annals and Magazine of Natural History*, (*Ser. 8*), 9 (54): 682.

Zuiew B. 1793. *Biga mvraenarvm*, novae species descriptae. *Nova Acta Academiae Scientiarum Imperialis Petropolitanae*, 7: 296-301.

Берг Л С. 1916. Рыбы пресных вод Роуссийской империя. Москва.

Закора Л П. 1978. Пимание стерляди *Acipenser ruthenus* L. в волгоградском водохранилище и использование ею кормовых ресуреов водоема. *Вопросы ихТиологии*, 18 (6): 1065-1071.

Сайфулии Р Р. 1980. Особенности полевого созревания стерляди *Acipenser ruthenus* L. В условиях куйбысщевского водохранилища. *Вопросы ихТиологии*, 20 (5): 842-848.

Усыним В Ф. 1978. Билогия стерляди *Acipenser ruthenus* L. Р. Чулым. *Вопросы ихТиологии*, 18 (4): 624-635.

中文名索引

暗纹动齿鳚, 515
暗圆罩鱼, 247
昂仁裸裂尻鱼, 169
昂氏棘吻鱼, 505
盎堂拟鲿, 238
凹鼻鲀, 621
凹鼻鲀属, 621
凹腹鳕属, 282
凹肩鲹属, 408
凹鳍冠带鱼, 272
凹鳍鲻, 351
凹鳍鲻属, 351
凹尾拟鲿, 237
凹尾绚鹦嘴鱼, 494
凹吻篮子鱼, 571
凹吻鲆, 596
凹牙豆娘鱼属, 462
奥利亚口孵非鲫, 630
奥奈氏富山虾虎鱼, 564
奥奈银鲈, 424
奥氏笛鲷, 418
奥氏兔银鲛, 30
澳洲短鲆, 401
澳洲胶胎鳚, 292
澳洲浪花银汉鱼, 303
澳洲离光鱼, 251
澳洲鲭, 583

B

八部副鳚, 516
八重山岛异齿鳚, 513
八带蝴蝶鱼, 449
八带拟唇鱼, 490
八带下美鮨, 372
八棘扁天竺鲷, 391
八角鱼科, 356
巴布亚沟虾虎鱼, 552
巴布亚犁突虾虎鱼, 550
巴布亚鲹, 405
巴都盔鱼, 480
巴江云南鳅, 196
巴杰平头鱼属, 240
巴马拟缨鱼, 162
巴马似原吸鳅, 209
巴门褶吻鲮, 156
巴奇氏矛鼬鳚, 289
巴山高原鳅, 184
巴氏海马, 326
巴氏异齿鳚, 513
巴氏银鮈, 129

巴西达摩鲨, 49
鲃鲤属, 144
鲃亚科, 135
白斑斑鲨, 35
白斑躄鱼, 294
白斑菖鲉, 343
白斑刺尻鱼, 454
白斑笛鲷, 416
白斑狗鱼, 246
白斑光鳃鱼, 464
白斑红点鲑, 245
白斑角鲨, 45
白斑南鳅, 180
白斑雀鲷, 471
白斑星鲨, 38
白背带丝虾虎鱼, 538
白背双锯鱼, 464
白鼻南鳅, 179
白边侧牙鲈, 379
白边单鳍鱼, 445
白边锯鳞鱼, 317
白边裸胸鳝, 68
白边拟鲿, 237
白边鲹鲅, 118
白边天竺鲷, 385
白边纤齿鲈, 372
白边真鲨, 39
白鲳, 570
白鲳科, 570
白鲳属, 570
白唇副鳗鲇, 231
白带胡椒鲷, 425
白带椒雀鲷, 471
白带眶锯雀鲷, 474
白带马夫鱼, 453
白点叉鼻鲀, 619
白点宽吻鲀, 618
白点双线鳚, 508
白点箱鲀, 617
白短鲆, 401
白方头鱼, 398
白腹凹牙豆娘鱼, 463
白腹小鲨丁鱼, 94
白姑鱼属, 437
白鲑属, 244
白肌银鱼, 243
白肌银鱼属, 243
白鲫, 627
白颊刺尾鱼, 573
白甲鱼, 142

白甲鱼属, 140
白口尾甲鲹, 410
白莲云南鳅, 196
白令海多刺背棘鱼, 63
白面刺尾鱼, 574
白鳍袋巨口鱼, 254
白鳍飞鱵, 307
白鳍须唇飞鱼, 306
白舌若鲹, 404
白舌尾甲鲹, 410
白条钝虾虎鱼, 531
白条双锯鱼, 463
白头虾虎鱼, 548
白头虾虎鱼属, 548
白臀鲹, 522
白线光腭鲈, 363
白线纹胸鮡, 224
白线鬃尾鲀, 613
白星石斑鱼, 371
白鲟, 62
白鲟属, 62
白鱼属, 106
白圆罩鱼, 247
白缘鉠, 219
白缘裸胸鳝, 67
百瑙钝虾虎鱼, 531
柏氏锯鳞鱼, 316
拜库雷虾虎鱼, 556
班第氏裸胸鳝, 67
班公湖裸裂尻鱼, 168
班卡雀鲷, 472
斑白鱼, 107
斑鼻鱼, 576
斑柄鹦天竺鲷, 393
斑长鲈, 373
斑翅虎鮋, 334
斑重唇鱼, 165
斑带蝴蝶鱼, 450
斑带吻虾虎鱼, 559
斑点薄鳅, 205
斑点叉尾鮰, 628
斑点长翻车鲀, 626
斑点刺尾鱼, 573
斑点东方鲀, 623
斑点钝腹鲱, 92
斑点竿虾虎鱼, 549
斑点海蝠鱼, 298
斑点海猪鱼, 482
斑点矶塘鳢, 542
斑点鸡笼鲳, 447

斑点尖唇鱼, 488
斑点肩鳃鳚, 516
斑点金线鲃, 151
斑点九棘鲈, 364
斑点裸胸鳝, 69
斑点马鲛, 583
斑点雀鲷, 473
斑点蛇鲻, 129
斑点似青鳞鱼, 93
斑点头棘鲉, 345
斑点须鲉, 376
斑点羽鳃笛鲷, 419
斑点月鱼, 272
斑短吻鳐, 54
斑鳜, 361
斑海鲇, 232
斑胡椒鲷, 425
斑鑢, 234
斑棘眶锯雀鲷, 475
斑棘拟鲈, 504
斑鮁, 446
斑鰶, 94
斑鰶属, 94
斑节海龙属, 325
斑金鳉, 459
斑篮子鱼, 571
斑鳢, 590
斑马唇指鳉, 460
斑马鳍塘鳢, 569
斑鲆属, 591
斑鳍方头鱼, 398
斑鳍纺锤虾虎鱼, 543
斑鳍鲹, 104
斑鳍红娘鱼, 347
斑鳍鳞头鲉, 342
斑鳍美虾虎鱼, 536
斑鳍沙鳅, 203
斑鳍鲨科, 31
斑鳍天竺鲷, 385
斑鳍鲹, 520
斑鳍银姑鱼, 441
斑鳍鲉, 339
斑鳍圆鳞鲉, 336
斑腔吻鳕, 277
斑鳃棘鲈, 376
斑鲨属, 35
斑石鲷, 459
斑氏环宇海龙, 324
斑氏新雀鲷, 470
斑穗肩鳚, 512

斑条花鳅, 200

斑条裸胸鳝, 71

斑条舒, 578

斑头刺尾鱼, 573

斑头梵虾虎鱼, 567

斑头肩鳃鳚, 516

斑头六线鱼, 354

斑头舌鳎, 606

斑臀鲔, 521

斑尾刺虾虎鱼, 529

斑尾低线鳚, 98

斑尾鳞鳍梅鲷, 422

斑尾墨头鱼, 158

斑尾小鲃, 145

斑纹薄鳅, 205

斑纹花蛇鳗, 78

斑纹棘鳞鱼, 320

斑纹犁齿鳚, 514

斑纹犁头鳐, 52

斑纹丽蛇鳗, 76

斑纹鳞鲉鳚, 289

斑纹拟鲈, 504

斑纹舌虾虎鱼, 544

斑纹蛇鳗, 79

斑纹狮子鱼, 357

斑纹台鳅, 209

斑纹须鲨, 31

斑鲭, 398

斑线菱鲷, 322

斑项裸胸鳝, 69

斑腰单孔鲀, 622

斑异华鲮, 161

斑鳒, 308

斑竹花蛇鳗, 77

斑竹鲨属, 31

板么红水河鲮, 160

版纳南鳅, 180

半斑黄姑鱼, 440

半斑星塘鳢, 533

半鳌, 110

半鳌属, 110

半齿真鲨, 40

半刺光唇鱼, 135

半刺结鱼, 153

半带裸颊鲷, 434

半带舌珍鱼, 239

半滑舌鳎, 606

半环刺盖鱼, 456

半环盖蛇鳗, 77

半锯（钝吻）鲨属, 39

半锯鲨, 39

半棱鳀属, 88

半裸银斧鱼, 248

半鲇, 229

半鲇属, 229

半鲨条鲨科, 38

半鲨条鲨属, 39

半饰天竺鲷, 387

半纹锯鳞虾虎鱼, 555

半纹月蝶鱼, 455

半虾虎鱼属, 547

半线神鲹, 99

半线天竺鲷, 387

半皱唇鲨属, 38

瓣叉鼻鲀, 618

瓣结鱼, 138

瓣结鱼属, 138

棒花鮈, 121

棒花鱼, 119

棒花鱼属, 119

棒鳚属, 518

棒状南鳅, 182

棒状双线鳚, 509

宝刀鱼, 92

宝刀鱼科, 92

宝刀鱼属, 92

宝珈枪吻海龙, 324

宝石龟鲹, 301

宝石石斑鱼, 366

宝兴软鳍裸裂尻鱼, 168

保山裂腹鱼, 174

保山新光唇鱼, 140

保亭近腹吸鳅, 210

豹斑绒毛鲨, 36

豹鲂鮄科, 331

豹鲂鮄属, 331

豹鳎属, 603

豹鳚属, 514

豹纹东方鲀, 623

豹纹勾吻鳝, 66

豹纹九棘鲈, 364

豹纹裸胸鳝, 70

豹纹鲆, 596

豹纹鳃棘鲈, 376

豹纹鲨, 32

豹纹鲨科, 32

豹纹鲨属, 32

鲍氏短吻鳐, 54

鲍氏腹瓢虾虎鱼, 554

鲍氏绿鹦嘴鱼, 495

粗鳍鱼属, 272
粗首虎鮋, 335
粗首马口鱼, 100
粗首鲔, 522
粗体光尾鲨, 35
粗体突吻鳕, 278
粗头鲉属, 344
粗尾前角鲀, 615
粗尾鳕, 282
粗尾鳕属, 282
粗纹马鲾, 411
粗吻短带鰏, 517
粗吻海龙属, 329
粗须白甲鱼, 140
粗猪齿鱼, 479
粗壮高原鳅, 191
粗壮金线鲃, 151
锉鳞奈氏鳕, 281
锉鳞鲀属, 611
锉吻海康吉鳗, 84
锉吻渊油鳗, 84

D

达里湖高原鳅, 185
达摩鲨属, 49
达纳氏烛光鱼, 248
达氏红鳍鲌, 108
达氏姬鱼, 255
达氏库隆长尾鳕, 280
达氏桥棘鲷, 314
达氏深水尾魟, 56
达氏台鳅, 208
大斑躄鱼, 294
大斑鲳鲹, 409
大斑刺鲀, 626
大斑高原鳅, 189
大斑花鳅, 200
大斑南鳅, 182
大斑石斑鱼, 369
大斑石鲈, 427
大斑纹胸鮡, 224
大斑云南鳅, 197
大斑猪齿鱼, 479
大鼻吻鮈, 126
大鼻隙眼鲨, 42
大鼻真鲨, 39
大臂腔吻鳕, 276
大辫鱼属, 255
大齿南鳅, 182
大刺鳍, 122

大刺副袋唇鱼, 142
大刺棘鳞鱼, 320
大刺鳅, 331
大渡白甲鱼, 141
大渡软刺裸裂尻鱼, 168
大海鲂科, 321
大海鲢, 62
大海鲢科, 62
大海鲢属, 62
大海马, 327
大颌鳞科, 304
大颌裸身虾虎鱼, 546
大花鮨属, 373
大黄斑普提鱼, 477
大黄鱼, 439
大棘大眼鲷, 352
大棘帆鳍鲉, 332
大棘腔吻鳕, 277
大棘双边鱼, 358
大棘银鲈, 424
大棘鼬鳚, 287
大棘鼬鳚属, 287
大棘烛光鱼, 249
大甲鲹, 406
大甲鲹属, 406
大角鮟鱇科, 300
大角鮟鱇属, 300
大颏尖唇鱼, 489
大孔精美虾虎鱼, 566
大孔鮡, 227
大口长颌鲆, 596
大口寡鳞虾虎鱼, 551
大口管鼻鳝, 72
大口光尾鲨, 35
大口黑鲈, 629
大口华吸鳅, 217
大口尖齿鲨, 38
大口鳒, 590
大口巨颌虾虎鱼, 549
大口康吉鳗, 85
大口康吉鳗属, 85
大口犁突虾虎鱼, 550
大口裸头虾虎鱼, 537
大口鲇, 231
大口鲆属, 596
大口鼍虾虎鱼, 545
大口鲹, 404
大口汤鲤, 458
大口线塘鳢, 568
大理鲤, 133

大理裂腹鱼, 174
大鳞白鱼, 107
大鳞半䱗, 110
大鳞洞鳅, 196
大鳞短额鲆, 597
大鳞凡塘鳢, 567
大鳞副泥鳅, 202
大鳞副仙女鱼, 255
大鳞高须鱼, 139
大鳞沟虾虎鱼, 552
大鳞光唇鱼, 135
大鳞龟鲛, 301
大鳞海猪鱼, 484
大鳞黑线䱗, 102
大鳞棘吻鱼, 505
大鳞金线鲃, 149
大鳞眶灯鱼, 268
大鳞鲢, 116
大鳞鳞孔鲷, 312
大鳞鳞鲬, 351
大鳞梅氏鳊, 112
大鳞拟棘鲆, 591
大鳞鲆属, 593
大鳞鳍虾虎鱼, 546
大鳞腔吻鳕, 277
大鳞舌鳎, 605
大鳞似美鳍鱼, 488
大鳞犀孔鲷, 312
大鳞新灯鱼, 262
大鳞新棘鲉, 335
大鳞云南鳅, 198
大菱鲆, 630
大泷六线鱼, 354
大泷氏粗棘虾虎鱼, 547
大麻哈鱼, 245
大麻哈鱼属, 245, 628
大美体鳗, 83
大目金眼鲷, 315
大盘短鲫, 401
大鳍凹腹鳕, 283
大鳍长臀鮡, 161
大鳍鱇, 234
大鳍间吸鳅, 215
大鳍䲗, 87
大鳍蠕蛇鳗, 81
大鳍蛇鳗, 79
大鳍弹涂鱼, 553
大鳍异齿鰕, 225
大鳍异鮡, 221
大鳍蚓鳗, 64

大鳍鱼, 111
大鳍鱼属, 111
大鳍鳊, 117
大鳍珍灯鱼, 271
大桥高原鳅, 185
大青鲨, 42
大青鲨属, 42
大青弹涂鱼, 562
大丝鼠鳕, 278
大梭蜥鱼属, 262
大弹涂鱼, 535
大弹涂鱼属, 535
大头多齿海鲇, 233
大头飞鱼, 307
大头高原鳅, 188
大头狗母鱼, 258
大头狗母鱼属, 258
大头海鲉, 337
大头金线鲃, 149
大头鮈, 121
大头鲤, 134
大头绿鳍鱼, 346
大头膜首鳕, 279
大头南鳅, 182
大头拟奈氏鳕, 281
大头糯鳗属, 85
大头尾鳝, 73
大头鳕, 285
大头银姑鱼, 441
大头蚓鳗, 64
大尾长吻鳐, 54
大尾深海康吉鳗, 84
大尾深水鼬鳚, 287
大尾鳕属, 280
大吻光尾鲨, 35
大吻鲹属, 105
大吻海蝎鱼, 325
大吻叫姑鱼, 439
大吻腔吻鳕, 277
大吻鲨蛇鳗, 80
大吻虾虎鱼, 558
大吻鱼科, 313
大西洋大梭蜥鱼, 262
大西洋谷口鱼, 260
大西洋蓝枪鱼, 585
大西洋明灯鱼, 269
大西洋犀鳕, 273
大西洋钻光鱼, 247
大牙斑鲆, 591
大牙拟庸鲽, 594

短鳔盘䲟, 157
短柄黑犀鱼, 298
短齿鹦天竺鲷, 392
短翅小䲠, 340
短唇钝虾虎鱼, 532
短唇双鳍电鳐, 50
短刺鲀属, 625
短带䲁属, 517
短带鱼, 581
短鲽, 590
短鲽属, 590
短额鲆属, 597
短鳄齿鱼, 501
短腹拟鲆, 599
短腹䱀, 226
短盖肥脂鲤, 627
短颌灯笼鱼, 263
短颌钝腹鲱, 92
短棘蝠, 412
短棘纺锤虾虎鱼, 543
短棘缟虾虎鱼, 565
短棘花鮨, 375
短棘蓑鲉属, 332
短棘烛光鱼, 249
短距眶灯鱼, 268
短鳞诺福克䲁, 510
短鳍粗棘蜥䲗, 524
短鳍笛鲷属, 415
短鳍鲳, 122
短鳍后鳍花鳅, 202
短鳍尖吻鲨, 43
短鳍金线鲃, 147
短鳍拟飞鱼, 307
短鳍拟银眼鲷, 313
短鳍蛇鲭属, 579
短鳍蓑鲉, 332
短鳍蓑鲉属, 332
短鳍无齿鲳, 587
短鳍燕飞鱼, 308
短鳍异䱀, 220
短鳍真燕鳐, 308
短鳃灯鱼属, 264
短蛇鲭, 580
短蛇鲭属, 580
短身白甲鱼, 141
短身金沙鳅, 216
短身金线鲃, 147
短身裸叶虾虎鱼, 549
短身鳅鮀, 131
短身细尾海龙, 324
短身原玉筋鱼, 506
短丝羽鳃鲹, 409
短丝指䲗䲁, 288
短体副鳅, 177
短体拟鲉, 228
短体蛇鳗属, 75
短头钝雀鲷, 463
短头眶灯鱼, 266
短头南鳅, 180
短头塔氏鱼, 241
短头跳岩䲁, 516
短臀白鱼, 106
短臀拟鲿, 237
短尾粗吻海龙, 329
短尾大眼鲷, 384
短尾腹囊海龙, 328
短尾高原鳅, 184
短尾鲂, 104
短尾康吉鳗科, 81
短尾康吉鳗属, 81
短尾拟鲿, 237
短尾腔蝠鱼, 296
短尾蛇鳗, 79
短尾乌鲨, 47
短尾褶䱀, 227
短尾真鲨, 39
短吻蝠, 412
短吻鼻鱼, 575
短吻长尾鳕属, 282
短吻大头糯鳗, 86
短吻副沙鳅, 206
短吻高原鳅, 190
短吻海蠋鱼, 326
短吻红斑吻虾虎鱼, 560
短吻红舌鳎, 605
短吻间银鱼, 243
短吻缰虾虎鱼, 532
短吻角鲨, 45
短吻裸颊鲷, 433
短吻孟加拉鲮, 154
短吻拟海蠕鳗, 86
短吻拟海蜥鱼, 63
短吻腔吻鳕, 275
短吻鳅鮀, 130
短吻弱棘鱼, 399
短吻三线舌鳎, 604
短吻狮子鱼属, 357
短吻项鳗, 81
短吻小鳔䲟, 123
短吻小颌海龙, 327

副单鳍鱼属, 444
副绯鲤属, 442
副革鲀属, 614
副海鲂科, 321
副海鲂属, 321
副海猪鱼属, 489
副蝴蝶鱼属, 453
副结鱼, 142
副结鱼属, 142
副锯刺盖鱼属, 455
副孔虾虎鱼属, 553
副眶棘鲈属, 429
副鳞鲀属, 611
副鳗鲇属, 231
副盲鳗属, 28
副泥鳅属, 202
副平牙虾虎鱼属, 553
副鳅, 177
副鳅属, 176
副三棘鲀属, 609
副沙鳅属, 205
副鲨条鲨属, 39
副狮子鱼属, 357
副双边鱼属, 358
副鲬属, 516
副鲐, 460
副鲐属, 460
副细鲫属, 100
副仙女鱼科, 255
副仙女鱼属, 255
副叶鲹属, 402
副叶虾虎鱼属, 553
富山虾虎鱼属, 564
富氏拟鲹, 237
腹棘海鲂属, 321
腹囊海龙属, 328
腹瓢虾虎鱼属, 554
腹纹刺鳅, 331
腹吸鳅亚科, 206

G

改则高原鳅, 186
盖棘虾虎鱼属, 543
盖蛇鳗属, 77
盖纹鲨丁鱼属, 96
干河云南鳅, 197
甘子河裸鲤, 166
竿虾虎鱼属, 549
鳡, 103
鳡属, 103

冈村氏光鳃鱼, 466
高背大眼鲷, 384
高本缨鲆, 597
高额绿鹦嘴鱼, 495
高肩金线鲃, 146
高黎贡鳄, 221
高菱鲷, 590
高伦颌鳞虾虎鱼, 544
高眉鳝属, 65
高平马口鱼, 100
高鳍刺尾鱼属, 577
高鳍带鱼, 581
高鳍鲂属, 414
高鳍角鲨, 45
高鳍蛇鳗, 78
高鳍跳岩鳚, 517
高鳍虾虎鱼属, 556
高鳍鹦嘴鱼, 497
高鳍鲉属, 345
高身小鳔鮈, 123
高氏合鳃鳗, 75
高氏前肛鳗, 74
高体鮟鱇属, 294
高体鲃属, 137
高体白甲鱼, 140
高体斑鲆, 592
高体大鳞鲆, 593
高体电灯鱼, 270
高体鳜, 361
高体金眼鲷科, 313
高体金眼鲷属, 313
高体近红鲌, 108
高体鮈, 121
高体盔鱼属, 491
高体拟花鮨, 377
高体鳣鲅, 118
高体若鲹, 403
高体鲥, 408
高体四长棘鲷, 435
高体小鲨丁鱼, 94
高体雅罗鱼, 103
高体云南鳅, 196
高位眶灯鱼, 269
高须鱼属, 139
高眼鲽属, 593
高眼舌鳎, 606
高原裸鲤, 166
高原裸裂尻鱼, 169
高原鳅属, 183
高原鱼属, 167

管燧鲷属, 314
管天竺鲷属, 396
管吻鲀属, 608
鳍, 104
鳍属, 104
灌阳金线鲃, 148
光唇裂腹鱼, 172
光唇鲨属, 37
光唇蛇鮈, 128
光唇鱼, 135
光唇鱼属, 135
光带烛光鱼, 248
光倒刺鲃, 153
光腭鲈属, 363
光魟, 56
光滑隐棘杜父鱼, 356
光棘尖牙鲈, 362
光巨口鱼属, 254
光口索深鼬鳚, 287
光鳞鲨属, 32
光鳞鱼属, 261
光曲鼬鳚, 288
光鳃鱼属, 464
光尾海龙属, 325
光尾鲨属, 34
光吻黄鲂鮄, 348
光腺眶灯鱼, 269
光胸鲾属, 412
光泽黄颡鱼, 236
广布腔吻鳕, 275
广东长吻鳐, 53
广裸锯鳞虾虎鱼, 554
广西爬鳅, 214
广西鲬, 117
圭山金线鲃, 148
圭山细头鳅, 202
龟鲅, 301
龟鲅属, 301
龟鳚属, 516
鲑科, 244, 628
鲑属, 629
鲑形目, 244, 628
鬼魟, 57
鬼鲉属, 334
贵州拟鳌, 113
贵州爬岩鳅, 207
桂林薄鳅, 204
桂林金线鲃, 148
桂林鳅蛇, 131
桂林似鮈, 126
桂孟加拉鲮, 154
桂皮斑鲆, 591
鳜, 360
鳜属, 360
郭氏盲鳗, 28

H

哈那鲨属, 44
哈氏刀海龙, 328
哈氏海猪鱼, 482
哈氏腔吻鳕, 276
哈氏异康吉鳗, 85
哈氏原鲨, 37
海盗鱼属, 261
海蛾鱼, 323
海蛾鱼科, 323
海蛾鱼属, 323
海鲂科, 322
海鲂目, 321
海鲂属, 322
海丰沙塘鳢, 526
海蝠鱼属, 297
海鲦属, 94
海葵双锯鱼, 464
海兰德若鲹, 404
海犁齿鳚, 514
海鲢科, 62
海鲢目, 62
海鲢属, 62
海龙科, 324
海龙属, 329
海伦额角三鳍鳚, 507
海马属, 326
海鳗, 82
海鳗科, 82
海鳗属, 82
海南瓣结鱼, 138
海南鲌, 109
海南鳘属, 110
海南长臀, 229
海南华鳊, 113
海南鳒鲆, 599
海南墨头鱼, 159
海南拟鳘, 112
海南牛鼻鲼, 60
海南鳅蛇, 131
海南似鲚, 114
海南纹胸鮡, 223
海南细齿塘鳢, 528
海南鮨, 521

喙吻鳗属, 82
喙吻田氏鲨, 47
火花红谐鱼, 414
霍氏光尾鲨, 34
霍氏后颌螣, 383
霍氏角鮟鱇, 300
霍氏弱蜥鱼, 259
霍文缨鮃, 597

J

矶鲈属, 425
矶塘鳢, 540
矶塘鳢属, 540
鸡冠鳚属, 499
鸡笼鲳科, 447
鸡笼鲳属, 447
姬红娘鱼, 346
姬鳞鲀, 610
姬拟唇鱼, 489
姬鲭, 379
姬鲭属, 379
姬鼬鳚属, 290
姬鱼属, 255
基岛深水鮨, 520
箕作布氏筋鱼, 506
及达尖犁头鳐, 52
吉打副叶鲹, 402
吉林须鳅, 175
吉氏豹鲂鮄, 331
吉氏棘鲬, 353
吉氏肩鳃鳚, 516
吉氏叶灯鱼, 263
吉首光唇鱼, 136
极边扁咽齿鱼, 167
棘背角箱鲀, 617
棘蟾鮟鱇属, 299
棘赤刀鱼属, 461
棘鲷属, 434
棘光唇鱼, 137
棘海马, 327
棘红鮨属, 523
棘花鮨属, 374
棘尖牙鲈, 362
棘鳞蛇鲭, 580
棘鳞蛇鲭属, 580
棘鳞鱼属, 319
棘绿鳍鱼, 346
棘皮鲀属, 614
棘鮃科, 590
棘鱇鳅, 400

棘茄鱼, 297
棘茄鱼属, 296
棘鳃鼬鳚属, 291
棘鲨科, 44
棘鲨目, 44
棘鲨属, 44
棘头副叶虾虎鱼, 553
棘头梅童鱼, 438
棘臀鱼科, 629
棘尾前孔鲀, 613
棘吻鱼属, 505
棘线鲬属, 350
棘线鲉, 336
棘箱鲀, 616
棘箱鲀属, 616
棘星塘鳢, 533
棘眼天竺鲷, 395
棘眼天竺鲷属, 395
棘银斧鱼, 248
棘鲬科, 353
棘鲬属, 353
棘鲉, 333
棘鲉属, 333
棘鼬鳚, 288
棘鼬鳚属, 288
几内亚湾异菱的鲷, 322
脊颌鲷属, 434
脊愚首鳕, 280
鱾属, 446
纪鲉属, 334
季氏金线鲃, 148
济南颌须鮈, 121
寄生鳗, 75
寄生鳗属, 75
鲚属, 88
鲫, 132
鲫属, 627
鲫属, 132
鱾属, 446
鲦属, 92
加曼氏凹腹鳕, 283
加氏底尾鳕, 274
佳荣盲高原鳅, 187
嘉积小鳔鮈, 124
嘉陵颌须鮈, 120
嘉陵裸裂尻鱼, 168
颊鳞雀鲷, 472
颊鳞异条鳅, 179
颊条石斑鱼, 368
颊纹圣天竺鲷, 391

L

蓝点笛鲷, 418
蓝点多环海龙, 326
蓝点马鲛, 584
蓝点雀鲷, 472
蓝点鳃棘鲈, 376
蓝点深虾虎鱼, 534
蓝短鳍笛鲷, 415
蓝光眶灯鱼, 266
蓝黑新雀鲷, 470
蓝黑野鲮, 627
蓝鲮属, 161
蓝绿光鳃鱼, 467
蓝鳍石斑鱼, 368
蓝鳍剃刀鱼, 323
蓝枪鱼, 585
蓝身大石斑鱼, 372
蓝身丝隆头鱼, 480
蓝氏棘鲉, 353
蓝氏燕尾鮗, 381
蓝头绿鹦嘴鱼, 495
蓝臀鹦嘴鱼, 496
蓝纹紫鱼, 420
蓝吻犁头鳐属, 52
蓝吻拟鲈, 501
蓝线鮗, 382
蓝线九棘鲈, 364
蓝线裸顶鲷, 432
蓝胸鱼属, 487
蓝圆鲹, 406
蓝猪齿鱼, 479
澜沧江爬鳅, 214
澜沧裂腹鱼, 172
澜沧湄公鱼, 161
篮子鱼科, 570
篮子鱼属, 570
懒康吉鳗属, 84
狼鲈科, 359
狼鲈属, 359
狼牙双盘虾虎鱼, 549
狼牙双盘虾虎鱼属, 549
狼牙虾虎鱼属, 551
朗明灯鱼, 269
浪花银汉鱼, 303
浪花银汉鱼属, 303
浪平高原鳅, 187
劳伦氏豆娘鱼, 462
老挝魟, 57
老挝神鲥, 99
老挝纹胸鮡, 224
姥鲨, 34

姥鲨科, 34
姥鲨属, 34
姥鱼属, 519
乐山小鳔鮈, 124
勒氏笛鲷, 418
勒氏皇带鱼, 273
勒氏蓑鲉, 338
勒氏枝鳔石首鱼, 438
鳓, 87
鳓属, 87
雷氏唇盘鳚, 511
雷氏蜂巢虾虎鱼, 542
雷氏光唇鲨, 37
雷氏胡椒鲷, 426
雷氏棘鲉, 353
雷氏库曼虾虎鱼, 548
雷氏七鳃鳗, 29
雷拖氏石斑鱼, 371
雷虾虎鱼属, 556
类小鲃, 145
棱鲂属, 414
棱似鲴, 114
棱鳀属, 91
棱吻孔鲃, 143
棱形高原鳅, 188
棱须蓑鲉, 332
狸天竺鲷属, 397
离光鱼属, 251
犁齿鲷属, 436
犁齿鳚属, 513
犁头鳅, 216
犁头鳅属, 216
犁头鳐科, 52
犁头鳐属, 52
犁突虾虎鱼属, 550
漓江副沙鳅, 206
李氏波光鳃鱼, 473
李氏眶灯鱼, 268
李氏吻虾虎鱼, 559
李仙江华吸鳅, 217
里根氏拟鲸口鱼, 313
里湖高原鳅, 188
里氏短吻长尾鳕, 282
里氏小鲨丁鱼, 96
理县高原鳅, 188
鲤, 133
鲤科, 97, 627
鲤属, 133
鲤鲅属, 460
鲤形目, 97, 627

膜首鳕属, 279
摩鹿加红鲂鮄, 349
摩鹿加拟凿牙鱼, 490
摩鹿加雀鲷, 472
摩鹿加鹦天竺鲷, 394
磨塘鳢属, 565
魔斑裸胸鳝, 69
魔鬼蓑鲉, 338
魔拟鲉, 341
莫桑比克腹瓢虾虎鱼, 554
莫桑比克脊颌鲷, 434
莫桑比克口孵非鲫, 630
莫桑比克圆鳞鲉, 336
莫氏大咽齿鱼, 488
莫氏海马, 327
莫氏连鳍鲔, 524
莫氏深海电鳐, 50
莫氏乌鲨, 48
莫氏轴光鱼, 250
莫鲻属, 302
漠斑牙鲆, 630
墨曲高原鳅, 190
墨头鱼属, 158
墨脱阿波鳅, 175
墨脱裂腹鱼, 172
墨脱孟加拉鲮, 155
墨脱纹胸鮡, 222
默氏副半节鲂鮄, 348
牡锦灯鱼, 265
拇指杜父鱼, 355
木叶鲽, 594
木叶鲽属, 594
穆氏暗光鱼, 248
穆氏暗光鱼属, 248
穆氏动齿鳚, 515
穆氏圆鲹, 406

N

纳木湖裸鲤, 165
纳氏燕鳐鱼, 306
纳氏鹞鲼, 59
纳氏异齿鳚, 513
纳塔尔瓦鲽, 600
奈氏魟, 57
奈氏拟鲛鳒, 293
奈氏鳕属, 281
奈氏眼眶鱼, 267
奈氏鱼雀鲷, 379
南充鳊, 117
南丹高原鳅, 190

南定南鳅, 182
南渡江吻虾虎鱼, 560
南方白甲鱼, 141
南方波鱼, 101
南方副狮子鱼, 357
南方沟虾虎鱼, 552
南方花鳅, 200
南方鮈, 121
南方裂腹鱼, 172
南方南鳅, 182
南方拟鳘, 112
南方鳅蛇, 131
南方臀棘鲷, 315
南方鲉, 521
南非纪鲉, 334
南非拟鲛鳒, 293
南瓜鲉, 339
南海斑鲆, 592
南海带鱼, 581
南海红娘鱼, 347
南海舌鳎, 606
南海石斑鱼, 371
南海乌鲨, 47
南海无刺鳐, 53
南海伊氏虾虎鱼, 540
南腊方口鲃, 138
南盘江副鳅, 176
南盘江高原鳅, 190
南盘江华吸鳅, 217
南盘江云南鳅, 198
南鳅属, 179
南氏鱼, 240
南氏鱼属, 240
南台华吸鳅, 217
南台吻虾虎鱼, 560
南汀爬鳅, 214
南投鈌, 219
南洋美银汉鱼, 303
南洋舌鳎, 605
囊鳃鳗目, 87
囊鳃鲇科, 233
囊鳃鲇属, 233
囊头鲉属, 343
囊胃鼬鳚属, 292
内尔褶囊海鲇, 233
内田小绵鳚, 500
尼罗口孵非鲫, 630
尼氏法老鱼, 261
尼氏花须鼬鳚, 287
泥鳅, 201

前鳞笛鲷, 417
前鳞龟鲹, 301
前鳍多环海龙, 326
前鳍高原鳅, 184
前鳍吻鮋, 338
前臀月灯鱼, 265
前臀鳅, 226
前胸盘鮈, 157
钱江鲬, 122
潜鱼科, 285
潜鱼属, 285
黔鲮属, 163
浅草蛇鳗, 79
浅带稀棘鳚, 515
浅海长尾鲨, 33
浅黑尾灯鱼, 271
浅色项冠虾虎鱼, 538
浅棕条鳅, 178
枪吻海龙属, 324
枪鱼属, 585
腔蝠鱼属, 296
腔吻鳕属, 275
强串光鱼, 251
强氏矛吻海龙, 325
强壮纤巨口鱼, 253
蔷薇项鳍鱼, 486
乔丹氏短稚鳕, 283
乔丹氏腔吻鳕, 276
乔氏吻鳚, 310
乔氏蜥雀鲷, 475
乔氏新银鱼, 243
乔氏银鲛, 30
乔氏猪齿鱼, 479
桥棘鲷属, 314
桥街结鱼, 154
桥街墨头鱼, 159
翘光眶灯鱼, 268
翘嘴鲌, 109
翘嘴鲤, 133
切尾拟鳋, 239
秦岭细鳞鲑, 244
青斑叉鼻鲀, 618
青斑细棘虾虎鱼, 529
青点鹦嘴鱼, 497
青干金枪鱼, 585
青海湖裸鲤, 166
青鳉属, 304
青金翅雀鲷, 468
青菱海鲂, 321
青鲦科, 400

青鲦属, 400
青奇头腾, 507
青若梅鲷, 419
青石斑鱼, 367
青石爬鮡, 221
青弹涂鱼, 562
青弹涂鱼属, 562
青星九棘鲈, 365
青眼鱼科, 259
青眼鱼属, 259
青翼须唇飞鱼, 305
青缨鳚, 596
青鱼, 104
青鱼属, 104
青羽若鲹, 403
清水石斑鱼, 370
清尾鳍虾虎鱼, 550
清徐小鳔鮈, 124
鲭科, 581
鲭鲨属, 34
鲭属, 583
邛海白鱼, 107
邛海红鳍鲌, 109
邛海鲤, 134
琼中拟平鳅, 209
丘北金线鲃, 151
丘北盲高原鳅, 191
邱氏列齿蛇鳗, 81
秋刀鱼, 311
秋刀鱼属, 311
鳅鮀属, 130
鳅鮀亚科, 130
鳅鮀亚属, 130
球鳔鳅属, 183
球首鲸尾鳕, 275
球吻鼻鱼, 576
裘氏小鲨丁鱼, 95
曲背金线鲃, 147
曲背青鳉, 304
曲背新棘鮋, 335
曲海龙属, 324
曲靖金线鲃, 151
曲纹蝴蝶鱼, 447
曲线鲔状鱼, 505
曲鮋鲻属, 288
屈氏叫姑鱼, 439
衢江后鳍花鳅, 202
圈项鲷, 412
圈紫胸鱼, 491
全唇裂腹鱼, 171

S

W

学 名 索 引

Acentrogobius viganensis, 529
Acentrogobius viridipunctatus, 529
Acentronura, 324
Acentronura breviperula, 324
Acerina, 383
Acerina cernua, 383
Acheilognathinae, 116
Acheilognathus, 116
Acheilognathus barbatulus, 116
Acheilognathus barbatus, 116
Acheilognathus changtingensis, 116
Acheilognathus chankaensis, 116
Acheilognathus elongatus, 116
Acheilognathus hypselonotus, 117
Acheilognathus imberbis, 117
Acheilognathus macropterus, 117
Acheilognathus meridianus, 117
Acheilognathus nanchongensis, 117
Acheilognathus omeiensis, 117
Acheilognathus polylepis, 117
Acheilognathus striatus, 117
Acheilognathus tabira, 117
Acheilognathus tonkinensis, 118
Acipenser, 61, 627
Acipenser baeri, 61
Acipenser dabryanus, 61
Acipenser nudiventris, 627
Acipenser ruthenus, 61
Acipenser schrenckii, 61
Acipenser sinensis, 61
Acipenseridae, 61, 627
Acipenseriformes, 61, 627
Acreichthys, 613
Acreichthys tomentosus, 613
Acromycter, 83
Acromycter nezumi, 83
Acropoma, 361
Acropoma hanedai, 361
Acropoma japonicum, 361
Acropomatidae, 361
Acrossocheilus, 135
Acrossocheilus beijiangensis, 135
Acrossocheilus clivosius, 135
Acrossocheilus fasciatus, 135
Acrossocheilus hemispinus cinctus, 135
Acrossocheilus hemispinus hemispinus, 135
Acrossocheilus ikedai, 135
Acrossocheilus iridescens iridescens, 136
Acrossocheilus iridescens longipinnis, 136
Acrossocheilus iridescens yuanjiangensis, 136
Acrossocheilus jishouensis, 136

Acrossocheilus kreyenbergii, 136
Acrossocheilus labiatus, 136
Acrossocheilus malacopterus, 136
Acrossocheilus monticola, 136
Acrossocheilus paradoxus, 137
Acrossocheilus parallens, 137
Acrossocheilus spinifer, 137
Acrossocheilus stenotaeniatus, 137
Acrossocheilus wenchowensis, 137
Acrossocheilus yunnanensis, 137
Actinopterygii, 61
Adrianichthyidae, 304
Aeoliscus, 330
Aeoliscus strigatus, 330
Aesopia, 601
Aesopia cornuta, 601
Aethaloperca, 363
Aethaloperca rogaa, 363
Aetobatus, 59
Aetobatus flagellum, 59
Aetobatus narinari, 59
Aetomylaeus, 59
Aetomylaeus maculatus, 59
Aetomylaeus milvus, 59
Aetomylaeus nichofii, 59
Aetomylaeus vespertilio, 59
Agonidae, 356
Akrokolioplax, 154
Akrokolioplax bicornis, 154
Akysidae, 220
Akysis, 220
Akysis brachybarbatus, 220
Akysis sinensis, 220
Albula, 62
Albula glossodonta, 62
Albula koreana, 63
Albulidae, 62
Albuliformes, 62
Aldrovandia, 63
Aldrovandia affinis, 63
Aldrovandia phalacra, 63
Alectis, 401
Alectis ciliaris, 401
Alectis indica, 401
Alectrias, 499
Alectrias benjamini, 499
Alepes, 402
Alepes djedaba, 402
Alepes kleinii, 402
Alepes melanoptera, 402
Alepes vari, 402

Amphiprion frenatus, 463
Amphiprion ocellaris, 463
Amphiprion percula, 464
Amphiprion perideraion, 464
Amphiprion polymnus, 464
Amphiprion sandaracinos, 464
Amsichthys, 379
Amsichthys knighti, 379
Anabantidae, 588
Anabarilius, 106
Anabarilius alburnops, 106
Anabarilius andersoni, 106
Anabarilius brevianalis, 106
Anabarilius duoyiheensis, 106
Anabarilius goldenlineus, 106
Anabarilius grahami, 106
Anabarilius liui chenghaiensis, 107
Anabarilius liui liui, 107
Anabarilius liui yalongensis, 107
Anabarilius liui yiliangensis, 107
Anabarilius longicaudatus, 107
Anabarilius macrolepis, 107
Anabarilius maculatus, 107
Anabarilius paucirastellus, 107
Anabarilius polylepis, 107
Anabarilius qiluensis, 107
Anabarilius qionghaiensis, 107
Anabarilius songmingensis, 107
Anabarilius transmontanus, 108
Anabarilius xundianensis, 108
Anabarilius yangzonensis, 108
Anabas, 588
Anabas testudineus, 588
Anacanthobatis, 53
Anacanthobatis donghaiensis, 53
Anacanthobatis nanhaiensis, 53
Anacanthus, 613
Anacanthus barbatus, 613
Anampses, 475
Anampses caeruleopunctatus, 475
Anampses geographicus, 475
Anampses melanurus, 475
Anampses meleagrides, 475
Anampses neoguinaicus, 475
Anampses twistii, 476
Anarchias, 65
Anarchias allardicei, 65
Anarchias cantonensis, 65
Ancherythroculter, 108
Ancherythroculter kurematsui, 108
Ancherythroculter lini, 108

Ancherythroculter nigrocauda, 108
Ancherythroculter wangi, 108
Andamia, 511
Andamia reyi, 511
Andamia tetradactylus, 511
Anguilla, 64
Anguilla bicolor, 64
Anguilla japonica, 64
Anguilla luzonensis, 64
Anguilla marmorata, 64
Anguilla nebulosa, 64
Anguillidae, 64
Anguilliformes, 64
Anodontostoma, 92
Anodontostoma chacunda, 92
Anomalopidae, 314
Anomalops, 314
Anomalops katoptron, 314
Anoplogaster, 313
Anoplogaster cornuta, 313
Anoplogastridae, 313
Anotopterus, 261
Anotopterus nikparini, 261
Anoxypristis, 51
Anoxypristis cuspidata, 51
Antennariidae, 294
Antennarius, 294
Antennarius biocellatus, 294
Antennarius hispidus, 294
Antennarius maculatus, 294
Antennarius pictus, 294
Antennarius randalli, 294
Antennarius striatus, 294
Antennatus, 294
Antennatus coccineus, 294
Antennatus dorehensis, 295
Antennatus nummifer, 295
Antennatus tuberosus, 295
Antigonia, 590
Antigonia capros, 590
Antigonia rubescens, 590
Antigonia rubicunda, 590
Antimora, 283
Antimora microlepis, 283
Anyperodon, 363
Anyperodon leucogrammicus, 363
Aphareus, 414
Aphareus furca, 414
Aphareus rutilans, 415
Aphyocypris, 97
Aphyocypris arcus, 97

Drepaneidae, 447
Drombus, 540
Drombus triangularis, 540
Dunckerocampus, 325
Dunckerocampus dactyliophorus, 325
Dussumieria, 93
Dussumieria acuta, 93
Dussumieria elopsoides, 93
Dysalotus, 500
Dysalotus alcocki, 500
Dysomma, 73
Dysomma anguillare, 73
Dysomma dolichosomatum, 73
Dysomma goslinei, 74
Dysomma longirostrum, 74
Dysomma melanurum, 74
Dysomma opisthoproctus, 74
Dysomma polycatodon, 74
Dysommina, 74
Dysommina rugosa, 74

E

Ebosia, 333
Ebosia bleekeri, 333
Echelus, 77
Echelus uropterus, 77
Echeneidae, 400
Echeneis, 400
Echeneis naucrates, 400
Echidna, 65
Echidna delicatula, 65
Echidna nebulosa, 66
Echidna polyzona, 66
Echidna xanthospilos, 66
Echinorhinidae, 44
Echinorhiniformes, 44
Echinorhinus, 44
Echinorhinus cookei, 44
Echiodon, 285
Echiodon coheni, 285
Echiostoma, 252
Echiostoma barbatum, 252
Ecsenius, 513
Ecsenius bathi, 513
Ecsenius bicolor, 513
Ecsenius frontalis, 513
Ecsenius lineatus, 513
Ecsenius melarchus, 513
Ecsenius namiyei, 513
Ecsenius oculus, 513
Ecsenius yaeyamaensis, 513

Ectreposebastes, 333
Ectreposebastes imus, 333
Egglestonichthys, 540
Egglestonichthys patriciae, 540
Elagatis, 406
Elagatis bipinnulata, 406
Electrona, 270
Electrona risso, 270
Eleginus, 285
Eleginus gracilis, 285
Eleotridae, 527
Eleotris, 527
Eleotris acanthopoma, 527
Eleotris fusca, 527
Eleotris melanosoma, 527
Eleotris oxycephala, 527
Eleutherochir, 523
Eleutherochir mirabilis, 523
Eleutherochir opercularis, 523
Eleutheronema, 436
Eleutheronema rhadinum, 436
Eleutheronema tetradactylum, 437
Ellochelon, 302
Ellochelon vaigiensis, 302
Elopichthys, 103
Elopichthys bambusa, 103
Elopidae, 62
Elopiformes, 62
Elops, 62
Elops machnata, 62
Elops saurus, 62
Emmelichthyidae, 414
Emmelichthys, 414
Emmelichthys struhsakeri, 414
Encheliophis, 285
Encheliophis boraborensis, 285
Encheliophis gracilis, 286
Encheliophis homei, 286
Encheliophis sagamianus, 286
Enchelycore, 66
Enchelycore bayeri, 66
Enchelycore bikiniensis, 66
Enchelycore lichenosa, 66
Enchelycore nigricans, 66
Enchelycore pardalis, 66
Enchelycore schismatorhynchus, 67
Enchelynassa, 67
Enchelynassa canina, 67
Enchelyurus, 513
Enchelyurus kraussii, 513
Encrasicholina, 88

Glossogobius celebius, 544
Glossogobius circumspectus, 544
Glossogobius giuris, 544
Glossogobius obscuripinnis, 544
Glossogobius olivaceus, 544
Glyphis, 42
Glyphis gangeticus, 42
Glyptophidium, 288
Glyptophidium japonicum, 288
Glyptophidium lucidum, 288
Glyptosternon, 222
Glyptosternon maculatum, 222
Glyptothorax, 222
Glyptothorax laosensis, 224
Glyptothorax annandalei, 222
Glyptothorax burmanicus, 222
Glyptothorax deqinensis, 223
Glyptothorax dorsalis, 223
Glyptothorax fucatus, 223
Glyptothorax fukiensis, 223
Glyptothorax granosus, 223
Glyptothorax hainanensis, 223
Glyptothorax honghensis, 223
Glyptothorax interspinalum, 223
Glyptothorax lampris, 224
Glyptothorax lanceatus, 224
Glyptothorax longicauda, 224
Glyptothorax longinema, 224
Glyptothorax longjiangensis, 224
Glyptothorax macromaculatus, 224
Glyptothorax minimaculatus, 224
Glyptothorax obliquimaculatus, 224
Glyptothorax pallozonus, 224
Glyptothorax quadriocellatus, 225
Glyptothorax sinensis, 225
Glyptothorax trilineatus, 225
Glyptothorax zanaensis, 225
Glyptothorax zhujiangensis, 225
Gnathanodon, 406
Gnathanodon speciosus, 406
Gnathodentex, 431
Gnathodentex aureolineatus, 431
Gnatholepis, 544
Gnatholepis anjerensis, 544
Gnatholepis cauerensis, 544
Gnatholepis davaoensis, 544
Gnathophis, 85
Gnathophis heterognathos, 85
Gnathophis xenica, 85
Gnathopogon, 120
Gnathopogon herzensteini, 120

Gnathopogon imberbis, 120
Gnathopogon mantschuricus, 120
Gnathopogon nicholsi, 120
Gnathopogon polytaenia, 121
Gnathopogon taeniellus, 121
Gnathopogon tsinanensis, 121
Gobiesocidae, 519
Gobiidae, 529
Gobio, 121
Gobio acutipinnatus, 121
Gobio coriparoides, 121
Gobio cynocephalus, 121
Gobio huanghensis, 121
Gobio lingyuanensis, 121
Gobio macrocephalus, 121
Gobio meridionalis, 121
Gobio rivuloides, 121
Gobio soldatovi, 121
Gobio tenuicorpus, 122
Gobiobotia, 130
Gobiobotia (Gobiobotia) brevirostris, 130
Gobiobotia (Gobiobotia) cheni, 130
Gobiobotia (Gobiobotia) filifer, 130
Gobiobotia (Gobiobotia) homalopteroidea, 130
Gobiobotia (Gobiobotia) jiangxiensis, 130
Gobiobotia (Gobiobotia) kolleri, 131
Gobiobotia (Gobiobotia) longibarba, 131
Gobiobotia (Gobiobotia) meridionalis, 131
Gobiobotia (Gobiobotia) pappenheimi, 131
Gobiobotia (Gobiobotia) paucirastella, 131
Gobiobotia (Gobiobotia) tungi, 131
Gobiobotia (Progobiobotia) abbreviate, 131
Gobiobotia (Progobiobotia) guilinensis, 131
Gobiobotinae, 130
Gobiocypris, 100
Gobiocypris rarus, 100
Gobiodon, 544
Gobiodon citrinus, 544
Gobiodon fulvus, 545
Gobiodon histrio, 545
Gobiodon multilineatus, 545
Gobiodon oculolineatus, 545
Gobiodon okinawae, 545
Gobiodon quinquestrigatus, 545
Gobiodon rivulatus, 545
Gobiodon unicolor, 545
Gobioninae, 119
Gobiopsis, 545
Gobiopsis arenaria, 545
Gobiopsis macrostoma, 545
Gobiopsis quinquecincta, 545

Helcogramma, 509
Helcogramma chica, 509
Helcogramma fuscipectoris, 509
Helcogramma fuscopinna, 510
Helcogramma hudsoni, 510
Helcogramma inclinata, 510
Helcogramma obtusirostris, 510
Helcogramma striata, 510
Helicolenus, 333
Helicolenus hilgendorfii, 333
Helotes, 457
Helotes sexlineatus, 457
Hemibagrus, 234
Hemibagrus guttatus, 234
Hemibagrus macropterus, 234
Hemibagrus pluriradiatus, 235
Hemibagrus wyckioides, 235
Hemibarbus, 122
Hemibarbus brevipennus, 122
Hemibarbus labeo, 122
Hemibarbus longirostris, 122
Hemibarbus macracanthus, 122
Hemibarbus maculatus, 122
Hemibarbus medius, 122
Hemibarbus qianjiangensis, 122
Hemibarbus umbrifer, 122
Hemiculter, 110
Hemiculter bleekeri, 110
Hemiculter leucisculus, 110
Hemiculter lucidus lucidus, 110
Hemiculter tchangi, 110
Hemiculter warpachovskii, 110
Hemiculterella, 110
Hemiculterella macrolepis, 110
Hemiculterella sauvagei, 110
Hemiculterella wui, 111
Hemigaleidae, 38
Hemigaleus, 39
Hemigaleus microstoma, 39
Hemiglyphidodon, 469
Hemiglyphidodon plagiometopon, 469
Hemigobius, 547
Hemigobius hoevenii, 547
Hemigymnus, 484
Hemigymnus fasciatus, 484
Hemigymnus melapterus, 485
Hemimyzon, 215
Hemimyzon formosanus, 215
Hemimyzon macroptera, 215
Hemimyzon megalopseos, 215
Hemimyzon pengi, 215

Hemimyzon pumilicorpora, 215
Hemimyzon sheni, 215
Hemimyzon taitungensis, 215
Hemimyzon yaotanensis, 216
Heminoemacheilus, 176
Heminoemacheilus hyalinus, 176
Heminoemacheilus parva, 176
Heminoemacheilus zhengbaoshani, 176
Hemipristis, 39
Hemipristis elongata, 39
Hemiramphidae, 308
Hemiramphus, 308
Hemiramphus archipelagicus, 308
Hemiramphus convexus, 308
Hemiramphus far, 308
Hemiramphus lutkei, 309
Hemiramphus marginatus, 309
Hemisalanx, 243
Hemisalanx brachyrostralis, 243
Hemisalanx prognathous, 243
Hemiscylliidae, 31
Hemisilurus, 229
Hemisilurus heterorhynchu, 229
Hemitaurichthys, 452
Hemitaurichthys polylepis, 452
Hemitaurichthys zoster, 452
Hemitriakis, 38
Hemitriakis complicofasciata, 38
Hemitriakis japanica, 38
Hemitripteridae, 356
Hemitripterus, 356
Hemitripterus villosus, 356
Henicorhynchus, 160
Henicorhynchus lineatus, 160
Heniochus, 452
Heniochus acuminatus, 452
Heniochus chrysostomus, 452
Heniochus diphreutes, 452
Heniochus monoceros, 453
Heniochus singularius, 453
Heniochus varius, 453
Heptranchias, 44
Heptranchias perlo, 44
Herklotsichthys, 93
Herklotsichthys ovalis, 93
Herklotsichthys punctatus, 93
Herklotsichthys quadrimaculatus, 93
Herzensteinia, 167
Herzensteinia microcephalus, 167
Hetereleotris, 547
Hetereleotris poecila, 547

Ictaluridae, 628
Ictalurus, 628
Ictalurus nebulosus, 628
Ictalurus punctatus, 628
Idiacanthus, 253
Idiacanthus fasciola, 253
Idiastion, 333
Idiastion pacificum, 333
Ijimaia, 255
Ijimaia dofleini, 255
Ilisha, 87
Ilisha elongata, 87
Ilisha megaloptera, 87
Ilisha melastoma, 87
Ilyophis, 74
Ilyophis brunneus, 74
Inegocia, 350
Inegocia japonica, 350
Inegocia ochiaii, 351
Iniistius, 485
Iniistius aneitensis, 485
Iniistius baldwini, 485
Iniistius dea, 485
Iniistius geisha, 485
Iniistius melanopus, 486
Iniistius pavo, 486
Iniistius pentadactylus, 486
Iniistius trivittatus, 486
Iniistius twistii, 486
Iniistius verrens, 486
Inimicus, 334
Inimicus cuvieri, 334
Inimicus didactylus, 334
Inimicus japonicus, 334
Inimicus sinensis, 334
Ipnopidae, 259
Ipnops, 260
Ipnops agassizii, 260
Iracundus, 334
Iracundus signifer, 334
Isistius, 49
Isistius brasiliensis, 49
Iso, 303
Iso flosmaris, 303
Iso rhothophilus, 303
Istiblennius, 514
Istiblennius dussumieri, 514
Istiblennius edentulus, 515
Istiblennius lineatus, 515
Istiblennius muelleri, 515
Istigobius, 547

Istigobius campbelli, 547
Istigobius decoratus, 547
Istigobius goldmanni, 547
Istigobius hoshinonis, 547
Istigobius nigroocellatus, 547
Istigobius ornatus, 548
Istigobius rigilius, 548
Istiompax, 585
Istiompax indica, 585
Istiophoridae, 585
Istiophorus, 585
Istiophorus platypterus, 585
Isurus, 34
Isurus oxyrinchus, 34
Isurus paucus, 34

J

Japonoconger, 85
Japonoconger sivicolus, 85
Japonolaeops, 598
Japonolaeops dentatus, 598
Jinshaia, 216
Jinshaia abbreviata, 216
Jinshaia sinensis, 216
Johnius, 438
Johnius amblycephalus, 438
Johnius belangerii, 439
Johnius distinctus, 439
Johnius dussumieri, 439
Johnius fasciatus, 439
Johnius grypotus, 439
Johnius macrorhynus, 439
Johnius trewavasae, 439

K

Kajikia, 585
Kajikia audax, 585
Kamoharaia, 598
Kamoharaia megastoma, 598
Karalla, 411
Karalla daura, 411
Karalla dussumieri, 411
Kareius, 594
Kareius bicoloratus, 594
Katsuwonus, 582
Katsuwonus pelamis, 582
Kaupichthys, 65
Kaupichthys atronasus, 65
Kaupichthys diodontus, 65
Kelloggella, 548
Kelloggella cardinalis, 548

M

Neoniphon opercularis, 318
Neoniphon sammara, 318
Neonoemacheilus, 178
Neonoemacheilus mengdingensis, 178
Neopomacentrus, 470
Neopomacentrus anabatoides, 470
Neopomacentrus azysron, 470
Neopomacentrus bankieri, 470
Neopomacentrus cyanomos, 470
Neopomacentrus taeniurus, 470
Neosalanx, 243
Neosalanx anderssoni, 243
Neosalanx argentea, 243
Neosalanx brevirostris, 243
Neosalanx jordani, 243
Neosalanx oligodontis, 243
Neosalanx tangkahkeii, 243
Neoscombrops, 362
Neoscombrops pacificus, 362
Neoscopelidae, 262
Neoscopelus, 262
Neoscopelus macrolepidotus, 262
Neoscopelus microchir, 262
Neoscopelus porosus, 262
Neosebastes, 335
Neosebastes entaxis, 335
Neotrygon, 58
Neotrygon kuhlii, 58
Nesiarchus, 579
Nesiarchus nasutus, 579
Nettastoma, 86
Nettastoma parviceps, 86
Nettastoma solitarium, 86
Nettastomatidae, 86
Netuma, 233
Netuma bilineata, 233
Netuma thalassina, 233
Nezumia, 281
Nezumia coheni, 281
Nezumia condylura, 281
Nezumia evides, 281
Nezumia loricata, 281
Nezumia proxima, 281
Nezumia spinosa, 281
Nibea, 440
Nibea albiflora, 440
Nibea chui, 440
Nibea semifasciata, 440
Niphon, 373
Niphon spinosus, 373
Niwaella, 202

Niwaella brevipinna, 202
Niwaella fimbriata, 202
Niwaella nigrolinea, 202
Niwaella qujiangensis, 202
Nomeidae, 586
Nomeus, 587
Nomeus gronovii, 587
Norfolkia, 510
Norfolkia brachylepis, 510
Norfolkia thomasi, 510
Notacanthidae, 63
Notacanthus, 63
Notacanthus abbotti, 63
Notocheiridae, 303
Notolychnus, 264
Notolychnus valdiviae, 264
Notoraja, 54
Notoraja tobitukai, 54
Notorynchus, 44
Notorynchus cepedianus, 44
Notoscopelus, 264
Notoscopelus caudispinosus, 264
Notoscopelus resplendens, 264
Notosudidae, 259
Novaculichthys, 488
Novaculichthys taeniourus, 488
Novaculoides, 488
Novaculoides macrolepidotus, 488
Novaculops, 488
Novaculops woodi, 488
Nuchequula, 412
Nuchequula gerreoides, 412
Nuchequula mannusella, 412
Nuchequula nuchalis, 412

O

Ochetobius, 104
Ochetobius elongatus, 104
Ocosia, 336
Ocosia fasciata, 336
Ocosia spinosa, 336
Ocosia vespa, 336
Odontamblyopus, 551
Odontamblyopus lacepedii, 551
Odontanthias, 374
Odontanthias borbonius, 374
Odontanthias chrysostictus, 374
Odontanthias rhodopeplus, 374
Odontanthias unimaculatus, 374
Odontaspididae, 32
Odontobutidae, 525

Opistognathidae, 382

Opistognathus, 382

Opistognathus castelnaui, 382

Opistognathus evermanni, 382

Opistognathus hongkongiensis, 382

Opistognathus hopkinsi, 383

Opistognathus solorensis, 383

Opistognathus variabilis, 383

Oplegnathidae, 459

Oplegnathus, 459

Oplegnathus fasciatus, 459

Oplegnathus punctatus, 459

Oplopomus, 551

Oplopomus caninoides, 551

Oplopomus oplopomus, 551

Opostomias, 254

Opostomias mitsuii, 254

Opsariichthys, 100

Opsariichthys bidens, 100

Opsariichthys evolans, 100

Opsariichthys kaopingensis, 100

Opsariichthys pachycephalus, 100

Opsarius, 100

Opsarius koratensis, 100

Orectolobidae, 31

Orectolobiformes, 31

Orectolobus, 31

Orectolobus japonicus, 31

Orectolobus maculatus, 31

Oreochromis, 630

Oreochromis aureus, 630

Oreochromis mossambicus, 630

Oreochromis niloticus, 630

Oreoglanis, 225

Oreoglanis immaculatus, 225

Oreoglanis insignis, 225

Oreoglanis jingdongensis, 225

Oreoglanis macropterus, 225

Oreoglanis setiger, 226

Oreonectes, 178

Oreonectes anophthalmus, 178

Oreonectes donglanensis, 178

Oreonectes duanensis, 178

Oreonectes guananensis, 178

Oreonectes luochengensis, 178

Oreonectes platycephalus, 178

Oreonectes polystigmus, 179

Oreonectes shuilongensis, 179

Oryzias, 304

Oryzias curvinotus, 304

Oryzias latipes sinensis, 304

Oryzias minutillus, 305

Osmeridae, 242

Osmeriformes, 242

Osmerinae, 242

Osmerus, 242

Osmerus mordax, 242

Osopsaron, 506

Osopsaron formosensis, 506

Osphronemidae, 588, 630

Osteochilus, 161

Osteochilus salsburyi, 161

Ostichthys, 318

Ostichthys archiepiscopus, 318

Ostichthys delta, 318

Ostichthys japonicus, 318

Ostichthys kaianus, 318

Ostichthys sheni, 319

Ostorhinchus, 392

Ostorhinchus angustatus, 392

Ostorhinchus apogonoides, 392

Ostorhinchus aureus, 392

Ostorhinchus chrysotaenia, 392

Ostorhinchus compressus, 392

Ostorhinchus cookii, 393

Ostorhinchus cyanosoma, 393

Ostorhinchus dispar, 393

Ostorhinchus doederleini, 393

Ostorhinchus endekataenia, 393

Ostorhinchus fasciatus, 393

Ostorhinchus fleurieu, 393

Ostorhinchus holotaenia, 393

Ostorhinchus kiensis, 394

Ostorhinchus lateralis, 394

Ostorhinchus moluccensis, 394

Ostorhinchus multilineatus, 394

Ostorhinchus nigrofasciatus, 394

Ostorhinchus novemfasciatus, 394

Ostorhinchus pleuron, 394

Ostorhinchus properuptus, 394

Ostorhinchus taeniophorus, 394

Ostorhinchus thermalis, 395

Ostorhinchus wassinki, 395

Ostraciidae, 616

Ostracion, 617

Ostracion cubicus, 617

Ostracion immaculatus, 617

Ostracion meleagris, 617

Ostracion rhinorhynchos, 617

Ostracion solorensis, 617

Ostracoberycidae, 379

Ostracoberyx, 379

Satyrichthys moluccense, 349
Satyrichthys rieffeli, 349
Satyrichthys welchi, 349
Saurenchelys, 86
Saurenchelys fierasfer, 86
Saurenchelys taiwanensis, 87
Saurida, 256
Saurida elongata, 256
Saurida filamentosa, 256
Saurida gracilis, 256
Saurida nebulosa, 256
Saurida tumbil, 256
Saurida umeyoshii, 256
Saurida undosquamis, 257
Saurida wanieso, 257
Saurogobio, 128
Saurogobio dabryi chenghaiensis, 128
Saurogobio dabryi dabryi, 128
Saurogobio dumerili, 128
Saurogobio gracilicaudatus, 128
Saurogobio gymnocheilus, 128
Saurogobio immaculatus, 129
Saurogobio lissilabris, 129
Saurogobio punctatus, 129
Saurogobio xiangjiangensis, 129
Scalicus, 349
Scalicus amiscus, 349
Scalicus hians, 349
Scalicus serrulatus, 349
Scaphiodonichthys, 145
Scaphiodonichthys acanthopterus, 145
Scaphiodonichthys macracanthus, 145
Scaridae, 494
Scartelaos, 562
Scartelaos gigas, 562
Scartelaos histophorus, 562
Scartella, 518
Scartella emarginata, 518
Scarus, 496
Scarus chameleon, 496
Scarus dimidiatus, 496
Scarus ferrugineus, 496
Scarus festivus, 496
Scarus forsteni, 496
Scarus frenatus, 496
Scarus fuscocaudalis, 497
Scarus ghobban, 497
Scarus globiceps, 497
Scarus hypselopterus, 497
Scarus niger, 497
Scarus oviceps, 497

Scarus ovifrons, 497
Scarus prasiognathos, 497
Scarus psittacus, 498
Scarus quoyi, 498
Scarus rivulatus, 498
Scarus rubroviolaceus, 498
Scarus scaber, 498
Scarus schlegeli, 498
Scarus spinus, 498
Scarus xanthopleura, 498
Scatophagidae, 570
Scatophagus, 570
Scatophagus argus, 570
Schilbeidae, 233
Schindleria, 569
Schindleria pietschmanni, 569
Schindleria praematura, 569
Schindleriidae, 569
Schismatogobius, 562
Schismatogobius ampluvinculus, 562
Schismatogobius roxasi, 562
Schistura, 179
Schistura albirostris, 179
Schistura alboguttata, 180
Schistura amplizona, 180
Schistura bannaensis, 180
Schistura breviceps, 180
Schistura bucculenta, 180
Schistura callichroma, 180
Schistura caudofurca, 180
Schistura conirostris, 180
Schistura cryptofasciata, 180
Schistura dabryi dabryi, 180
Schistura dabryi microphthalmus, 180
Schistura disparizona, 181
Schistura fasciolata, 181
Schistura heterognathos, 181
Schistura huapingensis, 181
Schistura incerta, 181
Schistura kengtungensis, 181
Schistura kloetzliae, 181
Schistura latifasciata, 181
Schistura lingyunensis, 181
Schistura longa, 181
Schistura macrocephalus, 182
Schistura macrotaenia, 182
Schistura malaise, 182
Schistura megalodon, 182
Schistura meridionalis, 182
Schistura nandingensis, 182
Schistura niulanjiangensis, 182

Scomberoides commersonnianus, 407
Scomberoides lysan, 407
Scomberoides tala, 407
Scomberoides tol, 407
Scomberomorus, 583
Scomberomorus commerson, 583
Scomberomorus guttatus, 583
Scomberomorus koreanus, 583
Scomberomorus niphonius, 584
Scomberomorus sinensis, 584
Scombridae, 581
Scombropidae, 400
Scombrops, 400
Scombrops boops, 400
Scopelarchidae, 260
Scopelarchoides, 260
Scopelarchoides danae, 260
Scopelarchus, 260
Scopelarchus analis, 260
Scopelarchus guentheri, 260
Scopelengys, 262
Scopelengys tristis, 262
Scopeloberyx, 312
Scopeloberyx opisthopterus, 312
Scopeloberyx robustus, 312
Scopelogadus, 312
Scopelogadus mizolepis mizolepis, 312
Scopelosaurus, 259
Scopelosaurus hoedti, 259
Scophthalmidae, 630
Scophthalmus, 630
Scophthalmus maximus, 630
Scorpaena, 338
Scorpaena hatizyoensis, 338
Scorpaena izensis, 339
Scorpaena miostoma, 339
Scorpaena neglecta, 339
Scorpaena onaria, 339
Scorpaena pepo, 339
Scorpaenidae, 332
Scorpaeniformes, 331
Scorpaenodes, 339
Scorpaenodes albaiensis, 339
Scorpaenodes crossotus, 339
Scorpaenodes evides, 339
Scorpaenodes guamensis, 339
Scorpaenodes hirsutus, 340
Scorpaenodes kelloggi, 340
Scorpaenodes minor, 340
Scorpaenodes parvipinnis, 340
Scorpaenodes scaber, 340

Scorpaenodes varipinnis, 340
Scorpaenopsis, 340
Scorpaenopsis cirrosa, 340
Scorpaenopsis cotticeps, 340
Scorpaenopsis diabolus, 340
Scorpaenopsis gibbosa, 341
Scorpaenopsis neglecta, 341
Scorpaenopsis obtusa, 341
Scorpaenopsis oxycephala, 341
Scorpaenopsis papuensis, 341
Scorpaenopsis possi, 341
Scorpaenopsis ramaraoi, 341
Scorpaenopsis venosa, 341
Scorpaenopsis vittapinna, 342
Scuticaria, 72
Scuticaria tigrina, 72
Scyliorhinidae, 34
Scyliorhinus, 37
Scyliorhinus torazame, 37
Sebastapistes, 342
Sebastapistes cyanostigma, 342
Sebastapistes fowleri, 342
Sebastapistes mauritiana, 342
Sebastapistes nuchalis, 342
Sebastapistes strongia, 342
Sebastapistes tinkhami, 342
Sebastes, 342
Sebastes hubbsi, 342
Sebastes inermis, 342
Sebastes itinus, 342
Sebastes joyneri, 343
Sebastes nivosus, 343
Sebastes pachycephalus, 343
Sebastes schlegelii, 343
Sebastes thompsoni, 343
Sebastes trivittatus, 343
Sebastiscus, 343
Sebastiscus albofasciatus, 343
Sebastiscus marmoratus, 343
Sebastiscus tertius, 343
Secutor, 412
Secutor indicius, 412
Secutor insidiator, 412
Secutor interruptus, 413
Secutor ruconius, 413
Selar, 408
Selar boops, 408
Selar crumenophthalmus, 408
Selaroides, 408
Selaroides leptolepis, 408
Selenanthias, 378

Selenanthias analis, 378
Semilabeo, 164
Semilabeo notabilis, 164
Semilabeo obscurus, 164
Seriola, 408
Seriola dumerili, 408
Seriola quinqueradiata, 408
Seriola rivoliana, 408
Seriolina, 408
Seriolina nigrofasciata, 408
Serranidae, 363
Serranocirrhitus, 379
Serranocirrhitus latus, 379
Serrivomer, 87
Serrivomer beanii, 87
Serrivomer sector, 87
Serrivomeridae, 87
Setarches, 343
Setarches guentheri, 343
Setarches longimanus, 344
Setipinna, 89
Setipinna breviceps, 89
Setipinna melanochir, 89
Setipinna taty, 89
Setipinna tenuifilis, 90
Sicyopterus, 562
Sicyopterus japonica, 562
Sicyopterus lagocephalus, 562
Sicyopterus macrostetholepis, 562
Sicyopus, 562
Sicyopus zosterophorum, 562
Siganidae, 570
Siganus, 570
Siganus argenteus, 570
Siganus canaliculatus, 571
Siganus corallinus, 571
Siganus fuscescens, 571
Siganus guttatus, 571
Siganus javus, 571
Siganus puellus, 571
Siganus punctatissimus, 571
Siganus punctatus, 571
Siganus spinus, 572
Siganus unimaculatus, 572
Siganus vermiculatus, 572
Siganus virgatus, 572
Siganus vulpinus, 572
Sigmops, 247
Sigmops gracilis, 247
Sikukia flavicaudata, 146
Sikukia longibarbata, 146

Sikukia stejnegeri, 146
Sillaginidae, 397
Sillago, 397
Sillago aeolus, 397
Sillago asiatica, 397
Sillago boutani, 397
Sillago chondropus, 397
Sillago ingenuua, 397
Sillago japonica, 397
Sillago maculata, 398
Sillago microps, 398
Sillago parvisquamis, 398
Sillago sihama, 398
Siluridae, 229
Siluriformes, 218, 628
Silurus, 230
Silurus asotus, 230
Silurus duanensis, 230
Silurus grahami, 230
Silurus lanzhouensis, 231
Silurus mento, 231
Silurus meridionalis, 231
Silurus microdorsalis, 231
Silurus soldatovi, 231
Simenchelys, 75
Simenchelys parasitica, 75
Sineleotris, 526
Sineleotris saccharae, 527
Sinibrama, 113
Sinibrama longianalis, 113
Sinibrama macrops, 113
Sinibrama melrosei, 113
Sinibrama taeniatus, 113
Sinibrama wui, 113
Sinilabeo, 164
Sinilabeo hummeli, 164
Sinilabeo longibarbatus, 164
Siniperca, 360
Siniperca chuatsi, 360
Siniperca fortis, 360
Siniperca knerii, 360
Siniperca liuzhouensis, 360
Siniperca obscura, 360
Siniperca robusta, 361
Siniperca roulei, 361
Siniperca scherzeri, 361
Siniperca undulata, 361
Sinobatis, 55
Sinobatis borneensis, 55
Sinobatis melanosoma, 55
Sinobatis stenosoma, 55

Vanmanenia serrilineata, 213
Vanmanenia stenosoma, 213
Vanmanenia striata, 213
Vanmanenia tetraloba, 213
Vanmanenia xinyiensis, 213
Variola, 379
Variola albimarginata, 379
Variola louti, 379
Velifer, 271
Velifer hypselopterus, 271
Veliferidae, 271
Vellitor, 356
Vellitor centropomus, 356
Ventrifossa, 282
Ventrifossa divergens, 282
Ventrifossa fusca, 282
Ventrifossa garmani, 283
Ventrifossa longibarbata, 283
Ventrifossa macroptera, 283
Ventrifossa misakia, 283
Ventrifossa nigrodorsalis, 283
Ventrifossa petersonii, 283
Ventrifossa rhipidodorsalis, 283
Ventrifossa saikaiensis, 283
Verasper, 594
Verasper moseri, 594
Verasper variegatus, 595
Vespicula, 345
Vespicula trachinoides, 345
Vinciguerria, 250
Vinciguerria attenuata, 250
Vinciguerria lucetia, 250
Vinciguerria nimbaria, 251
Vinciguerria poweriae, 251
Vitiaziella, 313
Vitiaziella cubiceps, 313

W

Wallago, 231
Wallago attu, 231
Wattsia, 434
Wattsia mossambica, 434
Wetmorella, 494
Wetmorella nigropinnata, 494
Woodsia, 251
Woodsia nonsuchae, 251
Wuhanlinigobius, 567
Wuhanlinigobius polylepis, 568

X

Xanthichthys, 612
Xanthichthys auromarginatus, 612
Xanthichthys caeruleolineatus, 612
Xanthichthys lineopunctatus, 612
Xenisthmidae, 528
Xenisthmus, 528
Xenisthmus polyzonatus, 528
Xenocephalus, 507
Xenocephalus elongatus, 507
Xenocyprinae, 114
Xenocyprioides, 114
Xenocyprioides carinatus, 114
Xenocyprioides parvulus, 115
Xenocypris, 115
Xenocypris argentea, 115
Xenocypris davidi, 115
Xenocypris fangi, 115
Xenocypris hupeinensis, 115
Xenocypris microlepis, 115
Xenocypris yunnanensis, 115
Xenodermichthys nodulosus, 242
Xenolepidichthys, 322
Xenolepidichthys dalgleishi, 322
Xenophysogobio, 132
Xenophysogobio boulengeri, 132
Xenophysogobio nudicorpa, 132
Xiphasia, 518
Xiphasia setifer, 518
Xiphias, 585
Xiphias gladius, 585
Xiphiidae, 585
Xiphocheilus, 494
Xiphocheilus typus, 494
Xiurenbagrus, 219
Xiurenbagrus dorsalis, 219
Xiurenbagrus gigas, 220
Xiurenbagrus xiurenensis, 220
Xyelacyba, 291
Xyelacyba myersi, 291
Xyrias, 81
Xyrias chioui, 81
Xyrias revulsus, 81

Y

Yaoshania, 213
Yaoshania pachychilus, 213
Yongeichthys, 568
Yongeichthys nebulosus, 568
Yunnanilus, 196